東工大の化学
20ヵ年 [第4版]

井邊二三夫 編著

教学社

はじめに

　本書は，年度別に編集された「東京工業大学」の赤本とは別に，20年間を通して
どのような分野の問題が，どのような形式や内容として出題されているかなどを整理
したもので，受験生諸君の受験対策の一助となることを願って編集したものです。

　一般に，化学は"物質"を学ぶ学問です。物質は実に多種多様で，化学ではこれら
の物質の性質や特徴をさまざまな法則や原理を用いて考えるのですが，数学のように
公式を絶対的なものとして扱い，演繹的に物事を考える学問ではありません。化学と
は，おおよそ物質にはある方向性や類似の性質があり，これを法則として他の物質の
反応や性質を類推していくというもので，法則や原理は絶対的なものではないのです。
必ずそこには例外が存在します。このことが化学という学問を考えにくいものにして
いると言えるかもしれません。自然科学とは，仮説を立て，実験的に正しいことを帰
納的に証明していくもので，そこから外れた挙動を示すものが必ず存在します。

　私たちが大学受験を通して学ぶ化学は，化学という学問のほんの入り口の部分にす
ぎません。しかし，受験を通して学ぶ化学の中で，設問とは直接関係のない内容にも
疑問を感じることが多々あると思います。この疑問が将来非常に大切なものになると
信じています。疑問をもち考える力を受験勉強を通じ培ってください。

　自分が行った行為は決して無駄にはならず，いつか必ず自分自身に返ってくるもの
です。本書を利用される諸君が，合格の二文字を勝ち取り，素晴らしい春を迎えられ
ることを心より祈ると同時に，時間をかけ努力したものが皆さんの素晴らしい未来の
糧となることを心から願ってやみません。

　「学問なんて，覚えると同時に忘れてしまってもいいものなんだ。けれども，全部
忘れてしまっても，その勉強の訓練の底に一つかみの砂金が残っているものだ。これ
だ。これが貴いのだ」

（太宰治『正義と微笑』より）

井邊二三夫

目次

本書の活用法……………………………………………………………………… 5

東工大の化学　傾向と対策……………………………………………………… 6

解答する際の注意点……………………………………………………………… 21

第1章　物質の構造
問題 24　　解答 188

第2章　物質の状態・状態変化
問題 44　　解答 224

第3章　物質の化学変化
問題 63　　解答 252

第4章　無機物質
問題 104　　解答 327

第5章　有機化合物
問題 129　　解答 364

第6章　天然有機化合物，合成高分子化合物
問題 169　　解答 443

年度別出題リスト……………………………………………………………… 474

本書の活用法

≪東工大の問題の特徴≫

　東工大の化学は，他大学の入試問題に見られるような，いくつかのテーマをもった大問の中にさまざまな内容を問う小問が設けられているというタイプの問題ではなく，例年，大問は3題で，それぞれテーマ別に5題前後の中問に分かれており，全体では中問15題前後という非常に多くの問題で構成されています。

　設問には，5～9個程度の選択肢の中から「1つまたは2つ」の正解を選ぶ問題があり，かなり正確な理解を必要とします。また，計算により数値を求める設問においては，数値のみを与えられた形式で答え，途中の計算過程などを求める問題はありません。過去問をやってみると，この特徴がよくわかると思います。

　このような設問に対応するためには，「分野別に問題を整理することで，出題の概観をつかむこと」，また，「どのような関連事項を学習すればよいのかを知ること」が対策の要点となると考えます。

≪本書の活用法≫

1．本書は，2002年度から2021年度までの20年分の問題を「第1章　物質の構造」「第2章　物質の状態・状態変化」「第3章　物質の化学変化」「第4章　無機物質」「第5章　有機化合物」「第6章　天然有機化合物，合成高分子化合物」の大きく6分野に分類し，年度順に並べたものです。いくつかの分野の内容を含む問題は，主となるテーマに的を絞り分類しました。レベルについては，Aは易～標準，Bは標準，Cはやや難～難としました。この3つのレベルの指標となるのは，Aは「教科書などに書かれている基本内容を理解していれば，十分解答できる問題」，Bは「問題によっては平均7割前後は解答でき，解説を読めば十分理解できる問題」，Cは「問題によっては4～5割程度は解答でき，解説を読めばだいたいは理解できるが，再現するには少し練習を要する問題」と位置づけました。この整理によって，分野別にどのような問題が，どのような内容やレベルで出題されてきたかの概観をつかんでもらうことを目的としています。

2．東工大の化学のような，テーマ別になった比較的短い問題に対応するためには，小問の誘導や流れに乗って解答していくというよりも，各設問に対し，より正確な知識や素早い判断力が求められると同時に，相当な計算力も必要とされます。本書では，特に必要と思われる設問には，別解や関連する知識，考え方などを「**攻略のポイント**」として解説の最後に付しました。入試問題集や参考書などで関連事項の演習や整理をする際の参考にしてください。また，「攻略のポイント」で紹介している用語・物質の性質などは，理解できていない分野の研究課題とし，周辺知識の理解を深めるためにも利用してもらいたいと思います。

東工大の化学　傾向と対策

第1章　物質の構造

番号	難易度	内　　容	年　　度	問題	解答
1	B	塩化セシウム型イオン結晶	2021 年度〔5〕	24	188
2	B	原子，イオンの構造と性質	2020 年度〔1〕	24	188
3	B	セン亜鉛鉱型イオン結晶	2020 年度〔10〕	25	189
4	B	体心立方格子と面心立方格子	2019 年度〔5〕	25	190
5	A	原子の構造，分子間力，分子の構造と極性	2019 年度〔6〕	26	192
6	B	黒鉛の構造と充填率	2018 年度〔5〕	26	192
7	A	物質の構成粒子と状態，化学量	2017 年度〔1〕	27	194
8	B	面心立方格子，セン亜鉛鉱型結晶の充填率	2017 年度〔10〕	27	195
9	B	六方最密構造をもつ金属結晶	2016 年度〔5〕	28	195
10	B	金属の結晶	2015 年度〔3〕	29	196
11	B	イオン化エネルギー，電子親和力，イオン半径	2015 年度〔6〕	29	197
12	B	イオン結晶	2013 年度〔4〕	30	198
13	B	同位体	2012 年度〔6〕	30	199
14	C	面心立方格子，六方最密構造	2011 年度〔1〕	31	200
15	B	同位体と反応の量的関係	2009 年度〔6〕	32	203
16	C	黒鉛における燃焼反応の量的関係	2008 年度〔7〕	32	204
17	C	混合気体における反応の量的関係	2007 年度〔1〕	33	206
18	B	金属単体の結晶	2007 年度〔3〕	34	208
19	C	水素吸蔵合金	2006 年度〔6〕	35	210
20	A	元素の周期律，化学結合，分子間力	2005 年度〔1〕	36	212
21	B	クロム結晶とニッケル結晶	2005 年度〔4〕	37	213
22	B	酸素の同位体存在比	2005 年度〔9〕	38	214
23	A	結合の極性，固体の性質	2004 年度〔1〕	38	215
24	B	Ba 結晶と BaO 結晶	2004 年度〔4〕	38	216
25	A	イオン化エネルギー，電子親和力	2003 年度〔1〕	39	217
26	B	金属酸化物の結晶構造	2003 年度〔4〕	39	218

27	B	エタンの燃焼反応	2003 年度〔5〕	40	218
28	C	鉄の酸化反応	2003 年度〔6〕	41	219
29	C	硫酸鉄(Ⅱ)七水和物と硫酸鉄(Ⅲ)水和物の混合物	2003 年度〔11〕	41	220
30	B	金属の結晶	2002 年度〔5〕	42	221
31	A	ダイヤモンドと黒鉛の結晶	2002 年度〔7〕	43	222
32	C	銅の単体と酸化物の量的関係	2002 年度〔11〕	43	223

傾向

　化学結合や元素の周期律，分子の構造や極性に関する問題は，比較的標準的なものが多い。結晶構造に関しては，金属結晶やイオン結晶などについて，粒子の空間的な位置関係の把握を求める問題に難易度の高いものが多く見られる。特に，2006 年度の〔6〕は複合的な内容を含んでおり，難易度Cでもしっかり得点したい問題であるが，他の難易度Cの問題は，与えられた時間内に正答にたどりつくのが難しい。また，反応の量的関係に関する問題は，平均して難易度の高いものが多く，求める物質の質量や体積，物質量など，何を x, y, z, a, b, c, …などの文字でおき，方程式を立てるかが重要なポイントになると思われる。他の大学の入試問題にはあまり見られない東工大特有の問題である。

対策

◇　イオン化エネルギー，電子親和力，電気陰性度，分子の構造や極性に関しては，用語の意味はもちろん，マリケンやポーリングの電気陰性度はどのようにして定義されたか，電気双極子モーメントとは何かなど，一歩踏み込んだ内容まで理解しておきたい。

◇　結晶構造に関する問題は，図を描き，粒子の空間的な位置関係の把握を心がけること。イオン結晶における限界半径比，結晶のすき間などに関する問題はほとんど出題されていないが，これらの内容を含め，切断面や結晶表面の粒子の状態，繰り返し単位のとらえ方など，思考力が要求される問題の練習を十分に行いたい。

◇　化学反応の量的関係に関する問題は，短時間のうちに方程式を立てることがポイントになるが，求める値の仮定を誤ると相当煩雑な計算になる。問題文をよく読み，出題の意図を見抜く練習をする必要がある。過去問に対し，解答・解説を見ず，少し時間をかけても自分自身で解ききることを前提に，よく考えてみることも練習の一つの方法である。

8　傾向と対策

第2章　物質の状態・状態変化

番号	難易度	内　　　容	年　　　度	問題	解答
33	B	イオン化エネルギー，物質の状態変化	2021 年度〔7〕	44	224
34	B	凝固点降下	2021 年度〔9〕	44	224
35	C	浸透圧	2021 年度〔10〕	45	225
36	B	気体の法則，理想気体と実在気体	2020 年度〔2〕	46	226
37	C	気体の溶解度	2020 年度〔4〕	46	227
38	C	蒸気圧降下と沸点上昇	2019 年度〔10〕	47	228
39	B	理想気体と実在気体，気体の溶解度	2018 年度〔6〕	47	229
40	B	水溶液の浸透圧と沸点上昇	2018 年度〔10〕	48	229
41	B	酢酸蒸気における単量体と二量体の分圧比	2017 年度〔4〕	48	230
42	B	容積一定条件下における気体の溶解度	2017 年度〔5〕	49	231
43	A	コロイド溶液の性質	2015 年度〔7〕	49	232
44	C	固体の溶解度と溶解熱	2015 年度〔10〕	49	232
45	B	水溶液の性質	2014 年度〔5〕	50	233
46	B	混合気体の圧力，水蒸気圧	2014 年度〔7〕	50	234
47	B	固体の溶解度，希薄溶液の性質	2014 年度〔8〕	51	235
48	B	希薄水溶液の性質	2013 年度〔1〕	52	236
49	C	気体の溶解度	2013 年度〔2〕	52	236
50	C	浸透圧	2012 年度〔4〕	53	238
51	C	蒸気圧	2012 年度〔5〕	54	241
52	B	凝固点降下	2011 年度〔5〕	55	243
53	B	水蒸気圧	2010 年度〔1〕	56	244
54	C	空気中の水蒸気圧	2008 年度〔9〕	57	245
55	C	気体の断熱変化	2007 年度〔2〕	57	246
56	C	蒸気圧降下	2006 年度〔3〕	59	247
57	C	水蒸気圧と混合気体の圧力	2006 年度〔5〕	59	248
58	B	気体の溶解度，蒸気圧降下，コロイドの性質	2005 年度〔2〕	60	249
59	B	混合気体の燃焼	2005 年度〔3〕	60	249
60	A	圧力一定下での状態変化	2004 年度〔3〕	60	250
61	A	気体の分子運動と圧力，理想気体と実在気体	2003 年度〔2〕	61	250

| 62 | B | 物質の状態変化と沸点，融点 | 2002 年度〔3〕 | 62 | 251 |

Q 傾向

　蒸気圧降下や沸点上昇，凝固点降下に関しては，これらが起こる原因などが問われるほか，計算問題も出題されている。また，気体の溶解度や蒸気圧に関しては難易度の高い問題が多く，出題の意図をよく読み取らなければ計算が非常に煩雑になり，与えられた時間内に解答に至らなくなる可能性がある。また，2015 年度の〔10〕は，溶解熱などを含む設問で，溶解度曲線の意味を理解したうえで，総合力が試される問題である。いずれにしても，物質の状態や状態変化に関する設問は，相当な計算力や立式の力，出題の意図を見抜く力が必要になると思われる。

✎ 対策

◇　物質の三態変化について，状態図や温度とエネルギーの関係を表すグラフなどを，自然現象などと関連づけて理解する学習が必要である。例えば，「冬季に湖が表面から凍りはじめる現象は，状態図とどのような関連性があるか」などである。

◇　混合気体や蒸気圧などについては，実在気体における圧力と体積，温度と圧力，温度と体積の関係を表すグラフを十分に理解したうえで，標準～やや難レベルの問題練習を行う必要がある。特に，現象を正確にとらえ，理想気体の状態方程式などを用い，どのように方程式を立てるかをポイントに問題練習を繰り返し行いたい。

◇　希薄溶液の性質については，蒸気圧降下・沸点上昇・凝固点降下・浸透圧などの現象において，濃度が大きくなった場合の問題点や，不揮発性物質を溶解した溶液の蒸気圧が降下する理由，エタノールと水のような混合溶液の蒸気圧とラウールの法則との関係，凝固点降下が起こる原因などを，教科書以外の参考書などでもよく調べ理解しておきたい。

10　傾向と対策

第3章　物質の化学変化

≪熱化学，酸・塩基，酸化還元反応，電池，電気分解≫

番号	難易度	内　　容	年　　度	問題	解答
63	A	水溶液の電気分解	2021 年度〔3〕	63	252
64	B	反応熱と光，結合エネルギー	2021 年度〔8〕	64	252
65	B	反応熱，化学平衡，光化学反応	2020 年度〔3〕	64	254
66	A	電池，電気分解，ファラデー定数	2020 年度〔8〕	65	255
67	B	酸化還元滴定	2020 年度〔9〕	65	255
68	B	金属のイオン化傾向と水溶液の電気分解	2019 年度〔3〕	66	256
69	A	酸・塩基の定義，電離度，塩の分類と指示薬	2019 年度〔7〕	66	256
70	B	熱化学における反応熱の関係	2019 年度〔8〕	67	258
71	A	電池，電気分解	2018 年度〔2〕	67	259
72	C	中和滴定と滴定曲線	2018 年度〔9〕	68	259
73	B	NaCl 水溶液の電気分解	2017 年度〔9〕	68	261
74	B	直列に接続された水溶液の電気分解	2016 年度〔4〕	69	262
75	B	C_{60} フラーレン分子における炭素原子間の結合エネルギー	2016 年度〔6〕	70	262
76	A	実用的な電池の性質	2016 年度〔8〕	70	264
77	B	氷の融解熱	2016 年度〔10〕	70	264
78	A	酸・塩基の反応，塩の性質と分類	2015 年度〔1〕	71	265
79	B	融解塩電解法によるアルミニウムの製法	2015 年度〔4〕	71	266
80	B	鉛蓄電池，水溶液の電気分解	2014 年度〔4〕	71	267
81	B	反応の経路と反応熱の関係	2014 年度〔6〕	72	268
82	B	ダニエル電池，水溶液の電気分解	2012 年度〔8〕	72	269
83	B	銅合金を用いた電気分解	2011 年度〔3〕	73	270
84	B	融解塩電解法	2009 年度〔2〕	74	271
85	B	酸化還元滴定	2009 年度〔3〕	74	272
86	C	混合気体の燃焼，燃焼熱	2009 年度〔4〕	76	273
87	A	イオン結晶の構造と性質，格子エネルギー，熱化学	2007 年度〔6〕	76	274
88	B	電池，水溶液の電気分解	2006 年度〔8〕	77	275
89	B	有機化合物の反応熱	2006 年度〔14〕	78	276
90	B	溶存酸素の定量	2005 年度〔10〕	78	277

91	B	オストワルト法と反応熱	2004 年度〔5〕	79	277
92	B	クロム酸イオンの反応	2004 年度〔10〕	80	278
93	B	銅の電解精錬	2004 年度〔11〕	80	279
94	B	酸・塩基の性質	2003 年度〔7〕	81	280
95	B	Ag^+, Cu^{2+} を含む混合溶液の電気分解	2003 年度〔12〕	81	281
96	B	中和滴定の実験操作	2002 年度〔4〕	81	283
97	B	アルカンの結合エネルギーと燃焼熱	2002 年度〔6〕	82	284
98	B	鉛蓄電池と NaCl 水溶液の電気分解	2002 年度〔12〕	83	285

🔍 傾向

　中和滴定，酸化還元滴定による濃度の決定や，電池・水溶液の電気分解などをテーマにした標準的な問題が比較的多い。第2章に比べると計算量が少なく，方程式の立て方などの方針が立てやすいこともあり，得点に結びつけたい分野である。

✏️ 対策

◇　熱化学に関しては，反応熱を求める際など，方程式を立てて求めてもよいが，エネルギー図を用いた学習を行うこと。特に，結合エネルギー，イオン化エネルギー，格子エネルギー，溶解熱などに関する問題はエネルギー図を用いて考えるようにしたい。

◇　中和滴定を利用した炭酸ナトリウムの2段階滴定やアンモニアの逆滴定，CODや I_2 を用いた酸化還元滴定などの計算問題の練習を十分に行うこと。また，アンモニアの逆滴定などにおいて，未反応の硫酸などを水酸化ナトリウム水溶液で滴定する場合，メチルオレンジなどの指示薬は使用できるが，フェノールフタレインは使用できない理由や，滴下する溶液の濃度が大きすぎても小さすぎてもいけない理由など，少し踏み込んだ内容まで学習しておきたい。

◇　電池・水溶液の電気分解では，電解槽や電池を直列または並列に接続した場合の計算問題などにも十分注意しておきたい。また，水の電気分解が起こる場合，水素よりイオン化傾向の大きな金属が析出することもあるので，注意して問題練習を行いたい。

≪反応速度，化学平衡≫

番号	難易度	内　　容	年　　度	問題	解答
99	B	溶解度積，共通イオン効果	2021 年度〔4〕	84	286
100	B	反応速度，平衡定数と平衡移動	2021 年度〔6〕	84	286
101	B	気体の解離平衡	2020 年度〔5〕	84	287
102	B	CuS の溶解度積	2019 年度〔4〕	85	288
103	C	窒素化合物の反応と平衡定数	2019 年度〔9〕	85	289
104	B	プロピオン酸の電離定数	2018 年度〔4〕	86	290
105	C	一次反応の反応速度	2018 年度〔7〕	86	291
106	B	プロパンの解離平衡	2018 年度〔8〕	87	293
107	B	気体分子の熱運動と反応速度	2017 年度〔2〕	87	294
108	B	平衡移動，化学反応と反応熱	2017 年度〔3〕	88	294
109	B	弱酸の混合溶液	2016 年度〔3〕	88	295
110	B	アミノ酸の等電点と電離定数	2016 年度〔7〕	89	297
111	B	H_2O_2 の分解反応	2016 年度〔9〕	89	297
112	B	硫化物の溶解度積	2015 年度〔5〕	90	299
113	B	二次反応における反応物の濃度と半減期	2015 年度〔8〕	90	300
114	B	平衡状態における生成物の定量	2015 年度〔9〕	91	301
115	C	緩衝液の pH	2014 年度〔3〕	91	302
116	C	化学平衡，反応速度	2013 年度〔3〕	92	304
117	B	アンモニアの電離平衡，緩衝液	2013 年度〔6〕	93	307
118	B	電離平衡，溶解度積	2012 年度〔9〕	94	309
119	C	H_2O_2 分解反応における反応速度	2011 年度〔4〕	95	310
120	B	気相間平衡における量的関係	2010 年度〔2〕	95	312
121	B	硫酸の電離平衡，希硫酸の電気分解	2010 年度〔4〕	96	313
122	B	中和滴定，電離平衡	2008 年度〔5〕	97	315
123	C	平衡移動，平衡状態における量的関係	2008 年度〔8〕	98	316
124	B	気相間の平衡	2006 年度〔1〕	99	317
125	B	H_2O_2 分解反応における反応速度	2006 年度〔4〕	99	318
126	B	平衡移動	2005 年度〔5〕	100	319
127	B	反応熱，化学平衡と平衡移動	2004 年度〔2〕	101	321
128	B	酢酸の電離平衡	2004 年度〔6〕	101	321
129	B	酸，水の電離平衡と pH	2004 年度〔8〕	102	322

130	B	反応の経路，化学平衡	2003 年度〔3〕	102	324
131	B	反応の経路，反応速度を変化させる要因	2002 年度〔1〕	103	325
132	B	水のイオン積，電離定数，緩衝液	2002 年度〔2〕	103	325

🔍 傾向

やや難易度の高い問題もあるが，標準問題が多く，得点に結びつけたい分野である。H_2O_2 の分解反応における反応速度，反応速度定数と平衡定数の関係，平衡移動，電離平衡，緩衝液など，問題集などにある問題が多い。しかし，中には平衡の量的関係に関する問題などで難易度の高いものも見られるので注意したい。

✏️ 対策

◇　一次反応における濃度と時間の関係，半減期と初濃度の関係などを十分理解しておくこと。特に，一次反応には H_2O_2 以外に N_2O_5 の分解反応や年代測定に関する ^{14}C の放射壊変などがあり，それらの内容も十分に問題練習を行いたい。

◇　反応速度定数とアレニウスの式，平衡定数と反応速度定数の関係など，教科書の発展学習にある内容も，問題と関連して理解しておきたい。

◇　平衡移動の原理を用いた問題は頻出なので，問題練習により十分理解しておこう。

◇　弱酸や弱塩基における pH や，緩衝液，塩の加水分解による溶液の pH に関する問題練習を十分に行いたい。また，酸の電離定数，弱塩基の電離定数と滴定曲線との関係，2 種類の弱酸の混合溶液の pH など，一歩踏み込んだ学習も必要と思われる。

◇　溶解度積に関する問題は比較的少ないが，グラフに関する問題，モール法，硫化物イオンと金属イオンに関する問題の練習を十分に行いたい。また，水とクロロホルムを用いた分配平衡などに関する問題練習も必要である。

14 傾向と対策

第4章　無機物質

番号	難易度	内　　　　容	年　　　　度	問題	解答
133	B	金属イオンの性質と反応	2021 年度〔1〕	104	327
134	B	標準状態で気体である物質の性質と反応	2021 年度〔2〕	104	327
135	B	金属化合物，単体の反応，銅の電解精錬	2020 年度〔6〕	105	328
136	B	ハロゲン単体とその化合物の性質	2020 年度〔7〕	105	330
137	B	金属イオンと金属単体の反応	2019 年度〔1〕	106	330
138	B	気体の実験室的製法	2019 年度〔2〕	106	332
139	A	金属単体と化合物の性質と反応	2018 年度〔1〕	107	333
140	B	金属元素の性質と金属の決定	2018 年度〔3〕	107	333
141	A	無機化合物，単体の性質	2017 年度〔6〕	108	334
142	A	気体の製法と生成する気体，化合物の性質	2017 年度〔7〕	108	335
143	A	陽イオンの系統的分離	2017 年度〔8〕	109	336
144	A	典型元素の単体	2016 年度〔1〕	109	337
145	A	無機化合物の反応	2016 年度〔2〕	110	338
146	B	金属イオンの反応	2015 年度〔2〕	110	338
147	A	ハロゲン単体の性質，反応の起こり方	2014 年度〔1〕	111	339
148	B	無機化合物の性質と反応	2014 年度〔2〕	112	340
149	C	金属元素の性質	2013 年度〔5〕	112	341
150	C	無機物質の性質	2012 年度〔7〕	114	342
151	B	気体化合物の性質と反応	2011 年度〔2〕	115	344
152	C	気体の製法と量的関係	2010 年度〔3〕	116	346
153	B	気体の性質，化学平衡	2009 年度〔1〕	117	348
154	B	化合物中の成分元素の決定	2008 年度〔4〕	118	349
155	C	接触法	2008 年度〔6〕	119	350
156	B	遷移元素，酸化鉄の還元	2007 年度〔4〕	120	352
157	B	非金属元素	2007 年度〔5〕	120	353
158	A	固体および気体の性質	2006 年度〔2〕	121	354
159	A	元素の性質	2006 年度〔7〕	122	354
160	B	無機化合物の性質	2005 年度〔6〕	122	355
161	B	金属の製造	2005 年度〔7〕	122	356
162	A	気体の製法	2005 年度〔8〕	123	357

163	A	無機化合物の性質	2004 年度〔7〕	123	357
164	A	ハロゲン元素の単体と化合物の反応	2004 年度〔9〕	124	358
165	B	酸化コバルトの反応	2004 年度〔12〕	124	358
166	B	水溶液中の金属イオンの推定	2003 年度〔8〕	125	359
167	A	金属単体の性質	2003 年度〔9〕	126	360
168	A	無機化学工業	2003 年度〔10〕	126	360
169	B	気体の製法と性質	2002 年度〔8〕	127	361
170	A	錯イオンの構造と性質	2002 年度〔9〕	127	362
171	B	アルミニウムの製造	2002 年度〔10〕	128	363

🔍 傾向

　単体や化合物の性質に関する各論，金属イオンの反応や気体の製法，無機化学工業に関し，無機化学全体から出題され，量的関係をはじめ，理論分野と関連した基本〜標準的な問題が多い。中には，2013 年度〔5〕の金属イオンの推定，2008 年度〔6〕の接触法に関する量的関係など，難易度の高い設問も見られるが，全体としては得点に結びつけたい分野である。

✏️ 対策

◇　典型・遷移金属単体，化合物，イオンの性質や反応を整理する。

　例：イオンの色，錯イオンの構造・名称，NH_3，$NaOH$，Cl^-，S^{2-}，$SO_4{}^{2-}$，$CO_3{}^{2-}$ などとの反応について

◇　気体の実験室的製法，気体の性質（酸化力の大きさ，還元性の有無など）に関する内容を整理する。

　例：H_2，O_2，N_2，Cl_2，HF，HCl，H_2S，NH_3，CH_4，C_2H_2，SO_2，NO，NO_2，CO_2 などの単体，水素化物，酸化物

◇　無機化学工業に関する内容を整理する。

　例：$NaOH$ の製法，Na_2CO_3 の製法，HNO_3 の製法，H_2SO_4 の製法，Cu の電解精錬，Al の融解塩電解，Fe の製錬などについて

16　傾向と対策

第5章　有機化合物

番号	難易度	内　　　　容	年　　　　度	問題	解答
172	B	有機化合物の生成とその性質	2021 年度〔11〕	129	364
173	C	炭素-炭素二重結合のオゾン分解による分子式の決定	2021 年度〔14〕	129	365
174	C	カルボン酸の構造決定	2021 年度〔15〕	130	366
175	C	C_8H_9NO で表される一置換ベンゼンの異性体	2020 年度〔11〕	130	367
176	C	脂肪酸の分子式の決定	2020 年度〔14〕	131	369
177	C	酸素を含む脂肪族化合物の構造決定	2020 年度〔15〕	131	370
178	B	芳香族化合物の反応と性質	2019 年度〔11〕	132	371
179	C	芳香族化合物の異性体，燃焼反応の量的関係	2019 年度〔12〕	133	373
180	C	酸素を含む脂肪族化合物の分子式の決定	2019 年度〔14〕	133	375
181	B	アミド結合とエステル結合をもつ芳香族化合物の構造決定	2019 年度〔15〕	134	376
182	B	分子式 C_6H_{12} のアルケンの異性体	2018 年度〔11〕	134	377
183	A	芳香族化合物の反応と性質	2018 年度〔12〕	135	379
184	C	不飽和炭化水素の分子式の決定	2018 年度〔13〕	136	380
185	B	アスパラギン酸誘導体の構造決定	2018 年度〔15〕	136	381
186	A	炭化水素の性質，構造異性体	2017 年度〔11〕	137	382
187	B	分子式 $C_5H_{12}O$ の飽和1価アルコールの構造・性質	2017 年度〔12〕	137	383
188	B	窒素を含む芳香族化合物の構造決定	2017 年度〔15〕	138	384
189	B	炭化水素の構造	2016 年度〔11〕	138	385
190	A	不飽和炭化水素の燃焼，付加反応の量的関係	2016 年度〔12〕	139	386
191	B	芳香族化合物の構造決定	2016 年度〔15〕	139	387
192	B	不飽和炭化水素の反応，ヨードホルム反応	2015 年度〔11〕	139	388
193	B	芳香族化合物の性質と反応	2015 年度〔12〕	140	389
194	B	C_5H_{10} のアルケンの異性体	2015 年度〔13〕	140	391
195	B	エステル結合とアミド結合をもつ芳香族化合物の構造決定	2015 年度〔15〕	141	392
196	B	有機化合物の製法，性質	2014 年度〔9〕	141	393
197	C	芳香族化合物の構造決定	2014 年度〔10〕	142	394

198	B	芳香族化合物の反応	2013 年度〔7〕	143	395
199	C	芳香族化合物の構造決定	2013 年度〔8〕	144	396
200	C	アミノ酸とエステルの構造決定	2013 年度〔9〕	145	398
201	B	酸素を含む脂肪族化合物の構造決定と性質	2012 年度〔1〕	146	400
202	C	芳香族化合物の構造決定	2012 年度〔2〕	147	401
203	C	脂肪族炭化水素の構造決定	2012 年度〔3〕	148	403
204	C	芳香族化合物の構造決定	2011 年度〔7〕	149	407
205	B	芳香族化合物の構造決定	2010 年度〔5〕	150	410
206	C	芳香族化合物の異性体と合成	2010 年度〔6〕	151	412
207	B	エステルの構造決定	2009 年度〔5〕	152	414
208	B	脂肪族化合物の反応	2008 年度〔1〕	153	416
209	B	脂肪族化合物の構造決定	2008 年度〔3〕	154	417
210	B	芳香族化合物の分離，合成	2007 年度〔8〕	155	419
211	C	ボンビコールの構造決定	2007 年度〔9〕	156	420
212	B	飽和脂肪族エステルの加水分解	2006 年度〔9〕	158	422
213	B	有機化合物の反応	2006 年度〔10〕	158	424
214	B	芳香族化合物の反応と量的関係	2006 年度〔11〕	159	425
215	C	炭化水素の混合物	2006 年度〔12〕	160	425
216	B	芳香族化合物の分類	2006 年度〔13〕	160	426
217	B	脂肪族化合物の構造決定	2005 年度〔11〕	161	428
218	B	セッケン，脂肪酸の性質	2005 年度〔13〕	162	429
219	B	ベンゼンの置換反応における量的関係	2005 年度〔15〕	162	430
220	A	有機化合物の性質	2004 年度〔13〕	163	431
221	B	C_8H_8O の異性体	2004 年度〔14〕	163	431
222	B	$C_{10}H_{18}O_4$ のエステルの加水分解	2004 年度〔15〕	164	432
223	B	不飽和度，エステルの加水分解と異性体	2004 年度〔18〕	164	433
224	B	脂肪族化合物の構造	2003 年度〔13〕	165	435
225	B	ニトロベンゼンと関連化合物の反応と性質	2003 年度〔14〕	165	435
226	B	$C_5H_{10}O$ の分子式をもつカルボニル化合物の構造と性質	2003 年度〔15〕	166	437
227	B	ジアシルグリセロールの構造決定	2003 年度〔17〕	166	438
228	B	脂肪族化合物の構造と性質	2002 年度〔13〕	167	439
229	B	芳香族化合物の分離	2002 年度〔14〕	167	440

230	B	$C_5H_{12}O$ の分子式をもつアルコールの異性体と性質	2002 年度〔15〕	168	440
231	C	C_mH_nO の不飽和アルコール	2002 年度〔17〕	168	441

🔍 傾向

　脂肪族・芳香族各化合物の性質や合成法，異性体などに関しては，ほとんどが基本〜標準的な問題である。ただし，2010 年度〔6〕の異性体や合成に関する問題，2006 年度〔12〕の炭化水素に関する計算問題などは，難易度の高い問題である。

　有機化合物の構造決定に関しては，新しい年度ほど出題数が多い傾向にある。また，難易度の高い問題が多く，特に 2013 年度の〔8〕〔9〕や，2012 年度の〔2〕〔3〕などは，与えられた時間内に解答することが難しい問題である。構造決定問題は有機化学の総合力が問われる問題ともいえるので，有機化学全体についてレベルの高い問題で練習を行うことで，構造決定の力をつけておく必要がある。

✏️ 対策

◇　教科書にあるアルコール，エーテル，カルボニル化合物，カルボン酸，エステル，芳香族炭化水素，フェノール関連化合物，窒素を含む芳香族化合物などの性質や反応を整理する。

◇　立体異性体におけるメソ化合物，ナフタレンのようにベンゼン環をいくつかもつ化合物の異性体の数え方を理解しておくこと。

◇　マルコフニコフ則，ザイツェフ則，ベンゼンの置換反応の配向性，アルコールの脱水反応，ベンゼンの置換反応における中間体の存在など，教科書の発展学習の内容も十分確認しておきたい。

◇　有機化合物の構造決定に関しては，分子式から不飽和度などを調べて分子の特徴をつかみ，設問中に与えられた反応や実験結果からどのような構造を有するかを推定する力など，構造決定問題に対して標準〜やや難レベルの問題練習によって，十分身につけておくことが必要である。

◇　アルケンの酸化開裂，環状構造を有するエステル（ラクトン）の加水分解など，問題練習で得た知識をノートに整理しておくことも有機化学の学習に役立つ。

傾向と対策　19

第6章		天然有機化合物，合成高分子化合物			
番号	難易度	内　　　　容	年　　　度	問題	解答
232	B	合成樹脂，合成繊維	2021 年度〔12〕	169	443
233	B	二糖類の加水分解と単糖類の性質	2021 年度〔13〕	169	444
234	A	合成高分子化合物	2020 年度〔12〕	170	446
235	B	タンパク質を構成する α-アミノ酸とペプチドの性質	2020 年度〔13〕	171	448
236	B	合成高分子化合物の性質と反応	2019 年度〔13〕	171	449
237	B	多糖類，天然ゴムの性質	2018 年度〔14〕	172	450
238	A	付加重合，開環重合による合成高分子化合物	2017 年度〔13〕	172	451
239	B	油脂の分子式と構成脂肪酸の性質	2017 年度〔14〕	173	452
240	A	合成高分子化合物の合成反応と性質	2016 年度〔13〕	174	453
241	B	糖類の性質，セルロースの誘導体	2016 年度〔14〕	174	456
242	B	ヒドロキシ酸の縮合重合による生成物	2015 年度〔14〕	175	457
243	B	糖類の性質，デキストリンの重合度	2014 年度〔11〕	176	458
244	B	油脂の構造決定	2014 年度〔12〕	176	459
245	C	ポリエステル	2011 年度〔6〕	177	460
246	B	天然有機化合物，DNA	2011 年度〔8-1〕	177	461
247	B	糖類	2011 年度〔8-2〕	178	462
248	B	アミノ酸の性質	2009 年度〔7A〕	179	463
249	C	SBR の反応	2009 年度〔7B〕	180	465
250	B	ポリアミド	2008 年度〔2〕	181	466
251	B	糖類の性質	2007 年度〔7〕	181	467
252	B	糖類，タンパク質の性質	2005 年度〔12〕	182	468
253	B	合成高分子の組成	2005 年度〔14〕	183	469
254	B	ジペプチドの構成	2004 年度〔16〕	183	469
255	B	6,6-ナイロン	2004 年度〔17〕	183	470
256	B	合成高分子化合物の単量体の構造と性質	2003 年度〔16〕	184	470
257	B	アセチルセルロースの混合比と反応	2003 年度〔18〕	184	471
258	B	合成ゴム	2002 年度〔16〕	185	472
259	C	ジペプチドの分子式の決定	2002 年度〔18〕	185	473

傾向

　基本からやや難易度の高いものまで出題されているが，全体的に標準的な問題が多い。内容も天然有機化合物である糖類，アミノ酸・タンパク質から合成高分子化合物まで分野全体から出題されている。難易度の高い設問としては，2011 年度〔6〕のポリマーに関する計算問題や 2009 年度〔7B〕の重合体における単量体の割合を問う問題などがある。一般に，高分子化合物の計算問題は，ポリマーの繰り返し単位に着目することで解答に至りやすくなることがある。また，生体高分子化合物である DNA やRNA などに関する設問は少ない。

対策

◇　教科書にある糖類の構造や性質，タンパク質の性質，合成高分子化合物における
　　単量体の構造式などを整理しておくこと。

◇　糖類におけるアセタールやヘミアセタール，フルクトースの還元性を示す構造部
　　分などの反応や性質を理解しておくこと。

◇　共重合体（イオン交換樹脂，NBR，SBR など）における単量体の重合比や，ビ
　　ニロンのアセタール化に関する計算問題などを十分練習しておきたい。

◇　アミノ酸やペプチド，タンパク質は，第 3 章の反応速度，化学平衡分野に含まれ
　　る問題も含め，等電点，酵素反応など十分理解しておきたい。

◇　油脂については，ヨウ素価，けん化価，構成脂肪酸中の二重結合位置を決定する
　　問題などの練習を十分行いたい。

解答する際の注意点

東工大の実際の入学試験の問題冊子には，次のような注意書きがあります．本書には答案用紙はありませんが，解答の形式が指定されているものについては，該当する問題に解答欄を表示しています．解答する際の参考としてください．

注意Ⅰ 問題○，問題△については，<u>1つまたは2つの正解</u>がある．答案用紙の所定の枠の中に，正解の番号を記入せよ．

解答例：**1** 水はどんな元素からできているか．
　　1．水素と窒素
　　2．炭素と酸素
　　3．水素と酸素
　　4．窒素と酸素　　　　　　　　　$\boxed{3}^1$　または　$\boxed{3\ }^1$

解答例：**2** 水を構成している元素は，つぎのうちどれか．
　　1．水　素
　　2．炭　素
　　3．窒　素
　　4．酸　素　　　　　　　　　　　$\boxed{1|4}^2$　または　$\boxed{4|1}^2$

注意Ⅱ 問題□については，指示にしたがって答案用紙の所定の枠の中に適切な数値や式あるいは構造を記せ．

注意Ⅲ その他の問については，答案用紙の所定の枠の中に，0から9までの適当な数字を1枠に1つ記入せよ．

解答例：**5** ベンゼン分子は何個の炭素原子で構成されているか．
　　　　　　　　　　　　　　　　　　　　　　　　　　$\boxed{0|6}^5$

解答例：**6** つぎの問に答えよ．
　　問 i 　水分子には何個の水素原子が含まれているか．
　　問 ii　水分子には何個の酸素原子が含まれているか．

問題編

第1章　物質の構造

1　塩化セシウム型イオン結晶　　　　　　　　　　　2021 年度〔5〕

陽イオン M^+ と陰イオン X^- からなるイオン結晶 A は塩化セシウム型の構造をもつ。結晶 A の単位格子は立方体で各頂点に X^- が位置し，単位格子の中心に M^+ が位置する。つぎの問に答えよ。ただし，結晶中の M^+ と X^- はすべて球とみなし，最も近い M^+ と X^- は互いに接しているものとする。また，$\sqrt{2}=1.41$，$\sqrt{3}=1.73$ とする。

○**問 i**　結晶 A の単位格子の一辺の長さを a とし，M^+ のイオン半径と X^- のイオン半径の和を d とするとき，d/a はいくらか。解答は小数点以下第 3 位を四捨五入して，下の形式により示せ。

$$0.\boxed{}\boxed{}$$

○**問 ii**　結晶 A の単位格子の一辺の長さは 0.422 nm である。M^+ のイオン半径 r^+ は 0.082 nm，0.139 nm，0.172 nm のいずれかであり，X^- のイオン半径 r^- は 0.183 nm，0.193 nm，0.216 nm のいずれかである。結晶 A の r^+/r^- はいくらか。解答は小数点以下第 3 位を四捨五入して，下の形式により示せ。

$$0.\boxed{}\boxed{}$$

2　原子，イオンの構造と性質　　　　　　　　　　2020 年度〔1〕

△　つぎの記述のうち，誤っているものはどれか。なお，正解は 1 つまたは 2 つある。

1．すべての元素の原子番号の値は，その元素の原子量よりも小さい。
2．天然に存在する水素原子には放射性同位体がある。
3．すべての価電子は最外殻（最外電子殻）に位置する。
4．貴ガス（希ガス）の第一イオン化エネルギーは，原子番号が大きくなるにつれて大きくなる。
5．ある原子の 1 価の陰イオンから電子 1 個を取り去るのに要するエネルギーは，その原子の電子親和力に等しい。
6．K^+ と Cl^- は同じ電子配置をもつが，イオンの大きさは Cl^- の方が大きい。
7．天然に存在する遷移元素はすべて金属元素である。

3 セン亜鉛鉱型イオン結晶　　2020年度〔10〕

陽イオン M^+ と陰イオン X^- からなる化合物 MX の結晶は，図に示すセン亜鉛鉱型構造をとる。X^- は立方体の単位格子の各頂点と面の中心に位置し，M^+ は図中破線で示す4個の X^- からなる正四面体の中心に位置する。つぎの問に答えよ。ただし，結晶中の M^+ と X^- はすべて球とみなし，最も近い M^+ と X^- は互いに接しているものとする。また，M^+ と X^- の半径比を 1:4, $\pi=3.14$, $\sqrt{2}=1.41$, $\sqrt{3}=1.73$ とする。

○問 i　結晶中のある X^- に接している M^+ の数はいくつか。

□□

○問 ii　単位格子の体積は単位格子内の X^- の体積の何倍か。解答は小数点以下第2位を四捨五入して，下の形式により示せ。

□.□倍

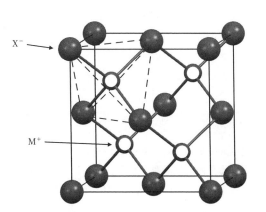

4 体心立方格子と面心立方格子　　2019年度〔5〕

結晶構造に関するつぎの問に答えよ。ただし，結晶中の原子を球とみなし，最も近い原子は互いに接しているものとする。また，$\pi=3.14$, $\sqrt{2}=1.41$, $\sqrt{3}=1.73$, $\sqrt[3]{2}=1.26$, $\sqrt[3]{3}=1.44$ とし，アボガドロ定数は 6.02×10^{23}/mol とする。

○問 i　元素 A の結晶は体心立方格子をもち，単位格子の一辺の長さは a_1 である。また，元素 B の結晶は面心立方格子をもち，単位格子の一辺の長さは a_2 である。A と B の原子半径が等しいとするとき，a_2/a_1 はいくらか。解答は小数点以下第2位を四捨五入して，下の形式により示せ。

□.□

26 第1章 問題

△**問 ii** 元素 C の結晶は体心立方格子をもち，C の原子半径は r_1 である。また，元素 D の結晶は面心立方格子をもち，D の原子半径は r_2 である。元素 D の原子量を元素 C の原子量の 4.00 倍，元素 D の結晶の密度を元素 C の結晶の密度の 2.00 倍とするとき，r_2/r_1 はいくらか。解答は小数点以下第 2 位を四捨五入して，下の形式により示せ。

□.□

5 原子の構造，分子間力，分子の構造と極性　　　　2019 年度〔6〕

△ つぎの記述のうち，誤っているものはどれか。なお，正解は 1 つまたは 2 つある。

1. すべての原子において，電子の数は原子番号と等しい。
2. すべての貴ガス（希ガス）において，原子の最外殻は収容できる最大の数の電子で満たされている。
3. ヘリウム原子はすべての原子の中で最大の第一イオン化エネルギーをもつ。
4. 元素の中には天然に同位体が存在しないものがある。
5. ファンデルワールス力はすべての分子間にはたらく。
6. 分子内の結合に極性があると，その分子は常に極性分子となる。

6 黒鉛の構造と充填率　　　　2018 年度〔5〕

図は黒鉛の結晶構造の一部である。原子は隣接する 3 個の原子と共有結合しており，正六角形を単位とする平面層状構造を形成している。この層状構造どうしは分子間力により積み重なっている。図中の白抜きの原子は破線で結ばれた原子と上下に重なる。つぎの問に答えよ。ただし，結合距離を r，各層間の距離を $\sqrt{6}r$ とし，原子は半径 $\dfrac{r}{2}$ の球とみなす。また，$\pi = 3.14$，$\sqrt{2} = 1.41$，$\sqrt{3} = 1.73$ とする。

問 i 結晶中のある原子から，原子の中心間の距離が r 以上 $2r$ 以下にある原子の数はいくつか。

□□ 個

問 ii 結晶の体積に対して原子が占める体積の割合を充填率という。この黒鉛結晶の充填率はいくらか。解答は小数点以下第 1 位を四捨五入して，下の形式により示せ。

□□ %

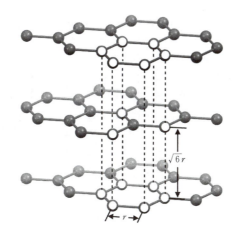

7 物質の構成粒子と状態,化学量   2017年度〔1〕

△ つぎの記述のうち,正しいものはどれか。なお,正解は1つまたは2つある。

1. NaI の融点は NaCl の融点よりも高い。
2. 20℃,$1.0×10^5$ Pa で液体の単体は2つある。
3. 大気中の CO_2 分子1個の質量はすべて同じである。
4. 溶液のモル濃度は温度を変化させても変わらない。
5. 原子や分子などが規則正しく配列した状態を固体という。
6. ある分子1 mol あたりの質量を,その分子の分子量という。
7. 標準状態での気体1 mol あたりの体積は,H_2 のほうが NH_3 よりも大きい。

8 面心立方格子,セン亜鉛鉱型結晶の充填率   2017年度〔10〕

結晶内の原子またはイオンが空間に占める体積の割合を充填率という。つぎの問に答えよ。ただし,結晶中の原子またはイオンはすべて球とみなし,$π=3.14$,$\sqrt{2}=1.41$ とする。

問 i 金属Mの結晶は,面心立方格子をとる。充填率はいくらか。解答は小数点以下第1位を四捨五入して,下の形式により示せ。ただし,最も近い原子は互いに接しているものとする。

□□ %

問 ii 化合物 MX の結晶は，図に示すセン亜鉛鉱型構造をとる。X^- イオンは図中太線で示す立方体の単位格子の各頂点と面の中心に位置し，M^+ イオンは図中点線で示す 4 個の X^- イオンからなる四面体空間の中心に位置する。M^+ イオンと X^- イオンの半径はそれぞれ 0.600×10^{-8} cm，2.00×10^{-8} cm とする。単位格子の一辺の長さを 6.00×10^{-8} cm としたときの化合物 MX の充塡率は，**問 i** で求めた金属Mの充塡率の何倍か。解答は小数点以下第 3 位を四捨五入して，下の形式により示せ。

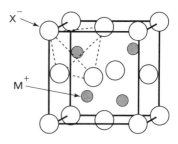

0.□□倍

9　六方最密構造をもつ金属結晶　　　　　2016 年度〔5〕

下図に示す六方最密構造をもつ金属結晶に関するつぎの問に答えよ。ただし，図中の丸印は原子位置を示し，太線は単位格子を示している。また，結晶中の原子を球とみなし，最も近い原子は互いに接しているものとする。$\sqrt{2}=1.41$，$\sqrt{6}=2.45$ とし，アボガドロ定数は 6.02×10^{23}/mol とする。

問 i 図中の灰色で表されている 4 個の原子で形成される正四面体の高さは，単位格子の高さ c の半分である。c は最近接原子間距離 a の何倍か。解答は小数点以下第 2 位を四捨五入して，下の形式により示せ。

□.□倍

問 ii 原子量が 60.2，$a^3 = 3.24 \times 10^{-23}$ cm^3 のとき，この金属結晶の密度はいくらか。解答は小数点以下第 2 位を四捨五入して，下の形式により示せ。

□.□ g/cm^3

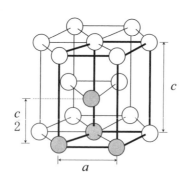

10 金属の結晶　　　　　　　　　　　　　　　　　　2015 年度〔3〕

つぎの表に示す金属の結晶に関する下の問に答えよ。ただし，結晶中の各原子を球とみなし，最も近い原子は互いに接しているとする。また，$\sqrt{2}=1.4$，$\sqrt{3}=1.7$ とし，アボガドロ定数は 6.0×10^{23}/mol とする。

金属元素	結晶構造	原子量	単位格子の1辺の長さ〔cm〕	単位格子の体積〔cm³〕
ナトリウム	体心立方格子	23	4.3×10^{-8}	8.0×10^{-23}
アルミニウム	面心立方格子	27	4.0×10^{-8}	6.4×10^{-23}
カリウム	体心立方格子	39	5.3×10^{-8}	15×10^{-23}
銅	面心立方格子	64	3.6×10^{-8}	4.7×10^{-23}

問 i　密度が大きい順番に並べると，ナトリウムは何番目になるか。

問 ii　原子半径の大きい順番に並べると，アルミニウムは何番目になるか。

11 イオン化エネルギー，電子親和力，イオン半径　　2015 年度〔6〕

つぎの記述のうち，正しいものはどれか。なお，正解は1つまたは2つある。

1．Na 原子が電子1個を失って Na^+ になるとき，エネルギーが放出される。

2．Cl 原子の電子親和力は，Cl^- から電子1個を取り去るのに必要なエネルギーと等しい。

3．単原子イオン O^{2-}，F^-，Mg^{2+} のうち，最もイオン半径が大きいものは Mg^{2+} である。

4．アルカリ金属の単体では，原子半径が大きいほど融点が高くなる。

5．金属に特有の光沢は，自由電子の働きによるものである。

6．水素，重水素，三重水素は互いに同素体である。

12 イオン結晶　　　　　　　　　　　　　　　　　2013年度〔4〕

塩化ナトリウムと塩化セシウムの結晶は，図のような単位格子をもつ。これらの結晶に関する下の問に答えよ。

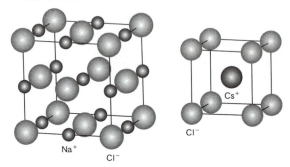

○問 i 　塩化ナトリウムの単位格子内にある塩化物イオンの数は，塩化セシウムの単位格子内にある塩化物イオンの数の何倍か。解答は小数点以下第2位を四捨五入して，下の形式により示せ。

□.□倍

○問 ii 　塩化ナトリウム中の，ある塩化物イオンに最も近いナトリウムイオンの総数は，塩化セシウム中の，ある塩化物イオンに最も近いセシウムイオンの総数の何倍か。解答は小数点以下第3位を四捨五入して，下の形式により示せ。

0.□□倍

△問 iii 　塩化ナトリウム中の，ある塩化物イオン X に最も近いナトリウムイオン A_1, A_2, ……を考える。これら A_1, A_2, ……に最も近い塩化物イオンのうち，X を除いた塩化物イオンの総数は何個か。

13 同位体　　　　　　　　　　　　　　　　　　　2012年度〔6〕

つぎの文を読み，下の問に答えよ。

放射性同位体には ^{40}K, ^{90}Sr, ^{131}I, ^{137}Cs, ^{222}Rn などがある。^{131}I は1原子あたり ア 個の中性子をもち，放射線を放出して，原子番号が1だけ大きい ^{131} イ に変わる。

○問 i 　空欄アに入るべき数値を答えよ。
○問 ii 　空欄イに入るべき元素記号を答えよ。

第 1 章 問題 31

△問iii つぎの記述のうち，正しいものはどれか。なお，正解は 1 つまたは 2 つある。

1．天然に存在する原子は必ず 1 個以上の中性子をもつ。
2．^2H は天然には存在しない。
3．^{14}C は天然には存在しない。
4．^{40}Ar，^{40}K，^{40}Ca は互いに同位体である。
5．Sr と Ca は同族元素である。
6．Cs はアルカリ土類金属である。
7．希ガス元素 Rn の最外電子殻には，収容できる最大数の電子が配置されている。

14 面心立方格子，六方最密構造　　　2011 年度〔1〕

最密構造に関するつぎの文を読み，下の問に答えよ。ただし，粒子の間の距離とは，粒子の中心の間の距離のことである。

面心立方格子（立方最密構造）と六方最密構造は，1 種類の球状粒子を三次元空間に最も密に充填してできる最密構造の代表的な例である。いずれの構造においても，ある粒子 X に接する粒子（粒子 X の最近接粒子）の数は 12 個である。それらは粒子 X から等しい距離にあり，粒子 X を取り囲む。

粒子 X の最近接粒子いずれかに接する粒子のうち，粒子 X および粒子 X の最近接粒子を除いたものは，粒子 X の 12 個の最近接粒子を取り囲む。しかし，それらは粒子 X から等しい距離にあるわけではない。

×問i　ある粒子 X の 12 個の最近接粒子いずれかに接する粒子のうち，粒子 X および粒子 X の最近接粒子を除いたものの数は何個か。面心立方格子および六方最密構造それぞれの場合について答えよ。

×問ii　問 i で数え上げた粒子は，粒子 X からの距離を用いて分類すると，何種類に分類されるか。面心立方格子および六方最密構造それぞれの場合について考えよ。

×問iii　問 i で数え上げた粒子と粒子 X の間の距離のうち，最も長いものは最も短いものの何倍であるか。面心立方格子および六方最密構造それぞれの場合について答えよ。解答は所定の枠に適切な実数で記入せよ。

面心立方格子の場合　　□倍
六方最密構造の場合　　□倍

32　第1章　問題

15 同位体と反応の量的関係　　2009 年度〔6〕

つぎの文を読み，下の問に答えよ。ただし，各元素の原子量は，H＝1，C＝12，O＝16，Na＝23，Cl＝35.5 とし，また ^{13}C の相対質量を 13 とする。

カルボキシ基の炭素のみが ^{13}C からできている酢酸がある。この酢酸のナトリウム塩 41.0 g と水酸化ナトリウム 24.0 g を混ぜて加熱し，(ア)無色無臭の化合物 A を得た。得られた化合物 A に 50.0 g の塩素を混合し，紫外線を当てて置換反応を行ったところ，塩素が消失し，(イ)A が塩素化されたいくつかの種類の化合物とともに塩化水素が生成した。

問 i　下線(ア)における，化合物 A の生成量は何 g か。解答は小数点以下第 2 位を四捨五入して，下の形式により示せ。

$$\boxed{}.\boxed{}\,g$$

問 ii　下線(イ)における，塩化水素の生成量は何 g か。解答は小数点以下第 1 位を四捨五入して，下の形式により示せ。

$$\boxed{}\boxed{}\,g$$

16 黒鉛における燃焼反応の量的関係　　2008 年度〔7〕

つぎの文を読み，下の問に答えよ。ただし，黒鉛，一酸化炭素の燃焼熱はそれぞれ 390，280 kJ/mol とする。

容積を変えることで圧力を一定に保つ容器の中に，(ア)物質量の不明な黒鉛と 4.50 mol の酸素を入れ，黒鉛を燃焼させた。燃焼後の容器内の気体は一酸化炭素と二酸化炭素であり，それらの物質量は同じであった。(イ)この状態の容器にさらに酸素を加え，再び燃焼させたところ，容器内に残っていた黒鉛は消失した。燃焼後の容器内の気体は二酸化炭素と酸素であり，両者の物質量の和は，下線(ア)の燃焼後の容器内の気体の物質量と比較して 3.75 倍であった。また，下線(イ)の燃焼で発生した熱量は，下線(ア)の燃焼の場合と比較して 2.90 倍であった。

✕問 i　下線(ア)で示した燃焼により発生した熱量はいくらか。解答は有効数字 3 桁目を四捨五入して，下の形式により示せ。

$$\boxed{}.\boxed{}\times10^{3}\,kJ$$

△問 ii　はじめに容器の中に入れた黒鉛の物質量はいくらか。解答は小数点以下第 1 位

第1章　問題　33

を四捨五入して，下の形式により示せ。

$\boxed{}\boxed{}$ mol

△**問iii**　下線(イ)の燃焼の際に新たに加えた酸素の物質量はいくらか。解答は小数点以下第1位を四捨五入して，下の形式により示せ。

$\boxed{}\boxed{}$ mol

17 混合気体における反応の量的関係　　　　2007年度〔1〕

容積を変えることで圧力を一定に保つ容器の中に，エタン，エチレン，アセチレンの混合気体が入っている。各気体の物質量の総和は 1.00 mol である。25℃でこの容器に水素と白金触媒を加えて十分に長い時間反応させたところ，反応後の25℃における容積は水素を加えた直後の容積の $\frac{5}{8}$ に減少した。つぎに容器内の白金触媒を取り除き，(ア)十分な量の酸素を加えて完全燃焼させたところ，1850 kJ の発熱があった。一方，(イ)水素を加える前の混合気体を完全燃焼させると，1400 kJ の発熱があることがわかっている。つぎの問に答えよ。ただし，白金触媒の体積は無視でき，気体はすべて理想気体としてふるまうものとする。また，エタン，エチレン，アセチレン，水素の燃焼熱はそれぞれ 1560，1410，1300，290 kJ/mol とする。

問i　つぎの記述のうち，正しいものはどれか。なお，正解は1つまたは2つある。

1. エタン，エチレン，アセチレンを完全燃焼させると，生成する二酸化炭素 1 mol あたりの発熱量が一番大きいものはアセチレンである。

2. エタン，エチレン，アセチレンを完全燃焼させると，生成する水 1 mol あたりの発熱量が一番大きいものはエタンである。

3. エタン，エチレン，アセチレンを完全燃焼させると，消費される酸素 1 mol あたりの発熱量が一番大きいものはアセチレンである。

4. 下線(ア)と(イ)で示した燃焼で生成する二酸化炭素の物質量は(ア)の方が多い。

5. 下線(ア)と(イ)で示した燃焼で消費される酸素の物質量は(ア)の方が多い。

問ii　下線(ア)で示した燃焼で生成した水の物質量はいくらか。解答は小数点以下第2位を四捨五入して，下の形式により示せ。

$\boxed{}.\boxed{}$ mol

問iii　下線(イ)で示した燃焼で生成する水の物質量はいくらか。解答は小数点以下第2位を四捨五入して，下の形式により示せ。

$\boxed{}.\boxed{}$ mol

34 第1章 問題

18 金属単体の結晶 2007年度〔3〕

金属の単体の結晶に関するつぎの問に答えよ。ただし、ある原子の中心から他の原子の中心までの距離を原子間距離といい、結晶中で、ある原子から最も近い位置にある原子を最近接原子、最近接原子までの距離を最近接原子間距離という。また、アボガドロ数は 6.02×10^{23}、平方根および立方根（三乗根）の値は本問題末尾の表のとおりとする。

問 i つぎの記述のうち、誤っているものはどれか。なお、正解は1つまたは2つある。

1. 面心立方格子では単位格子あたりの原子の数は4個である。
2. 体心立方格子では単位格子あたりの原子の数は2個である。
3. 面心立方格子の単位格子の一辺の長さは、最近接原子間距離の $\sqrt{2}$ 倍である。
4. 体心立方格子の単位格子の一辺の長さは、最近接原子間距離の $\sqrt{3}$ 倍である。
5. 面心立方格子では1つの原子に対する最近接原子の数は8個である。
6. 体心立方格子では1つの原子に対する最近接原子の数は8個である。

問 ii つぎの表に示す金属の結晶を、最近接原子間距離が短いものから順に並べると、銀は何番目になるか。

金　　属	結晶構造	モル質量 M〔g/mol〕	結晶の密度 D〔g/cm³〕	M/D 〔cm³/mol〕
リ チ ウ ム	体心立方格子	6.94	0.536	12.9
アルミニウム	面心立方格子	27.0	2.70	10.0
鉄	体心立方格子	56.0	7.81	7.17
銀	面心立方格子	108	10.5	10.3

問 iii 問 ii の4種類の結晶の最近接原子間距離のうち、最大のものは最小のものの何倍か。解答は小数点以下第2位を四捨五入して、下の形式により示せ。

□.□倍

平方根、立方根（三乗根）表

	2.00	3.00	4.00	5.00	6.00	7.00	8.00	9.00	10.0
平方根	1.41	1.73	2.00	2.24	2.45	2.65	2.83	3.00	3.16
立方根	1.26	1.44	1.59	1.71	1.82	1.91	2.00	2.08	2.15

19 水素吸蔵合金

2006 年度〔6〕

水素と酸素の反応を利用して電気エネルギーを取り出す燃料電池の本格的な普及に際し、水素の安全な輸送手段の確立が求められている。この手段の一つとして水素を可逆的に吸収・放出することのできる水素吸蔵合金の利用が検討されている。水素と水素吸蔵合金に関するつぎの**問 i 〜iii**に答えよ。

問 i つぎの記述のうち、誤っているものはどれか。なお、正解は 1 つまたは 2 つある。

1. 地球上にある水素原子の大部分は質量数 1 のものであるが、質量数 2、3 の同位体も存在する。

2. 常温常圧で水素は最も密度が小さい気体である。

3. 1 mol の水素と 0.5 mol の酸素を混ぜて点火すると、爆発的に反応し 0.5 mol の水を生じる。

4. 熱した酸化銅（II）に水素を作用させると、水素が酸化銅（II）から酸素を奪い、金属銅が生じる。

5. 水素は亜鉛や鉄に希硫酸を加えると発生するが、鉛に希硫酸を加えてもほとんど発生しない。

6. 水素の水に対する溶解度は、二酸化炭素の水に対する溶解度より小さい。

問 ii 水素吸蔵合金は水素を原子として吸収する。鉄とチタンからなる水素吸蔵合金に関するつぎの問に答えよ。ただし、鉄原子、チタン原子、水素原子はそれぞれ 1.17×10^{-8} cm、1.33×10^{-8} cm、3.30×10^{-9} cm の半径をもつ球とし、$\sqrt{2} = 1.41$、$\sqrt{3} = 1.73$、$\sqrt{5} = 2.24$ とする。

問A 図 1 のように、この合金の結晶の単位格子は立方体であり、α 面では図 2 のように対角線上の原子が互いに接している。鉄原子間の最短距離（鉄原子の中心間の最短距離）はいくらか。解答は有効数字 3 桁目を四捨五入して、下の形式により示せ。

$$\boxed{}.\boxed{} \times 10^{-8} \text{cm}$$

△**問B** この合金が最大量の水素を吸収したとき、図 3 のように 2 つの鉄原子と 4 つのチタン原子がつくる八面体の中心すべてに水素原子が入るとする。このとき、水素原子が鉄原子またはチタン原子のいずれかと接するように原子間を押し広げ、単位格子は立方体を保ったまま膨張する。鉄原子間の最短距離はいくらか。解答は有効数字 3 桁目を四捨五入して、下の形式により示せ。

$$\boxed{}.\boxed{} \times 10^{-8} \text{cm}$$

問C 水素を最大量吸収したとき，合金中の水素の質量パーセントはいくらか。ただし，各元素の原子量は，H＝1，Ti＝48，Fe＝56とする。解答は小数点以下第2位を四捨五入して，下の形式により示せ。

☐.☐ ％

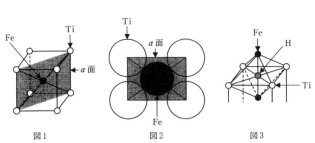

図1　　　　　図2　　　　　図3
図1と図3は原子の位置のみを示したものであり，図2は原子の
大きさも考慮して描かれている。

問iii 水素吸蔵合金の1つにマグネシウムとニッケルの合金がある。つぎのア～ウは，水素を吸収したマグネシウムとニッケルの合金を試料として，その組成を調べるために行った実験と結果である。

ア． 11.50 g の試料を塩酸に完全に溶解したところ，0.410 mol の水素ガスが生じた。この反応で，合金に含まれていたマグネシウムとニッケルはともに2価のイオンになり，吸収されていた水素は気体として放出された。

イ． 得られた水溶液を適当な条件下で電気分解したところ，陰極では，1種類の金属イオンだけがすべて金属として析出し，さらに0.300 mol の水素ガスが発生した。

ウ． イの電気分解に必要な電気量は，アで発生した水素ガスを燃料電池で完全に水に変換したときに得られる電気量に等しかった。

試料 11.50 g 中には何 g の水素が吸収されていたか。解答は小数点以下第3位を四捨五入して，下の形式により示せ。ただし，燃料電池の負極では水素ガスが H^+ に酸化され，正極では負極から移動した H^+ と酸素から水を生じる。また，各元素の原子量は，H＝1，Mg＝24，Ni＝59とする。

0.☐☐ g

20　元素の周期律，化学結合，分子間力　　2005年度〔1〕

つぎの記述のうち，誤っているものはどれか。なお，正解は1つまたは2つある。

1．希ガス原子の第一イオン化エネルギーは，原子番号が大きくなるにつれて小さくなる。

2．K⁺ と Cl⁻ は同じ電子配置をもつが，イオンの大きさは K⁺ の方が小さい。
3．アンモニア分子に水素イオンが配位結合した NH₄⁺ では，4つの N-H 結合の結合エネルギーがすべて等しい。
4．分子内に極性をもつ共有結合がある場合，その分子は極性分子である。
5．ハロゲン化水素の沸点は，分子量が大きくなるにつれて高くなる。

21　クロム結晶とニッケル結晶　　　　　　2005年度〔4〕

クロム結晶の単位格子は体心立方格子，ニッケル結晶の単位格子は面心立方格子である。結晶の中で，1つの原子からみて最も近い位置にある原子を最近接原子，2番目に近い位置にある原子を第2近接原子と呼ぶ。結晶内の1つの原子からその最近接原子までの距離は，クロム結晶とニッケル結晶で等しいとみなせる。下の問に答えよ。ただし，各元素の原子量は，Cr=52.0，Ni=58.7 とし，$\sqrt{2}=1.41$，$\sqrt{3}=1.73$，$\sqrt{6}=2.45$ とする。

問 i　つぎの記述のうち，誤っているものはどれか。なお，正解は1つまたは2つある。

1．単位格子中に含まれる原子の数を比べると，クロム結晶はニッケル結晶の 0.5 倍である。
2．単位格子の1辺の長さを比べると，クロム結晶はニッケル結晶の $\sqrt{\dfrac{2}{3}}$ 倍である。
3．最近接原子の数を比べると，クロム結晶はニッケル結晶の $\dfrac{2}{3}$ 倍である。
4．結晶内の1つの原子からその第2近接原子までの距離を比べると，クロム結晶はニッケル結晶の $\sqrt{\dfrac{2}{3}}$ 倍である。
5．第2近接原子の数を比べると，クロム結晶はニッケル結晶の $\dfrac{2}{3}$ 倍である。

△問 ii　同じ質量のクロム結晶とニッケル結晶を比べると，クロム結晶の体積はニッケル結晶の体積の何倍か。解答は小数点以下第2位を四捨五入して，下の形式により示せ。

38　第1章　問題

22　酸素の同位体存在比　　　　　　　　　　2005 年度〔9〕

酸素の同位体として ^{16}O と ^{18}O だけを含む酸化鉄（Ⅲ）の粉末がある。この酸化鉄（Ⅲ）65.50 g を Fe まで完全に還元したところ，質量が 20.70 g 減少した。この酸化鉄（Ⅲ）に含まれる ^{16}O と ^{18}O の物質量の比はいくらか。

解答は小数点以下第 3 位を四捨五入して，下の形式により示せ。ただし，Fe の原子量は 56，^{16}O の相対質量は 16，^{18}O の相対質量は 18 とする。

$$^{16}O \text{ の物質量} : {}^{18}O \text{ の物質量} = 0.\boxed{}\boxed{} : 1$$

23　結合の極性，固体の性質　　　　　　　　　　2004 年度〔1〕

つぎの記述のうち，誤っているものはどれか。なお，正解は 1 つまたは 2 つある。

1．メタンは C−H 結合が極性をもっているため極性分子である。
2．水分子に水素イオン H^+ が配位結合してできるオキソニウムイオン H_3O^+ では，3 つの O−H 結合はすべて同等で区別できない。
3．塩化水素よりフッ化水素の沸点が高いのは，分子間の水素結合がより強いからである。
4．分子量がほぼ等しいにもかかわらず，メタノールの沸点がエタンの沸点に比べて著しく高いのは，分子間に静電気的な引力が働くからである。
5．金属結晶内のすべての原子は，すべての自由電子を共有することによって互いに結合している。
6．イオン同士が強く結びついた NaCl は，加熱融解しても電気を通さない。
7．結晶内に平面的な網目構造をもつ黒鉛では，平面構造の中を自由に動ける電子があるため，電気をよく通す。

24　Ba 結晶と BaO 結晶　　　　　　　　　　2004 年度〔4〕

バリウム結晶の単位格子は体心立方格子である。また，酸化バリウムの結晶は塩化ナトリウムと同様の結晶構造をもち，Ba^{2+} 間の最短距離はバリウムの結晶における Ba 間の最短距離の 0.90 倍である。つぎの記述のうち，誤っているものはどれか。ただし，各元素の原子量は O = 16，Ba = 137 とし，$\sqrt{2} = 1.41$，$\sqrt{3} = 1.73$，$\sqrt{5} = 2.24$ とする。なお，正解は 1 つまたは 2 つある。

1．BaO 結晶において，Ba^{2+} 間の最短距離は O^{2-} 間の最短距離に等しい。

2．BaO 結晶中の1つの Ba^{2+} に隣接している O^{2-} の数は，Ba 結晶中の1つの Ba に隣接している Ba の数より少ない。
3．Ba 結晶中の1つの Ba とそれに2番目に近い Ba との距離は，BaO 結晶中の1つの Ba^{2+} と，Ba^{2+} の中でそれと2番目に近い Ba^{2+} との距離より短い。
4．Ba 結晶の単位格子の体積は，BaO 結晶の単位格子の体積より小さい。
5．ある Ba 結晶を酸化して BaO 結晶としたとき，その結晶の体積は $0.90^3 \times 3\sqrt{6}/8$ 倍となる。
6．Ba 結晶の密度は，BaO 結晶の密度より大きい。

25　イオン化エネルギー，電子親和力　2003年度〔1〕

つぎの記述のうち，誤っているものはどれか。なお，正解は1つまたは2つある。

1．天然に存在するほとんどの元素の同位体は，単体，化合物，あるいはそれらの混合物のいずれにおいてもほぼ一定の割合で存在する。
2．遷移元素はすべて金属元素であり，典型元素と異なり原子番号のとなりあう元素の性質も似ている。
3．O^{2-}，F^-，Na^+，Mg^{2+}，Al^{3+} は同じ電子配置をもつが，その大きさは原子核の正電荷が大きいイオンほど小さい。
4．価電子は最外殻に位置する電子であり，原子が結合したりイオンになったりするときに重要な働きをする。
5．原子の第1イオン化エネルギーと電子親和力の和をとると，ほぼゼロとなる。
6．同一周期内の元素において，原子の第1イオン化エネルギーは17族元素がもっとも大きい。
7．気体状態の1価の陰イオンから電子1個をとり去るのに要するエネルギーは，対応する原子の電子親和力に等しい。

26　金属酸化物の結晶構造　2003年度〔4〕

2種類の原子 A，B からなり，右図に示す結晶構造をもつ結晶がある。この単位格子は立方体であり，原子 B は立方体の各頂点および中心（体心）にある。原子 A は，図のように頂点と体心とを結ぶ線分の中点のうちの4つにある。このような構造をもつ結晶に関するつぎの問に答えよ。

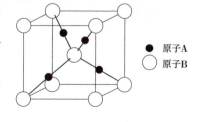
● 原子A
○ 原子B

40 第1章 問題

○**問 i** この物質の組成式として適切なものをつぎの1～9から選び，番号で答えよ。

1．A_3B 2．A_9B_4 3．A_2B 4．A_3B_2 5．AB

6．A_2B_3 7．AB_2 8．A_4B_9 9．AB_3

○**問 ii** 原子A，B間の最短の距離を r としたとき，単位格子の体積はどのように表されるか。つぎの1～9から適切なものを選び，番号で答えよ。

1．$\dfrac{\sqrt{6}\,r^3}{36}$ 2．$\dfrac{\sqrt{3}\,r^3}{9}$ 3．$\dfrac{3\sqrt{3}\,r^3}{8}$

4．$\dfrac{2\sqrt{6}\,r^3}{9}$ 5．$\dfrac{8\sqrt{3}\,r^3}{9}$ 6．$\dfrac{3\sqrt{6}\,r^3}{4}$

7．$\dfrac{16\sqrt{6}\,r^3}{9}$ 8．$\dfrac{64\sqrt{3}\,r^3}{9}$ 9．$\dfrac{128\sqrt{6}\,r^3}{9}$

○**問 iii** ある金属の酸化物の結晶を調べたところ，上図に示す結晶構造をもち，金属原子が原子A，酸素原子が原子Bの位置を占めることがわかった。また，単位格子の体積が $7.81 \times 10^{-23}\,cm^3$ であった。この結晶の密度を測定したところ，$6.10\,g/cm^3$ であった。結晶に含まれていた金属原子の原子量を求めよ。ただし，酸素の原子量を 16，アボガドロ定数を $6.02 \times 10^{23}/mol$ とし，解答は小数点以下第1位を四捨五入して示せ。

27 エタンの燃焼反応　　　　　2003年度〔5〕

容積を変えることで圧力を 1.00 atm に保つ容器のなかに，25℃でエタンと酸素の混合気体 10.0 L が入っている。エタンを完全燃焼させたところ，燃焼後の 25℃における容器の容積は 5.60 L になった。下の問に答えよ。ただし，気体は理想気体としてふるまうものとし，気体定数を $0.0821\,atm \cdot L/(K \cdot mol)$ とする。また，燃焼で生成した水はすべて液体となり，その体積は無視できるものとする。

問A 燃焼前，酸素の分圧はエタンの分圧の何倍であったか。解答は小数点以下第2位を四捨五入して，下の形式により示せ。

$$\boxed{} . \boxed{} 倍$$

問B 燃焼により発生した熱量はいくらか。解答は有効数字3桁目を四捨五入して，下の形式により示せ。ただし，エタン，二酸化炭素，水（液体）の生成熱はそれぞれ 83.8，394，286 kJ/mol とする。

$$\boxed{} . \boxed{} \times 10^2\,kJ$$

28 鉄の酸化反応　　2003年度〔6〕

表面積 $5.00 \times 10^3 \mathrm{cm}^2$ の鉄の板と $1.000\,\mathrm{mol}$ の酸素を密閉容器の中に入れた。0℃で，この密閉容器内の酸素の圧力は $1.000\,\mathrm{atm}$ であった。容器を加熱し，その後0℃まで温度を下げたところ，圧力は $0.750\,\mathrm{atm}$ まで低下した。このとき鉄の板の表面には，下の断面模式図のように，密度 $6.00\,\mathrm{g/cm}^3$ の FeO と組成の不明な $\mathrm{Fe}_x\mathrm{O}_y$ が，それぞれ $6.00 \times 10^{-4}\,\mathrm{cm}$ と $5.20 \times 10^{-4}\,\mathrm{cm}$ の厚さで緻密な層状に生成していた。生成した酸化物全体の平均の密度は $5.63\,\mathrm{g/cm}^3$ であった。下の問に答えよ。ただし，各元素の原子量は，$\mathrm{O}=16$，$\mathrm{Fe}=56$ とし，酸化物の生成にともなう板の表面積および体積の変化は無視できるものとする。

問A 酸化物 $\mathrm{Fe}_x\mathrm{O}_y$ の密度を求めよ。解答は小数点以下第2位を四捨五入して，下の形式により示せ。

$\boxed{}.\boxed{}\,\mathrm{g/cm}^3$

問B 酸化物 $\mathrm{Fe}_x\mathrm{O}_y$ の x と y の比を求めよ。解答は小数点以下第3位を四捨五入して，下の形式により示せ。

$\dfrac{x}{y} = 0.\boxed{}$

29 硫酸鉄(Ⅱ)七水和物と硫酸鉄(Ⅲ)水和物の混合物　　2003年度〔11〕

硫酸鉄(Ⅱ)七水和物 $\mathrm{FeSO}_4 \cdot 7\mathrm{H}_2\mathrm{O}$ と水和水の数の不明な硫酸鉄(Ⅲ)水和物 $\mathrm{Fe}_2(\mathrm{SO}_4)_3 \cdot n\mathrm{H}_2\mathrm{O}$ の混合物がある。この混合物 $4.11\,\mathrm{g}$ を純水に溶かして $100\,\mathrm{mL}$ とした水溶液 **A** について，つぎの**実験ア，イ**を行った。下の問に答えよ。ただし，各元素の原子量は，$\mathrm{H}=1$，$\mathrm{O}=16$，$\mathrm{S}=32$，$\mathrm{Fe}=56$ とする。

ア． $10.0\,\mathrm{mL}$ の水溶液 **A** をとり，空気に触れさせることなく $0.00200\,\mathrm{mol/L}$ の過マンガン酸カリウムの硫酸酸性水溶液で滴定したところ，$50.0\,\mathrm{mL}$ 滴下したところで溶液が赤紫色となった。

イ． $50.0\,\mathrm{mL}$ の水溶液 **A** に十分な量の硝酸を加えた後，水酸化ナトリウム水溶液を加えてアルカリ性にすると赤褐色の沈殿が生じた。この沈殿すべてをろ別し，空気中

42 第1章 問題

で加熱すると $0.680\,\mathrm{g}$ の酸化鉄(Ⅲ)となった。

問 i 硫酸鉄(Ⅲ)水和物の水和水の数 n を求めよ。解答は小数点以下第1位を四捨五入して示せ。

問 ii 水溶液 **A** 中の Fe^{2+} と Fe^{3+} の濃度の比を求めよ。解答は小数点以下第2位を四捨五入して，下の形式により示せ。

$$[Fe^{2+}] : [Fe^{3+}] = 1 : \boxed{} . \boxed{}$$

30 金属の結晶 　　　　　　　　　　　　　　　　2002 年度〔5〕

金属の結晶に関するつぎの問に答えよ。

問A ある金属の結晶構造を調べたところ，単位格子は面心立方格子であり，最短の原子間距離は $a\,\mathrm{cm}$ であった。この金属の原子量を M，アボガドロ定数を N としたとき，結晶の密度〔$\mathrm{g/cm^3}$〕はどのように表されるか。つぎの 1 ～ 9 から適切なものを選び，番号で答えよ。

1. $\dfrac{\sqrt{2}M}{4Na^3}$　　　　2. $\dfrac{M}{2Na^3}$　　　　3. $\dfrac{\sqrt{2}M}{2Na^3}$

4. $\dfrac{M}{Na^3}$　　　　5. $\dfrac{\sqrt{2}M}{Na^3}$　　　　6. $\dfrac{2M}{Na^3}$

7. $\dfrac{2\sqrt{2}M}{Na^3}$　　　8. $\dfrac{4M}{Na^3}$　　　　9. $\dfrac{4\sqrt{2}M}{Na^3}$

✕問B この金属をある温度以上に保つと，結晶の単位格子が面心立方格子から体心立方格子に変化した。この結晶構造の変化により，結晶の体積は何%増加したか。つぎの 1 ～ 9 から最も適切なものを選び，番号で答えよ。ただし，結晶構造にかかわらず最短の原子間距離は同一とし，$\sqrt{2}=1.41$，$\sqrt{3}=1.73$，$\sqrt{5}=2.24$ とする。

1. 1.2%　　　　2. 2.4%　　　　3. 3.6%

4. 4.8%　　　　5. 6.0%　　　　6. 7.2%

7. 8.4%　　　　8. 9.6%　　　　9. 10.8%

31 ダイヤモンドと黒鉛の結晶 2002 年度〔7〕

ダイヤモンドと黒鉛に関するつぎの記述のうち，誤っているものはどれか。なお，正解は1つまたは2つある。

1．ダイヤモンドと黒鉛はいずれも炭素の単体であり，互いに同素体である。
2．ダイヤモンドの結晶では，各炭素原子がすべて共有結合で結びついて，1つの巨大分子を形成している。
3．黒鉛の結晶では，平面状の巨大分子が層状に重なっている。
4．結晶内で最近接している炭素原子間の距離は，黒鉛の方がダイヤモンドより長い。
5．結晶内のある原子に最近接している原子の個数は，ダイヤモンドの方が黒鉛より1つ多い。
6．炭素原子の価電子数は，黒鉛の方がダイヤモンドより1つ多いため，黒鉛は電気を導く。

32 銅の単体と酸化物の量的関係 2002 年度〔11〕

銅の酸化物には酸化銅（Ⅰ）と酸化銅（Ⅱ）があり，空気中で約 1000℃ よりも高い温度では酸化銅（Ⅰ）が，低い温度では酸化銅（Ⅱ）が安定である。いま，純粋な銅に酸化銅（Ⅰ）と酸化銅（Ⅱ）が均一に混ざった粉末 **A** がある。この粉末 **A** の一部を取り，空気中 900℃ で加熱して完全に酸化銅（Ⅱ）としたとき，質量が 14.0 ％ 増加した。粉末 **A** の一部を空気中 1100℃ で加熱し完全に酸化銅（Ⅰ）としたとき，質量は何％増加するか。解答は小数点以下第2位を四捨五入して，下の形式により示せ。ただし，各元素の原子量は，O = 16，Cu = 64 とする。

□．□ ％

第2章　物質の状態・状態変化

33 イオン化エネルギー，物質の状態変化　　2021年度〔7〕

つぎの記述のうち，誤っているものはどれか。なお，正解は1つまたは2つある。

1．第6周期までの同一周期の元素で比較すると，第1イオン化エネルギーが最も大きいのは貴ガスである。
2．第6周期までの遷移元素はすべて金属元素である。
3．圧力一定の条件下で液体の温度を徐々に下げていくと，凝固点よりも低い温度で凝固しないことがある。
4．SiH_4 と H_2S は分子量がほぼ同じであるが，沸点は SiH_4 よりも H_2S のほうが高い。
5．密閉容器内に入れた液体がある温度で気液平衡の状態にあるとき，液体の量が多いほど蒸気圧は高い。
6．温度一定の条件下で圧力が増加すると，固体から液体に変化する物質がある。
7．液体とも気体とも明確に区別できない状態になる物質がある。

34 凝固点降下　　2021年度〔9〕

つぎの文を読み，下の問に答えよ。

　水素イオン H^+ と陰イオン A^- からなる化合物 HA は水溶液中では単量体として存在し，その水溶液は酸性を示す。HA をベンゼンに溶解すると，HA は電離せず，すべての分子が二量体を形成する。

$$2HA \longrightarrow (HA)_2$$

　ベンゼン 100g に 2.20g の HA を完全に溶解したところ，その溶液の凝固点は 4.890℃であった。水 100g に 0.500g の HA を完全に溶解したところ，その水溶液の凝固点は −0.185℃であった。ただし，ベンゼンの凝固点は 5.530℃であり，ベンゼンおよび水のモル凝固点降下はそれぞれ 5.12K・kg/mol，および 1.85K・kg/mol とする。また，すべての溶液は希薄溶液としてふるまうものとする。

問 i　HA の分子量はいくらか。解答は小数点以下第1位を四捨五入して，下の形式により示せ。

問 ii　HA 水溶液について，凝固点における HA の電離度はいくらか。解答は小数点以下第3位を四捨五入して，下の形式により示せ。

0.☐☐

35　浸透圧　　　　　　　　　　　　　　　　　　2021 年度〔10〕

図のような固定された半透膜と2つの左右に動く可動壁で4つの部屋に仕切られた容器がある。それぞれの部屋の体積がすべて V_0〔L〕になるように可動壁を固定した上で，半透膜と可動壁の間の2つの部屋を図のようにモル濃度 C_1〔mol/L〕のスクロース水溶液と純水で満たし，両端の部屋は圧力 P_0〔Pa〕の理想気体で満たした。可動壁を自由に動けるようにしたところ，体積 ΔV〔L〕（>0）の水が半透膜を透過して平衡状態に達し，左端の部屋の圧力が P_1〔Pa〕，右端の部屋の圧力は P_2〔Pa〕となった。つぎの問に答えよ。ただし，すべての実験を通じて温度は T〔K〕で一定であり，気体定数を R〔Pa·L/(mol·K)〕とする。半透膜は水のみを透過させ，浸透圧はファントホッフの法則に従う。スクロース水溶液と純水の変化した体積は透過した水の体積に等しく，圧力には依存しないものとする。

問 i　$\dfrac{\Delta V}{V_0} = X$ とするとき，$\dfrac{P_1 - P_2}{P_0}$ を X のみを用いて示せ。

問 ii　$\dfrac{P_0}{RT} = C_0$ とするとき，X を C_0 および C_1 を用いて示せ。

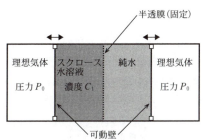

36 気体の法則，理想気体と実在気体 2020 年度〔2〕

つぎの記述のうち，誤っているものはどれか。ただし，気体定数は 8.31×10^3 Pa·L/(mol·K) とする。なお，正解は1つまたは2つある。

1. 27℃，1.0×10^5 Pa において，10L の理想気体がある。この気体を 127℃，5.0×10^5 Pa にすると，体積は 4.0L になる。
2. 気体の状態方程式は，物質量が n〔mol〕の理想気体について，ボイル・シャルルの法則を表したものである。
3. 127℃，8.31×10^4 Pa において，分子量 40 の理想気体 1.0L の質量は 1.0g である。
4. 実在気体が理想気体と異なるふるまいをするのは，分子自身に体積があり，また，分子間力がはたらくためである。
5. 27℃において，2.0×10^5 Pa の窒素 3.0L と 1.0×10^5 Pa の酸素 4.0L を 10L の空の容器に入れた。それぞれを理想気体とすると，この混合気体の全圧は 1.0×10^5 Pa となる。
6. 水素を水上置換で捕集するとき，捕集する容器の内側と外側の水面の高さを一致させると，捕集した水素の圧力は大気圧と等しくなる。

37 気体の溶解度 2020 年度〔4〕

温度 25℃，圧力 1.00×10^5 Pa で行ったつぎの**実験**に関する記述を読み，下の問に答えよ。

実験 空気（体積百分率で窒素：80.0％，酸素：20.0％）と溶解平衡にある水がある。この水 1.00L を自由に可動するピストンのついた容器に注入し，容器内を水で満たした。このとき，容器内の水に V_0〔mL〕の酸素が溶けていた。

溶解平衡を保ちながらアルゴンをゆっくり注入し，容器内の気体部分の体積を 0.120L とした（操作1回目）。このとき，容器内の水に V_1〔mL〕の酸素が溶けていた。

ピストンを押して容器内から気体部分だけを追い出し，上と同様に再びアルゴンを注入して，気体部分の体積を 0.120L とした（操作2回目）。このとき，容器内の水に V_2〔mL〕の酸素が溶けていた。同様の操作をくり返したところ，操作 n 回目で容器内の水に V_n〔mL〕の酸素が溶けていた。

ただし，気体はすべて理想気体としてふるまい，気体の水への溶解はヘンリーの法則

に従う。また，V_0，V_1，V_2，…，V_n は 25℃，1.00×10^5 Pa における体積である。25℃，1.00×10^5 Pa の窒素，酸素，アルゴンは水 1.00 L に，それぞれ 15.0 mL，30.0 mL，32.0 mL 溶ける。また，容器内の圧力は常に 1.00×10^5 Pa に保たれており，水の蒸気圧と体積変化は無視できる。

問 i V_1 はいくらか。解答は小数点以下第 2 位を四捨五入して，下の形式により示せ。

$$\boxed{}.\boxed{}\,\text{mL}$$

問 ii V_n が初めて V_0 の 1/1000 以下となるのは n がいくらのときか。

$$\boxed{}$$

38 蒸気圧降下と沸点上昇 　　　　　　　　　　2019 年度〔10〕

圧力 P_0〔Pa〕における沸点が T_b〔K〕の溶媒がある。温度 T〔K〕におけるこの溶媒の蒸気圧は，$AT + B$〔Pa〕（A〔Pa/K〕と B〔Pa〕は正の定数）で表された。また，この溶媒に不揮発性の非電解質を溶かして作った，質量モル濃度が C〔mol/kg〕の希薄溶液の蒸気圧は，いずれの温度においても溶かす前と比べて kCP_0〔Pa〕（k〔kg/mol〕は正の定数）だけ減少した。この溶媒のモル沸点上昇 K_b〔K·kg/mol〕を求めよ。解答は A，B，C，k，T_b のうち，必要な記号を用いて示せ。

$$K_b = \boxed{}\,\text{〔K·kg/mol〕}$$

39 理想気体と実在気体，気体の溶解度 　　　　　2018 年度〔6〕

つぎの記述のうち，正しいものはどれか。なお，正解は 1 つまたは 2 つある。

1. 理想気体の体積は，圧力を一定にして，温度を 50℃ から 100℃ に変化させると 2 倍になる。
2. 理想気体の体積は，温度が一定のとき，圧力に比例する。
3. 実在気体のふるまいは，標準状態と比べて十分に高温かつ低圧になると理想気体に近づく。
4. 実在気体の体積は，圧力，温度，物質量が同じ理想気体の体積より常に小さい。
5. 水に対する気体のアンモニアの溶解度は，アンモニアの圧力に比例する。
6. 水に対する気体のアンモニアの溶解度は，温度が高くなると増加する。

40 水溶液の浸透圧と沸点上昇　　　2018 年度〔10〕

図のようなシリンダー中で，浸透圧の実験を温度 T〔K〕の下で行った。半透膜を通過しない非電解質の溶質を含んだ希薄水溶液が，半透膜をはさんで水と正対している。希薄水溶液に圧力 P_1〔Pa〕，水に圧力 P_0〔Pa〕をピストン越しに加え，それぞれの体積が図のように V_1〔L〕と V_0〔L〕になって平衡状態に達したところで，希薄水溶液をシリンダーから外に取り出した。この取り出した希薄水溶液の沸点上昇度 $\varDelta T$〔K〕を求めよ。
ただし，水のモル沸点上昇を K_b〔K·kg/mol〕，気体定数を R〔Pa·L/(mol·K)〕とし，解答は P_0, P_1, V_0, V_1, T, K_b, R のうち必要な記号を用いて示せ。また，水 1 L あたりの質量は 1 kg であり，圧力変化および溶質の溶解による水の体質変化は無視できるものとする。

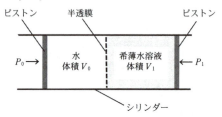

41 酢酸蒸気における単量体と二量体の分圧比　　　2017 年度〔4〕

容積 0.831 L の密閉容器内に酢酸を入れて温度を 440 K としたところ，酢酸はすべて気体となり，単量体 CH_3COOH と二量体 $(CH_3COOH)_2$ が存在する平衡状態となった。このとき気体の全圧は 4.40×10^5 Pa であった（状態 **A**）。これをさらに加熱すると，すべての酢酸が無水酢酸となった。容器内の温度を 440 K にもどしたところ，無水酢酸と水のみが気体として存在し，気体の全圧は 7.70×10^5 Pa となった。状態 **A** における酢酸の単量体の分圧 P_M〔Pa〕と二量体の分圧 P_D〔Pa〕の比はいくらか。解答は小数点以下第 3 位を四捨五入して，下の形式により示せ。ただし，各成分気体は理想気体としてふるまうものとする。また，気体定数は 8.31×10^3 Pa·L/(mol·K) とする。

$$\frac{P_M}{P_D} = 0.\boxed{}$$

第 2 章　問題　49

42　容積一定条件下における気体の溶解度　　2017 年度〔5〕

温度 T〔K〕の条件で，容積 V_1〔L〕の密閉容器に圧力 P_1〔Pa〕の窒素を充てんし，さらに，窒素が溶け込んでいない水 $V_1/2$〔L〕を加えたところ，窒素の圧力は最終的には一定の値 P〔Pa〕となった。P を求めよ。

ただし，温度 T〔K〕において圧力 P_0〔Pa〕の窒素が 1L の水に溶け込む体積を V_0〔L〕とする。また，窒素は理想気体としてふるまうものとし，窒素が溶け込んでも水の体積は変化しないものとする。気体定数を R〔Pa·L/(mol·K)〕とし，解答は T, R, P_0, P_1, V_0, V_1 のうち必要なものを用いて示せ。

43　コロイド溶液の性質　　2015 年度〔7〕

つぎのコロイド溶液に関する記述のうち，誤っているものはどれか。なお，正解は1つまたは2つある。

1．コロイド粒子は可視光を散乱する。
2．牛乳は水が分散媒のコロイドである。
3．水酸化鉄(Ⅲ)のコロイドは疎水コロイドである。
4．1分子で形成されるコロイド粒子がある。
5．親水コロイドに大量の電解質を加えると，コロイド粒子が集まり沈殿する。
6．コロイド粒子のブラウン運動は，分散質どうしの衝突が原因で起こる。

44　固体の溶解度と溶解熱　　2015 年度〔10〕

ある塩の溶解に関する実験1～2を行った。下の問に答えよ。ただし，実験に用いた塩の溶解熱 Q は温度および濃度に依存しない。また，この塩の溶解度は 40.0℃で 70.0〔g/水 100g〕であり，この実験の範囲内では溶液の温度が下がると 1℃ あたり 2.00〔g/水 100g〕ずつ減少するものとする。容器内の物質の比熱はすべて4.00J/(g·K) とする。

実験1　断熱容器内に 40.0℃の水 100g と 40.0℃の塩 100g を入れて混合した。十分な時間が経過すると，溶液の温度が 25.0℃となった。この状態を**A**とする。
実験2　状態**A**に 25.0℃の水 100g を加えて混合し，十分な時間経過させた。この状態を**B**とする。

50 第2章 問題

問i 実験に用いた塩の溶解熱 Q はいくらか。解答は有効数字 3 桁目を四捨五入して，下の形式により示せ。ただし，実験に用いた塩の式量は 100 とする。

$$Q = -\boxed{}\ \text{kJ/mol}$$

問ii 状態Bにおける溶液の温度はいくらか。解答は有効数字 3 桁目を四捨五入して，下の形式により示せ。

$$\boxed{}\ ℃$$

45 水溶液の性質 　　　　　　　　　　　　　　2014 年度〔5〕

つぎの記述のうち，正しいものはどれか。なお，正解は 1 つまたは 2 つある。

1. 0℃の氷水中の氷がすべて解けて 0℃の水になっても，温度が変わらないので氷水と外部との間のエネルギーのやり取りはない。
2. 水に食塩を溶かすと凝固点が降下するのは，食塩の溶解が吸熱反応であることが原因である。
3. 断熱容器中で，0℃の食塩水中に 0℃の氷を入れると，氷の体積は増える。
4. 食塩水にレーザー光を通すと，食塩水中の光の通路が輝いて見える。
5. 水に対する水酸化ナトリウムの溶解熱は負である。
6. 食塩が溶けきれず沈殿している飽和食塩水では，沈殿している食塩が溶液に溶け出す速さと，溶液から食塩が析出する速さは等しい。

46 混合気体の圧力，水蒸気圧 　　　　　　　　　2014 年度〔7〕

容積 16.6 L で一定の容器内に，0.880 g のプロパン（C_3H_8）と 6.40 g の酸素を導入し，C_3H_8 を完全燃焼させたのち，容器内の温度を 300 K とした。このとき，容器内の気体の全圧はいくらか。解答は有効数字 3 桁目を四捨五入して，下の形式により示せ。ただし，すべての気体は理想気体としてふるまい，気体の水への溶解は無視できるものとする。また，温度 300 K での水の飽和蒸気圧は 3.60×10^3 Pa，気体定数を 8.3×10^3 Pa・L/(K・mol) とし，各分子の分子量は，$H_2O = 18$，$O_2 = 32$，$CO_2 = 44$，$C_3H_8 = 44$ とする。

$$\boxed{}.\boxed{} \times 10^4\ \text{Pa}$$

第 2 章　問題　51

47 固体の溶解度，希薄溶液の性質　　2014 年度〔8〕

Na_2SO_4 水溶液を用い，つぎの**実験1～3**を行った。下の問に答えよ。ただし，水溶液中で溶質は完全に電離しているものとする。また，**実験1，2**では水の蒸発は無視できるものとし，**実験3**では水蒸気は理想気体としてふるまうものとする。Na_2SO_4 の式量を 142，H_2O の分子量を 18 とする。

実験1　80℃の飽和 Na_2SO_4 水溶液 50.0 g を 20℃まで冷却したところ，$Na_2SO_4\cdot10H_2O$ の結晶が沈殿した。この状態を**A**とする。

実験2　状態**A**の上ずみ液 10.0 g に水 50.0 g を加え，−1.35℃まで冷却したところ，氷が析出した。この状態を**B**とする。

実験3　容器の容積を変化させることで圧力を 1.01×10^5 Pa で一定に保つことのできる密閉容器内に，1.42 g の Na_2SO_4 を水 50.0 g に溶かした希薄水溶液を入れた。この容器を加熱したところ，沸騰している希薄水溶液と水蒸気が共存し，水蒸気の体積が一定の平衡状態となった。この状態を**C**とする。つづいて状態**C**から容器内の溶液を取り除き，容器内の温度を 300℃にしたところ，容器内の水蒸気の体積は状態**C**における水蒸気の体積の a 倍となった。

△問 i　状態**A**において析出した $Na_2SO_4\cdot10H_2O$ の質量はいくらか。解答は小数点以下第 1 位を四捨五入して，下の形式により示せ。ただし，Na_2SO_4 の溶解度〔g/水 100 g〕は 20℃では 20.0，80℃では 43.0 とする。

$$\boxed{}\ \text{g}$$

△×問 ii　状態**B**において析出した氷の質量はいくらか。解答は小数点以下第 1 位を四捨五入して，下の形式により示せ。ただし，状態**B**において Na_2SO_4 水溶液は希薄溶液としてふるまうものとする。また，水のモル凝固点降下は 1.85 K・kg/mol とする。

$$\boxed{}\ \text{g}$$

×問 iii　状態**C**における希薄水溶液中の水の質量は，下の式で表される。
式中の $\boxed{}$ を a を用いて表せ。ただし，水のモル沸点上昇を K_b〔K・kg/mol〕とする。

$$\boxed{}\times K_b\,〔\text{g}〕$$

52 第2章 問題

48 希薄水溶液の性質　　　　　　　　　　　　　　　　2013年度〔1〕

希薄水溶液の性質に関するつぎの記述のうち，正しいものはどれか。ただし，水の
モル凝固点降下，モル沸点上昇はそれぞれ K_f〔K・kg/mol〕，K_b〔K・kg/mol〕とす
る。また溶質はすべて不揮発性であるとする。なお，正解は1つまたは2つある。

1．定温定圧下で，水溶液の浸透圧は重力加速度の大きさに依存して変化する。
2．定温定圧下で，同じ質量モル濃度のショ糖と塩化ナトリウムの水溶液では，それ
　らの浸透圧は等しい。
3．1molの溶質を M〔kg〕の水に溶かしたとき，その水溶液の沸点上昇度は K_b/M
　〔K〕より大きくなることはない。
4．水に食塩を溶かすと，水の蒸気圧は減少する。
5．尿素1molを水に溶かしてできた m〔kg〕の水溶液の凝固点降下度は K_f/m〔K〕
　である。

49 気体の溶解度　　　　　　　　　　　　　　　　　　2013年度〔2〕

容積を変えることのできる3つの密閉容器ア～ウに，それぞれ気体の溶解していな
い1.00Lの水を入れて，つぎの実験1～5を行った。下の問に答えよ。ただし，
気体はすべて理想気体としてふるまい，ヘンリーの法則に従って水に溶解し，速や
かに平衡状態に達するものとする。また，水の飽和蒸気圧は300Kにおいて
$4.00×10^3$Paとし，液体の水の体積は一定であるものとする。気体定数は $8.3×10^3$
Pa・L/(mol・K) とする。

実験1　容器アに $5.00×10^{-3}$mol の酸素を入れ，容器内の気体の体積を0.100L，容
　　　器の温度を300Kとしたところ，容器内の圧力が $9.80×10^4$Pa となった。この状態
　　　をAとする。
実験2　状態Aから，温度を一定に保ちながら容器内の気体の体積を0.250Lとした。
　　　この状態をBとする。
実験3　容器イにメタンを入れ，容器内の気体の体積を0.100L，容器の温度を300
　　　Kとしたところ，気体中のメタンの分圧が $1.00×10^5$Pa となった。このとき，メ
　　　タンは水に $1.40×10^{-3}$mol 溶解した。
実験4　容器ウに酸素，メタンの混合気体を入れ，容器内の気体の体積を0.100L，
　　　容器の温度を300Kとしたところ，容器内の圧力は $1.99×10^5$Pa となった。この状
　　　態をCとする。

実験5 状態Cから，容器内のすべてのメタンを完全燃焼させたところ，容器内の気体の酸素の物質量と水に溶解した酸素の物質量の和は 5.00×10^{-3} mol となった。

問 i 状態Aにおいて，水に溶解した酸素の物質量はいくらか。解答は有効数字3桁目を四捨五入して，下の形式により示せ。

$$\boxed{}.\boxed{} \times 10^{-3} \text{mol}$$

問 ii 状態Bにおいて，気体中の酸素の分圧はいくらか。解答は有効数字3桁目を四捨五入して，下の形式により示せ。

$$\boxed{}.\boxed{} \times 10^{4} \text{Pa}$$

問 iii 状態Cにおいて，気体中のメタンの分圧はいくらか。解答は有効数字3桁目を四捨五入して，下の形式により示せ。

$$\boxed{}.\boxed{} \times 10^{4} \text{Pa}$$

50 浸透圧　　　　2012年度〔4〕

下図に示すように，中央を半透膜でしきった断面積 $S[\text{m}^2]$ のU字管がある。半透膜の右側には非電解質の溶質が溶解している水溶液，左側には純水があり，半透膜は水分子のみを通し溶質は通さない性質をもっている。この装置を用いて，つぎのような浸透圧の**実験1～3**を行った。下の問に答えよ。ただし，重力加速度を $g\,[\text{m/s}^2]$，水の密度を $d\,[\text{kg/m}^3]$ とし，水溶液は十分希薄で，その密度は水と同じであり温度によらず一定とする。また左右のピストンは同じもので，厚みや摩擦は無視する。

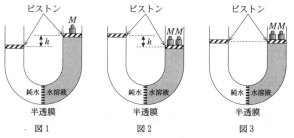

図1　　　　図2　　　　図3

実験1 右側のピストンの上に質量 $M[\text{kg}]$ のおもりをのせ，十分に時間が経過したところ，図1のように両側のピストンの高さの差は $h[\text{m}]$ となった。この状態をAとする。

実験2 状態Aから温度を一定に保ちつつ，さらに質量 $M[\text{kg}]$ のおもりを追加し，十分に時間が経過したところ，図2のように左側のピストンが上昇しピストンの高

54 第2章 問題

さの差が h〔m〕となった。この状態を **B** とする。

実験3 状態 **B** から温度を上昇させ，十分に時間が経過したところ，図3のように両ピストンが同じ高さになった。この状態を **C** とする。

問 i 状態 **A** における水溶液の浸透圧〔Pa〕を，M, S, h, d, g のうち必要な記号を用いて表せ。

問 ii 状態 **C** における水溶液の体積〔m^3〕を，M, S, h, d, g のうち必要な記号を用いて表せ。

問 iii 状態 **C** から，温度を一定に保ちながら，右側のピストン上のおもりを2つとも取り去った。十分に時間が経過した後，両ピストンの高さの差は以下の式で表される。

$$\text{ピストンの高さの差} = \frac{3Mh}{2(M-2hSd)}\left(-1 + \sqrt{\frac{\boxed{}}{3hSd}}\right)$$

式中の $\boxed{}$ を，M, S, h, d, g のうち必要な記号を用いて表せ。

51 蒸気圧   2012年度〔5〕

窒素分子 0.8000 mol と酸素分子 0.2000 mol が混合した気体について，温度による状態の変化を調べた。容積が変化することによって圧力が一定に保たれる容器に，この気体を入れて冷却したところ，ある温度範囲では，凝縮によって生じた液体と気体が容器内に共存した。さらに低い温度では，液体のみが容器内に存在した。気体と液体が共存している温度範囲では，温度が下がるにつれて，液体の全物質量が増えるとともに，気体および液体中の酸素分子のモル分率が変化した。下の問に答えよ。ただし，気体と液体が共存しているときには，それらに含まれる酸素分子のモル分率と温度 T〔K〕の間につぎの関係が成立するものとする。

　　気体中の酸素分子のモル分率：$A = 0.05000T - 3.870$

　　液体中の酸素分子のモル分率：$B = 0.1200T - 9.290$

問 i 上記の冷却過程において，凝縮が始まったときの温度はいくらか。解答は小数点以下第2位を四捨五入して，下の形式により示せ。

$$8\boxed{}.\boxed{}\text{K}$$

問 ii 上記の冷却過程において，容器内の液体の全物質量と気体の全物質量が等しくなったときの A はいくらか。解答は小数点以下第3位を四捨五入して，下の形式により示せ。

$$0.\boxed{}\boxed{}$$

第2章 問題 **55**

問iii 問iiの状態において，容器から液体のみをすべて取り除いた。さらに，液体のみが容器内に存在する状態になるまで温度を下げた。この過程において A が変化した範囲は，つぎの式で表される。

$$A_1 < A \leqq A_2$$

A_1 はいくらか。解答は小数点以下第3位を四捨五入して，下の形式により示せ。

0.☐☐

52 凝固点降下 2011年度〔5〕

温度がすべて0℃になっている氷900g，水100g，および $_{(ア)}$ ある量の塩化ナトリウムを断熱容器に入れて混合したところ，氷の融解と塩化ナトリウムの溶解が起こり，温度が下がった。十分な時間が経過すると，容器内の物質は $_{(イ)}$ 氷と塩化ナトリウム水溶液の混合物のみになり，温度は −15.2℃になった。つぎの問に答えよ。

ただし，塩化ナトリウムは，式量が58.5であり，水に溶解するとすべて電離し，このとき塩化ナトリウム1gあたり66.0Jの熱量が吸収されるものとする。塩化ナトリウム水溶液は濃度によらず希薄溶液としてふるまうものとし，水のモル凝固点降下は1.90 K·kg/mol とする。塩化ナトリウム水溶液から凝固した氷は塩化ナトリウムを含まないものとし，氷の融解熱は340J/gとする。過冷却および蒸発は起こらないものとする。なお，容器内の物質の比熱はすべて2.00J/(g·K) であるとせよ。

問i 下線(イ)の混合物中の塩化ナトリウム水溶液は，水100gあたり何gの塩化ナトリウムを含むか。解答は小数点以下第1位を四捨五入して答えよ。

問ii 下線(ア)の塩化ナトリウムは何gか。解答は小数点以下第1位を四捨五入して答えよ。

問iii つぎの記述のうち，誤っているものはどれか。なお，正解は1つまたは2つある。

1．下線(イ)の混合物を徐々に加熱すると，氷がすべて融解して液体になるまでは混合物の温度は変化しない。

2．下線(イ)の混合物に水を加えて十分な時間 −15.2℃に保つと，加えた水の質量だけ氷の質量が増える。

3．氷に塩化ナトリウム水溶液を加えて十分な時間0℃に保つと，加えた溶液の濃度と質量によらずに氷はすべて融解する。

4．水に溶解するときに熱が発生する物質の水溶液では，凝固点降下は起こらない。

56 第2章 問題

53 水蒸気圧 2010 年度〔1〕

温度と容積を変えることができる密閉容器に水だけを入れて，つぎの操作 a～d を行った。下の問に答えよ。ただし，水蒸気は理想気体としてふるまい，凝縮した水の体積は無視できるものとする。また，水の蒸気圧は，360K において $6.21×10^4$ Pa であり，温度が下がると 1K あたり $2.00×10^3$ Pa 低下するものとする。

a．容器の温度を 360K，圧力を $5.76×10^4$ Pa にすることによって，容器内の水をすべて水蒸気とした。この状態を A とする。

b．状態 A から，温度を一定に保ちながら容積を減らすことによって，状態 A で水蒸気となっていた水の 25.0％を凝縮させた。この状態を B とする。

c．状態 A から，圧力が一定に保たれるように温度を調節しながら，容積を減らすことによって，状態 A で水蒸気となっていた水の 25.0％を凝縮させた。この状態を C とする。

d．状態 A から，容積を一定に保ちながら温度を下げることによって，状態 A で水蒸気となっていた水の 25.0％を凝縮させた。この状態を D とする。

問 i 状態 A の容積は状態 B の容積の何倍か。解答は小数点以下第 2 位を四捨五入して，下の形式により示せ。

□.□倍

問 ii 状態 D の温度は状態 A の温度より何 K 低いか。解答は小数点以下第 1 位を四捨五入して，下の形式により示せ。

□□K

問 iii つぎの記述のうち，誤っているものはどれか。なお，正解は 1 つまたは 2 つある。

1．操作 b～d のうち，水が凝縮し始めてからの操作の過程で，温度を一定に保ったものは，b だけである。

2．操作 b～d のうち，水が凝縮し始めてからの操作の過程で，水蒸気の密度が変化したものは，d だけである。

3．状態 C は状態 B と比べて，容積が大きい。

4．状態 C は状態 D と比べて，温度が高い。

5．状態 C は状態 D と比べて，水蒸気の密度が小さい。

54 空気中の水蒸気圧 2008年度〔9〕

湿度（相対湿度）とは，空気中の水蒸気分圧と，その空気の温度における純水の飽和蒸気圧の比を百分率で表したものである。湿度が100％を越えた分の水蒸気は凝縮して水となる。湿度に関するつぎの問に答えよ。ただし，気体は理想気体としてふるまい，凝縮した水の体積は無視できるものとする。なお，275.0Kから310.0Kにおける飽和水蒸気圧は，末尾の表に示す値であるものとする。

問i 容積一定の300.0Kの容器に，湿度50.0％の空気が入っている。容器の温度を310.0Kにして十分な時間が経過した後に，空気の湿度は何％になるか。解答は小数点以下第1位を四捨五入して，下の形式により示せ。

$$\boxed{}\%$$

問ii 容積一定の310.0Kの容器に，湿度95.0％の空気が入っている。容器の温度を T_c まで下げ，十分な時間が経過した後に凝縮した水をすべて除去した。容器の温度を再び310.0Kに戻して十分な時間が経過した後の空気の湿度は20.0％であった。T_c はいくらか。解答は小数点以下第1位を四捨五入して，下の形式により示せ。ただし，表中の隣り合う2つの温度 T_1 と T_2（$T_2 = T_1 + 5.0\text{K}$）の間の温度 T における飽和水蒸気圧 P は，T_1 と T_2 での飽和水蒸気圧 P_1 と P_2 を用いて，

$$P = P_1 + (P_2 - P_1)\frac{T - T_1}{T_2 - T_1}$$

と表すことができるものとする。

$$2\boxed{}\text{K}$$

純水の飽和蒸気圧

温度（K）	275.0	280.0	285.0	290.0	295.0	300.0	305.0	310.0
飽和蒸気圧（hPa）	7.00	10.00	14.00	19.50	26.50	36.00	47.50	62.00

55 気体の断熱変化 2007年度〔2〕

フェーン現象は，水蒸気を多く含んだ空気が山の斜面にそって上昇する際に雨が降り，山を越えて下降する際に気温が高くなる現象である。この現象をある空気の塊を使って考える。この空気の塊はまわりの空気と混じり合わないで上昇，下降する。また，まわりの空気と熱のやりとりをせず，まわりの空気の温度の影響を受けない。空気の塊は上昇すると膨張し，その温度が下がる。空気の塊が上昇する際，ある地点で水蒸気が飽和蒸気圧に達する。さらに上昇すると水蒸気が凝縮して水滴となり，空気の塊から分離する。空気の塊は下降すると圧縮され，その温度が上がる。

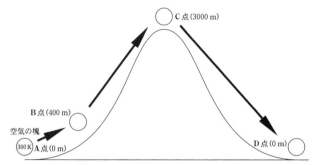

空気の塊が，つぎの条件に従って，図のようにA点からD点に移動したとする。下の問に答えよ。ただし，窒素，酸素，水蒸気はそれぞれ理想気体として取り扱い，気体定数は83.1hPa·L/(K·mol)，各元素の原子量は，H＝1，N＝14，O＝16とする。

ア）A点において，空気の塊は80.0molの窒素，20.0molの酸素，3.00molの水蒸気からなり，温度は300Kである。A点とD点における空気の塊の圧力は1000hPaである。

イ）空気の塊は高さ400mのB点で飽和蒸気圧に達し，3000mのC点を越え，D点まで下降する。水蒸気の凝縮はB点からC点で起こる。

ウ）空気の塊の圧力は，100m上昇（下降）するごとに10.0hPa減少（増加）する。

エ）水蒸気の凝縮を伴わない場合，空気の塊の温度は，圧力が10.0hPa減少（増加）するごとに1.00K下がる（上がる）。

問i　B点における水の飽和蒸気圧はいくらか。解答は小数点以下第1位を四捨五入して，下の形式により示せ。

☐hPa

問ii　空気の塊がB点からC点に上昇する際，1.00molの水蒸気が凝縮し，凝縮熱がすべて空気の塊を温めるために使われたとする。このとき圧力が10.0hPa減少するごとに空気の塊の温度はいくら下がるか。解答は小数点以下第3位を四捨五入して，下の形式により示せ。ただし，水蒸気の凝縮熱は温度によらず45.0kJ/molとする。また，この空気の塊全体の温度を1.00K上げるのに必要な熱量は，空気の塊の温度と水蒸気含有量によらず3.00kJとする。

10.0hPa減少するごとに0.☐K

問iii　つぎの記述のうち，誤っているものはどれか。なお，正解は1つまたは2つある。

1．D点での空気の塊の密度は，C点での空気の塊の密度より大きい。

2．A点での空気の塊に含まれる水蒸気の物質量が 3.0 mol の場合と 2.5 mol の場合を比べると，D点での空気の塊の温度は，2.5 mol のときの方が低い。

3．C点の高さを 3000 m から 3500 m にすると，D点での空気の塊の温度は高くなる。

4．A点での空気の塊の温度を 300 K から 2 K 下げると，D点での空気の塊の温度も 2 K 下がる。

5．標準状態で，乾燥した空気と水蒸気を含んだ空気を比較すると，水蒸気を含んだ空気の方が密度は小さい。

56 蒸気圧降下　　　　　　　　　　　　　　　　2006 年度〔3〕

濃度 0.1 mol/kg の希薄なショ糖水溶液を試験管Aの半分まで入れて密栓した。また，同じ濃度のショ糖水溶液をふたまた試験管Bの一方の管に半分まで入れ，もう片方の管には純水を半分まで入れて密栓した。その後，これらの試験管を 25℃で十分に長い時間静置した。このとき，ショ糖水溶液から水が蒸発する速さ，ショ糖水溶液に水蒸気が凝縮する速さを，それぞれの液面 1 cm^2 で単位時間に蒸発，凝縮する H_2O の分子数と定義し，下の表のア〜エで表す。つぎの 1 〜 6 の大小関係のうち，正しいものはどれか。なお，正解は 1 つまたは 2 つある。

1．ア＜ウ　　2．ア＝エ　　3．イ＞ウ
4．イ＝ウ　　5．イ＜エ　　6．イ＝エ

	ショ糖水溶液から 水が蒸発する速さ	ショ糖水溶液に 水蒸気が凝縮する速さ
試験管A	ア	イ
ふたまた試験管B	ウ	エ

57 水蒸気圧と混合気体の圧力　　　　　　　　　　2006 年度〔5〕

ある反応によって生じた水素を水上置換により容器に捕集した。この容器は，容積を変えることで圧力を外気の圧力と等しく保つことができる。気体を捕集したときの温度は 27℃で外気の圧力は 1.000 atm ＝ 1013 hPa であった。液体を含まないように気体を容器に密閉し，温度を 27℃で一定に保ったまま，外気の圧力を変化させて容積の変化を測定した。外気が 0.500 atm のときの容積は，外気が 4.000 atm のときの容積の何倍か。解答は小数点以下第 2 位を四捨五入して，下の形式により示せ。ただし，気体はすべて理想気体としてふるまうものとし，27℃における水の蒸気圧は 0.0355 atm ＝ 36.0 hPa とする。

☐．☐ 倍

60　第2章　問題

58 気体の溶解度，蒸気圧降下，コロイドの性質　　　　2005 年度〔2〕

つぎの記述のうち，誤っているものはどれか。なお，正解は1つまたは2つある。

1．水と反応しない気体の場合，水に対する溶解度は，一定圧力では温度を低くする
　ほど大きくなり，一定温度では気体の圧力を高くするほど大きくなる。
2．不揮発性物質を溶かした溶液の沸点における蒸気圧は，大気圧に等しい。
3．溶媒に不揮発性物質を溶かしても蒸気圧は変わらない。
4．負に帯電したコロイド粒子を含む疎水コロイドでは，加える電解質の陽イオンの
　価数により凝析しやすさが異なる。
5．チンダル現象を生じているデンプン水溶液に少量の電解質を加えると，チンダル
　現象を生じなくなる。

59 混合気体の燃焼　　　　2005 年度〔3〕

容積を変えることで圧力を 1.00 atm に保っている容器の中に，水素 1.00 mol と酸
素 2.00 mol を入れ，水素を完全燃焼させた。その後，容器内の温度を 47℃ とした。
つぎの問に答えよ。ただし，気体はすべて理想気体としてふるまうものとし，気体
定数は 0.0821 atm·L/(K·mol) とする。また，47℃ における水の蒸気圧は 0.106
atm である。

問 i　燃焼後の 47℃ における容器内の気体の体積はいくらか。解答は小数点以下第
　1位を四捨五入して，下の形式により示せ。

$\boxed{\ \ }\boxed{\ \ }$ L

問 ii　このときの液体の水の質量はいくらか。解答は小数点以下第1位を四捨五入し
　て，下の形式により示せ。ただし，各元素の原子量は H＝1，O＝16 とする。

$\boxed{\ \ }\boxed{\ \ }$ g

60 圧力一定下での状態変化　　　　2004 年度〔3〕

容積を変えることで圧力を一定に保つことができる密閉容器を分子量 M の純物質
X〔g〕で満たし，容器内の圧力を 1 atm に保ちながら物質が固体から気体になる
まで加熱した。そのときに物質が吸収した熱量と温度との関係を下図に示す。つぎ
の記述のうち，正しいものはどれか。なお，正解は1つまたは2つある。

1. 領域Dでは，2種類の状態が共存している。
2. 領域Cでは，蒸気圧は一定である。
3. 1molあたりの融解熱は，$\frac{M}{X}(Q_4-Q_3)$ で表される。
4. 容器内の圧力を変えても，領域Bの温度 T_1 と領域Dの温度 T_2 はどちらも変化しない。
5. 物質量を増やしても，Q_3 の値は変化しない。
6. 物質量を増やすと，領域Bの温度 T_1 は高くなる。

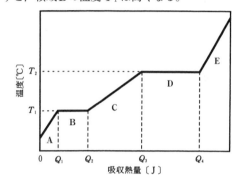

61　気体の分子運動と圧力，理想気体と実在気体　　2003年度〔2〕

実在気体に関するつぎの記述のうち，誤っているものはどれか。なお，正解は1つまたは2つある。

1. 物質量，体積を一定にして温度を上げると圧力が上がるのは，分子の熱運動が激しくなるからである。
2. 物質量，温度を一定にして体積を増やすと圧力が下がるのは，単位時間に単位面積あたりの容器の壁にぶつかる分子数が減るからである。
3. 温度が一定の条件下では，個々の分子は速さを変えずに運動しつづける。
4. 温度が等しくても気体分子の種類が異なれば，一般に分子の平均の速さは異なる。
5. 同じ温度，体積，物質量では，気体の圧力は気体分子の種類によらず一定である。
6. 低圧条件下の実在気体が高温で理想気体に近づくのは，分子の熱運動が激しくなり，分子間力が無視できるようになるからである。

62 第2章 問題

62 物質の状態変化と沸点，融点　　　2002年度〔3〕

物質の状態に関するつぎの記述のうち，誤っているものはどれか。なお，正解は1つまたは2つある。

1．圧力が高くなると，すべての液体で沸点は高くなる。

2．圧力が高くなると，すべての固体で融点は高くなる。

3．液体から気体への状態変化においては，すべての物質で必ずエネルギーを必要とする。

4．固体から液体への状態変化においては，物質によっては必ずしもエネルギーを必要としない。

5．気体や液体における分子の拡散は，熱運動によって起こる。

6．常温において，分子は固体中でも必ず熱運動をしている。

第3章　物質の化学変化

≪熱化学，酸・塩基，酸化還元反応，電池，電気分解≫

63　水溶液の電気分解　　　　　　　　　　　2021年度〔3〕

白金電極を挿入した3つの電解槽①，②，③にそれぞれ硫酸ニッケル水溶液，硝酸銀水溶液，水酸化ナトリウム水溶液が入れられている。これらの電解槽を下図のように接続し，一定電流で200分間電気分解を行った。電気分解後，電解槽①の電極上に析出した金属の質量は 7.30 g であった。この電気分解において，電解槽①と②の陰極では気体の発生はなかった。この電気分解に関するつぎの問に答えよ。ただし，各元素の原子量は，Ni＝58.7，Ag＝108，ファラデー定数は，9.65×10^4 C/molとする。

問 i　電解槽②の電極上に析出した金属の質量はいくらか。解答は小数点以下第1位を四捨五入して，下の形式により示せ。

　　　　　　　　　　　　　　　　　　　　　　　　　　　　□□ g

問 ii　電気分解によって電解槽③で発生した気体の体積の総和は，標準状態でいくらか。解答は小数点以下第2位を四捨五入して，下の形式により示せ。ただし，発生した気体は水溶液に溶解せず，理想気体としてふるまうものとする。

　　　　　　　　　　　　　　　　　　　　　　　　　　　　□.□ L

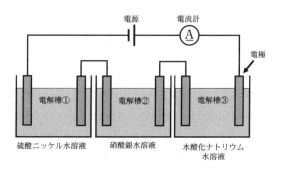

64 第3章 問題

64 反応熱と光，結合エネルギー　　　　　　　　　　　2021年度〔8〕

つぎの記述のうち，誤っているものはどれか。なお，正解は1つまたは2つある。

1．物質は，光を吸収して元の状態よりエネルギーの高い状態になることや，エネルギーの高い状態から光を放出してエネルギーの低い状態になることがある。

2．NaCl の水への溶解熱は吸熱であるが，H_2SO_4 の水への溶解熱は発熱である。

3．25℃，$1×10^5$ Pa において，メタンとプロパンでは，プロパンの燃焼熱の方が大きい。

4．室温において銅と水とでは，水の比熱の方が大きい。

5．黒鉛の燃焼熱は 394 kJ/mol，一方，ダイヤモンドの燃焼熱は 395 kJ/mol である。黒鉛1mol からダイヤモンド1mol ができるときの反応は発熱反応である。

6．H–H，O=O，H–O の結合エネルギーがそれぞれ 440 kJ/mol，500 kJ/mol，460 kJ/mol とすると，気体の水の生成熱は 230 kJ/mol である。

7．25℃において強酸と強塩基の希薄溶液どうしの中和熱は，酸や塩基の種類によらずほぼ一定である。

65 反応熱，化学平衡，光化学反応　　　　　　　　　　　2020年度〔3〕

つぎの記述のうち，誤っているものはどれか。なお，正解は1つまたは2つある。

1．25℃，$1.0×10^5$ Pa における H–H，Cl–Cl，H–Cl の結合エネルギーから，その温度と圧力における塩化水素（気体）の生成熱を求めることができる。

2．25℃，$1.0×10^5$ Pa において，エタノール（液体）の燃焼熱は 1400 kJ/mol，二酸化炭素（気体）の生成熱は 400 kJ/mol，水（液体）の生成熱は 300 kJ/mol であるとすると，その温度と圧力におけるエタノール（液体）の生成熱は 350 kJ/mol 以上である。

3．水に対する溶解熱が，負の値になる物質がある。

4．温度と圧力が一定であれば，ある平衡反応において，触媒を用いて活性化エネルギーを変化させても平衡定数は変化しない。

5．ハーバー・ボッシュ法におけるアンモニアの生成反応では，反応が平衡に達した後のアンモニアのモル分率を高くするには，圧力を高くして，温度を低くする方がよい。

6．二酸化炭素と水からグルコースと酸素を生成する光合成は，吸熱反応である。

第3章 問題 65

66 電池，電気分解，ファラデー定数 2020年度〔8〕

△ つぎの記述のうち，誤っているものはどれか。なお，正解は1つまたは2つある。

1. 電池を放電するとき，正極で酸化反応，負極で還元反応が起こる。
2. 放電をし続けると起電力が低下し，充電による再使用が難しい電池を一次電池という。
3. 電気分解を行うとき，外部電源の負極につないだ電極を陽極という。
4. アルミニウムの単体は，酸化アルミニウムを原料として，炭素電極を用いて溶融塩電解（融解塩電解）することにより得ることができる。
5. ニッケル板を硫酸銅(Ⅱ)水溶液に浸すと，ニッケル板上に銅が析出する。
6. ファラデー定数をアボガドロ定数で割った値は，電子1個のもつ電気量の絶対値となる。

67 酸化還元滴定 2020年度〔9〕

つぎの**実験1・2**に関する記述を読み，下の問に答えよ。

実験1 シュウ酸ナトリウム（式量134）0.670gを水に溶かして，100.0mLの水溶液をつくった。その水溶液10.0mLに5.0mol/Lの硫酸10.0mLを加えたものを，60℃に温めてから，濃度未知の過マンガン酸カリウム水溶液を用いて滴定したところ，反応の終点までに16.0mLを要した。

実験2 濃度未知の過酸化水素水15.0mLに5.0mol/Lの硫酸15.0mLを加えたものを，**実験1**で用いた過マンガン酸カリウム水溶液で滴定したところ，反応の終点までに30.0mLを要した。

問 実験2で用いた過酸化水素水の濃度（mol/L）はいくらか。解答は下の形式により示せ。

$\boxed{}$ mol/L

66 第3章 問題

68 金属のイオン化傾向と水溶液の電気分解　　　　2019年度〔3〕

金属 $A \sim D$ は，Mg，Fe，Zn，Ag，Sn，Pt，Pb のいずれかである。つぎの**実験1・2**を室温で行った。下の問に答えよ。ただし，各元素の原子量は，Mg = 24，Fe = 56，Zn = 65，Ag = 108，Sn = 119，Pt = 195，Pb = 207，ファラデー定数は 9.65×10^4 C/mol とする。

実験1　濃度 1.00 mol/L の硫酸銅(Ⅱ)水溶液に，$A \sim D$ の金属片をそれぞれ浸したところ，B と D では何も起こらなかったが，A と C の表面には銅が析出した。また，4つの金属片をそれぞれ希塩酸に浸したところ，C のみがよく溶け，一方，濃硝酸に浸したところ，A と B だけがよく溶けた。

実験2　電解槽に濃度 1.00 mol/L の B の硝酸塩水溶液を 1.00 L 入れ，両極に炭素電極を用いてこの水溶液の電気分解を 0.400 A の電流で 9650 秒間行ったところ，片側の電極に B が析出し，もう片側の電極から気体が発生した。

問i　$A \sim D$ のイオン化傾向が正しく並べられているものはどれか。
1．$A > B > C > D$　　　　2．$A > B > D > C$
3．$A > C > B > D$　　　　4．$A > D > C > B$
5．$C > A > B > D$　　　　6．$C > A > D > B$
7．$C > B > A > D$　　　　8．$C > D > B > A$

問ii　実験2の電気分解によって析出した B の質量および発生した気体の標準状態における体積の組み合わせとして，最も適切なものはどれか。ただし，発生した気体は水溶液に溶解せず，理想気体としてふるまうものとする。
1．2.2g, 0.22L　　　2．2.6g, 0.22L　　　3．4.3g, 0.22L
4．2.2g, 0.45L　　　5．2.6g, 0.45L　　　6．4.3g, 0.45L

69 酸・塩基の定義，電離度，塩の分類と指示薬　　　　2019年度〔7〕

つぎの記述のうち，正しいものはどれか。なお，正解は1つまたは2つある。

1．アレニウスの酸・塩基の定義によれば，塩基は水素イオンを受け取る分子またはイオンである。
2．ブレンステッド・ローリーの酸・塩基の定義によれば，水は酸でもあり塩基でもある。
3．水溶液中での弱塩基の電離度は，弱塩基の濃度の平方根に比例する。

4．水酸化ナトリウム水溶液で酢酸水溶液を中和滴定する場合には，指示薬としてメチルオレンジを用いるのが適切である。

5．炭酸水素ナトリウムは，水に溶かすと塩基性を示すので塩基性塩である。

6．弱酸の塩に強塩基を加えると，弱酸が遊離する。

70 熱化学における反応熱の関係　　　2019年度〔8〕

つぎの記述のうち，誤っているものはどれか。なお，正解は1つまたは2つある。

1．25℃，$1.0 \times 10^5 \, Pa$ における，ある反応の反応熱は，その温度と圧力における反応物と生成物の両方の生成熱から求めることができる。

2．25℃，$1.0 \times 10^5 \, Pa$ において，水素が完全燃焼して液体の水を生成するときの燃焼熱は，その温度と圧力における液体の水の生成熱から求めることができる。

3．二酸化炭素の生成熱と二酸化炭素の C=O 結合の結合エネルギーから，酸素分子の O=O 結合の結合エネルギーを求めることができる。

4．反応温度と圧力が一定であれば，可逆反応における逆反応の活性化エネルギーと正反応の活性化エネルギーの差は，触媒を加えても変化しない。

5．水が電離する反応は吸熱反応である。

6．水 1 mol を 0℃ の氷から 100℃ の水蒸気にするのに必要な熱量は，氷の融解熱と水の蒸発熱の和に等しい。

71 電池，電気分解　　　2018年度〔2〕

つぎの記述のうち，誤っているものはどれか。なお，正解は1つまたは2つある。

1．電気分解では，陰極で還元反応，陽極で酸化反応が起こる。

2．ナトリウムの単体は，融解した塩化ナトリウムを電気分解して得ることができる。

3．ダニエル電池を放電させると，正極の質量は増加する。

4．マンガン乾電池の負極には，亜鉛が用いられる。

5．両極に銀を用いて硝酸銀水溶液の電気分解を行うと，陽極では酸素が発生する。

6．電気分解において，電極で反応する物質の物質量は，流れた電気量に比例する。

72 中和滴定と滴定曲線　　2018年度〔9〕

中和滴定の**実験1**および**実験2**を25℃で行い，それぞれ図のような滴定曲線を得た。下の問に答えよ。ただし，強酸および強塩基の水溶液中での電離度は1とする。

実験1 純水に気体の塩化水素を吹き込んで得られた水溶液①を10.0mLはかり取り，1.00mol/Lの水酸化ナトリウム水溶液を滴下しながらpHを測定した。

実験2 純水に気体のアンモニアを吹き込んで得られた水溶液②を10.0mLはかり取り，水溶液①を滴下しながらpHを測定した。

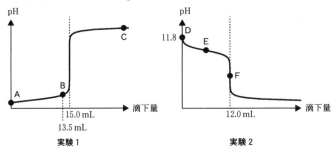

問 つぎの記述のうち，正しいものはどれか。なお，正解は1つまたは2つある。
1．A点の溶液のpHの値は0.5より大きい。
2．B点の溶液のpHの値は1より大きい。
3．C点の溶液から滴下量を増やしていくと，pHの値は14より大きくなる。
4．D点の溶液におけるアンモニアの電離度は0.01より大きい。
5．E点の溶液は緩衝作用を示す。
6．F点の溶液のpHの値は温度を変えても変化しない。

73 NaCl水溶液の電気分解　　2017年度〔9〕

陽イオンのみを通す1枚の膜によって2つに仕切られた電解槽がある。電解槽の片側に濃度5.00×10^{-2}mol/Lの水酸化ナトリウム水溶液を100mL，もう片側に濃度1.00mol/Lの塩化ナトリウム水溶液を100mL入れた。水酸化ナトリウム水溶液側に鉄電極を陰極として，塩化ナトリウム水溶液側に炭素電極を陽極として挿入し，25℃で電気分解を行った。この電気分解に関するつぎの問に答えよ。ただし，ファラデー定数は9.65×10^{4}C/molとし，この実験を行った際の水溶液の体積変化は無視できるものとする。また，発生する気体は水溶液に溶解せず，理想気体としてふるまうものとする。

問 i　5.00 A の電流で電気分解を 386 秒間行った。炭素電極から発生した気体の体積は，標準状態でいくらか。解答は小数点以下第 3 位を四捨五入して，下の形式により示せ。

0.☐☐ L

問 ii　問 i の電気分解を終えた後の鉄電極側の水溶液の pH はいくらか。ただし，25 ℃ における水のイオン積を $1.00 \times 10^{-14}\,(\text{mol/L})^2$ とし，また，$\log_{10}2 = 0.301$，$\log_{10}3 = 0.477$ とする。解答は小数点以下第 2 位を四捨五入して示せ。

74　直列に接続された水溶液の電気分解　　2016 年度〔4〕

電解槽①，②，③には，それぞれ硫酸銅(Ⅱ)水溶液，硝酸銀水溶液，ヨウ化カリウム水溶液が，電気分解によって侵されない電極とともに入れられている。これらの電解槽を下図のように接続し，1.93 A の一定電流で電気分解を行った。電気分解後，電解槽①と電解槽②の電極上に析出した金属の総量は 55.9 g であった。また，この電気分解において，電解槽①の陰極と電解槽②の陰極，および電解槽③の陽極では気体の発生がなかった。この電気分解に関するつぎの問に答えよ。ただし，各元素の原子量は，Cu = 63.5，Ag = 108，ファラデー定数は $9.65 \times 10^4\,\text{C/mol}$ とする。

問 i　電気分解した時間はいくらか。解答は有効数字 3 桁目を四捨五入して，下の形式により示せ。

☐.☐ × 10⁴ 秒

問 ii　電気分解によって発生した気体の物質量の総和はいくらか。解答は小数点以下第 3 位を四捨五入して，下の形式により示せ。

0.☐☐ mol

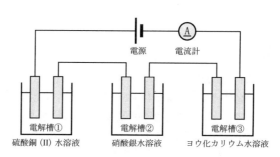

75 C₆₀フラーレン分子における炭素原子間の結合エネルギー　2016年度〔6〕

C₆₀は，60個の炭素原子おのおのが，となりあう3つの炭素原子と結合した，図のような構造をもつ分子である。C₆₀中の炭素原子間の結合エネルギーはいくらか。解答は有効数字3桁目を四捨五入して，下の形式により示せ。ただし，C₆₀中の炭素原子間の結合エネルギーはすべて等しいものとし，C₆₀の燃焼熱は 25500 kJ/mol，O₂ 分子中の O=O 結合の結合エネルギーは 500 kJ/mol，CO₂ 分子中の C=O 結合1つあたりの結合エネルギーは 800 kJ/mol とする。

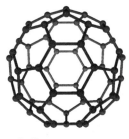

□.□×10² kJ/mol

76 実用的な電池の性質　2016年度〔8〕

つぎの記述のうち，誤っているものはどれか。なお，正解は1つまたは2つある。

1．一次電池と二次電池はどちらも，放電するときに正極で還元反応が起こる。
2．リチウム電池とマンガン乾電池はどちらも一次電池である。
3．二次電池を充電するとき，外部電源の負極を電池の負極側，外部電源の正極を電池の正極側に接続する。
4．ダニエル電池を放電するとき，陰イオンは，溶液を仕切っている素焼き板を正極側から負極側に向かって通過する。
5．鉛蓄電池を放電するとき，負極の質量は減少し，正極の質量は増加する。
6．電解液にリン酸水溶液を用いた燃料電池を放電するとき，正極では水が生成する。

77 氷の融解熱　2016年度〔10〕

断熱容器に，いずれも温度が0℃である水 M〔g〕，氷 $99M/100$〔g〕，食塩 $M/100$〔g〕を入れた。一定時間後，食塩はすべて溶解して完全に電離し，氷は一部融解して全体の温度が $-T$〔℃〕（ただし $T>0$）となり平衡に達した。
食塩のモル質量を A〔g/mol〕，水のモル凝固点降下を K〔K・kg/mol〕，実験に用いた物質の比熱をすべて C〔J/(g・K)〕とするとき，氷が1g融解するのに必要な熱量 L〔J/g〕を求めよ。解答は A, C, K, M, T のうち必要なものを用いて示せ。ただし，水溶液は希薄溶液とみなし，食塩の溶解熱は無視する。

第3章 問題 71

78 酸・塩基の反応，塩の性質と分類　　　　　2015年度〔1〕

つぎの記述のうち，誤っているものはどれか。なお，正解は1つまたは2つある。

1．同じ体積の$0.025\,mol/L$塩酸と$0.010\,mol/L$水酸化ナトリウム水溶液を混合した水溶液のpHは，2より小さい。
2．酢酸ナトリウムは，水に溶けて塩基性を示すので，塩基性塩である。
3．CO_2，SiO_2，P_4O_{10}は，いずれも酸性酸化物である。
4．塩素のオキソ酸は，塩素の酸化数が大きいものほど強い酸である。
5．フッ化水素酸は，石英を溶かす弱酸である。
6．アンモニア水を塩酸で中和滴定する場合，指示薬としてメチルオレンジを用いることができる。

79 融解塩電解法によるアルミニウムの製法　　　　2015年度〔4〕

単体のアルミニウムは，氷晶石Na_3AlF_6に酸化アルミニウムAl_2O_3を混合して溶かし，炭素電極を用いた溶融塩電解（融解塩電解）により製造される。陰極ではアルミニウムが得られ，陽極では炭素電極の炭素と酸化物イオンO^{2-}との電解反応によって，一酸化炭素と二酸化炭素が生成する。つぎの問に答えよ。ただし，各元素の原子量は，$Al=27$，$C=12$とし，ファラデー定数は$9.65\times10^4\,C/mol$とする。

問i この溶融塩電解で$965\,A$の電流を100時間流すと，得られるアルミニウムの質量は理論上いくらか。解答は小数点以下第1位を四捨五入して，下の形式により示せ。

$$\boxed{}\,kg$$

問ii 問iの電解で，一酸化炭素の2.50倍の物質量の二酸化炭素が生成するとき，炭素電極の質量は理論上いくら減少するか。解答は小数点以下第1位を四捨五入して，下の形式により示せ。

$$\boxed{}\,kg$$

80 鉛蓄電池，水溶液の電気分解　　　　　　　2014年度〔4〕

質量パーセント濃度$40.0\,\%$，密度$1.30\,g/cm^3$の硫酸$100\,mL$を電解質溶液とする全く同じ鉛蓄電池（起電力は約$2.1\,V$）が10個ある。直列に5個接続した鉛蓄電池2組を並列に接続して電源とし，白金電極を用いて硝酸銀水溶液を電気分解した

72　第3章　問題

ところ，陰極には気体の発生はなく，8.64 g の銀が析出した。下の問に答えよ。ただし，式量および分子量は，$Ag=108$，$H_2SO_4=98$，$H_2O=18$ とする。

　　　鉛蓄電池の電池式　$(-)Pb|H_2SO_4aq|PbO_2(+)$

問 i　電気分解後，鉛蓄電池1個の電解質溶液で増加した水の質量はいくらか。解答は小数点以下第3位を四捨五入して，下の形式により示せ。

0. ☐☐ g

問 ii　電気分解後，鉛蓄電池の電解質溶液における硫酸の質量パーセント濃度はいくらか。解答は小数点以下第1位を四捨五入して，下の形式により示せ。

☐☐ %

81　反応の経路と反応熱の関係　　　　　　2014 年度〔6〕

つぎの問に答えよ。

問 i　一酸化窒素の生成熱は 91 kJ/mol の吸熱で，一酸化窒素から二酸化窒素への燃焼熱は 57 kJ/mol の発熱であるとき，二酸化窒素の生成熱はいくらか。解答は，符号をつけて表せ。

問 ii　つぎの記述のうち，誤っているものはどれか。なお，正解は1つまたは2つある。

1．物質の生成熱は温度に依存する。
2．アルミナの生成熱は酸化鉄(Ⅲ)の生成熱より大きい。
3．ヘスの法則を用いると，実際に起こらない反応と起こる反応を区別できる。
4．化学反応において，逆反応の活性化エネルギーから正反応の活性化エネルギーをひいたものは反応熱に等しい。
5．化学反応にともなう反応熱は，反応物のもつ化学エネルギーから生成物のもつ化学エネルギーをひいたものに常に等しい。

82　ダニエル電池，水溶液の電気分解　　　　2012 年度〔8〕

9種類の金属元素，Li，Al，K，Ca，Fe，Cu，Zn，Ag，Pb について，下の問に答えよ。ただし各元素の原子量は，$Li=7$，$N=14$，$O=16$，$Al=27$，$K=39$，$Ca=40$，$Fe=56$，$Cu=64$，$Zn=65$，$Ag=108$，$Pb=207$，ファラデー定数は 9.65×10^4 C/mol とする。

第3章 問題 73

問i ダニエル電池と同様に，2種類の金属と，それらの硝酸塩の水溶液で構成される電池を作製した。ただし，金属と硝酸塩は，上述の9種類の金属元素から2つを選び用いた。この電池を，0.0200Aで20分間放電させたところ，負極活物質が6.96mg減少した。

　次に，この電池で正極活物質として用いた金属の硝酸塩の水溶液を電気分解する。この硝酸塩を水に溶解すると無色の溶液となった。この硝酸塩を0.0500mol/Lの濃度で含む水溶液1.00Lに，室温，0.200Aで2時間電気を流すと，陰極に金属が析出したが，陽極では気体のみが発生した。また，水溶液に含まれる金属イオンの濃度は0.0400mol/L以下に低下した。

　上述の電池で，正極および負極として用いた金属の元素記号を，つぎの中からそれぞれ選び，数字で答えよ。

1．Li　　2．Al　　3．K　　4．Ca　　5．Fe
6．Cu　　7．Zn　　8．Ag　　9．Pb

問ii 問iで行った電気分解において陰極に析出した金属の質量を求めよ。ただし，電気分解に使われたすべての電子は，溶液中に含まれる金属イオンを金属まで還元するために消費されたとする。解答は小数点以下第2位を四捨五入して，下の形式により示せ。

$$\boxed{}.\boxed{}\,g$$

83 銅合金を用いた電気分解　　　　　2011年度〔3〕

質量パーセントで80.00％の銅を含有し，その他の成分として鉄と金属Aのみを含む銅合金がある。この合金および純銅を電極に用いて，十分な量の硫酸酸性の硫酸銅(II)水溶液中で，電流を9.65Aとして一定時間電気分解を行った。その結果，陽極は均一に消費されて質量は265.0g減少し，その下には金属が沈殿した。また，陰極には1種類の金属のみが析出し，陰極の質量は254.0g増加した。つぎの問に答えよ。ただし，各元素の原子量は，Fe＝56，Cu＝63.5，ファラデー定数は9.65×10^4C/molとし，水溶液中に存在する金属イオンはすべて2価とする。なお，陽極の消費，陰極への金属の析出以外の反応は起こらなかったものとする。

問i 金属Aとして可能なものはどれか。なお，正解は1つまたは2つある。

1．亜　鉛　　2．ス　ズ　　3．ナトリウム　　4．銀　　5．ニッケル

問ii 電解時間および陽極の下に沈殿した金属の質量を求めよ。解答は有効数字3桁目を四捨五入して，それぞれ下の形式により示せ。

電解時間 $\boxed{}.\boxed{}\times10^3$分　　金属の質量 $\boxed{}\,g$

74 第3章 問題

84 融解塩電解法 2009 年度〔2〕

金属アルミニウムは，ボーキサイトから酸化アルミニウム Al_2O_3 をつくり，これを炭素電極で融解塩電解（溶融塩電解）することにより製造される。今，ボーキサイトがギブサイト $Al_2O_3\cdot3H_2O$ とベーマイト $Al_2O_3\cdot H_2O$ および不純物である酸化鉄(III) Fe_2O_3 のみからなるものとする。このボーキサイト 1200 g を水酸化ナトリウム水溶液中で加熱すると，ギブサイトとベーマイトはすべて溶解したが，Fe_2O_3 は反応せずに沈殿し，その質量は 180 g であった。得られた水溶液から水酸化アルミニウム $Al(OH)_3$ を析出させ，これを加熱することによりすべての $Al(OH)_3$ を Al_2O_3 とした。この Al_2O_3 を融解した氷晶石に溶かし，約 1000℃ において融解塩電解したところ，すべての Al_2O_3 が陰極において金属アルミニウムとなった。このとき陽極では，陽極物質である炭素と酸化物イオンが反応し，一酸化炭素 3.00 mol と二酸化炭素 9.00 mol の混合気体が生成した。つぎの問に答えよ。ただし，融解した氷晶石は電極での反応には関与しないものとし，各元素の原子量は，$H=1$，$C=12$，$O=16$，$Al=27$，$Fe=56$，ファラデー定数は 96500 C/mol とする。

問 i 上記の融解塩電解を 965 A の一定電流で行うと，すべての Al_2O_3 を金属アルミニウムにするのに何分かかるか。解答は小数点以下第 1 位を四捨五入して，下の形式により示せ。

□□ 分

問 ii 用いたボーキサイト中のギブサイトの割合は，質量パーセントでいくらか。解答は小数点以下第 1 位を四捨五入して，下の形式により示せ。

□□ ％

85 酸化還元滴定 2009 年度〔3〕

つぎの文を読み，下の問に答えよ。

酸化還元反応の量的関係を利用して，以下に記述する滴定実験により，軟マンガン鉱に含まれる酸化マンガン(IV)の定量を行った。【滴定①】は過マンガン酸カリウム水溶液 A の正確な濃度を決定するための実験であり，【滴定②】は酸化マンガン(IV)の定量を行うための実験である。本実験では，軟マンガン鉱に含まれる成分のうち，酸化還元に関与するのは酸化マンガン(IV)だけであると考え，その反応は

$$MnO_2 + 4H^+ + 2e^- \longrightarrow Mn^{2+} + 2H_2O$$

とする。

【滴定①】

　蒸留水 30.0 mL に 2.00 mol/L の硫酸 20.0 mL と 2.00×10⁻² mol/L のシュウ酸標準溶液 50.0 mL を加えた。80℃ に温めたこの水溶液に，過マンガン酸カリウム水溶液 **A** を滴下したところ，25.0 mL 加えたときに過マンガン酸イオンの赤紫色が残って消えなくなった。

【滴定②】

　蒸留水 30.0 mL に 2.00 mol/L の硫酸 20.0 mL と 2.00×10⁻² mol/L のシュウ酸標準溶液 50.0 mL を加えた。80℃ に温めたこの水溶液に，50.0 mg の軟マンガン鉱を完全に溶解させた。この溶液に過マンガン酸カリウム水溶液 **A** を滴下したところ，14.0 mL 加えたときに過マンガン酸イオンの赤紫色が残って消えなくなった。

問ⅰ　過マンガン酸カリウム水溶液 **A** のモル濃度はいくらか。解答は有効数字 3 桁目を四捨五入して，下の形式により示せ。

$$\boxed{}.\boxed{}×10^{-2}\,\text{mol/L}$$

問ⅱ　軟マンガン鉱に含まれている酸化マンガン(Ⅳ)の割合は，質量パーセントでいくらか。解答は小数点以下第 1 位を四捨五入して，下の形式により示せ。ただし，各元素の原子量は，O = 16，Mn = 55 とする。

$$\boxed{}\boxed{}\,\%$$

問ⅲ　上の滴定操作に関するつぎの記述のうち，正しいものはどれか。なお，正解は 1 つまたは 2 つある。

1．温めている水溶液から水が蒸発してシュウ酸の濃度が濃くなると，赤紫色が残って消えなくなるのに必要な過マンガン酸カリウム水溶液 **A** の滴下量は増加する。

2．滴定により過マンガン酸カリウムとシュウ酸が反応すると，酸素が発生する。

3．デンプン水溶液を 1 ～ 2 滴加えることで，酸化還元反応にともなう色の変化をより正確に観察できる。

4．【滴定①】では，硫酸の代わりに同量の純水を加えても，赤紫色が残って消えなくなるのに必要な過マンガン酸カリウム水溶液 **A** の滴下量に変化はない。

5．【滴定②】では，シュウ酸に対して，過マンガン酸カリウムは酸化剤として働き，酸化マンガン(Ⅳ)は還元剤として働く。

6．【滴定②】では，軟マンガン鉱に含まれる酸化マンガン(Ⅳ)の割合が低いほど，赤紫色が残って消えなくなるのに必要な過マンガン酸カリウム水溶液 **A** の滴下量は増加する。

76 第3章 問題

86 混合気体の燃焼, 燃焼熱　　　　　　　　　　　　　2009年度〔4〕

加熱炉などに用いる燃料ガスは, 使用する器具に適合した発熱量となる組成で調製
された混合気体である。水素, メタン, エタン, プロパンおよびそれらの混合気体
の燃焼熱と, 燃焼により発生する二酸化炭素量に関するつぎの問に答えよ。ただし,
水素, メタン, エタン, プロパンの燃焼熱は末尾の表に示す値であるものとする。
なお, 燃焼時には十分な量の酸素が供給され, 完全燃焼するものとする。

問i 水素とプロパンを物質量比2:1で混合した気体の燃焼熱はいくらか。解答は
有効数字3桁目を四捨五入して, 下の形式により示せ。

$$\boxed{}.\boxed{}\times10^2\,kJ/mol$$

問ii 水素, メタン, プロパンから2種類を混合してエタンと燃焼熱が等しい気体を
調製する。この気体1.000molの燃焼により発生する二酸化炭素の物質量の最小値
はいくらか。解答は小数点以下第3位を四捨五入して, 下の形式により示せ。

$$1.\boxed{}\boxed{}\,mol$$

問iii 燃焼熱が1000kJ/molの気体を, 水素, メタン, エタン, プロパンから2種類
以上を混合して調製する。この気体1.000molの燃焼により発生する二酸化炭素の
物質量が最小となる組成をモル分率で求めよ。解答は小数点以下第3位を四捨五入
して, 下の形式により示せ。ただし, 含まれない気体成分がある場合には, その成
分の解答欄に00を記入すること。

水　素　　メタン　　エタン　　プロパン

0.□□　　0.□□　　0.□□　　0.□□

水素, メタン, エタン, プロパンの燃焼熱

物質名（分子式）	燃焼熱〔kJ/mol〕
水素（H_2）	285.0
メタン（CH_4）	890.0
エタン（C_2H_6）	1560
プロパン（C_3H_8）	2220

87 イオン結晶の構造と性質, 格子エネルギー, 熱化学　　　2007年度〔6〕

イオン結晶に関するつぎの問に答えよ。

問i つぎの記述のうち, 誤っているものはどれか。なお, 正解は1つまたは2つあ
る。

1．イオン結晶は，一般に硬いがもろい。

2．イオン結晶は陽イオンと陰イオンから構成されているので，水によく溶ける。

3．イオン結晶を融解するとイオンが動きやすくなるので，電気を通しやすくなる。

4．ともに NaCl 型構造をもつ NaF 結晶と MgO 結晶では，イオンの価数の大きな MgO 結晶の方が高い融点をもつ。

5．NaF 結晶と MgO 結晶を構成するイオンはすべて同じ電子配置をとり，その大きさは元素の原子番号が大きいものほど大きい。

問ii　KCl 結晶を気体状の陽イオン K^+ と陰イオン Cl^- にする反応は，つぎの熱化学方程式で表される吸熱反応である。

$$KCl（固）= K^+（気）+ Cl^-（気）+ Q$$

このときの熱量 Q はいくらか。解答は有効数字 3 桁目を四捨五入して，下の形式により示せ。

ただし，KCl（固）の生成反応と K（固）の昇華は，それぞれつぎの熱化学方程式で与えられる。

$$K（固）+\left(\frac{1}{2}\right)Cl_2（気）= KCl（固）+ 437\,kJ$$

$$K（固）= K（気）- 89\,kJ$$

また，Cl_2（気）の結合エネルギーは 240 kJ/mol，K（気）のイオン化エネルギーは 419 kJ/mol，Cl（気）の電子親和力は 349 kJ/mol である。

$$Q = -\ \boxed{}.\boxed{} \times 10^2\,kJ$$

88　電池，水溶液の電気分解　　2006 年度〔8〕

つぎの記述のうち，誤っているものはどれか。なお，正解は 1 つまたは 2 つある。

1．白金電極を用いて塩化ナトリウム水溶液を電気分解すると，陽極で気体が発生する。

2．白金電極を用いる水酸化ナトリウム水溶液および希硫酸の電気分解では，それぞれの陽極で異なる気体が発生する。

3．亜鉛板と銅板を硫酸銅（Ⅱ）水溶液に浸して導線でつなぐと，電流が流れて正極の質量が増える。

4．十分な量の濃硝酸と希硝酸それぞれに，同じ質量の銅を加えて発生する気体の物質量は濃硝酸の方が多い。

5．水で湿らせたヨウ化カリウムデンプン紙がオゾンで青紫色に変わるのは，オゾンによりヨウ化物イオンが酸化されることに起因する。

78　第3章　問題

89　有機化合物の反応熱　　　　　　　　　　　2006年度〔14〕

ステアリン酸，グリセリン，およびグルコースの燃焼反応は，それぞれつぎの熱化学方程式で表される。これらをもとに，油脂と糖の燃焼熱を比較した。下の問に答えよ。ただし，各元素の原子量は，H＝1，C＝12，O＝16とする。

ステアリン酸　　$C_{17}H_{35}COOH + 26O_2 = 18CO_2 + 18H_2O + 10500\,kJ$

グリセリン　　　$HOCH_2CH(OH)CH_2OH + \dfrac{7}{2}O_2 = 3CO_2 + 4H_2O + 1700\,kJ$

グルコース　　　$C_6H_{12}O_6 + 6O_2 = 6CO_2 + 6H_2O + 2800\,kJ$

○問i　ある油脂 1.00 mol を加水分解したところステアリン酸とグリセリンのみが得られ，300 kJ の熱が発生した。この油脂の燃焼熱はいくらか。解答は有効数字3桁目を四捨五入して，下の形式により示せ。

$$\boxed{}.\boxed{} \times 10^4\,kJ/mol$$

○問ii　マルトースはグルコース2分子が脱水縮合した二糖である。マルトース 1.00 mol をグルコースに加水分解したところ，100 kJ の熱が発生した。問iの油脂 57.0 g を燃焼して得られるのと同じ熱量を得るには，マルトースを何 g 燃焼する必要があるか。解答は有効数字3桁目を四捨五入して，下の形式により示せ。

$$\boxed{}.\boxed{} \times 10^2\,g$$

90　溶存酸素の定量　　　　　　　　　　　　　2005年度〔10〕

つぎの文章を読み，下の問に答えよ。

水の汚染や水中での生物活動などを知るために，水に溶けている酸素（溶存酸素）を定量することは重要である。酸化還元反応を利用することによって溶存酸素を定量することができる。基本的な原理は①〜③の通りである。

①　塩基性水溶液中で $Mn(OH)_2$ が O_2 により酸化され $MnO(OH)_2$ を生じる。

　　　$2Mn(OH)_2 + O_2 \longrightarrow 2MnO(OH)_2$

②　$MnO(OH)_2$ を含む水溶液を酸性にして I^- を加えると，$MnO(OH)_2$ は Mn^{2+} に還元され，それに伴い I^- が酸化され I_2 を生じる。

③　$Na_2S_2O_3$ 水溶液を用いて，②で生じた I_2 を定量する。$S_2O_3{}^{2-}$ は，つぎの反応にしたがって $S_4O_6{}^{2-}$ に酸化され，I_2 を還元する。

　　　$2S_2O_3{}^{2-} \longrightarrow S_4O_6{}^{2-} + 2e^-$

問i 溶存酸素の定量のためには，③で用いる $Na_2S_2O_3$ 水溶液の濃度を正確に決定しておく必要がある。

　　3.00×10^{-4} mol の I_2 をすべて還元するには 30.0 mL の $Na_2S_2O_3$ 水溶液が必要であった。この $Na_2S_2O_3$ 水溶液の濃度を求めよ。解答は有効数字 3 桁目を四捨五入して，下の形式により示せ。

$$\boxed{} . \boxed{} \times 10^{-2} \text{mol/L}$$

問ii ある湖の水 100 mL をとり，上述の①〜②の原理にしたがって溶存酸素から I_2 を生成させた。生じた I_2 をすべて還元するには，**問i** で濃度を決定した $Na_2S_2O_3$ 水溶液が 4.00 mL 必要であった。湖水の溶存酸素濃度の酸素飽和濃度に対する割合は何％か。ただし，湖水の温度において，1.00 atm の酸素の飽和濃度は 1.25×10^{-3} mol/L であり，湖水採取時の酸素分圧は 0.200 atm であった。解答は小数点以下第 1 位を四捨五入して，下の形式により示せ。

$$\boxed{}\boxed{} \%$$

---

91 オストワルト法と反応熱　　　　　　　2004 年度〔5〕

アンモニアから HNO_3（気体）が生成するつぎの 3 段階の気相反応について下の問に答えよ。ただし，1 mol のアンモニアが酸素と反応して窒素と H_2O（気体）が生成するときの反応熱を 317 kJ とし，各気体の生成熱を右の表の値とする。

気体の生成熱	〔kJ/mol〕
一酸化窒素	−90
二酸化窒素	−33
H_2O	242
HNO_3	135

(1) アンモニアと酸素の反応によって，一酸化窒素と H_2O（気体）が生成する。

(2) 一酸化窒素と酸素の反応によって，二酸化窒素が生成する。

(3) 二酸化窒素と H_2O（気体）の反応によって，一酸化窒素と HNO_3（気体）が生成する。

△**問A** (1)の反応によって 1.00 mol の一酸化窒素が生成するときの反応熱を求めよ。解答は有効数字 3 桁目を四捨五入して，下の形式により示せ。

$$\boxed{} . \boxed{} \times 10^2 \text{kJ}$$

問B 1.00 mol のアンモニアが 1.75 mol の酸素と反応して，HNO_3（気体），H_2O（気体），一酸化窒素が生成するときの反応熱を求めよ。解答は有効数字 3 桁目を四捨五入して，下の形式により示せ。

$$\boxed{} . \boxed{} \times 10^2 \text{kJ}$$

80 第3章 問題

92 クロム酸イオンの反応 2004年度〔10〕

クロム酸カリウムの水溶液**A**について，つぎの**実験ア，イ**を行った。下の問に答えよ。ただし，各元素の原子量は，$H=1$，$O=16$，$K=39$，$Cr=52$，$Ag=108$とする。

ア．10.0 mL の水溶液**A**に，硝酸銀飽和水溶液を加えたところ沈殿が生じた。十分な量の硝酸銀飽和水溶液を加え，新たな沈殿が生じなくなった後，沈殿すべてをろ過，乾燥したところ 1.66 g の粉末を得た。

イ．10.0 mL の水溶液**A**を十分な量の硫酸で酸性にした後，過酸化水素水を加えたところ気体**B**が発生し，この気体**B**の発生が止まるまで過酸化水素水を加えた。

問 i 水溶液**A**中のクロム酸イオン濃度を求めよ。解答は小数点以下第3位を四捨五入して，下の形式により示せ。

0.□□ mol/L

問 ii 実験**イ**で発生した気体**B**の質量を求めよ。解答は小数点以下第3位を四捨五入して，下の形式により示せ。

0.□□ g

93 銅の電解精錬 2004年度〔11〕

ニッケルと銀を含む粗銅 200.0 g を陽極に，純銅を陰極に用いて硫酸銅(Ⅱ)水溶液中で銅の電解精錬を行った。9.65 A の電流を 400 分間流したところ，陽極の質量が 120.0 g となり，陽極の下方に陽極泥が 4.00 g 沈殿した。下の問に答えよ。ただし，陽極の組成は電解精錬中変化しないものとする。また，各元素の原子量は，$Ni=59$，$Cu=64$，$Ag=108$，ファラデー定数は 96500 C/mol とする。

問A 陰極の質量は何 g 増加したか。解答は小数点以下第1位を四捨五入して，下の形式により示せ。

□□ g

問B 粗銅中の銅の質量パーセントを求めよ。解答は小数点以下第1位を四捨五入して，下の形式により示せ。

□□ %

第3章 問題 81

94 酸・塩基の性質　　　　　　　　　　　　　2003年度〔7〕

つぎの記述のうち，誤っているものはどれか。なお，正解は1つまたは2つある。

1. 水溶液のpHは，負の値や14より大きな値をとることがある。
2. 酸と塩基の中和点のpHは7である。
3. 弱酸の水溶液を希釈すると電離度が増すのでpHは低下する。
4. 同じ物質量の強酸と強塩基を含む水溶液を混合しても，中性の溶液が得られるとは限らない。
5. 強酸と強塩基を混合して得られる塩でも，水によく溶けるとは限らない。
6. 酸性塩の水溶液は酸性を示すとは限らない。

95 Ag^+, Cu^{2+} を含む混合溶液の電気分解　　　　2003年度〔12〕

銅(Ⅱ)イオンと銀イオンを両方含む硫酸水溶液に2本の白金電極を入れて電気分解した。下の問に答えよ。ただし，各元素の原子量は，$H=1$，$O=16$，$Cu=63.5$，$Ag=108$とし，ファラデー定数は96500C/molとする。

問A　はじめに一部の銀イオンだけを還元したところ，陰極に銀が0.648g析出した。この間に発生した気体の体積は，標準状態で何mLか。解答は小数点以下第1位を四捨五入して，下の形式により示せ。

$$\boxed{}\,mL$$

問B　問Aの実験に引き続き，0.965Aの電流を2000秒間流した。この間に，溶液に含まれていたすべての銅(Ⅱ)イオンと銀イオンが還元され，陰極上に金属が0.470g析出した。また，標準状態で0.224Lの気体が発生した。溶液に含まれていた銅(Ⅱ)イオンの物質量を求めよ。解答は有効数字3桁目を四捨五入して，下の形式により示せ。

$$\boxed{}.\boxed{}\times10^{-3}mol$$

96 中和滴定の実験操作　　　　　　　　　　　2002年度〔4〕

つぎの文は，強塩基の水溶液の濃度を，強酸を用いた中和滴定により求める実験手順の一例について述べたものである。文中の下線部(ア)〜(カ)についての下の1〜5の記述のうち，誤っているものはどれか。番号で答えよ。なお，正解は1つまたは2つある。

82 第3章 問題

濃度がおよそ 0.01 mol/L の水酸化ナトリウム水溶液 **A** と，0.500 mol/L の塩酸 **B** がある。溶液 **A** の濃度を，塩酸 **B** を用いて中和滴定により求めたい。まず塩酸 **B** を，(ア)10 mL のホールピペットで量りとり，(イ)100 mL のメスフラスコへ入れ，蒸留水を加えることにより，10 倍に希釈した塩酸 **C** を調製しておく。つぎに溶液 **A** を，(ウ)50 mL のホールピペットで量りとり，100 mL のビーカー **D** に移す。塩酸 **C** をビュレットへ入れ，活栓を開いて先端まで溶液で満たしておく。(エ)pH メーターの電極の先端部分をビーカー **D** 中の溶液 **A** へ浸す。ビュレットから(オ)塩酸 **C** を何回かに分けてビーカー **D** 中の溶液へ滴下し，(カ)そのつど pH の値を記録する。十分中和点を過ぎたところで滴定をやめ，pH の値を滴下した塩酸 **C** の体積に対してプロットし滴定曲線を描く。pH = 7 に対応する滴定量から溶液 **A** の濃度を計算により求めることができる。

1．下線部(ア)と(ウ)において，これらのピペットは，あらかじめ水洗いしたのち，量りとるそれぞれの溶液で，少量ずつ数回洗っておく。

2．下線部(イ)において，このメスフラスコは，あらかじめ水洗いしたのち，乾燥器により熱をかけて水分を取り除いておく必要がある。

3．下線部(エ)において，電極の先端部分が溶液 **A** に十分浸らない場合は，滴定を始める前に蒸留水を適宜足してよい。

4．下線部(オ)において，中和点を求めるのに適した滴定曲線を得るためには，滴定全体を通して，およそ 1 mL ずつ滴下していくとよい。

5．下線部(カ)において，ビーカー **D** 中の溶液を撹拌すると，pH メーターの表示が早く一定になる。

97 アルカンの結合エネルギーと燃焼熱　　2002 年度〔6〕

環状構造をもたないアルカンの燃焼と分子内の結合エネルギーに関する下の問に答えよ。ただし，各結合の結合エネルギーは以下の値とする。

C−C 結合	368 kJ/mol	C−H 結合	411 kJ/mol
O=O 結合	494 kJ/mol	C=O 結合	799 kJ/mol
O−H 結合	459 kJ/mol		

問A　アルカンの炭素原子が 1 つ増えるごとにアルカンの結合エネルギーの総和は何 kJ/mol 増加するか。ただし，解答は有効数字 3 桁目を四捨五入して下の形式により示せ。

$$\boxed{}.\boxed{} \times 10^3 \, \text{kJ/mol}$$

問B　あるアルカンの燃焼熱は 3727 kJ/mol であった。このアルカン 1 分子に含まれる炭素原子の数はいくらか。

98 鉛蓄電池とNaCl水溶液の電気分解 2002年度〔12〕

右図に示すように，鉛蓄電池と白金製の電極を用いて，0.30Aの電流を150分間流し，十分に濃い塩化ナトリウム水溶液を電気分解した。塩化ナトリウム水溶液は陽イオン交換膜で陽極側と陰極側に仕切られており，ナトリウムイオンだけが陽イオン交換膜を通過できる。下の問に答えよ。ただし，ファラデー定数は96500 C/molとする。

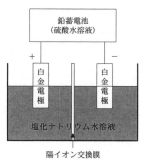

問A 電気分解終了後，陰極側の溶液をすべて取り出し，水で希釈して200mLにした。この溶液の水酸化物イオン濃度を求めよ。解答は小数点以下第3位を四捨五入して，下の形式により示せ。

0.□□ mol/L

問B 電気分解終了後，鉛蓄電池内の硫酸水溶液をすべて取り出し，水で希釈して500mLにした。この溶液をさらに20倍に希釈し，その10.0mLを**問A**で調製した溶液で中和すると12.0mL必要であった。電気分解を始める前に鉛蓄電池内の水溶液に含まれていた硫酸の物質量を求めよ。解答は小数点以下第3位を四捨五入して，下の形式により示せ。

0.□□ mol

84　第3章　問題

≪反応速度，化学平衡≫

99　溶解度積，共通イオン効果　2021年度〔4〕

一定温度で塩化銀の飽和水溶液に塩化ナトリウムを溶解させ，ナトリウムイオン濃度を1.0×10^{-5}mol/Lにした。このとき水溶液中の銀イオンの濃度（mol/L）はいくらか。解答は下の形式により示せ。ただし，この温度での塩化銀の溶解度積は2.00×10^{-10}(mol/L)^{2}とする。また，$\sqrt{2} = 1.41$とする。

☐ mol/L

100　反応速度，平衡定数と平衡移動　2021年度〔6〕

つぎの記述のうち，誤っているものはどれか。なお，正解は1つまたは2つある。

1. 化学反応の速さは，単位時間当たりの反応物の濃度の減少量で表すことができる。
2. H_2とI_2からHIが生成する発熱反応の反応熱を9kJ/molとすると，逆反応の活性化エネルギーは正反応の活性化エネルギーよりも9kJ/mol大きい。
3. 容積一定の容器に1.0molのH_2と1.0molのI_2を入れて温度を一定に保ったところ，I_2はすべて気体となり，H_2(気)$+ I_2$(気)$\rightleftharpoons 2HI$(気)の反応が起こり，H_2が0.20molに減少して平衡に達した。この温度における平衡定数は40である。
4. 密閉容器内でN_2O_4からNO_2が生じる気体反応が平衡状態にあるとき，温度一定で容器の体積を増加させるとNO_2の分子数が増加する方向に平衡が移動する。
5. 温度を上げて反応速度が大きくなるのは，主に活性化エネルギーを超えるエネルギーをもつ分子の割合が増えるためである。
6. 反応速度が反応物の濃度の何乗に比例するかは，化学反応式の係数で決まる。
7. ある2つの発熱反応のうち，反応速度が大きい方が反応熱も大きいとは限らない。

101　気体の解離平衡　2020年度〔5〕

式(1)で表される気体の解離反応に関する**実験**の記述を読み，下の問に答えよ。ただし，X_2，Xは理想気体としてふるまうものとする。

$$X_2 \rightleftharpoons 2X \qquad (1)$$

実験　温度T_A〔K〕において，容積V〔L〕の密閉容器にn〔mol〕のX_2を入れたところ，圧力はP_A〔Pa〕となった。このとき，容器内にはX_2のみが存在していた。

その後，温度を T_B〔K〕まで上昇させたところ，X_2 の一部が解離して X が生成し，平衡に達した。このとき，解離度は α であり，容器内の圧力は P_B〔Pa〕となった。ただし，解離度 α はつぎの式で表される。

$$\alpha = \frac{\text{解離した } X_2 \text{ の物質量}}{\text{容器に入れた } X_2 \text{ の物質量}}$$

問i 式(1)で表される反応が温度 T_B〔K〕において平衡に達したときの平衡定数 K_c〔mol/L〕を，n，V，α を用いて示せ。

$$K_c = \boxed{} \text{〔mol/L〕}$$

問ii 解離度 α を，P_A，P_B，T_A，T_B を用いて示せ。

$$\alpha = \boxed{}$$

---

102 CuS の溶解度積　　　2019年度〔4〕

5.0×10^{-4} mol/L の硫酸銅(Ⅱ)水溶液 100 mL に，25℃において硫化水素を飽和になるまで吹き込んだ。このとき，水溶液の水素イオン濃度は 1.0×10^{-3} mol/L，硫化水素の濃度は 0.10 mol/L であった。沈殿せず溶液中に残っている銅(Ⅱ)イオンの濃度はいくらか。

ただし，25℃における硫化銅(Ⅱ)の溶解度積 K_{sp} は 6.0×10^{-30} (mol/L)^2 とする。また，硫化水素は 2 段階に電離し，25℃における第 1 段階の電離定数は 9.6×10^{-8} mol/L，第 2 段階の電離定数は 1.3×10^{-14} mol/L とする。

$$\boxed{} \text{mol/L}$$

---

103 窒素化合物の反応と平衡定数　　　2019年度〔9〕

N_2O_3 の固体は 277 K 以上で NO と NO_2 に完全に分解し，逆反応は起こらない。また NO_2 はつぎの(1)式により速やかに N_2O_4 との平衡状態に達する。

$$2NO_2 \rightleftharpoons N_2O_4 \qquad (1)$$

(1)式において，NO_2 の濃度を 2 倍にすると，正反応の速度が 4 倍になり，N_2O_4 の濃度を 2 倍にすると，逆反応の速度が 2 倍になる。また，300 K における(1)式の正反応の速度定数は 4.95×10^8 L/(mol·s)，逆反応の速度定数は 4.50×10^6/s である。下の問に答えよ。ただし，気体はすべて理想気体としてふるまうものとする。

問i (1)式の 300 K における平衡定数はいくらか。解答は下の形式により示せ。

$$\boxed{} \text{L/mol}$$

86　第3章　問題

問ii　容積2.20Lの空の容器にN_2O_3を入れ，容器内の温度を277K以上に保ったところ，NO，NO_2およびN_2O_4からなる混合気体が生成した。この混合気体を含む容器にO_2を加えたところ，NOのみがO_2と反応し，容器内はNO_2，N_2O_4およびO_2のみとなった。ここで，容器内の温度を300Kに保ったところ，NO_2の濃度がN_2O_4の濃度の2.50倍となった。はじめに容器に入れたN_2O_3の物質量はいくらか。解答は有効数字の3桁目を四捨五入して，下の形式により示せ。

$$\boxed{}.\boxed{} \times 10^{-3}\,\text{mol}$$

104　プロピオン酸の電離定数　　　　2018年度〔4〕

濃度不明のプロピオン酸（C_2H_5COOH）水溶液10.00mLをとり，0.100mol/Lの水酸化ナトリウム水溶液を用いて25℃で滴定した。水酸化ナトリウム水溶液を17.50mL滴下した時，pHの値は5.50になり，さらに2.30mL滴下したところで中和点に達した。プロピオン酸の25℃での電離定数K_aはいくらか。解答は有効数字2桁で，下の形式により示せ。ただし，$\sqrt{10} = 3.16$とする。

$$K_a = \boxed{}\,\text{mol/L}$$

105　一次反応の反応速度　　　　2018年度〔7〕

つぎの記述を読み，下の問に答えよ。

　ある気体Aは$A \rightarrow 2B + C$のように不可逆的に分解し，気体Bおよび気体Cを生成する。この反応を温度と体積が一定の条件下で行い，Aの濃度を10分ごとに測定したところ，Aの平均の分解速度v〔mol/(L・min)〕は，Aの平均の濃度a〔mol/L〕と速度定数k〔/min〕を用いて$v = ka$で表すことができた。このとき反応開始から10分後の気体の全圧は，反応開始時のAの圧力P_0〔Pa〕の1.8倍であった。ただし，反応開始時にBとCは存在せず，Aの初期濃度はa_0〔mol/L〕であった。また，すべての気体は理想気体としてふるまうものとする。

問　つぎの記述のうち，誤っているものはどれか。なお，正解は1つまたは2つある。
　1．反応開始から10分後のAの濃度は，a_0の0.60倍である。
　2．反応開始から20分後の全圧は，P_0の2.2倍より小さい。
　3．反応開始から20分後のAの濃度は，Cの濃度よりも小さい。
　4．反応開始後，10分から20分までの間におけるAの平均の分解速度は，Cが生成する平均の速度よりも小さい。ただし，Cが生成する平均の速度は反応開始後，

10 分から 20 分までの間の平均の速度である。

5．Aの濃度が初期濃度の半分になるまでに要する時間は，Aの初期濃度を変えても変わらない。

106 プロパンの解離平衡   2018 年度〔8〕

つぎの式はプロパンからプロペンおよび水素を生成する反応を表したものであり，この反応は可逆反応である。この反応に関する実験 1・2 の記述を読み，下の問に答えよ。ただし，気体定数は $8.31 \times 10^3 \mathrm{Pa \cdot L/(mol \cdot K)}$ とし，すべての気体は理想気体としてふるまうものとする。

$$C_3H_8 \rightleftharpoons C_3H_6 + H_2$$

実験 1 容積を自由に変えることができる空の容器にプロパン 0.400 mol を入れ，800 K，$1.00 \times 10^5 \mathrm{Pa}$ に保ったところ，平衡状態に達し，気体の体積は 40.0 L となった。

実験 2 容積が 40.0 L の空の容器にプロパンを入れ，800 K に保ったところ，平衡状態に達し，0.100 mol のプロペンが生成した。

問 i 実験 1 の平衡状態において，生成した水素の物質量はいくらか。解答は小数点以下第 3 位を四捨五入して，下の形式により示せ。

0.☐☐ mol

問 ii 実験 2 で最初に容器に入れたプロパンの物質量はいくらか。解答は小数点以下第 3 位を四捨五入して，下の形式により示せ。

0.☐☐ mol

107 気体分子の熱運動と反応速度   2017 年度〔2〕

つぎの記述のうち，誤っているものはどれか。なお，正解は 1 つまたは 2 つある。

1．気体分子どうしの反応において温度を低くすると，発熱反応の反応速度は減少する。

2．温度一定の条件下で反応物の濃度を変えても，反応の速度定数は変化しない。

3．ある反応に触媒を加えると，活性化エネルギーは変化するが反応熱は変化しない。

4．可逆反応において触媒を加えたとき，正反応の反応速度が大きくなると，逆反応の反応速度も大きくなる。

88 第3章 問題

5．気体分子どうしの反応において，温度一定の条件下で圧力を変化させても，反応速度は変化しない。

6．気体分子どうしの反応において，温度を高くすることにより反応物の衝突回数が2倍になると，反応速度も2倍になる。

108 平衡移動，化学反応と反応熱 2017年度〔3〕

つぎの式で表される反応に関する記述を読み，下の問に答えよ。

$$CH_4 + H_2O \rightleftharpoons CO + 3H_2 \qquad (1)$$
$$CO + H_2O \rightleftharpoons CO_2 + H_2 \qquad (2)$$

反応(1)は水蒸気メタン改質，反応(2)は水性ガスシフト反応と呼ばれ，両者を組み合わせて天然ガスから水素が製造されている。どちらも，水が水蒸気となる高温で行われる可逆反応である。

ここで，メタン，一酸化炭素，水素の燃焼熱はそれぞれ891kJ/mol，283kJ/mol，286kJ/mol，水の蒸発熱は44.0kJ/molとする。ただし，メタンと水素の燃焼熱は液体の水が生成するときの値である。すべての気体は理想気体としてふるまい，反応熱は温度と圧力に依存しないものと考えてよい。

問 つぎの記述のうち，誤っているものはどれか。なお，正解は1つまたは2つある。

1．反応温度を上げると，反応(1)の平衡は左に移動する。

2．圧力を上げると，反応(1)の平衡は左に移動する。

3．反応温度を上げると，反応(2)の平衡は左に移動する。

4．圧力を上げると，反応(2)の平衡は左に移動する。

5．メタンと水蒸気から二酸化炭素と水素が生成する反応は吸熱反応である。

6．反応(1)，反応(2)いずれも，右向きの反応では炭素原子の酸化数が増加する。

109 弱酸の混合溶液 2016年度〔3〕

濃度$2C$〔mol/L〕のギ酸水溶液に，同じ体積の2.20×10^{-4}mol/Lの酢酸水溶液を混合した。この水溶液の水素イオン濃度は2.80×10^{-4}mol/Lであった。下の問に答えよ。

ただし，すべての水溶液の温度は25℃であり，ギ酸と酢酸の電離定数はそれぞれ2.80×10^{-4}mol/L，2.80×10^{-5}mol/Lとする。また，混合後の水溶液のギ酸イオンと酢酸イオンの濃度の和は水素イオン濃度に等しいものとする。

第 3 章 問題 89

△**問 i** 混合後の酢酸イオンの濃度はいくらか。最も適切なものをつぎの 1 〜 6 から選び，番号で答えよ。

1. $2.8×10^{-6}$ mol/L　　2. $1.0×10^{-5}$ mol/L　　3. $1.1×10^{-5}$ mol/L
4. $2.8×10^{-5}$ mol/L　　5. $1.0×10^{-4}$ mol/L　　6. $1.1×10^{-4}$ mol/L

△**問 ii** C はいくらか。最も適切なものをつぎの 1 〜 6 から選び，番号で答えよ。

1. $2.5×10^{-4}$ mol/L　　2. $2.7×10^{-4}$ mol/L　　3. $5.4×10^{-4}$ mol/L
4. $2.5×10^{-3}$ mol/L　　5. $2.7×10^{-3}$ mol/L　　6. $5.4×10^{-3}$ mol/L

110　アミノ酸の等電点と電離定数　　2016 年度〔7〕

中性アミノ酸では，水溶液中でつぎの 2 つの電離平衡が成り立ち，それぞれの電離定数は K_1, K_2 で表される。

$$R-CH(NH_3{}^+)-COOH \underset{}{\overset{K_1}{\rightleftharpoons}} R-CH(NH_3{}^+)-COO^- + H^+$$
$$R-CH(NH_3{}^+)-COO^- \underset{}{\overset{K_2}{\rightleftharpoons}} R-CH(NH_2)-COO^- + H^+$$

等電点が 5.70, $K_1 = 1.00×10^{-2.10}$ mol/L である中性アミノ酸の電離定数 K_2〔mol/L〕の対数 $\log_{10}K_2$ はいくらか。解答は小数点以下第 2 位を四捨五入して，下の形式により示せ。

$$\log_{10}K_2 = -\boxed{}.\boxed{}$$

111　H_2O_2 の分解反応　　2016 年度〔9〕

つぎの文を読み，下の問に答えよ。

少量の酸化マンガン（Ⅳ）に 0.90 mol/L の H_2O_2 水溶液を 10 mL 加え，20℃ に保ちながら H_2O_2 の分解反応を行った。発生した気体の体積を 1.0 分ごとに量り，平均の分解速度 v〔mol/(L·min)〕を求めた。v はつぎの反応速度式で表された。

$$v = kc$$

ここで，c〔mol/L〕は H_2O_2 の平均のモル濃度，k〔/min〕は速度定数である。反応を開始してから 1.0 分間に発生した気体の物質量は $1.0×10^{-3}$ mol だった。

△**問**　つぎの記述のうち，誤っているものはどれか。なお，正解は 1 つまたは 2 つある。

1. 一般に，化学反応式から反応速度式を導くことはできない。
2. H_2O_2 がすべて分解すると，$4.5×10^{-3}$ mol の気体が発生する。
3. 反応開始から 1.0 分後の H_2O_2 の濃度は 0.70 mol/L である。
4. 反応開始から 2.0 分後の H_2O_2 の濃度は 0.50 mol/L である。

90 第3章 問題

5. H_2O_2 水溶液の濃度を半分にして同じ実験を行うと,反応を開始してから 2.0 分間に 1.0×10^{-3} mol の気体が発生する。

112 硫化物の溶解度積 2015年度〔5〕

つぎの表1の1～5に示す金属イオンを含む水溶液がある。それぞれに飽和になるまで 25℃ で硫化水素を通じた結果,pH は右の欄の値になった。沈殿を生じなかったものはどれか。表1中の番号で答えよ。PbS,NiS,MnS の溶解度積は表2のとおりである。なお,正解は1つまたは2つある。

表1

番 号	金属イオン	金属イオンの濃度〔mol/L〕	硫化水素を通じた後の pH
1	Pb^{2+}	1×10^{-2}	2
2	Pb^{2+}	1×10^{-4}	2
3	Ni^{2+}	1×10^{-2}	2
4	Ni^{2+}	1×10^{-4}	4
5	Mn^{2+}	1×10^{-2}	4

ただし,硫化水素を通じても,水溶液の体積は変化しないものとする。水溶液中の硫化水素の濃度 $[H_2S]$ は飽和濃度 0.1mol/L で一定であり,硫化物イオンの濃度 $[S^{2-}]$ は pH により変化し,pH $=1$ のとき $[S^{2-}] = 1 \times 10^{-20}$ mol/L である。

表2

硫 化 物	25℃での溶解度積〔mol²/L²〕
PbS	3×10^{-28}
NiS	4×10^{-20}
MnS	3×10^{-11}

113 二次反応における反応物の濃度と半減期 2015年度〔8〕

つぎの式(1)で表される反応に関する記述を読み,下の問に答えよ。

$$2X \longrightarrow Y \qquad (1)$$

この反応では,反応速度が X の濃度の 2 乗に比例する。このとき,反応時間 t における反応物 X の濃度 $[X]$ は,反応速度定数を k,反応開始時の X の濃度を $[X]_0$ とすると,式(2)で表される。

$$\frac{1}{[\mathbf{X}]} = kt + \frac{1}{[\mathbf{X}]_0} \qquad (2)$$

問 25.0℃で 4.00 mol/L の **X** を反応させたところ，**X** の濃度が半分になるまでの時間は t_{X}〔s〕であった。また，65.0℃で A〔mol/L〕の **X** を反応させたところ，**X** の濃度が半分になるまでの時間は $0.150 t_{\mathrm{X}}$〔s〕となった。この反応では，温度が 10.0℃上がるごとに反応速度定数が 2.00 倍になる。

A はいくらか。解答は有効数字 3 桁目を四捨五入して，下の形式により示せ。

$\boxed{}.\boxed{}$ mol/L

114 平衡状態における生成物の定量　　　　2015年度〔9〕

つぎの式で表される気体の反応に関する**実験1～2**の記述を読み，下の問に答えよ。

$$\mathbf{X_2} + \mathbf{Y_2} \rightleftharpoons 2\mathbf{XY}$$

実験1 容器に n〔mol〕の $\mathbf{X_2}$ と n〔mol〕の $\mathbf{Y_2}$ を入れたところ，**XY** が A〔mol〕生成して平衡状態に達した。この状態を I とする。

実験2 状態 I から容器の温度と体積を一定に保ちながら B〔mol〕の **XY** を容器に加えたところ，新たな平衡状態に達した。この状態を II とする。

問 状態 II における **XY** の物質量を，A, B, n を用いて示せ。ただし，この反応に関与する気体はすべて理想気体としてふるまうものとする。

115 緩衝液の pH　　　　2014年度〔3〕

0.200 mol/L の酢酸水溶液 50.0 mL に，0.100 mol/L の水酸化ナトリウム水溶液を V〔mL〕加えてできる pH が 3.5～5.0 の緩衝液に関する下の問に答えよ。ただし，水溶液の温度は 25℃で一定に保たれており，25℃における酢酸の電離定数 K_a は 2.80×10^{-5} mol/L，酢酸ナトリウムの電離度は 1 とする。また，必要であれば，$\log_{10}2 = 0.301$，$\log_{10}3 = 0.477$，$\log_{10}7 = 0.845$ を用いよ。

問 i 緩衝液の水素イオン濃度〔$\mathrm{H^+}$〕〔mol/L〕は，V を用いてつぎの式で表される。式中の分母と分子にあてはまる最も適切なものを，それぞれ下の 1～5 より選び，番号で答えよ。

$$[\mathrm{H^+}] = K_a \times \frac{\boxed{}}{\boxed{}}$$

1. $50+V$　　2. V　　3. $100+V$

4. $50-V$　　5. $100-V$

問ii 緩衝液に $0.100\,mol/L$ の水酸化ナトリウム水溶液を $10.0\,mL$ 加えたときの pH 変化の絶対値を ΔpH_1 とし，水酸化ナトリウム水溶液の代わりに，$0.100\,mol/L$ の塩酸を $10.0\,mL$ 加えたときの pH 変化の絶対値を ΔpH_2 とする。ΔpH_1 と ΔpH_2 の和が最小となる緩衝液の pH とそのときの V はいくらか。それぞれ最も適切なものを下の $1 \sim 6$ より選び，番号で答えよ。

(pH)　1. 3.95　　　2. 4.19　　　3. 4.38

　　　4. 4.55　　　5. 4.73　　　6. 4.98

(V)　1. $30.0\,mL$　　2. $40.0\,mL$　　3. $50.0\,mL$

　　　4. $60.0\,mL$　　5. $70.0\,mL$　　6. $80.0\,mL$

116 　化学平衡，反応速度　　　　　　2013年度〔3〕

つぎの文を読み，下の問に答えよ。

　容積 V〔L〕の密閉容器に気体 X と気体 Y を入れ，温度 T〔K〕に保ったところ，下の式(1)で表される可逆反応によって，気体 Z が生成し平衡状態となった。この状態を A とする。

$$\mathbf{X} + \mathbf{Y} \rightleftharpoons 2\mathbf{Z} \qquad (1)$$

この反応において，正反応の反応速度は，気体 X と気体 Y の濃度の積に比例し，速度定数は a〔L/(mol·s)〕で表される。逆反応の反応速度は，気体 Z の濃度の 2 乗に比例する。気体はすべて理想気体としてふるまうものとし，気体定数は R〔Pa·L/(mol·K)〕とする。

問i 式(1)の反応に関するつぎの記述のうち，正しいものはどれか。なお，正解は 1 つまたは 2 つある。

1. 触媒を加え活性化エネルギーを減少させると，正反応の反応速度が減少する。

2. 温度を上昇させると，逆反応の反応速度が増大する。

3. 正反応が発熱反応であるとき，温度を上昇させると，平衡定数の値は増加する。

4. 温度一定のまま，この混合気体の体積を変化させると，平衡定数の値は変化する。

5. 全圧一定のまま温度を変化させても，平衡定数の値は変わらない。

問ii 状態 A における気体の全圧は P〔Pa〕であった。また，気体 X と気体 Y の分圧は等しく，気体 Z の分圧は全圧の半分であった。状態 A における逆反応の反応速度

v_A〔mol/(L·s)〕を，a, P, T, R を用いて表せ。

問iii 状態**A**において温度 T〔K〕に保ち，触媒を加え，状態**A**における気体**X**の物質量と同じ物質量の気体**X**を追加したところ，新しい平衡状態になった。この状態を**B**とする。状態**B**における正反応の速度定数は b〔L/(mol·s)〕となった。状態**B**における逆反応の反応速度は v_A の何倍になるかを，a, b, P, T, R のうちから必要なものを用いて表せ。

117 アンモニアの電離平衡，緩衝液　　　　　　2013年度〔6〕

溶液**A**は 0.100 mol/L のアンモニア水であり，その pH は 11.20 であった。溶液**B**は 0.100 mol/L の塩酸である。10.0 mL の溶液**A**に，溶液**B**を滴下して中和し，溶液**C**を得た。さらに，溶液**C**に，20.0 mL の溶液**A**を加えて溶液**D**を得た。つぎの問に答えよ。ただし，溶液**A**〜**D**の温度は同じであり，アンモニア水の電離度は 1 に比べて著しく小さい。また，水のイオン積を 1.00×10^{-14} (mol/L)^2 とする。必要であれば $\log_{10}2 = 0.30$，$\log_{10}3 = 0.48$ を用いよ。

問i つぎの記述のうち，正しいものはどれか。なお，正解は 1 つまたは 2 つある。

1. 溶液**A**と，純水で溶液**A**を 10 倍に希釈した溶液とでは，前者の方が NH_4^+ の濃度が高い。
2. 溶液**A** 10.0 mL の中和に必要な溶液**B**の量は 10.0 mL より少ない。
3. 溶液**A**と溶液**C**では，溶液**A**の方が NH_4^+ の濃度が高い。
4. 溶液**C**を純水で 10 倍に希釈すると pH が減少する。
5. 溶液**C**と溶液**D**のそれぞれに，溶液**A**を 1.00 mL ずつ加えたときの pH 変化は，溶液**C**の方が大きい。
6. 溶液**C**と溶液**D**のそれぞれを，純水で 10 倍に希釈したときの pH 変化は，溶液**D**の方が大きい。

問ii 溶液**A**における，アンモニアの電離定数 K_b の対数 $\log_{10}K_b$ はいくらか。解答は小数点以下第 2 位を四捨五入して，下の形式により示せ。

$$\log_{10}K_b = -\boxed{}.\boxed{}$$

問iii 溶液**D**の pH はいくらか。解答は小数点以下第 2 位を四捨五入して，下の形式により示せ。

$$pH = \boxed{}.\boxed{}$$

94　第3章　問題

118 電離平衡，溶解度積　　　　　　　　　　　　　2012年度〔9〕

つぎの問に答えよ。

問i　つぎの記述のうち，正しいものはどれか。なお，正解は1つまたは2つある。

1．0.100 mol/L の酢酸水溶液 10 mL を水で希釈して 1000 mL とした。このとき pH は 1.5 以上増大する。

2．強塩基と弱塩基とでは，必ず強塩基の方が水への溶解度〔g/L〕は大きい。

3．塩酸を用いてアンモニア水を中和滴定するとき，指示薬としてフェノールフタレインを用い，中和点の判定は水溶液が無色になったことで行う。

4．塩化アンモニウムを室温で水に溶かしたとき，この水溶液中に存在する H^+，NH_4^+，NH_3，Cl^-，NH_4Cl のうち，濃度の最も高い成分は Cl^- である。ただし，塩化アンモニウム 0.100 mol を 1000 mL の水に溶かしたとする。

5．塩化ナトリウムの飽和水溶液に，温度を一定に保ったまま希硫酸を加えると，塩化ナトリウムの沈殿が生じる。

6．アレニウスの定義による酸とブレンステッドの定義による塩基を反応させると必ず水が生じる。

問ii　水素イオン濃度を酸性から中性の領域で様々に調整した 0.100 mol/L の塩化鉄（Ⅱ）水溶液がある。これらに H_2S を飽和になるまで吹き込んだとき FeS の沈殿が生じるかどうかを調べた。FeS の沈殿が生じたときの水溶液の水素イオン濃度を測定したところ，最大で 4.20×10^{-4} mol/L であった。H_2S は以下のように 2 段階に電離する。第 1 段階の電離定数が 8.40×10^{-8} mol/L であるとき，第 2 段階の電離定数はいくらか。

$$H_2S \rightleftharpoons H^+ + HS^- \quad （第1段階）$$

$$HS^- \rightleftharpoons H^+ + S^{2-} \quad （第2段階）$$

ただし，FeS の溶解度積は 6.00×10^{-18} mol²/L² とする。また，硫化水素の飽和溶解度は 0.100 mol/L であり，電離度が小さいため，飽和溶液における分子としての H_2S の濃度も 0.100 mol/L とみなしてよいものとする。解答は有効数字 3 桁目を四捨五入して，下の形式により示せ。

$$1.\boxed{} \times 10^{-1\boxed{}} \text{mol/L}$$

119 H$_2$O$_2$分解反応における反応速度 　　　　　　　　　　2011 年度〔4〕

少量の酸化マンガン（Ⅳ）MnO$_2$ に 0.640 mol/L の過酸化水素 H$_2$O$_2$ 水溶液を 10.0 mL 加え，分解反応で発生した酸素 O$_2$ を水上置換ですべて捕集した。捕集容器内の圧力を大気圧にあわせて気体の体積を量ったところ，反応時間と体積の関係はつぎの表のようになった。実験は 300 K で行われ，大気圧は 1.010×10^5 Pa であった。下の問に答えよ。ただし，気体は理想気体としてふるまうものとし，H$_2$O$_2$ の分解反応にともなう水溶液の体積変化および O$_2$ の水への溶解は無視する。気体定数は 8.3×10^3 Pa·L/(mol·K) とし，300 K での水蒸気圧は 0.040×10^5 Pa とする。なお，s は秒を表す。

反応時間〔s〕	0	60	300	600
捕集容器内の気体の体積〔mL〕	0.0	18.0	58.0	75.0

問 i 　0～60 秒における H$_2$O$_2$ の平均の分解速度はいくらか。解答は有効数字 3 桁目を四捨五入して，下の形式により示せ。

$$\Box . \Box \times 10^{-3}\,\text{mol/(L·s)}$$

問 ii 　この実験における H$_2$O$_2$ の分解速度 v は，$v = k[\text{H}_2\text{O}_2]$ に従う。ただし，k は分解反応の速度定数，$[\text{H}_2\text{O}_2]$ は過酸化水素の濃度である。速度定数 k を 0～60 秒における H$_2$O$_2$ の平均の分解速度と平均の濃度より求めよ。解答は有効数字 3 桁目を四捨五入して，下の形式により示せ。

$$k = \Box . \Box \times 10^{-3}\,\text{s}^{-1}$$

問 iii 　反応開始後 600 秒において，O$_2$ の生成速度を増大させるために 0.640 mol/L の H$_2$O$_2$ 水溶液を追加したところ，その 60 秒後における捕集容器内の気体の体積は 85.0 mL となった。追加した H$_2$O$_2$ 水溶液の体積はいくらか。ただし，平均の分解速度は，平均の濃度と**問 ii**で求めた速度定数 k を用いて $v = k[\text{H}_2\text{O}_2]$ により計算できるものとする。解答は小数点以下第 2 位を四捨五入して，下の形式により示せ。

$$\Box . \Box\,\text{mL}$$

120 気相間平衡における量的関係 　　　　　　　　　　2010 年度〔2〕

容積を変化させることで圧力を一定に保つことができる密閉容器に H$_2$O 3.00 mol と CO 4.00 mol を入れて高温に保ったところ，(1)式の可逆反応によって H$_2$ と CO$_2$ が生成し平衡状態となった。このときの容器内の H$_2$ の物質量は 2.40 mol であった。

$$\text{H}_2\text{O （気）} + \text{CO （気）} \rightleftharpoons \text{H}_2\text{（気）} + \text{CO}_2\text{（気）} \qquad (1)$$

96　第3章　問題

この混合気体に，ある物質量のO_2を加えて燃焼させた。この燃焼により360.0kJ
の熱が発生し，容器内のO_2はすべて消失した。さらに容器を，O_2を加える前の温
度にしたところ，新たに平衡状態となりH_2の物質量は1.80molとなった。つぎの
問に答えよ。ただし，気体はすべて理想気体としてふるまうものとし，反応に関与
する水はすべて気体であるものとする。また，COおよびH_2の燃焼熱は，温度に
よらず，それぞれ283.0kJ/mol，246.0kJ/molとする。

問 i　下線の平衡状態における平衡定数Kはいくらか。解答は小数点以下第2位を
四捨五入して，下の形式により示せ。

$$K = \boxed{} . \boxed{}$$

問 ii　燃焼前に混合気体に加えたO_2の物質量はいくらか。解答は小数点以下第2位
を四捨五入して，下の形式により示せ。

$$\boxed{} . \boxed{} \text{ mol}$$

問 iii　燃焼により消費されたH_2の物質量はいくらか。解答は小数点以下第2位を四
捨五入して，下の形式により示せ。

$$\boxed{} . \boxed{} \text{ mol}$$

121　硫酸の電離平衡，希硫酸の電気分解　　　　2010年度〔4〕

つぎの問に答えよ。

問 i　硫酸は，水溶液中で下式のように2段階で電離する。

$$H_2SO_4 \longrightarrow H^+ + HSO_4^- \qquad (1)$$
$$HSO_4^- \rightleftharpoons H^+ + SO_4^{2-} \qquad (2)$$

H^+の濃度$[H^+]$を，HSO_4^-の濃度$[HSO_4^-]$とSO_4^{2-}の濃度$[SO_4^{2-}]$を用
いて表せ。ただし，H^+，HSO_4^-，SO_4^{2-}以外のイオンの濃度は十分に低く，無視
できるものとする。

問 ii　(1)式の電離が完全に起こり，(2)式の電離定数が1.00×10^{-2}mol/Lであるとき，
0.100mol/Lの希硫酸中でのH^+，HSO_4^-，SO_4^{2-}の各イオンの濃度はいくらか。
解答は小数点以下第3位を四捨五入して，下の形式により示せ。必要ならば，
$\sqrt{1.61} = 1.27$を用いよ。

$$[H^+] \qquad 0.\boxed{}\boxed{} \text{ mol/L}$$
$$[HSO_4^-] \qquad 0.\boxed{}\boxed{} \text{ mol/L}$$
$$[SO_4^{2-}] \qquad 0.\boxed{}\boxed{} \text{ mol/L}$$

問 iii　十分な量の希硫酸に白金電極を入れて直流電圧をかけたところ，0.965Aの一

定電流が流れ，陽極と陰極からそれぞれ異なる気体が発生した。これらの気体に関する以下の記述のうち，誤っているものはどれか。ただし，発生した気体は理想気体としてふるまい，気体定数は $8.31 \times 10^3 \, \mathrm{Pa \cdot L/(mol \cdot K)}$，ファラデー定数は $96500 \, \mathrm{C/mol}$ とする。なお，正解は1つまたは2つある。

1．この条件で，800秒間通電を行ったとき，陰極で発生した気体の体積は，298 K，$1.01 \times 10^5 \, \mathrm{Pa}$ で $100 \, \mathrm{mL}$ 以下である。

2．この条件で，陽極で発生した気体の体積と陰極で発生した気体の体積の合計が，298 K，$1.01 \times 10^5 \, \mathrm{Pa}$ で $200 \, \mathrm{mL}$ に達するのに要する通電時間は，1000秒以内である。

3．陰極で発生した気体の工業的な製法として，石油から得られる炭化水素を高温で水と反応させる方法がある。

4．陽極で発生した気体の工業的な製法として，液体空気の分留がある。

5．陰極で発生した気体と陽極で発生した気体とで燃料電池を構成するとき，陰極で発生した気体は正極活物質として用いる。

122 中和滴定，電離平衡 　　　　　2008年度〔5〕

酢酸水溶液 **A** の濃度を中和滴定により決定するため，つぎの**実験ア**および**イ**を行った。**実験ア**は標準溶液として用いる水酸化ナトリウム水溶液 **B** の正確な濃度を決定するための中和滴定（標定）であり，**実験イ**は酢酸水溶液 **A** の濃度を決定するための中和滴定である。下の問に答えよ。ただし，各元素の原子量は，H = 1，C = 12，O = 16，K = 39 とし，$\log_{10}2 = 0.30$，$\log_{10}3 = 0.48$，$\log_{10}5 = 0.70$，$\log_{10}7 = 0.85$ とする。また，フタル酸水素カリウム $C_8H_5O_4K$ は，1価の酸としてはたらく。

ア． フタル酸水素カリウム $0.306 \, \mathrm{g}$ を純水 $30.0 \, \mathrm{mL}$ に溶解した溶液に，水酸化ナトリウム水溶液 **B** を滴下したところ，中和までに $15.0 \, \mathrm{mL}$ を要した。

イ． $5.00 \, \mathrm{mL}$ の酢酸水溶液 **A** に，水酸化ナトリウム水溶液 **B** を滴下したところ，中和までに $24.5 \, \mathrm{mL}$ を要した。

問 i 酢酸水溶液 **A** のモル濃度はいくらか。解答は小数点以下第3位を四捨五入して，下の形式により示せ。

$$0.\boxed{} \, \mathrm{mol/L}$$

問 ii 酢酸水溶液 **A** の pH を測定したところ，2.53であった。この酢酸の電離定数 K_a を $x \, \mathrm{[mol/L]}$ としたとき，$-\log_{10}x$ の値はいくらか。解答は小数点以下第2位を四捨五入して，下の形式により示せ。ただし，酢酸水溶液 **A** の電離度は十分小さ

98 第3章 問題

いものとする。

$$-\log_{10}x = \boxed{}.\boxed{}$$

問iii 実験アにおいて，水酸化ナトリウム水溶液**B**の正確な濃度を中和滴定で決定したのは，濃度が正確にわかっている水酸化ナトリウム水溶液を調製することが困難なためである。つぎの記述のうち，その理由として誤っているものはどれか。なお，正解は1つまたは2つある。

1．水酸化ナトリウムを水に溶解すると，発熱するため。

2．水酸化ナトリウムは潮解しやすいため。

3．水酸化ナトリウムは皮膚や粘膜を激しくおかすため。

4．水酸化ナトリウムは空気中の二酸化炭素を吸収しやすいため。

123 平衡移動，平衡状態における量的関係   2008年度〔8〕

窒素と水素を混合した気体を，酸化鉄を主成分とする触媒を含む容器中で高温高圧の条件で反応させると，アンモニアが生成して平衡状態に達する。この平衡反応に関するつぎの問に答えよ。ただし，窒素，水素，およびアンモニアは，すべて理想気体としてふるまうものとする。

問i 平衡状態にあるアンモニアの物質量に関するつぎの記述のうち，誤っているものはどれか。なお，正解は1つまたは2つある。

1．温度一定で，圧力を上げるとアンモニアの物質量は増える。

2．圧力一定で，温度を上げるとアンモニアの物質量は増える。

3．容器の容積と温度を一定に保ちながらネオンを加えると，アンモニアの物質量は増える。

4．容器の容積と温度を一定に保ちながら水素を加えると，アンモニアの物質量は増える。

5．容器内の温度と圧力が同じであれば触媒の量を増やしても，アンモニアの物質量は変わらない。

6．単位時間あたりに生成するアンモニアの物質量と分解するアンモニアの物質量は等しい。

問ii 容器の容積と温度を一定に保ちながら，窒素 5.00 mol と水素 5.00 mol を反応させた。平衡状態に達した後の容器内の圧力は，反応開始時の圧力の 0.80 倍になった。このときの窒素の分圧は水素の分圧の何倍か。解答は小数点以下第2位を四捨五入して，下の形式により示せ。

$$\boxed{}.\boxed{}倍$$

問iii **問ii**の平衡状態にある混合気体を別の容器に移し，アンモニアだけを取り除いた。これに新たに窒素と触媒を加え，**問ii**と同じ容積と温度に保ち反応させた。平衡状態に達した後の水素とアンモニアの分圧は等しくなった。加えた窒素の物質量はいくらか。解答は小数点以下第2位を四捨五入して，下の形式により示せ。

$$\boxed{}.\boxed{}\ \mathrm{mol}$$

124 気相間の平衡 2006年度〔1〕

同じ質量の気体AとBが，容積の等しい2つの容器に別々に封入されている。2つの容器はコックがついた容積の無視できる管でつながれており，常に一定温度に保たれている。最初閉じていたコックを開いて2つの気体を混合すると，反応 $A + B \rightleftharpoons C$ が起こり，気体Cが生じて平衡に達する。つぎの記述のうち正しいものはどれか。ただし，Bの分子量はAの2倍であり，気体A，B，Cはいずれも理想気体としてふるまうものとする。なお，正解は1つまたは2つある。

1. 混合する前，気体AとBの物質量は等しい。
2. 混合する前，気体Aの圧力は気体Bの圧力の2倍である。
3. 混合する前，気体Aの密度は気体Bの密度の $\dfrac{1}{2}$ 倍である。
4. 混合して平衡に達したとき，気体AとBの分圧の比は混合前の圧力の比に等しい。
5. 混合して平衡に達したとき，全物質量は混合前よりも増加している。
6. 混合して平衡に達した後，ヘリウムを加えて容器内の圧力を高くしても気体Cの物質量は変化しない。

125 H₂O₂分解反応における反応速度 2006年度〔4〕

つぎの文章を読み，下の問に答えよ。

酸化マンガン(IV)による過酸化水素の水と酸素への分解反応の速度 v は，(1)式に示すように過酸化水素濃度 $[H_2O_2]$ に比例することが知られている。

$$v = k[H_2O_2] \quad (k \text{ は反応速度定数}) \qquad (1)$$

質量パーセント濃度で 1.36% の過酸化水素水溶液 $500\,\mathrm{mL}$（密度 $1.00\,\mathrm{g/cm^3}$）に酸化マンガン(IV)を加え，一定温度で反応を行った。反応時間とそれまでに発生した酸素の体積の総和を，下の表に示す。ただし，この温度で $1\,\mathrm{mol}$ の酸素が占める体積は $25.0\,\mathrm{L}$ であり，反応によって溶液の体積は変化しないものとする。また，$\log_e 2 = 0.693$，$\log_e 3 = 1.10$，$\log_e 5 = 1.60$ とし，各元素の原子量は，$H = 1$，$O = 16$ とする。

100 第3章 問題

反応時間〔分〕	発生した酸素の体積の総和〔L〕
0	0
10	1.00
32	2.00

問 i 反応時間 10 分における反応速度は，反応時間 32 分における反応速度の何倍であるか。解答は小数点以下第 2 位を四捨五入して，下の形式により示せ。

$\square.\square$ 倍

問 ii 反応時間 t_1, t_2 における反応速度をそれぞれ v_1, v_2 とすると，(1)式からつぎの関係が導かれる。

$$\log_e \frac{v_1}{v_2} = -k\,(t_1 - t_2)$$

反応速度定数 k を求めよ。解答は有効数字 3 桁目を四捨五入して，下の形式により示せ。

$\square.\square \times 10^{-2}$ /分

126 平衡移動   2005 年度〔5〕

つぎの気体反応 1 ～ 5 に関する下の問に答えよ。ただし，各気体の生成熱は下の表の値とする。なお，正解は 1 つまたは 2 つある。

1. 二酸化炭素から一酸化炭素と酸素が生成
2. 二酸化窒素から四酸化二窒素が生成
3. 一酸化窒素から窒素と酸素が生成
4. 三酸化硫黄から二酸化硫黄と酸素が生成
5. 水素と窒素からアンモニアが生成

問 i 気体反応 1 ～ 5 がそれぞれ平衡にあるとき，下の記述ア～エの 2 つにあてはまるものはどれか。反応の番号で答えよ。

問 ii 気体反応 1 ～ 5 がそれぞれ平衡にあるとき，下の記述ア～エの 1 つにだけあてはまるものはどれか。反応の番号で答えよ。

問 iii 気体反応 1 ～ 5 がそれぞれ平衡にあるとき，下の記述ア～エのいずれにもあてはまらないものはどれか。反応の番号で答えよ。

ア．圧力一定で温度を高くすると，生成物の物質量が増加する。

イ．温度一定で圧力を高くすると，正反応の速度定数が大きくなる。

ウ．温度一定で圧力を低くすると，生成物の物質量が増加する。

エ．温度一定で圧力を高くしても，生成物の物質量は変化しない。

表　気体の生成熱

気体	CO_2	CO	NO_2	N_2O_4	NO	SO_3	SO_2	NH_3
生成熱〔kJ/mol〕	394	111	-34	-10	-91	396	297	46

127 反応熱，化学平衡と平衡移動　　　　　　2004年度〔2〕

反応熱と平衡に関するつぎの記述のうち，誤っているものはどれか。なお，正解は
1つまたは2つある。

1．化学反応式に含まれるすべての物質の生成熱がわかっている場合，必ずその反応
熱を求めることができる。

2．単体の燃焼熱は，その完全燃焼によって生成する酸化物の生成熱と常に等しい。

3．ある水溶液を試験管の半分まで入れた後に密栓し，室温で十分に長い時間静置す
ると，水溶液の濃度によらず，この試験管内の水の蒸発速度と水蒸気の凝縮速度は
等しくなる。

4．ふたまた試験管の片方に半分まで純水を入れ，もう片方に純水と同体積の飽和シ
ョ糖水溶液を入れた後に密栓し，室温で十分に長い時間静置すると，純水の体積は
ショ糖水溶液の体積より小さくなる。

5．酢酸とエタノールから酢酸エチルと水が生成する反応は，可逆反応である。

6．一酸化炭素と酸素から二酸化炭素が生成する反応が平衡にあるとき，一定の圧力
のもとで温度を高くすると二酸化炭素が増加する。

128 酢酸の電離平衡　　　　　　　　　　　　2004年度〔6〕

濃度 2.25×10^{-3} mol/L の酢酸水溶液における酢酸の電離度を測定したところ，
1.00×10^{-1} であった。同じ温度において，電離度を 4.00×10^{-2} とするためには，
この酢酸水溶液 100 mL に対して 1.00×10^{-1} mol/L の酢酸水溶液を何 mL 加えれば
よいか。解答は小数点以下第1位を四捨五入して，下の形式により示せ。ただし，
この操作で混合後の酢酸水溶液の体積は混合前の体積の和になるものとする。

$\boxed{}$ mL

102 第3章 問題

129 酸, 水の電離平衡と pH　　　　　　　2004年度〔8〕

つぎの記述のうち, 正しいものはどれか。なお, 正解は1つまたは2つある。

1. 硫化水素は水溶液中で2段階に電離する強酸である。
2. フッ化水素酸は電離度が小さく弱酸であるが, 酸化力が強いのでガラスを溶かす。
3. 水酸化銅(II)や水酸化亜鉛の沈殿を含む水溶液に過剰のアンモニア水を加えると, アンモニア分子が Cu^{2+} や Zn^{2+} に配位して, 正四面体構造の錯イオンができる。
4. アンモニアと塩化アンモニウムによる緩衝溶液の pH は, 少量の酸を加えてもほとんど変化しないが, 純水で100倍に希釈すると大きく変化する。
5. 水の電離は吸熱反応なので, 純水の温度を高くすると純水中の水素イオン濃度は増加する。
6. 10^{-4} mol/L の塩酸を純水で 10^4 倍に希釈すると, 水溶液の pH の値は25℃で7より大きくなる。

130 反応の経路, 化学平衡　　　　　　　2003年度〔3〕

反応と反応熱に関するつぎの記述のうち, 下線部が誤っているものはどれか。なお, 正解は1つまたは2つある。

1. 中和反応と燃焼反応は, 発熱反応である。
2. アンモニアの燃焼によって窒素と水(液体)が生成するときの燃焼熱と水(液体)の生成熱から, アンモニアの生成熱を求めることができる。
3. 固体の水酸化ナトリウム1molを十分な量の塩酸に加えるとき, 発生する熱量は中和熱に等しい。
4. 触媒によって可逆反応の正反応の速度が大きくなれば, 逆反応の速度は小さくなる。
5. 二酸化炭素と黒鉛から一酸化炭素が生成する反応が平衡にあるとき, 一定温度で圧縮すると, 化学平衡は移動する。
6. 発熱反応, 吸熱反応にかかわらず, 正反応の活性化エネルギーと反応熱の和は, 逆反応の活性化エネルギーに等しい。

第 3 章 問題 103

131 反応の経路，反応速度を変化させる要因 2002 年度〔1〕

反応に関するつぎの記述のうち，下線部が誤っているものはどれか。なお，正解は
1 つまたは 2 つある。

1．触媒を加えて反応が速くなるのは，活性化エネルギーがより小さい経路を通って
反応が進むからである。
2．温度を上げて反応が速くなるのは，活性化エネルギーがより小さくなるからである。
3．濃度を低くして反応が遅くなるのは，反応する分子間の単位時間あたりの衝突回
数が減るからである。
4．活性化エネルギーが極めて大きい場合は，発熱反応であっても反応は常温で進行
しない。
5．反応 $H_2 + I_2 \longrightarrow 2HI$ においては，活性化エネルギーは H_2 と I_2 の結合エネルギー
の和より大きい。
6．発熱反応においては，活性化エネルギーは正反応より逆反応の方が大きい。

132 水のイオン積，電離定数，緩衝液 2002 年度〔2〕

電離に関するつぎの記述のうち，誤っているものはどれか。なお，正解は 1 つまた
は 2 つある。

1．水の電離は吸熱反応なので，温度が高くなると水の電離定数は小さくなる。
2．希薄な水溶液では溶質の種類や濃度によらず，一定温度ならば水のイオン積は一
定である。
3．ブレンステッドの定義によれば，水溶液中において水は塩化水素の電離反応では
塩基であり，アンモニアの電離反応では酸である。
4．緩衝溶液に少量の酸や塩基を加えても，緩衝溶液の pH はほぼ一定に保たれる。
5．酢酸水溶液に酢酸ナトリウムを加えると，pH の値は小さくなる。
6．酢酸水溶液では，酢酸の濃度が変わってもその電離定数は一定である。

第4章　無機物質

133　金属イオンの性質と反応　　　　2021年度〔1〕

金属イオン Ag^+，Ba^{2+}，Ca^{2+}，Cu^{2+}，Fe^{2+}，Pb^{2+} をそれぞれ別に含む6種類の水溶液に関するつぎの記述のうち，正しいものはどれか。なお，正解は1つまたは2つある。

1．炎色反応を示す金属イオンを含むものは2種類である。

2．有色のものは2種類である。

3．常温で酸性にしたのち硫化水素を吹き込んだときに，黒色沈殿を生じるものは2種類である。

4．常温で希硫酸を加えたときに，沈殿を生じるものは2種類である。

5．常温で過剰量のアンモニア水を加えたときに，沈殿が残るものは2種類である。

6．常温で過剰量の水酸化ナトリウム水溶液を加えたときに，沈殿が残るものは2種類である。

7．常温でクロム酸カリウム水溶液を加えたときに，沈殿を生じるものは2種類である。

134　標準状態で気体である物質の性質と反応　　　　2021年度〔2〕

標準状態で気体であり，互いに異なる物質A～Gに関するつぎの記述ア～カを読み，下の問に答えよ。

ア．Aは銅と熱濃硫酸の反応によって発生する。

イ．天然に存在する気体のうち，Bは最も軽く，Cは2番目に軽い。

ウ．Dは単体であり，Dを構成する元素の同族元素の単体のうち，標準状態で気体として存在するものはDだけである。

エ．白金電極を用いた希硫酸の電気分解によりBとEが発生する。

オ．Fは，四酸化三鉄を主成分とした触媒の存在下で，BとDを高温・高圧で反応させると発生する。

カ．Gは塩化ナトリウムに濃硫酸を加えると発生する。

問　つぎの記述のうち，誤っているものはどれか。なお，正解は1つまたは2つある。

1．A〜Gの気体はすべて無色である。

2．A〜Gをモル質量の大きいものから順に並べたとき，4番目はDである。

3．Aと硫化水素を反応させると，Aは酸化剤としてはたらく。

4．Aの高濃度の水溶液は強い酸性を示す。

5．C，D，Eの沸点をそれぞれ T_C，T_D，T_E とすると，$T_C < T_D < T_E$ である。

6．FとGの反応によって生じる塩は酸性塩である。

135 金属化合物，単体の反応，銅の電解精錬   2020 年度〔6〕

△ つぎの記述のうち，正しいものはどれか。なお，正解は1つまたは2つある。

1．遷移元素のとり得る酸化数は，最外殻電子の数を超えることはない。

2．鉄の製錬において鉄鉱石に含まれる酸化鉄は，Fe_3O_4，Fe_2O_3，FeO，Fe の順に還元される。

3．硫酸銅(Ⅱ)水溶液を用いた銅の電解精錬では，粗銅は陰極として用いられる。

4．Ag^+，Cu^{2+}，Fe^{2+}，Fe^{3+} をそれぞれ別に含む4種類の水溶液に，室温でアンモニア水を過剰に加えると，沈殿が生じるのは Fe^{2+} と Fe^{3+} である。

5．塩化鉄(Ⅲ)水溶液に，室温でヘキサシアニド鉄(Ⅱ)酸カリウム水溶液を加えると濃青色の沈殿を生じる。

6．Ag^+，Cu^{2+}，Fe^{2+}，Fe^{3+}，Pb^{2+} をそれぞれ別に含む5種類の水溶液に，室温で水酸化ナトリウム水溶液を少量加えると，酸化物が沈殿するのは Ag^+ と Cu^{2+} である。

7．単体の Ag，Au，Pt のうち，熱濃硫酸に溶けるのは Ag と Pt である。

136 ハロゲン単体とその化合物の性質   2020 年度〔7〕

第5周期までのハロゲンに関するつぎの記述のうち，正しいものはどれか。なお，正解は1つまたは2つある。

1．すべてのハロゲン化水素は強酸である。

2．すべての単体は二原子分子であり，有色である。

3．塩素酸カリウムと酸化マンガン(Ⅳ)の混合物を加熱して発生する気体は，湿ったヨウ化カリウムデンプン紙を青〜青紫色に変化させる。

4．塩素のオキソ酸では，塩素の酸化数が小さいものほど，より強い酸である。

5．すべてのハロゲン化水素の水溶液の保存には，ガラス容器が用いられる。

106 第4章 問題

6. 単体のうち，低温，暗所で水素と反応するものは2つである。
7. 単体のうち，常温，常圧で固体のものは2つである。

137 金属イオンと金属単体の反応 2019年度〔1〕

つぎの記述のうち，誤っているものはどれか。なお，正解は1つまたは2つある。

1. 第4周期の3～12族に属する元素では，原子の最外殻電子の数は1つまたは2つである。
2. クロム酸カリウムの水溶液に希硫酸を加えて酸性にすると，水溶液の色は黄色から赤橙色に変化し，さらに過酸化水素水を加えると，水溶液の色は緑色に変化する。
3. ハロゲン化銀はハロゲンの種類によらず，水にほとんど溶けない。
4. アルミニウムは塩酸または水酸化ナトリウム水溶液のどちらとも反応して，水素が発生する。
5. Cu^{2+}，Ag^+，Zn^{2+} をそれぞれ別に含む3種類の水溶液に少量のアンモニア水を加えるといずれも沈殿が生じ，さらにアンモニア水を過剰に加えるとそれらの沈殿はいずれも溶解する。
6. Fe^{2+} と Fe^{3+} をそれぞれ別に含む塩基性の水溶液に硫化水素を十分に通じると，いずれも硫化鉄(Ⅱ)の黒色沈殿が生じる。

138 気体の実験室的製法 2019年度〔2〕

25℃，$1.0×10^5$Pa において気体である，単体あるいは化合物 A～F に関するつぎの記述ア～カを読み，下の問に答えよ。

ア. Aは硫化鉄(Ⅱ)と塩酸との反応によって発生する。
イ. Bはホタル石と加熱した濃硫酸との反応によって発生する。
ウ. Cは銅と加熱した濃硫酸との反応によって発生する。
エ. Dは銅と濃硝酸との反応によって発生する。
オ. Eは銅と希硝酸との反応によって発生する。
カ. Fはさらし粉と希塩酸との反応によって発生する。

問 つぎの記述のうち，正しいものはどれか。なお，正解は1つまたは2つある。
1. A～Fのうち，無色のものは3つである。
2. A～Fの分子は，すべて極性分子である。

3．第5周期までの12族元素のイオンを含む塩基性水溶液に**A**を通じると，いずれも黒色の沈殿が生じる。

4．**B**と**C**は，ともに強酸である。

5．**C**はヨウ素ヨウ化カリウム水溶液を脱色する。

6．**E**は水上置換により捕集する。

7．**F**と水との反応では，**F**を構成している原子の酸化数がすべて減少する。

139 金属単体と化合物の性質と反応　　　2018年度〔1〕

つぎの記述のうち，正しいものはどれか。なお，正解は1つまたは2つある。

1．金や白金は塩酸には溶けないが，硝酸や熱濃硫酸にはよく溶ける。

2．二クロム酸カリウムは，硫酸酸性溶液中で酸化剤と還元剤のどちらとしてもはたらく。

3．硫酸鉄（Ⅱ）水溶液および塩化鉄（Ⅲ）水溶液に水酸化ナトリウム水溶液を加えると，それぞれ緑白色と赤褐色の水酸化鉄が沈殿する。

4．銅は銀よりも熱伝導性と電気伝導性がどちらも大きい。

5．硫酸酸性溶液中で過マンガン酸カリウムを用いて過酸化水素から酸素を発生させるとき，過マンガン酸カリウムは触媒としてはたらく。

6．蛍光灯の光を当てると，塩化銀の固体は銀の微粒子を遊離するため黒くなる。

140 金属元素の性質と金属の決定　　　2018年度〔3〕

金属元素**A**～**D**に関するつぎの記述ア～キを読み，下の問に答えよ。

ア．A～**D**は第4周期～第6周期に属し，3族～11族には属さない。

イ．Aは同族元素の中で原子量がもっとも小さく，**A**の同族元素には単体が常温，常圧で液体のものがある。

ウ．Bは**A**と同じ周期に属する。

エ．Cと**D**は同族元素であり，**A**と異なる周期に属する。

オ．第6周期までの**B**の同族元素は，すべて金属元素である。

カ．第6周期までの**C**と**D**の同族元素のうち，非金属元素は2つである。

キ．イオン化傾向の大きさを比べると，**C**が**D**より小さい。

問　つぎの記述のうち，誤っているものはどれか。なお，正解は1つまたは2つある。

108　第4章　問題

1．Aは亜鉛であり，Bはカリウムである。
2．A〜Dのうち，両性元素は3つである。
3．A〜Dのうち，酸化数+2と+4の化合物のどちらもつくることができるのは
　2つである。
4．Aと酸素が1:1の数の比である酸化物は，冷水にほとんど溶けない。
5．Cと酸素が1:1の数の比である酸化物は，白色である。
6．イオン化傾向の大きさを比べると，アルミニウムはBとDの間にある。

141　無機化合物，単体の性質　　　　2017年度〔6〕

つぎの記述のうち，正しいものはどれか。なお，正解は1つまたは2つある。

1．第6周期までのアルカリ金属は，炎色反応を示す。
2．2族元素の単体は，常温の水と反応して水素を発生する。
3．ハロゲンは，原子番号が大きくなるほど，電気陰性度およびイオン化エネルギー
　が小さくなる。
4．酸素，リンおよび硫黄の同素体の種類は，それぞれ2つである。
5．ケイ素の単体の結晶と炭素の単体であるダイヤモンドは，ともに絶縁体である。
6．鉄と銅の単体は不動態を作るので，濃硝酸には溶けない。

142　気体の製法と生成する気体，化合物の性質　　2017年度〔7〕

つぎの記述ア〜オを読み，下の問に答えよ。ただし，下線部は主成分のみを考え，
気体a〜eは互いに異なる。

ア．石灰石を加熱したところ，白色の固体Aと気体aが生じた。
イ．石英とコークスを混合して加熱したところ，固体Bと気体bが生じた。
ウ．岩塩に過剰な濃硫酸を加えて加熱したところ，白色の固体Cと気体cが生じた。
エ．ホタル石に濃硫酸を加えて加熱したところ，白色の固体Dと気体dが生じた。
オ．黄鉄鉱（二硫化鉄(Ⅱ)）を燃焼させたところ，赤褐色の固体Eと気体eが生じた。

問　つぎの記述のうち，誤っているものはどれか。なお，正解は1つまたは2つある。
　1．A〜Eのうち，塩基性酸化物は2つである。
　2．a〜eのうち，無色で刺激臭があるのは2つである。
　3．a〜eのうち，水溶液中で強酸として働くのは1つである。
　4．オの反応では，黄鉄鉱を構成している元素の酸化数がすべて増える。

5．Bの結晶はダイヤモンド型構造をもつ。

6．Dを構成している元素はすべてセッコウに含まれている。

143 陽イオンの系統的分離　　　2017年度〔8〕

Al^{3+}，K^+，Ca^{2+}，Fe^{3+}，Cu^{2+}，Zn^{2+}，Ag^+，Pb^{2+} の金属イオンを，それぞれ0.1 mol/L含む混合水溶液に，つぎのア～エの操作を順に行った。下の問に答えよ。

ア．混合水溶液に希塩酸を十分に加え，生じた沈殿をろ過により分離した。

イ．アで得たろ液に硫化水素を十分に吹き込み，生じた沈殿をろ過により分離した。

ウ．イで得たろ液を煮沸して硫化水素を除いた後，希硝酸を加えた。さらにアンモニア水を過剰に加え，生じた沈殿をろ過により分離した。

エ．ウで得たろ液に硫化水素を十分に吹き込んだ。生じた沈殿をろ過により分離した。

問　つぎの記述のうち，誤っているものはどれか。なお，正解は1つまたは2つある。

　1．最初の混合水溶液に希硫酸を十分に加えて生じる沈殿には，アで得た沈殿と共通の金属イオンが含まれる。

　2．アで得た沈殿を熱水に加えてろ過し，ろ液にクロム酸カリウム溶液を加えると，黄色の沈殿が生じる。

　3．イで得た沈殿には，単体が真ちゅうの原料である金属のイオンが含まれる。

　4．ウで得た沈殿を希塩酸で溶かし，水酸化ナトリウム水溶液を過剰に加えても，金属イオンを含む沈殿は生じない。

　5．エで得た沈殿を希塩酸で溶かし，煮沸後に水酸化ナトリウム水溶液を過剰に加えても，金属イオンを含む沈殿は生じない。

　6．エで得たろ液を煮沸して硫化水素を除き，炭酸アンモニウム水溶液を加えても，金属イオンを含む沈殿は生じない。

144 典型元素の単体　　　2016年度〔1〕

典型元素A～Eに関するつぎの記述ア～オを読み，下の問に答えよ。

ア．A～Eの原子は，すべて正の整数の価電子をもつ。

イ．A～Eの単体は，0℃，1気圧ですべて気体である。

ウ．AとCは同族元素であり，単体の沸点はAがCより高い。

エ．DとEの単体は0℃，1気圧で空気より密度が小さい。

オ．Dの単体の結合エネルギーは，Eの単体の結合エネルギーより大きい。

110 第4章 問題

問 つぎの記述のうち，誤っているものはどれか。なお，正解は1つまたは2つある。
1．A～Eの単体は，すべて二原子分子である。
2．Aとカルシウムだけからなる化合物は，水への溶解度が大きく，潮解する。
3．Bは，質量パーセントで地殻中でも人体内でも最も多く存在する。
4．A～Eの単体すべてを分子量が小さい順から並べたとき，4番目はCの単体である。
5．原子番号がDとEの間の金属元素の数は1つである。
6．Eより原子番号が大きいEの同族元素は，すべて金属元素である。

145　無機化合物の反応　　　　2016年度〔2〕

つぎの実験操作ア～オに関する下の問に答えよ。

ア．クロム酸カリウムの水溶液に硫酸を加え，酸性にした。
イ．二クロム酸カリウムの硫酸酸性水溶液に過酸化水素水を加えた。
ウ．酸化マンガン(Ⅳ)に濃塩酸を加え，加熱した。
エ．過マンガン酸カリウムの硫酸酸性水溶液にシュウ酸水溶液を加えた。
オ．酸化鉄(Ⅲ)の粉末とアルミニウムの粉末を混合して点火した。

問 つぎの記述のうち，誤っているものはどれか。なお，正解は1つまたは2つある。
1．下線の原子の酸化数が3減少した実験操作は2つである。
2．下線の原子を含む化合物が触媒として作用した実験操作は1つである。
3．気体が発生した実験操作は3つである。
4．下方置換での捕集に適する気体が発生した実験操作は2つである。
5．水が生成した実験操作は3つである。

146　金属イオンの反応　　　　2015年度〔2〕

金属元素A～Dは，Ag，Al，Ca，Cu，Fe，Mg，Pb，Zn のいずれかである。つぎの記述ア～カを読み，下の問に答えよ。

ア．A～Dの金属イオンをそれぞれ別に含む水溶液に，室温で水酸化ナトリウム水溶液を少量ずつ加えていくといずれも沈殿を生じる。
イ．A～Dの金属イオンをそれぞれ別に含む水溶液に，室温で希塩酸を適量加えるとAの水溶液だけが沈殿を生じる。
ウ．アで生じたAを含む沈殿は，暗褐色の酸化物である。

エ．アで生じた**B**を含む沈殿に，さらに過剰の水酸化ナトリウム水溶液を加えると，錯イオンが生じて溶ける。

オ．アで生じた**B**を含む沈殿と**C**を含む沈殿に，さらに過剰のアンモニア水を加えると，いずれも錯イオンが生じて溶ける。溶けた**B**の水溶液は無色で，**C**の水溶液は深青色である。

カ．アで生じた**D**を含む緑白色沈殿は，水溶液中で酸化されると赤褐色に変わる。この赤褐色沈殿は，過剰のアンモニア水を加えても溶けない。

問 つぎの記述のうち，正しいものはどれか。なお，正解は1つまたは2つある。

1．アで生じた**A**を含む沈殿は，過剰のアンモニア水を加えても溶けない。
2．**B**の酸化物は，ルビーの主成分である。
3．**B**と**C**の単体は，いずれも室温で希硫酸と反応して水素を発生する。
4．**A**〜**D**の単体のうち，熱や電気の伝導性が最も高い単体は**C**である。
5．イオン化傾向は，**B**，**D**，**C**，**A**の順に小さくなる。

147 ハロゲン単体の性質，反応の起こり方　　2014年度〔1〕

つぎの同族元素**A**〜**D**に関する記述ア〜オを読み，下の問に答えよ。

ア．**A**，**B**，**C**，**D**の原子はいずれも1個の電子を得て1価の陰イオンになりやすい。
イ．**A**の単体は，標準状態で液体である。
ウ．**B**の単体と**C**の単体は，標準状態で気体である。
エ．**C**の単体は，室温で水と激しく反応して酸素を発生させる。
オ．**D**の単体は，標準状態で黒紫色の固体で，水にほとんど溶けない。

問 つぎの記述のうち，誤っているものはどれか。なお，正解は1つまたは2つある。

1．**A**のカリウム塩を溶かした水溶液に**B**の単体を溶かした水溶液を加えると，**A**の単体が生じる。
2．**A**のカリウム塩とデンプンを溶かした水溶液にオゾンを吹きこむと，溶液が青紫色になる。
3．**B**のカリウム塩を溶かした水溶液に硝酸銀の水溶液を加えると，白色の沈殿が生じる。
4．**A**，**B**，**C**，**D**の単体は，二原子分子である。
5．**D**の単体と水素を450℃前後で反応させて**D**と水素の化合物ができるときには，すべての分子が原子に解離して反応する。

112　第4章　問題

148　無機化合物の性質と反応　　　2014年度〔2〕

つぎの無機化合物A～Fに関する記述ア～オを読み，下の問に答えよ。

ア．Aは，標準状態で空気より重く，無色で無臭の気体である。また，Aの分子は無極性である。

イ．Bは水によく溶け，標準状態で空気より軽く，無色で刺激臭をもつ気体である。

ウ．Cの飽和水溶液にAを通じると，Dの白色沈殿が生じ，さらに過剰にAを通じると沈殿が溶解する。沈殿が溶解した水溶液をきれいな白金線の先につけ，バーナーの外炎に差し入れると橙赤色を示す。

エ．同じ物質量のCとEの混合物を十分に加熱するとFの無水和物，B，および水が生成する。生成するBと水の物質量は等しい。

オ．Fの半水和物の白色粉末に適量の水を加えて練ると，膨張して固化する。

問　つぎの記述のうち，誤っているものはどれか。なお，正解は1つまたは2つある。
1．標準状態における，Aの分子の平均の速さは，エタンの分子の平均の速さより大きい。
2．Bは，高温・高圧下で鉄を主成分とする触媒を用い，Bを構成する元素の単体から製造される。
3．Cの水への溶解度は，温度を上げると大きくなる。
4．Dに希塩酸を作用させるとAが発生する。
5．エの反応により，1.0 mol のEから2.0 mol のBが生成する。

149　金属元素の性質　　　2013年度〔5〕

金属元素a～gは，つぎの1～8のいずれかであり互いに異なる。これらを用いた実験1～7に関する下の問に答えよ。ただし各問について，1組または2組の正解がある。

| 1．Na | 2．Ba | 3．Fe | 4．Cu |
| 5．Ag | 6．Zn | 7．Al | 8．Pb |

実験1　水にaの単体を加えると，激しく反応しながら溶解した。この水溶液を適量の油脂と反応させたところセッケンを生じた。<u>このセッケンを水に溶かし，十分な量の塩化カルシウム水溶液を加えてよくかき混ぜた。</u>

実験2　空気中でbの酸化物を加熱すると，気体が発生し同時に金属が析出した。bの単体に硝酸を加えると気体を発生しながら溶解した。この反応で生成した塩を水

に溶かした水溶液に，アンモニア水を加えると沈殿が生じた。さらにアンモニア水を加えると，その沈殿が溶解した。この溶液に，十分な量のアセトアルデヒドを加え加温した。

実験3　cの単体と水を室温で反応させると，気体を発生しながら溶解した。この水溶液①をきれいな白金線につけ，バーナーの外炎の中に入れると黄緑色の炎が観察された。また，水溶液①に希硫酸を加えると白色の沈殿が生じた。これに，加えた希硫酸と同体積の濃塩酸をさらに加え，よくかき混ぜた。

実験4　dの単体を熱濃硫酸と反応させると溶解した。この反応で生成した硫酸塩を水に溶かした水溶液②に硫化水素を吹き込むと黒色の沈殿が生じた。また水溶液②に，水酸化ナトリウム水溶液を加えると青白色の沈殿が生じた。水溶液②に，酒石酸ナトリウムカリウムを水酸化ナトリウム水溶液に溶かしたものを混合し，さらに十分な量のアセトアルデヒドを加えて加温した。

実験5　eの酸化物は，酸とも強塩基とも反応した。eの単体を，水酸化カリウム水溶液と反応させると，無色の水溶液③が得られた。水溶液③を，炭素電極を用いて短時間電気分解した。また，水溶液③に硫化水素を吹き込むと，白色の沈殿が得られた。

実験6　fの単体に塩酸を加えると，水素を激しく発生しながら溶解し，水溶液④が得られた。水溶液④に，過剰のアンモニア水を加えると白色の沈殿が生じた。また水溶液④に，水酸化ナトリウム水溶液を加えて弱塩基性にした。

実験7　gの単体に塩酸を加えると，水素を発生しながら溶解した。この溶液に，適当な酸化剤を加えると黄褐色の溶液になった。この反応で生じたgのイオンと塩化物イオンとの塩を水に溶かした後，中性にして水溶液⑤を得た。水溶液⑤に硫化水素を吹き込むと黒色の沈殿が生じた。また水溶液⑤に，過剰の水酸化ナトリウム水溶液を加えると沈殿が生じた。gの酸化物とfの単体をよく混合し，着火すると激しく反応した。反応終了後，室温まで冷却した。

問i　下線で示す実験操作を終了したとき，各実験1〜7それぞれで最初に用いた金属元素a〜gの単体が得られず，さらに各実験1〜7それぞれで最初に用いた金属元素a〜gを含む化合物も固体として得られない実験の番号を1〜7から選び，またその金属元素の番号を1〜8から選べ。

問ii　各実験において，下線で示す実験操作を終了したとき，最初に用いた金属元素a〜gが，主に2価の陽イオンで存在する実験の番号を1〜7から選び，またその陽イオンの金属元素の番号を1〜8から選べ。

問iii　各実験において，下線で示す実験操作を終了したとき，最初に用いた金属元素a〜gの単体が生成する実験の番号を1〜7から選び，またその金属元素の番号を1〜8から選べ。

114 第4章 問題

150 無機物質の性質 2012年度〔7〕

常温常圧下，5種類の液体a～eおよび4種類の固体f～iがある。液体a～eのうち1つは水であり，その他はそれぞれ異なる1種類の無機化合物を溶解させた水溶液である。水溶液の無機化合物の濃度はすべて1mol/Lに調製されている。また，固体f～iは無機物の固体である。これらの物質の反応についての記述ア～カを読み，下の問に答えよ。なお，a～iはすべて，希ガス，ベリリウムおよびホウ素を除く原子番号1 (H)～20 (Ca) までの元素のいずれか1つまたは複数の元素により構成されている。元素の原子量は，H=1，Li=7，C=12，N=14，O=16，F=19，Na=23，Mg=24，Al=27，Si=28，P=31，S=32，Cl=35.5，K=39，Ca=40，Ag=108とする。分子量，式量を求めるにあたっては，分子よりなる物質については分子量を，そうでない物質には式量を用いよ。

ア．液体a～eのうち，水以外の液体を調製する際に溶解させた無機化合物のすべてに含まれている共通元素はHのみであった。また，液体a～eのpHの値はe<a<b<d<cの順であった。液体a～eを常温常圧でそれぞれ別々に放置して水がなくなるまで乾燥させたところ，cにだけ固体が残り，他は何も残らなかった。また，液体cを炎の中に入れると黄色を呈した。

イ．硝酸銀の水溶液に液体aを加えたところ，無色透明なままであった。一方，硝酸銀の水溶液に液体eを加えると，①感光性を示す難溶性の白色の沈殿を生成し，さらにチオ硫酸ナトリウムを加えると沈殿は溶解した。他方，硝酸銀の水溶液に液体dを加えていくと，いったん②暗褐色の沈殿が生成し，さらに加えると消失して無色透明になった。

ウ．固体fは，地殻を構成する元素のうち最も質量割合の大きい上位2種類の元素だけからなる化合物である。固体fを主成分として含んでいる鉱物は，ガラスやセメントの原料として用いられている。③12gの固体fに液体aを加えたところ，すべて反応して溶解した。また，そのときの液体aの必要量は1.2Lであった。一方，固体fは液体eには溶解しなかった。

エ．液体cの調製の際に溶解させた無機化合物は，工業的には固体gの水溶液を用いたイオン交換膜法によって製造されており，その副産物として生成する物質は，液体eの調製の際に溶解させた無機化合物を工業的に製造するときの原料に使われる。

オ．固体hは，あらゆる物質の中でもっとも硬い無色の結晶である。3.0gの固体hを十分な量の酸素とともに加熱し反応させると，標準状態で5.6Lの気体となった。次に，固体gの飽和水溶液を調製し，液体dに溶解させた無機化合物を充分な量加えてからこの気体を通じたところ，④白色沈殿を生成した。この反応は，ガラスや石けんなどの化学製品の原料を得る工業用製法（ソルベー法）の反応の中の一つで

第4章　問題　115

ある。

カ．固体 i は，動物の骨に含まれ，生命活動に欠かすことのできない元素の単体である。固体 i は，乾燥した空気に触れさせると自然発火して燃え，吸湿性を有する白い粉末を生成する。0.1mol の固体 i より得られたこの白い粉末を水に溶かしたところ，酸性を示し，中和に液体 c を 1.20L 要した。

問 i　つぎの記述のうち，正しいものはどれか。なお，正解は1つまたは2つある。

1．a〜e には，2価の酸あるいは2価の塩基が含まれているものがある。
2．a〜e の調製の際に加えた無機化合物のうち，分子量または式量が水の分子量より大きいものは2種類である。
3．下線①の沈殿物の式量と下線②の沈殿物の式量では，②の方が大きい。
4．下線③の反応は酸化還元反応である。
5．下線④の白色沈殿は水に溶解させると酸性を示す。

問 ii　f〜i の無機物の分子量または式量の大小関係について誤っているものはどれか。なお，正解は1つまたは2つある。

1．f < g 　　2．f > h 　　3．f < i
4．g > h 　　5．g > i 　　6．h < i

151 気体化合物の性質と反応　　　　2011 年度〔2〕

つぎの文章ア〜キは，常温常圧で気体の化合物 A〜E に関する記述である。これらの化合物に関する下の記述1〜5のうち，下線部が誤っているものはどれか。ただし，すべての気体は理想気体としてふるまうものとする。また，各元素の原子量は，H=1，N=14，O=16，S=32，Cl=35，Ag=108 とする。なお，正解は1つまたは2つある。

ア．塩化ナトリウム水溶液に化合物 A と化合物 B を吹き込んで沈殿を生成させる反応は，ナトリウムを含む化合物の工業的製法の主反応として用いられる。

イ．化合物 A は，化合物 C と反応して細かな結晶を生成して白煙を発生する。

ウ．化合物 A から合成される酸および化合物 C は，王水の原料である。

エ．石灰石に化合物 C の水溶液を作用させると，化合物 B が生成する。

オ．化合物 D の水溶液は，弱い酸性を示す。

カ．化合物 D と化合物 E を反応させると，酸化還元反応により D と E に共通に含まれる元素の単体が遊離する。

キ．硫化鉄(Ⅱ)に，化合物 D から合成される酸の薄い水溶液を加えると，化合物 E が生成する。

116 第4章 問題

1．イで生成する結晶を水に溶解したときに起こる加水分解反応の25℃での平衡定数は，$4.5×10^{-10}\,mol/L$ より小さい。ただし，25℃における化合物**A**の水溶液中での電離定数は $2.3×10^{-5}\,mol/L$，水のイオン積は $1.0×10^{-14}\,(mol/L)^2$ とする。

2．石灰水に化合物**B**を通すことで生成する沈殿には，化合物**B**が水に溶解して電離することで生じる陰イオンのうち，2種類が含まれる。

3．ある濃度の硝酸銀水溶液1.00Lに，化合物**C**の $1.00×10^{-4}\,mol/L$ の水溶液1.00Lを加えたところ，溶解度積が $1.80×10^{-10}\,(mol/L)^2$ の化合物 $8.58×10^{-3}\,g$ が沈殿した。はじめに用いた硝酸銀水溶液の濃度は $6.5×10^{-5}\,mol/L$ より大きい。ただし，溶液の混合に際して体積の変化は生じないものとする。

4．化合物**D**と硫酸酸性の過マンガン酸カリウム水溶液との反応では，1molの化合物**D**と反応する過マンガン酸カリウムの物質量は $0.3\,mol$ より多い。

5．0℃，$1.013×10^5\,Pa$ の化合物**E**をこの圧力を保ったまま0℃の水1.0Lと十分な時間接触させたところ，6.8gの化合物**E**が水に溶解した。化合物**E**の0℃の水に対する溶解度（L/水1L）は 3.5 より小さい。ただし，水は凍らないものとする。

152 気体の製法と量的関係 2010年度〔3〕

つぎの記述**ア**〜**キ**を読み，下の問に答えよ。

ア．0.100molの銀に，十分な量の熱濃硫酸を加え，気体**A**を得る。

イ．0.270molの銅に，十分な量の希硝酸を加え，気体**B**を得る。

ウ．0.0750mol/Lの過酸化水素水1.00Lに，十分な量の硫酸酸性過マンガン酸カリウム水溶液を加え，気体**C**を得る。

エ．0.100molの塩化ナトリウムに，十分な量の濃硫酸を加え，気体**D**を得る。

オ．0.220molのアルミニウムに，十分な量の水酸化ナトリウム水溶液を加え，気体**E**を得る。

カ．0.0200molの塩化アンモニウムに，十分な量の水酸化カルシウムを加えて加熱し，気体**F**を得る。

キ．十分な量の水に，0.0100molの炭化カルシウム（カーバイド）を加え，気体**G**を得る。

問 i **ア**〜**キ**の反応には，水を生成する反応（このときの水の物質量変化を正とする），水を消費する反応（このときの水の物質量変化を負とする），水の生成も消費もともなわない反応がある。**ア**〜**キ**の反応にともなう水の物質量変化を，正の大きいものから順に並べると，**ア**および**ウ**はそれぞれ何番目になるか。

問ii つぎの記述のうち，誤っているものはどれか。ただし，発生した気体に含まれる水蒸気などの不純物は考慮しないものとする。なお，正解は１つまたは２つある。

1．気体A〜Gのうち，室温で空気中の酸素により速やかに酸化されるものの数は２つである。

2．気体A〜Gのうち，標準状態で空気より密度が小さいものの数は３つである。

3．気体A〜Gのうち，二原子分子であるものの数は４つである。

4．酸化バナジウム(V)を触媒として500℃で気体Aと気体Cを反応させて得られる気体を水に溶解したものは，気体Aを水に溶解したものよりも強い酸である。

5．気体Dを塩化ナトリウム飽和水溶液に通すと，塩化ナトリウムが沈殿する。

問iii 容積を変えることができる容器を用いて，つぎの操作１〜５を行うとする。操作が完了した後，容器内の圧力を1.013×10^5 Pa，温度を273Kに保ち，十分な時間が経過して平衡状態に達したとき，容器内の気体の体積が最も大きいものと，最も小さいものは，それぞれどれか。ただし，気体A〜Gは，すべて回収し完全に精製して用いることとし，気体はすべて理想気体としてふるまうものとする。

1．アで得られた気体Aと，ウで得られた気体Cを，酸化バナジウム(V)を触媒として500℃で反応させる。

2．イで得られた気体Bと，ウで得られた気体Cを室温で混合する。

3．ウで得られた気体Cと，オで得られた気体Eを混合して点火する。

4．ウで得られた気体Cと，キで得られた気体Gを混合して点火し，完全に燃焼させる。

5．エで得られた気体Dと，カで得られた気体Fを室温で混合する。

---

153 気体の性質，化学平衡　　　　　　　　　2009年度〔1〕

気体発生法に関するつぎの記述ア〜オを読み，下の問に答えよ。ただし発生した気体中に含まれる水蒸気は考慮しないものとする。

ア．亜硝酸アンモニウム水溶液を加熱する。

イ．塩化アンモニウムと水酸化カルシウムの混合物を加熱し，発生した気体をソーダ石灰に通す。

ウ．炭酸カルシウムに希塩酸を加える。

エ．硫化鉄(Ⅱ)に希塩酸を加える。

オ．酸化マンガン(Ⅳ)に濃塩酸を加えて加熱し，発生した気体を水と濃硫酸に順次通す。

118 第4章 問題

問i ア～オの気体発生法で得られる気体のうち，①無色のもの，および②特異臭や刺激臭など特有の臭いを有するものはそれぞれ何種類か。

問ii ア～オの気体発生法で得られる気体に関するつぎの記述のうち，誤っているものはどれか。なお，正解は1つまたは2つある。

1．酸化作用を示す気体は，2種類である。

2．単体の気体は，2種類である。

3．水に溶かすと酸性の水溶液が得られる気体は，3種類である。

4．水に溶かすと塩基性の水溶液が得られる気体は，1種類である。

5．下方置換で捕集できる気体は，3種類である。

問iii アの方法で発生する気体Aに，ある気体Bを反応させると，イの方法で発生する気体Cが得られ，これら3つの気体の間で化学平衡に達する。AとBを物質量比1:2で混合し，容積と温度を一定に保ちながら反応させたところ，平衡状態における混合気体の全圧は 4.0×10^5 hPa，Cの分圧は 1.0×10^5 hPa となった。つぎの記述のうち，正しいものはどれか。なお，いずれの気体も理想気体としてふるまうものとする。また圧平衡定数とは，各成分の濃度の代わりに平衡状態における分圧を用いて表した平衡定数のことである。なお，正解は1つまたは2つある。

1．Bは，過酸化水素の分解により得られる。

2．Bは，還元性を示す。

3．この反応での平衡定数 (K) と圧平衡定数 (K_p) の比 $\left(\dfrac{K}{K_p}\right)$ は，温度に正比例する。

4．上記の反応条件で平衡に達した際のBの物質量は，反応開始時のBの物質量の $\dfrac{1}{2}$ 以下になる。

5．反応開始時のAとBの混合気体の圧力は，5.0×10^5 hPa である。

---

154 化合物中の成分元素の決定　　　2008年度〔4〕

元素 a～f に関するつぎの記述①～⑤を読み，下の問に答えよ。

① 石英の主成分は a と b の化合物である。

② 石灰石の主成分は b と c と d の化合物である。

③ ホタル石の主成分は c と e の化合物である。

④ ルビーの主成分は b と f の化合物である。

⑤ 氷晶石の主成分はナトリウムと e と f の化合物である。

問 i 　a〜f を原子番号が小さなものから順に並べたとき，a および e はそれぞれ何番目か。

問 ii 　つぎの記述のうち，誤っているものはどれか。なお，正解は 1 つまたは 2 つある。

1 ．地殻中に最も多く存在する元素は a であり，つぎに多く存在する元素は b である。

2 ．b と c が 1：1 の数の比で結合した化合物は，水と発熱しながら反応する。

3 ．b と d からなる二原子分子は，常温常圧で無色の有毒な気体である。

4 ．e の単体は強い酸化力をもち，水と激しく反応する。

5 ．f の単体は，塩酸とも水酸化ナトリウム水溶液とも反応する。

155 接触法　　　　　　　　　　　　2008 年度〔6〕

硫酸に関するつぎの問に答えよ。ただし，各元素の原子量は，$H=1$，$O=16$，$S=32$，$K=39$，$Mn=55$，$Fe=56$，$Cu=64$，$Pb=207$ とし，ファラデー定数を 96500 C/mol とする。

問 i 　硫酸の工業的製法として接触法がある。この方法はつぎの①および②からなる。

①　硫黄の燃焼により得た二酸化硫黄を，触媒上で空気酸化して三酸化硫黄とする。

②　この三酸化硫黄を濃硫酸に吸収させ発煙硫酸とした後，希硫酸と混合して濃硫酸とする。このとき，三酸化硫黄は水と反応して H_2SO_4 となる。

　　今，①の操作で 160 g の硫黄をすべて三酸化硫黄にした。つぎに，②の操作でこの三酸化硫黄を X g の 95.0 ％濃硫酸にすべて吸収させてから，ある量の 15.0 ％希硫酸と混合したところ，すべての三酸化硫黄が反応し 95.0 ％濃硫酸が Y g 得られた。これらの操作により生成した 95.0 ％濃硫酸の質量，$(Y-X)$ g，はいくらか。解答は有効数字 3 桁目を四捨五入して，下の形式により示せ。

$$\boxed{}.\boxed{}\times10^2 \text{ g}$$

問 ii 　つぎの操作 A〜D を，消費される H_2SO_4 の物質量が多い順に並べたとき，A および B はそれぞれ何番目か。ただし，H_2SO_4 の量は消費量に比べて十分に多いものとする。

A 　5.6 g の鉄と 19.2 g の銅に，室温で希硫酸を加える。

B 　鉛蓄電池を 1.4 A の電流で 9650 秒間放電する。

C 　陽極と陰極に白金電極を用いて，H_2SO_4 水溶液を 2.2 A の電流で 9650 秒間電気分解する。

D 　希硫酸に過マンガン酸カリウム 15.8 g を溶かし，十分な量の過酸化水素水を加える。

120 第4章 問題

156 遷移元素，酸化鉄の還元 　　　　　2007年度〔4〕

遷移元素に関するつぎの問に答えよ。

問i つぎの操作1〜6のうち，下線で示した原子の酸化数が反応によって減少するものはどれか。なお，正解は1つまたは2つある。

1．クロム酸カリウム水溶液に硫酸を加える。
2．二クロム酸カリウム水溶液に水酸化ナトリウムを加える。
3．酸化マンガン(IV)に塩酸を加える。
4．酸化マンガン(IV)に過酸化水素水を加える。
5．硫酸で酸性にした硫酸鉄(II)水溶液に過酸化水素水を加える。
6．硫酸鉄(II)水溶液中にニッケル板をつるす。

問ii 窒素ガスを充たした加熱炉の中で，酸化鉄(III)と黒鉛を反応させた。その結果，すべての酸化鉄(III)が完全に還元され，炭素を含み，質量パーセントで純度98.0%の鉄200gが生成した。このとき，一酸化炭素と二酸化炭素が物質量比37：13で発生した。一酸化炭素と二酸化炭素になった黒鉛の質量はいくらか。解答は小数点以下第1位を四捨五入して，下の形式により示せ。ただし，各元素の原子量は，C＝12，O＝16，Fe＝56とする。

　　　　　　　　　　　　　　　　　　　　　　　　　　　□□g

157 非金属元素 　　　　　2007年度〔5〕

つぎの文を読み，下の問に答えよ。

　単体Aおよび化合物B〜Dはいずれも元素Xを含み，常温常圧で気体である。また，それぞれつぎの性質を示す。

　Aは無色，無臭で常温では化学的に安定である。

　Bは無色，無臭で水にほとんど溶けない。(ア)空気中ですぐに酸化されCを生成する。

　Cは赤褐色で，(イ)水と反応しBと化合物Eを生成する。

　Dは無色で特有の刺激臭をもち，水によく溶け弱塩基性を示す。工業的にはAと水素から合成される。(ウ)Dを酸化するとBと水が生成する。

問i Xの酸化数が増加する順にA〜Eを並べたとき，AおよびCはそれぞれ何番目か。

問ii ある量の**D**を原料として，つぎの一連の反応を行った。まず，下線(ウ)の反応を行い，**D**を**B**と水に変換した。つぎに，生成した**B**に下線(ア)の反応を行い，**C**を得た。その後，得られた**C**をすべて用いて，酸素のない条件下で下線(イ)の反応を行い，生成した**B**を除去して**E**の水溶液を得た。この水溶液に水を加えて正確に1.00Lにした。そのうちの10.0mLをとり，濃度0.100mol/Lの水酸化バリウム水溶液を用いて滴定したところ，中和するのに87.0mLを要した。

原料として用いた**D**の物質量，および一連の反応で消費した酸素の物質量はそれぞれいくらか。解答は小数点以下第2位を四捨五入して，下の形式により示せ。

Dの物質量：□.□mol　　酸素の物質量：□.□mol

158 固体および気体の性質 2006年度〔2〕

つぎの条件ア〜オをすべて満たす物質**A**〜**E**の組合せはどれか。1〜7の番号で答えよ。なお，正解は1つまたは2つある。

ア．Aは常温常圧で固体であり，最外殻電子の数が奇数の原子からなる。

イ．Bは常温常圧で電気を通さない固体であり，融解すると電気を通すようになる。

ウ．Cは常温常圧で水に溶けにくい固体である。

エ．Dは常温常圧で気体であり，二原子分子からなる。

オ．Eは常温常圧で気体であり，無極性分子からなる。

物質＼組合せ	A	B	C	D	E
1	ナトリウム	酸化マグネシウム	炭酸カルシウム	ヘリウム	二酸化炭素
2	アルミニウム	酸化カルシウム	酸化アルミニウム	臭素	メタン
3	カリウム	ナフタレン	水酸化ナトリウム	ヨウ素	アンモニア
4	ケイ素	塩化カリウム	塩化マグネシウム	アルゴン	一酸化窒素
5	マグネシウム	トルエン	硫酸バリウム	窒素	一酸化炭素
6	カルシウム	黒鉛	ベンゼン	塩素	水素
7	リチウム	塩化ナトリウム	塩化銀	塩化水素	フッ素

122 第4章 問題

159 元素の性質　　　　　　　　　　　　2006年度〔7〕

つぎの元素に関する下の記述のうち，正しいものはどれか。なお，正解は1つまたは2つある。

　　　Al, C, Ca, H, K, Mg, Na, Si

1. 原子の価電子の数がホウ素よりも多い元素は2つ，少ない元素は5つである。
2. MCl（Mは上の元素を表す）の化学式をもつ塩素化合物を生成する元素は2つである。
3. 常温常圧では，いずれの非金属元素の単体も固体である。
4. 金属元素のうち，化合物の融解塩電解で単体が得られるものは4つである。
5. 金属元素のうち，単体が水と常温で反応し，2molの単体から水素1molを発生するものは2つである。

160 無機化合物の性質　　　　　　　　　　2005年度〔6〕

つぎの記述のうち，誤っているものはどれか。なお，正解は1つまたは2つある。

1. 酸化ナトリウムと酸化カルシウムはどちらも塩基性酸化物であり，水に溶かすとアルカリ性を示す。
2. 水酸化亜鉛と水酸化アルミニウムはどちらも両性水酸化物であり，塩酸にもアンモニア水にも溶ける。
3. ヨウ化水素酸，臭化水素酸，塩酸は強酸であるが，フッ化水素酸は弱酸である。
4. 硫酸水素ナトリウムと炭酸水素ナトリウムはどちらも酸性塩であり，水に溶かすと酸性を示す。
5. 水に溶けて2段階に電離する硫酸と硫化水素では，どちらも第1段階の電離度に比べて第2段階の電離度は小さい。

161 金属の製造　　　　　　　　　　　　　2005年度〔7〕

金属の製造に関するつぎの記述のうち，正しいものはどれか。なお，正解は1つまたは2つある。

1. カルシウムは，その炭酸塩を熱分解することで製造される。
2. アルミニウムは，その塩を含む水溶液を電気分解して製造される。
3. 銑鉄は，溶鉱炉で水素と一酸化炭素によって鉄鉱石を還元して製造される。

4．融解している銑鉄に酸素を吹き込み，銑鉄中の炭素を燃焼させると鋼が得られる。

5．銅の電解精錬では，粗銅を陰極に，純銅を陽極に用いて硫酸銅(II)水溶液中で電気分解を行う。

162 気体の製法 2005 年度〔8〕

つぎのア～オの気体発生をともなう化学反応に関する下の問に答えよ。

ア．さらし粉と塩酸とを反応させる。

イ．炭酸水素ナトリウムと塩酸とを反応させる。

ウ．塩化アンモニウムと水酸化カルシウムとの混合物を加熱して反応させる。

エ．銅と熱濃硫酸とを反応させる。

オ．塩化ナトリウムと濃硫酸とを反応させる。

問 つぎの記述のうち，誤っているものはどれか。1～5の番号で答えよ。なお，正解は1つまたは2つある。

1．還元作用を示し，漂白に用いられる気体を生じる反応は1つである。

2．二酸化炭素を生じる反応は1つである。

3．水に溶けて塩基性を示す気体を生じる反応は2つである。

4．酸化還元反応は3つである。

5．無色で刺激臭のある気体を生じる反応は3つである。

163 無機化合物の性質 2004 年度〔7〕

つぎの記述のうち，誤っているものはどれか。なお，正解は1つまたは2つある。

1．硫化物 NiS，CuS，ZnS の粉末は，いずれも黒色である。

2．ハロゲン化銀 AgCl，AgBr，AgI の粉末のうち，AgCl だけが白色である。

3．無水硫酸塩 $PbSO_4$，$BaSO_4$，$CuSO_4$ の粉末は，いずれも白色である。

4．アルカリ土類金属元素 Ca，Sr，Ba の炎色反応による発光の色は，すべて異なる。

5．有毒な気体である H_2S，NO_2，SO_2，CO のうち，NO_2 以外は無色である。

124　第4章　問題

164　ハロゲン元素の単体と化合物の反応　　2004年度〔9〕

ハロゲンとその化合物に関するつぎの記述のうち，正しいものはどれか。なお，正解は1つまたは2つある。

1．塩化ナトリウムを濃硫酸と完全に反応させると，塩化ナトリウム1molあたり0.5molの塩化水素が発生する。

2．マグネシウムを塩酸と完全に反応させると，マグネシウム1molあたり0.5molの塩素が発生する。

3．フッ化カルシウムに濃硫酸を加えて熱し完全に反応させると，フッ化カルシウム1molあたり1molのフッ素が発生する。

4．塩素1molを水に溶かすと，水溶液中には塩化水素と次亜塩素酸がそれぞれ1mol生じる。

5．次亜塩素酸イオンを含むさらし粉は，強い還元作用を示す。

6．フッ化物イオン，塩化物イオン，臭化物イオン，ヨウ化物イオンをそれぞれ含む水溶液に硝酸銀水溶液を少量滴下すると，すべての水溶液で沈殿が生じる。

7．ヨウ化カリウムを溶かしたデンプン水溶液に塩素水を加えると，溶液は青〜紫色を呈する。

165　酸化コバルトの反応　　2004年度〔12〕

2種類の酸化コバルト CoO と Co_3O_4 からなる混合物**A**を用いて，リチウム二次電池の正極材料 $LiCoO_2$ を調製することとした。つぎの問に答えよ。ただし，各元素の原子量は，$Li=7$，$C=12$，$O=16$，$Co=59$ とする。

問i　Co_3O_4 は，加熱すると CoO に還元される。3.910gの混合物**A**を加熱してすべて CoO にしたところ，質量が0.160g減少した。混合物**A**中の CoO と Co_3O_4 の物質量の比はいくらか。解答は有効数字3桁目を四捨五入して，下の形式により示せ。

CoO の物質量：Co_3O_4 の物質量＝□.□：1

問ii　CoO あるいは Co_3O_4 を Li_2CO_3 と酸素中で加熱すると，次式により $LiCoO_2$ を合成できる。

$$4CoO + 2Li_2CO_3 + O_2 \longrightarrow 4LiCoO_2 + 2CO_2$$

$$4Co_3O_4 + 6Li_2CO_3 + O_2 \longrightarrow 12LiCoO_2 + 6CO_2$$

$LiCoO_2$ を245g得るためには少なくとも何gの混合物**A**が必要か。解答は有効数字第3桁目を四捨五入して，下の形式により示せ。

□.□×10^2g

第 4 章　問題　125

166 水溶液中の金属イオンの推定　　　　　2003 年度〔8〕

ほぼ同じ濃度の 3 種類の金属イオンを含む水溶液 A がある。含まれている金属イオンは，Ag^+，Al^{3+}，Ca^{2+}，Cu^{2+}，K^+，Zn^{2+} のどれかである。つぎのア〜ウに示す実験結果に基づいて，下の問に答えよ。

ア．水溶液 A に塩酸を加えたところ，沈殿が生じた。ろ過して，ろ液 B と沈殿に分別した。さらに，ろ液 B に塩酸を加えても沈殿は生じなかった。

イ．ろ液 B にアンモニア水を加えたところ，白色沈殿が生じた。さらに過剰のアンモニア水を加えると白色沈殿の一部が溶解したので，白色沈殿の溶解が認められなくなるまでアンモニア水を加えた。ろ過により，ろ液 C と沈殿に分別した。

ウ．ろ液 C に硫化水素を吹き込むと，沈殿が生じた。

問　水溶液 A，ろ液 B，ろ液 C に関するつぎの記述のうち，正しいものはどれか。番号で答えよ。なお，正解は 1 つまたは 2 つある。

　1．水溶液 A にアンモニア水を加えると，沈殿が生じる。さらに過剰のアンモニア水を加えると，沈殿の一部が溶解し，溶液の色が深青色に変わる。

　2．水溶液 A に過剰のアンモニア水を加えた後でろ過すると，無色透明なろ液が得られる。これに硝酸を加えて酸性にしてから硫化水素を吹き込むと，黒色沈殿が生じる。

　3．ろ液 B に水酸化ナトリウム水溶液を加えると，沈殿が生じる。さらに過剰の水酸化ナトリウム水溶液を加えると，沈殿が全て溶解する。

　4．ろ液 B に過剰な水酸化ナトリウム水溶液を加えた後でろ過し，そのろ液に硫化水素を吹き込んでも，沈殿は生じない。

　5．ろ液 B に硫化水素を吹き込んだ後でアンモニア水を加えていくと，黒色沈殿が生じる。

　6．ろ液 C に硫酸を加えると，白色沈殿が生じる。

126 第4章 問題

167 金属単体の性質 2003年度〔9〕

つぎの記述のうち,下線部が誤っているものはどれか。なお,正解は1つまたは2つある。

1. マグネシウムは空気中で強い光を出して燃焼するため,以前は写真機のフラッシュに用いられていた。

2. 鉄は濃硝酸中で表面が不動態になる。アルミニウムは濃硝酸には容易に溶けるが,空気中では表面が不動態となり,サッシなどに利用されている。

3. 青銅は銅とスズの合金である。屋外に置かれた青銅製品の表面に見られる緑色の物質は銅の化合物である。

4. 缶詰の缶などに利用されているブリキ板では,表面に傷がつき鋼板が露出しても,鋼板がさびることは抑制されている。

5. 鋼でできた船では一般に,鋼に亜鉛が直に接触するように取り付けられ,その亜鉛も海水につかっている。これによって,鋼がさびることは抑制される。

168 無機化学工業 2003年度〔10〕

金属製錬工業および無機化学工業に関するつぎの記述のうち,正しいものはどれか。なお,正解は1つまたは2つある。

1. 鋼の製造では,溶鉱炉から得られる銑鉄を還元することによって鉄の純度を高める。

2. 融解塩電解によるアルミニウムの製造では,氷晶石 Na_3AlF_6 は減極剤としてはたらく。

3. 電解精錬による銅の製造では,陰極の質量増加量と陽極の質量減少量は等しい。

4. 隔膜法やイオン交換膜法による水酸化ナトリウムの製造では,水素と塩素も同時に得られる。

5. オストワルト法による硝酸の製造では,アンモニアを酸化して得られる一酸化窒素を水に吸収させる。

6. 接触法による発煙硫酸の製造では,二酸化硫黄を酸化して得られる三酸化硫黄を濃硫酸に吸収させる。

169 気体の製法と性質 2002 年度〔8〕

つぎの記述のうち，誤っているものはどれか。なお，正解は1つまたは2つある。

1. 鉄を含む触媒とともに水素と窒素を高温，高圧条件で反応させると，アンモニアが生成する。
2. 硫化水素をヨウ素と反応させると，ヨウ化水素と単体の硫黄が生じる。
3. 塩素を水に溶かすと，溶けた塩素の一部が水と反応して塩化水素と次亜塩素酸が生じる。
4. 硫化鉄(II)に希硫酸を加えると，悪臭のある無色の有毒な気体が発生する。
5. 塩化ナトリウムに濃硫酸を加えると，亜硫酸塩と塩化水素が生成する。
6. 塩素酸カリウムと酸化マンガン(IV)の混合物を加熱すると，塩素酸カリウムが分解して刺激臭のある黄緑色の有毒な気体が発生する。

170 錯イオンの構造と性質 2002 年度〔9〕

遷移金属の錯イオンに関するつぎの記述のうち，誤っているものはどれか。なお，正解は1つまたは2つある。

1. 遷移金属の錯イオンを含む水溶液は，すべて有色である。
2. 硫酸銅(II)五水和物の結晶は青色であるが，加熱すると水和水がとれて白色の粉末になる。
3. Fe^{3+} を含む水溶液にヘキサシアノ鉄(II)酸カリウムを加えると，濃青色の沈殿が生じる。
4. $AgCl$ と Ag_2O はどちらも過剰のアンモニア水を加えると，ジアンミン銀(I)イオンを生成して溶解する。
5. テトラアンミン銅(II)イオンは CH_4 分子と同様な形をもつ。

128 第4章 問題

171 アルミニウムの製造 2002年度〔10〕

アルミニウムの製造に関するつぎの文章を読み，下の問に答えよ。ただし，各元素の原子量は，C＝12，O＝16，F＝19，Na＝23，Al＝27とし，ファラデー定数を96500 C/molとする。

ボーキサイトから精製した Al_2O_3 に氷晶石（$Na_3[AlF_6]$）を加えて融解すると，融解塩中で Al_2O_3 は，Al^{3+} と O^{2-} に電離して存在する。これを，炭素を陽極および陰極として電解すると，陰極でアルミニウムが溶融状態で析出する。一方，陽極では，生じた酸素がただちに炭素電極と反応して二酸化炭素および一酸化炭素を発生するので，陽極の炭素電極はしだいに消耗する。

問A 融解塩電解によって，アルミニウムを1800 g析出させた。この電解に要した電気量を求めよ。解答は有効数字3桁目を四捨五入して，下の形式により示せ。

$$\boxed{}.\boxed{}\times10^7 C$$

問B 問Aにおいて，陽極の消耗量は，1140 gであった。発生した二酸化炭素と一酸化炭素の物質量の比を求めよ。ただし，陽極で生じた酸素は，すべて炭素電極と反応したものとする。解答は小数点以下第1位を四捨五入して，下の形式により示せ。

$$CO_2 : CO = 1 : \boxed{}\boxed{}$$

第5章　有機化合物

172　有機化合物の生成とその性質　　　2021 年度〔11〕

有機化合物 A〜F に関するつぎの記述ア〜カを読み，下の問に答えよ。

ア．炭化カルシウムに水を加えると A が生じる。

イ．A に塩化水素が付加すると高分子化合物の原料となる B が生じる。

ウ．A を赤熱した鉄に触れさせると化合物 C が生じる。

エ．C に鉄触媒の存在下，塩素を反応させると D が生じる。

オ．D と水酸化ナトリウム水溶液を高温で反応させたのち，酸性にすると E が生じる。

カ．F は C の水素原子のうちの 2 つがメチル基で置換された化合物である。F を酸化すると，飲料容器などに使われる高分子化合物の原料となる 2 価カルボン酸が得られる。

問　つぎの記述のうち，誤っているものはどれか。なお，正解は 1 つまたは 2 つある。

1．A〜F のうち，もっとも短い炭素-炭素結合をもつ化合物は C である。

2．B には幾何異性体が存在しない。

3．A〜F のうち，もっとも強い酸は E である。

4．E の水溶液に十分な量の臭素水を加えると，ただちに白色沈殿が生じる。

5．A〜F のうち，無極性分子は 3 つである。

6．A〜F のいずれも，水素以外のすべての原子が同一平面上にある。

173　炭素-炭素二重結合のオゾン分解による分子式の決定　　2021 年度〔14〕

炭素-炭素三重結合をもたない炭化水素 A に対し，オゾンを反応させた後に亜鉛を加えたところ，下に示すカルボニル化合物 B，C，D の混合物 X が得られた。A はすべて B，C，D に変換されてその他の生成物は生じなかった。この混合物 X 8.46 g に対して，十分な量の水酸化ナトリウム水溶液とヨウ素を反応させると，ヨードホルムが 45.31 g 生成した。また，混合物 X 8.46 g に対して十分な量のアンモニア性硝酸銀水溶液を反応させると，銀が 1.08 g 析出した。A の分子式を例にならって示せ。

130　第5章　問題

$$
\underset{\textbf{B}}{CH_3-\overset{\displaystyle O}{\overset{\|}{C}}-CH_2CH_3}
\qquad
\underset{\textbf{C}}{H-\overset{\displaystyle O}{\overset{\|}{C}}-CH_2CH_3}
\qquad
\underset{\textbf{D}}{CH_3-\overset{\displaystyle O}{\overset{\|}{C}}-(CH_2)_4-\overset{\displaystyle O}{\overset{\|}{C}}-CH_3}
$$

ただし，炭素–炭素二重結合をもつ化合物に対し，オゾンを反応させた後に亜鉛を加えると，つぎの反応式のように炭素–炭素二重結合の切断が起こり，カルボニル化合物が生成する。また，各元素の原子量は，$H=1$，$C=12$，$O=16$，$Ag=108$，$I=127$ とする。

$$
\begin{matrix}CH_3\\CH_3\end{matrix}\!\!>\!\!C=C\!\!<\!\!\begin{matrix}H\\CH_3\end{matrix}
\xrightarrow{\text{オゾン, 亜鉛}}
\begin{matrix}CH_3\\CH_3\end{matrix}\!\!>\!\!C=O \ + \ O=C\!\!<\!\!\begin{matrix}H\\CH_3\end{matrix}
$$

（例）　$CH_3(CH_2)_{10}CH_3$ の分子式：C $\boxed{0}\boxed{1}\boxed{2}$ H $\boxed{0}\boxed{2}\boxed{6}$

174　カルボン酸の構造決定　　　　2021 年度〔15〕

分子式 $C_{10}H_{16}O_2$ で表されるカルボン酸 A に関するつぎの記述ア～オを読み，下の問に答えよ。

ア． 炭素–炭素二重結合を1つと，環構造を1つもつ。

イ． 不斉炭素原子を2つもち，そのうちの1つはカルボキシ基と結合している。

ウ． 炭素–炭素二重結合に，臭素が付加すると不斉炭素原子が1つ増えるが，水素が付加しても不斉炭素原子の数は変わらない。

エ． 結合している水素原子の数が2である炭素原子をもたない。

オ． 環構造を構成する炭素原子の1つには，同じ置換基が2つ結合している。

×**問**　A の構造を例にならって示せ。

（例）

$$
\begin{array}{c}
O=\overset{\displaystyle}{C}-OH \\
| \\
CH \\
HO-CH \quad CH_2 \\
| \qquad\quad | \\
C=CH \\
| \\
CH_3
\end{array}
$$

175　C₈H₉NO で表される一置換ベンゼンの異性体　　　　2020 年度〔11〕

分子式 C_8H_9NO で表される一置換ベンゼンのうち，炭素–酸素二重結合をもつものは8種類ある。それらに関するつぎの記述のうち，誤っているものはどれか。ただし，光学異性体は考慮しないものとする。なお，正解は1つまたは2つある。

1. メチル基をもつものは3種類である。
2. ケトンに分類できるものは1種類である。
3. 不斉炭素原子をもつものは1種類である。
4. 塩酸を加えて酸性にすると塩をつくり，その溶液を中性にすると元の化合物にもどるものは3種類である。
5. 加水分解すると，炭酸よりも強い酸性を示す芳香族化合物が生じるものは1種類である。
6. 加水分解すると，元の化合物より大きな分子量をもつ化合物が生じるものは1種類である。

176 脂肪酸の分子式の決定   2020 年度〔14〕

油脂Aに関するつぎの記述ア〜ウを読み，下の問に答えよ。

ア．Aは$C_{68}H_{130}O_6$の分子式で表され，不斉炭素原子をもつ。

イ．触媒を用いてAに水素を付加させると，不斉炭素原子をもたない油脂が得られた。

ウ．Aを加水分解すると3種類の脂肪酸が得られた。この中の1つは$C_{24}H_{48}O_2$の分子式をもっていた。

問 ウで得られた3種類の脂肪酸のうち，分子量が最も小さい脂肪酸の分子式を例にならって示せ。

 （例） $CH_3(CH_2)_5OH$ の分子式：C $\boxed{0}$ $\boxed{6}$ H $\boxed{1}$ $\boxed{4}$ O $\boxed{1}$

177 酸素を含む脂肪族化合物の構造決定   2020 年度〔15〕

炭素，水素，酸素からなる有機化合物Aに関するつぎの記述ア〜オを読み，下の問に答えよ。ただし，各元素の原子量は，$H=1$，$C=12$，$O=16$ とする。

ア．21.9mgのAを完全に燃焼させたところ，二酸化炭素39.6mg，水13.5mgが生成した。

イ．Aは不斉炭素原子を1つもつ分子量150以下の化合物であり，エステル結合をもつ。

ウ．Aの水溶液は酸性を示した。

エ．Aを加水分解したところ，有機化合物BとCを生成した。BおよびCはともに不斉炭素原子をもたない化合物であった。

132　第5章　問題

オ．**C**はアルコールであり，ヨードホルム反応を示した。

問　**A**の構造式を例にならって示せ。ただし，光学異性体は考慮しなくてよい。

（例）

$$CH_3-\overset{\overset{\displaystyle O}{\|}}{C}-O-CH_2-\underset{\underset{\displaystyle OH}{|}}{CH}-CH_3$$

178　芳香族化合物の反応と性質　　2019年度〔11〕

芳香族化合物**A**～**G**に関するつぎの記述ア～オを読み，下の問に答えよ。

ア．**A**（分子式 C_9H_{12}）を酸素により酸化した後，硫酸を用いて分解すると，**B**とアセトンが得られる。

イ．**C**は**A**の構造異性体であり，**C**を過マンガン酸カリウム水溶液を用いて酸化した後，希硫酸を加えて酸性にすると**D**（分子式 $C_8H_6O_4$）が得られる。

ウ．**D**とエチレングリコールとの縮合重合により鎖状の高分子化合物が得られ，飲料容器などとして使われる。

エ．**E**は**D**の構造異性体であり，**E**を加熱すると分子内で脱水反応がおこり，酸無水物**F**が得られる。

オ．**B**を水酸化ナトリウムと反応させた後，高温・高圧のもとで二酸化炭素と反応させて得られる化合物に，希硫酸を作用させると**G**が得られる。

問　つぎの記述のうち，誤っているものはどれか。なお，正解は1つまたは2つある。

1．**B**の水溶液に臭素水を加えると，ただちに白色沈殿が生じる。

2．**B**は，ベンゼンスルホン酸ナトリウムをアルカリ融解した後，酸で処理することにより得ることができる。

3．**F**は触媒を用いてナフタレンを酸化することにより得ることができる。

4．**G**に無水酢酸と濃硫酸を作用させて生じる芳香族化合物は，塩化鉄(Ⅲ)水溶液により呈色する。

5．**A**～**G**のうち，水酸化ナトリウム水溶液を加えて反応させると，塩を作るものは5つである。

6．**A**～**G**のうち，熱硬化性樹脂の原料となるモノマーがある。

179 芳香族化合物の異性体，燃焼反応の量的関係　　2019年度〔12〕

つぎの構造をもつ化合物**A**〜**C**を比較した。下の記述 1 〜 7 のうち，誤っているものはどれか。ただし，各元素の原子量が，H = 1，C = 12，O = 16，Br = 80 とする。なお，正解は 1 つまたは 2 つある。

A　　　　　　　**B**　　　　　　　**C**

1．ベンゼン環に結合した水素原子 1 つを臭素原子に置換したとき，生じる構造異性体の数が最も多いのは**B**である。

2．一方のベンゼン環に結合した水素原子 2 つを臭素原子に置換したとき，生じうる構造異性体の数が最も少ないのは**C**である。

3．一方のベンゼン環に結合した水素原子 1 つを臭素原子に置換し，さらに他方のベンゼン環に結合した水素原子 1 つを臭素原子に置換したとき，生じうる構造異性体の数が最も多いのは**A**である。

4．化合物 100 g を完全燃焼させるとき，生成する二酸化炭素の物質量が最も多いのは**A**である。

5．化合物 100 g を完全燃焼させるとき，必要な酸素の物質量が最も少ないのは**C**である。

6．元素分析を行ったとき，炭素の質量百分率が最も小さいのは**C**である。

7．分子中のすべての水素原子を臭素原子に置換し，元素分析を行ったとき，炭素の質量百分率が最も小さいのは**C**の場合である。

180 酸素を含む脂肪族化合物の分子式の決定　　2019年度〔14〕

化合物**A**は炭素，水素，酸素からなる分子量 746 のエステル結合をもつ中性化合物である。化合物**A**は環状構造も炭素原子間の不飽和結合も含まない。また，化合物**A**の構造中には，エステル結合を除いて 2 つ以上の酸素原子と結合した炭素原子はない。化合物**A**に関する**実験 1 ・ 2** の記述を読み，下の問に答えよ。ただし，各元素の原子量は，H = 1，C = 12，O = 16 とする。

実験 1　化合物**A** 1 mol を完全に加水分解したところ，化合物**B** 7 mol とメタノール 1 mol のみが得られた。化合物**B**は不斉炭素原子をもたないヒドロキシ酸であった。

実験 2　化合物**A** 14.92 g を過剰の無水酢酸と反応させると，化合物**A**のすべてのヒ

134 第5章 問題

ドロキシ基がアセチル化された化合物Cが 21.64 g 得られた。

問 化合物Aの分子式を例にならって示せ。

（例）　CH₃(CH₂)₅OH の分子式：C⬚0⬚6H⬚1⬚4O⬚0⬚1

181 アミド結合とエステル結合をもつ芳香族化合物の構造決定　2019 年度〔15〕

有機化合物Aに関するつぎの記述ア～オを読み，下の問に答えよ。ただし，Aは炭素，水素，酸素，窒素からなる分子量 250 以下の化合物であり，アミド結合とエステル結合をもつ。各元素の原子量は，$H=1$，$C=12$，$N=14$，$O=16$ とする。

ア．4.70 g のAを完全燃焼させたところ，二酸化炭素 11.44 g と水 3.06 g および窒素酸化物のみが生成した。このうち窒素酸化物をすべて単体の窒素まで還元したところ，0.28 g の窒素が生成した。

イ．Aを完全に加水分解すると，有機化合物B，C，Dのみが生成した。

ウ．B，C，Dの混合物にジエチルエーテルを加えて炭酸水素ナトリウム水溶液で抽出した後，その水層を強酸性にすると2価カルボン酸Bが得られた。

エ．ウの操作で得られたエーテル層を塩酸で抽出した後，その水層を強アルカリ性にすると芳香族化合物Cが得られた。Cにさらし粉水溶液を加えると，赤紫色に呈色した。

オ．エの操作で得られたエーテル層を濃縮すると，Dが得られた。Dは不斉炭素原子を1つだけもち，ヨードホルム反応を示さなかった。

問 化合物Aの構造式を例にならって示せ。ただし，光学異性体は考慮しなくてよい。

（例）

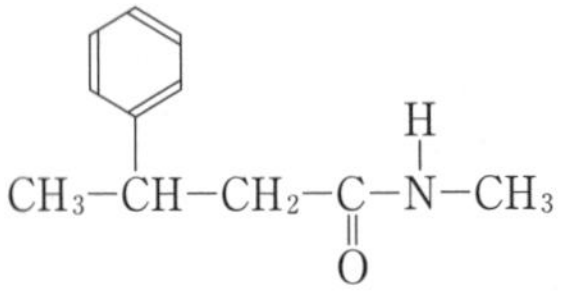

CH₃-CH-CH₂-C-N-CH₃ （ベンゼン環・H・O付き）

182 分子式 C₆H₁₂ のアルケンの異性体　2018 年度〔11〕

化合物A～Dに関するつぎの記述ア～カを読み，下の問に答えよ。

ア．A～Dは，いずれも分子式 C_6H_{12} のアルケンである。

イ．Aは不斉炭素原子をもつ。

ウ．BとCでは，二重結合をつくる一方の炭素原子には水素原子が1個結合し，他方の炭素原子には水素原子が結合していない。

エ．Dでは，二重結合をつくる炭素原子には水素原子が結合していない。

オ．AとBに触媒の存在下でそれぞれ水素を付加させると，同じアルカンになる。

カ．Cに触媒の存在下で水素を付加させると，オで得られたアルカンと異なるアルカンになる。

問 つぎの記述のうち，誤っているものはどれか。なお，正解は1つまたは2つある。

1．Aに触媒の存在下で水素を付加させると，不斉炭素原子をもたないアルカンになる。

2．Aには幾何異性体が存在しない。

3．Bには幾何異性体が存在する。

4．Cには幾何異性体が存在する。

5．Bに塩素を付加させると，不斉炭素原子をもつ化合物になる。

6．Dに塩素を付加させると，不斉炭素原子をもつ化合物になる。

7．A～Dの中に，触媒の存在下で水素を付加させてもヘキサン（$CH_3CH_2CH_2CH_2CH_2CH_3$）になるものはない。

183 芳香族化合物の反応と性質 　　　　　　　2018年度〔12〕

▎芳香族化合物A～Fに関するつぎの記述ア～カを読み，下の問に答えよ。

ア．ニトロベンゼンにスズと濃塩酸を加えて加熱し，その後中和するとAが得られる。

イ．Aを希塩酸に溶かし，0～5℃で亜硝酸ナトリウム水溶液を加えた後，その水溶液を熱するとBが得られる。

ウ．Bと水酸化ナトリウムを反応させるとCが得られる。

エ．Cを高温・高圧下で二酸化炭素と反応させた後，中和し，得られた生成物にメタノールと少量の濃硫酸を加えて加熱するとDが得られる。

オ．Aと無水酢酸を反応させるとEが得られる。

カ．Aを希塩酸に溶かし，0～5℃で亜硝酸ナトリウム水溶液を加えた後，Cを加えるとFが得られる。

問 つぎの記述のうち，誤っているものはどれか。なお，正解は1つまたは2つある。

1．A～Fのうち，水に溶けるとアルカリ性を示すものは2つである。

2．A～Fのうち，炭酸よりも強い酸は3つである。

3．A～Fのうち，ベンゼン環に直接結合した水素原子1つを塩素原子に置換したときに，生じうる化合物が4種類であるものは2つである。

4．A～Fのうち，硫酸酸性の二クロム酸カリウム水溶液を加えると黒色物質を生じるものがある。

5．Dの融点はEの融点より低い。

6．Fは橙色～赤橙色である。

184 不飽和炭化水素の分子式の決定 　　　　　　2018 年度〔13〕

化合物Aは炭素原子の数が33の炭化水素であり，三重結合もベンゼン環ももたない。75.0 gのAにオゾンO_3を反応させた後に亜鉛で還元したところ，複数の化合物からなる混合物が得られた。それらの化合物はすべて分子式$C_nH_{2n-2}O_2$で表されるカルボニル化合物であり，それらの質量を合計すると107.0 gであった。1分子のAに含まれる水素原子の数はいくらか。

ただし，炭素-炭素二重結合をもつ化合物にオゾンO_3を反応させた後に亜鉛で還元すると，つぎの反応式のように炭素-炭素二重結合の切断が起こり，カルボニル化合物が生成する。また，各元素の原子量は，$H=1$，$C=12$，$O=16$とする。

$$\underset{CH_3}{\overset{CH_3-CH_2}{>}}C=C\underset{CH_2-CH_2-CH_3}{\overset{H}{<}} \xrightarrow{O_3,\ 亜鉛} \underset{CH_3}{\overset{CH_3-CH_2}{>}}C=O \ + \ O=C\underset{CH_2-CH_2-CH_3}{\overset{H}{<}}$$

☐☐個

185 アスパラギン酸誘導体の構造決定 　　　　　　2018 年度〔15〕

有機化合物A～Dに関するつぎの記述ア～オを読み，下の問に答えよ。ただし，各元素の原子量は，$H=1$，$C=12$，$N=14$，$O=16$とする。

ア．Aは環状構造をもたない分子量250以下の化合物である。また，不斉炭素原子を1つもち，エステル結合をもつ。

イ．43.4 mgのAを完全に燃焼させたところ，二酸化炭素88.0 mg，水34.2 mg，および窒素酸化物のみが生成した。窒素酸化物をすべて単体の窒素まで還元したところ，2.80 mgの窒素が生成した。

ウ．Aにニンヒドリン溶液を加えて加熱したところ，青～赤紫色を呈した。

エ．1 molのAを加水分解したところ，1 molのアミノ酸Bと2 molのアルコールCが生成した。

オ．アルコールCを酸化したところ，Dが生成した。Dは酢酸カルシウムの熱分解

（乾留）により得られる化合物と同じものであった。

問 **A**の構造式を例にならって示せ。ただし，光学異性体は考慮しなくてよい。

（例）
$$CH_3-\overset{\overset{O}{\|}}{C}-O-CH_2-\overset{\overset{CH_3}{|}}{CH}-\overset{\overset{CH_3}{|}}{\underset{\underset{O}{\|}}{C}}-N-\bigcirc$$

186 炭化水素の性質，構造異性体　　　　　　　2017 年度〔11〕

つぎの化合物に関する記述 1 ～ 6 のうち，誤っているものはどれか。なお，正解は 1 つまたは 2 つある。

エタン	エチレン	アセチレン	プロパン
シクロプロパン	ブタン	ヘキサン	シクロヘキサン
シクロヘキセン	ベンゼン		

1．25℃，1.0×10^5 Pa で気体である化合物は 6 種類である。
2．組成式が CH_2 である化合物は 3 種類である。
3．完全燃焼するときに必要な酸素が，化合物中の炭素原子 1 個あたり最も多いものはエタンである。
4．分子中の水素原子のうち，いずれか 1 個を塩素原子に置き換えたとき，構造異性体が生じうる化合物は 4 種類である。
5．最も短い炭素-炭素結合をもつ化合物はベンゼンである。
6．分子を構成するすべての原子が同一平面上にある化合物は 3 種類である。

187 分子式 $C_5H_{12}O$ の飽和 1 価アルコールの構造・性質　2017 年度〔12〕

分子式 $C_5H_{12}O$ をもつアルコールに関するつぎの記述のうち，誤っているものはどれか。ただし，光学異性体は考慮しないものとする。なお，正解は 1 つまたは 2 つある。

1．分子内に CH_3CH_2- 基をもたないアルコールは，3 つである。
2．脱水反応によって幾何異性体を生じうるアルコールは，2 つである。
3．不斉炭素原子をもつアルコールは，すべてヨードホルム反応を示す。
4．沸点が最も低いアルコールは，アルデヒドの還元反応では得られない。
5．過マンガン酸カリウム水溶液を加えたときに黒色沈殿を生じるアルコールは，6

138 第5章 問題

つである。

6. アルケンに水を付加させても，得られないアルコールがある。

188 窒素を含む芳香族化合物の構造決定　　　2017年度〔15〕

有機化合物 A～D に関するつぎの記述ア～オを読み，下の問に答えよ。

ア．A は分子式 $C_{13}H_{14}N_2O_4$ をもち，アミド結合とエステル結合を含む中性の分子である。

イ．A をおだやかに加水分解すると，B，C，D が得られる。

ウ．B は炭素数 6 の芳香族化合物であり，B の水溶液に塩化鉄(Ⅲ)の水溶液を加えると，紫色に呈色する。

エ．C は不斉炭素原子を含まない天然の α-アミノ酸である。

オ．D は不斉炭素原子を 1 つ含み，五員環構造をもつ。D をさらに加水分解すると，等電点 3.2 の天然の α-アミノ酸が得られる。

問　化合物 A の構造式を例にならって示せ。ただし，光学異性体は考慮しなくてよい。

（例）　CH₃－O－C－CH－C－N－⟨benzene ring⟩
　　　　　　　‖　｜　‖　｜
　　　　　　　O CH₃ O　H

189 炭化水素の構造　　　2016年度〔11〕

つぎの記述のうち，誤っているものはどれか。なお，正解は 1 つまたは 2 つある。

1. エタンを構成する原子のうち，同一平面上に位置することができるのは最大 4 個である。

2. プロパンを構成する原子のうち，同一平面上に位置することができるのは最大 5 個である。

3. プロペンを構成する原子のうち，同一平面上に位置することができるのは最大 6 個である。

4. 1,3-ブタジエンを構成する原子は，すべて同一平面上に位置することができる。

5. トルエンを構成する原子のうち，同一平面上に位置することができるのは最大 13 個である。

6. プロピンを構成する原子のうち，同一直線上に位置することができるのは最大 5 個である。

190 不飽和炭化水素の燃焼，付加反応の量的関係 2016 年度〔12〕

化合物 A は，環構造を含まない不飽和炭化水素である。$0.0100\,mol$ の A を完全燃焼させると $13.2\,g$ の二酸化炭素と $4.50\,g$ の水が生成した。また，触媒を用いて A に水素を付加させると，飽和炭化水素 B が得られた。A から $233\,g$ の B を得るために必要な水素の物質量はいくらか。解答は小数点以下第 2 位を四捨五入して，下の形式により示せ。ただし，各元素の原子量は，$H = 1$，$C = 12$，$O = 16$ とする。

$\boxed{}.\boxed{}\ mol$

191 芳香族化合物の構造決定 2016 年度〔15〕

有機化合物 $A \sim D$ に関するつぎの記述ア〜ウを読み，下の問に答えよ。

ア．化合物 A は，炭素数が 6 の酸無水物であり，六員環構造をもつ。また，化合物 A は不斉炭素原子をもたない。

イ．化合物 A とアニリンを反応させると，アミド結合をもつカルボン酸 B を与える。カルボン酸 B は不斉炭素原子をもつ。

ウ．カルボン酸 B をヨードホルム反応を示す化合物 C と脱水縮合すると，アミド結合をもつ分子式 $C_{15}H_{21}NO_3$ のエステル D を与える。

問　化合物 D の構造式を例にならって示せ。ただし，光学異性体は考慮しなくてよい。

(例)

$$CH_3-CH-CH_2-\underset{O}{\overset{H}{\underset{\|}{C}}}-N-CH_3$$

192 不飽和炭化水素の反応，ヨードホルム反応 2015 年度〔11〕

有機化合物 $A \sim G$ に関するつぎの文を読み，下の問に答えよ。

炭化カルシウムに水を反応させたところ，A が生成した。触媒を用いて A に水素を付加させたところ，B と C が得られた。B に水を付加させると D が得られた。一方，A に酢酸を付加させると E が生成し，E を加水分解すると F と G が得られた。また，F を酸化すると G が得られた。

140 第5章 問題

問 つぎの記述のうち，誤っているものはどれか。なお，正解は1つまたは2つある。

1．1 mol の炭化カルシウムに2 mol の水を反応させると，1 mol の **A** が生成する。

2．**A** を赤熱した鉄に接触させると，ベンゼンが生じる。

3．**A** から 1 mol の **B** と 1 mol の **C** を得るためには，3 mol の水素が必要である。

4．濃硫酸と **D** の混合物を 170℃ に熱すると，**B** が得られる。

5．**D** と **G** を縮合させると，**F** と同じ組成式をもつ化合物が得られる。

6．**F** を用いてヨードホルム反応を行った後，酸性にすると **G** が得られる。

193 芳香族化合物の性質と反応　　　　　　　2015年度〔12〕

つぎの図に示す芳香族化合物に関する記述 1～5 のうち，正しいものはどれか。なお，正解は1つまたは2つある。

1．炭酸より強い酸は1つである。

2．塩化水素と塩を形成するものは1つである。

3．ヨードホルム反応を示すものは2つである。

4．銀鏡反応を示すものは1つである。

5．ベンゼン環に直接結合した水素原子1つを塩素原子に置換したときに，生じうる化合物が2種類であるものは3つである。

194 C₅H₁₀のアルケンの異性体　　　　　　　2015年度〔13〕

分子式 C_5H_{10} をもつアルケンに関するつぎの記述のうち，正しいものはどれか。なお，正解は1つまたは2つある。

1．考えられるアルケンは5種類である。

2．幾何異性体の関係にあるアルケンは2組である。

3．メチル基を3つもつアルケンは2種類である。

4．水素を付加させると，不斉炭素原子をもつ化合物になるアルケンは1種類である。

5．臭素を付加させると，いずれのアルケンも不斉炭素原子をもつ化合物を与える。

6．分子式 C_5H_{12} をもつアルカンには，分子式 C_5H_{10} をもつアルケンに水素を付加させても得られないものがある。

195 エステル結合とアミド結合をもつ芳香族化合物の構造決定　2015年度〔15〕

有機化合物 A〜D に関するつぎの記述ア〜エを読み，下の問に答えよ。ただし，各元素の原子量は，H＝1，C＝12，N＝14，O＝16 とする。

ア．A はエステル結合とアミド結合をもち，400 以下の分子量をもつ。28.3mg の A を完全燃焼させたところ，二酸化炭素 74.8mg と水 15.3mg および窒素酸化物のみが生成した。このうち，窒素酸化物をすべて単体の窒素まで還元したところ，1.40mg の窒素が生成した。

イ．A を完全に加水分解すると，B，C，D が得られた。

ウ．B はタンパク質を構成する α-アミノ酸の1つであり，不斉炭素原子をもつ天然の α-アミノ酸の中で分子量が最も小さい。

エ．C と D は芳香族化合物であり，C を酸化すると D が生成した。

問i　化合物 A の分子式を例にならって示せ。

（例）　$CH_3(CH_2)_5OH$ の分子式：C$\boxed{0}$$\boxed{6}H\boxed{1}$$\boxed{4}N\boxed{0}O\boxed{1}$

問ii　化合物 A の構造式を例にならって示せ。ただし，光学異性体は考慮しなくてよい。

（例）

$$CH_3-\underset{O}{\overset{}{C}}-CH-CH_2-\underset{O}{\overset{}{C}}-\overset{H}{N}-CH_3$$

196 有機化合物の製法，性質　2014年度〔9〕

つぎの有機化合物 A〜F に関する記述ア〜カを読み，下の問に答えよ。

ア．炭化カルシウムに水を加えると，化合物 A が得られる。

イ．エチレンに触媒を用いて水を付加させると，化合物 B が得られる。

ウ．無水酢酸に水を加え加熱して反応させると，化合物 C が得られる。

エ．塩化パラジウム（Ⅱ）と塩化銅（Ⅱ）を触媒とし，エチレンを水および酸素存在下で

142 第5章 問題

酸化すると，化合物Dが得られる。化合物Dにフェーリング液を加え加熱すると赤
色沈殿が生じる。

オ．トルエンを過マンガン酸カリウム水溶液と加熱して酸化した後，酸性にすると，
化合物Eが得られる。

カ．クロロベンゼンに高温・高圧下で水酸化ナトリウム水溶液を作用させた後，酸性
にすると，化合物Fが得られる。

問 つぎの記述のうち，誤っているものはどれか。なお，正解は1つまたは2つある。
 1．イソプロピルベンゼンを触媒を用いて酸素で酸化した後，希硫酸で分解して得
　られる生成物は，A～Fの中に1つある。
 2．炭酸水素ナトリウム水溶液に加えると二酸化炭素を発生させる化合物は，A～
　Fの中に2つある。
 3．ヨードホルム反応を示す化合物は，A～Fの中に3つある。
 4．分子を構成する炭素の数が同じ化合物は，A～Fの中に4つある。
 5．A～Fの中には，硫酸水銀(II)を触媒として水を付加させると，A～Fの中の
　別の化合物を生じるものがある。

197 芳香族化合物の構造決定　　　　　　　　　2014年度〔10〕

つぎの記述を読み，下の問に答えよ。ただし，光学異性体は考慮しないものとする。

　化合物Aは，$C_{17}H_{18}O_2$の分子式で表されるエステルであり，ベンゼン環を2つも
つ。化合物Aを加水分解したところ，化合物Bと化合物Cが得られた。Bはヨードホ
ルム反応を示し，その反応により生成する有機化合物の塩を塩酸で処理するとCが得
られた。

問 つぎの記述のうち，正しいものはどれか。なお，正解は1つまたは2つある。
 1．Aとして考えられる化合物の数は，3つである。
 2．Bとして考えられる化合物の中には，脱水反応を行い，アルケンにすると複数
　の異性体を生じるものがある。
 3．Bの分子量は，ナトリウムフェノキシドを高温・高圧のもとで二酸化炭素と反
　応させた後，酸性にして得られる有機化合物の分子量と同じである。
 4．Cの酸性はフェノールよりも強く，炭酸よりも弱い。
 5．BとCを含むジエチルエーテル溶液に十分な量の希塩酸を加え，分液漏斗を使
　ってエーテル層と水層とを分けると，BとCの分離が可能である。

198 芳香族化合物の反応　　　　　2013年度〔7〕

目的とする化合物（以下目的化合物という）を1mol得るために必要な物質（溶媒および触媒を除く）の質量の総和を，目的化合物1molの質量で除した値をxとする。ただし，目的化合物を得る過程で中間生成物以外に生成する物質（以下目的外物質という）は，以降の反応で再利用しないものとする。例えば，（例）に示すアセトアルデヒドの製法において，必要な物質は炭化カルシウムと水であり，xの値は小数点以下第2位を四捨五入すると2.7となる。このxの値は，合成法の効率を考える1つの指針となり，1に近いほど無駄なく物質を使用していることになる。

（例）　　　　　　　　　（中間生成物）　　　　　（目的化合物）

$$CaC_2 \xrightarrow{2H_2O} H-C\equiv C-H \xrightarrow[\text{[触媒]}]{H_2O} CH_3-CHO$$

式量：64　　　　目的外物質：$Ca(OH)_2$　　　　分子量：44

フェノールを目的化合物とする**製法1～3**についてxの値を比較し，下の問に答えよ。ただし，**製法1～3**では，必要な物質および目的外物質に係数を付していない。また，各元素の原子量および主な化合物の分子量は，$H=1$，$C=12$，$O=16$，$Na=23$，$S=32$，$Cl=35.5$，ベンゼン$=78$，フェノール$=94$とする。

製法1

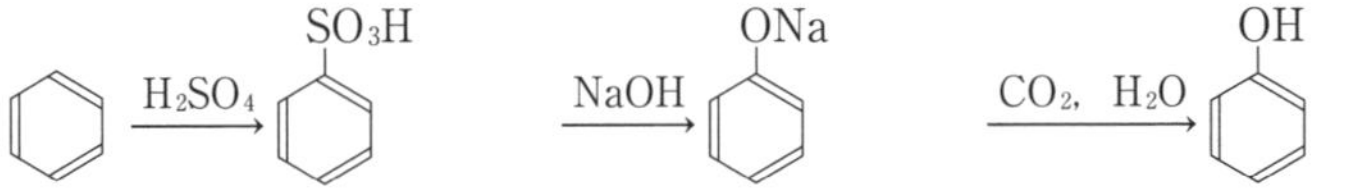

目的外物質：H_2O　目的外物質：Na_2SO_3, H_2O　目的外物質：$NaHCO_3$

製法2

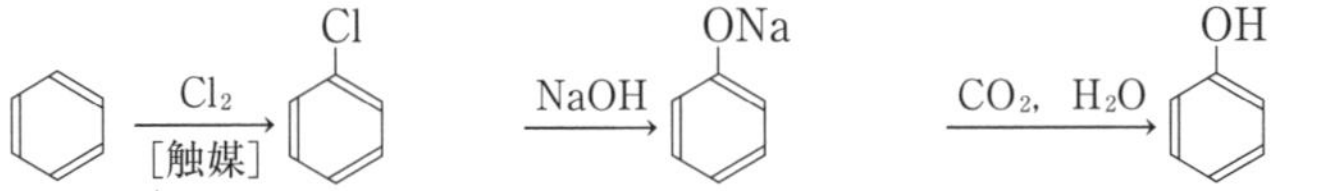

目的外物質：HCl　目的外物質：$NaCl$, H_2O　目的外物質：$NaHCO_3$

製法3

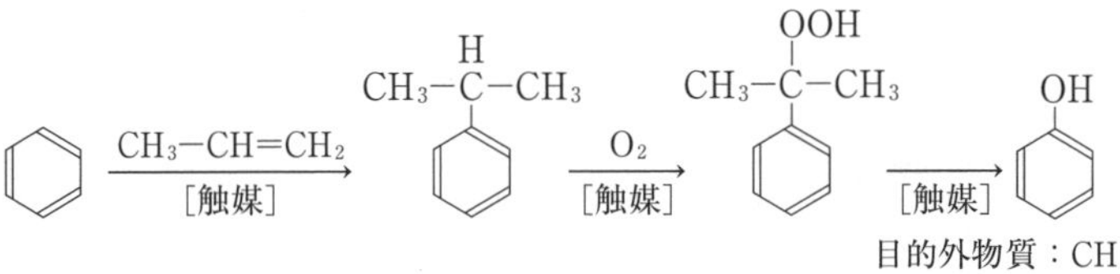

目的外物質：CH_3COCH_3

144 第5章 問題

問i 最大と最小のxの値を与える製法の番号を，それぞれ1～3から選べ。

問ii 製法1～3におけるxの値のうち，2番目に大きい値はいくらか。解答は小数点以下第2位を四捨五入して，下の形式により示せ。

□.□

---

199 芳香族化合物の構造決定　　　　2013年度〔8〕

つぎの問に答えよ。ただし，シス-トランス異性体は考慮しないものとする。

問i つぎの記述のうち，誤っているものはどれか。なお，正解は1つまたは2つある。

1. 炭素原子，窒素原子，および酸素原子を比べると，価電子の数が多い原子ほど原子価の値が小さい。

2. メタン分子では，すべての電子が共有結合に用いられている。

3. メタン分子，アンモニア分子，および水分子では，1分子中の共有電子対の数と非共有電子対の数を足した値が互いに等しい。

4. アセチレン分子と窒素分子では，1分子中の共有電子対の数と非共有電子対の数を足した値が互いに等しい。

5. トルエン分子とフェノール分子では，1分子中の総電子数が互いに等しい。

6. トルエン分子とフェノール分子では，1分子に含まれるすべての原子の原子価の総和が互いに等しい。

問ii 化合物Aは炭素と水素から構成され，つぎの**ア**～**エ**で述べるそれぞれの値が下に示す化合物Bにおける値と等しい。

ア. 総電子数

イ. ベンゼン環の数

ウ. ベンゼン環に直接結合した水素原子の数

エ. ベンゼン環に直接結合した水素原子1つを塩素原子に置換したときに生成しうる異性体の数

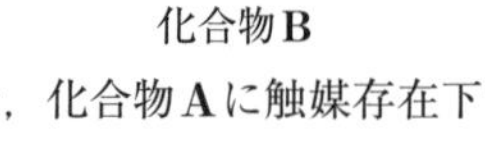

HO─◯─N=N─◯

　　　化合物B

また，化合物Aに触媒存在下で水素を付加させると，不斉炭素原子をもつ化合物が生成する。なお，この反応において，ベンゼン環は変化しない。

化合物Aの構造を例にならって示せ。

(例)

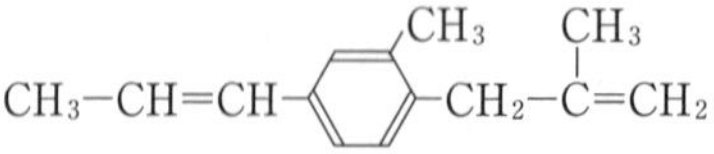

CH_3
CH₃-CH=CH-◯-CH₂-C=CH₂
　　　　　　　　　CH₃

問iii 化合物Cは，炭素，水素，酸素から構成され，問iiのア～エで述べた値が化合物Bにおける値と等しい。つぎの記述のうち，Cとして考えられる化合物に関して誤っているものはどれか。なお，正解は1つまたは2つある。

1. 塩化鉄(III)水溶液で呈色するものがある。
2. ヨードホルム反応を示すものがある。
3. 炭酸水素ナトリウムと反応させたときに，二酸化炭素が生成するものがある。
4. エステル結合をもち，加水分解により酢酸を生じるものがある。
5. 1分子に含まれるすべての原子の原子価の総和が，化合物Bにおける値と等しいものがある。
6. 1分子に含まれるすべての原子の原子価の総和は，化合物Aにおける値より必ず小さい。

200 アミノ酸とエステルの構造決定　　2013年度〔9〕

つぎの記述を読み，下の問に答えよ。ただし，各元素の原子量は，$H = 1$，$C = 12$，$N = 14$，$O = 16$とする。

化合物Aは，炭素，水素，窒素，酸素からなる分子量331の化合物であり，アミノ基とカルボキシ基が同じ炭素原子上に結合した構造をもつ。また，Aは複数のエステル結合をもつ。

Aを完全に加水分解したところ，1molのAから化合物B，C，Dのみがそれぞれ1molずつ得られた。一方，Aをおだやかな条件で加水分解したところ，B，C，D以外に，エステル結合が一部保たれたままの化合物がいくつか得られた。そのうちの2つは，分子量191の化合物Eと分子量202の化合物Fであった。

化合物Eを完全に加水分解するとBとCのみが，またFを完全に加水分解するとCとDのみが生成した。ここで，1molのEを完全に加水分解するためには，1molの水が，また1molのFを完全に加水分解するためには，2molの水が必要であった。

得られた化合物Cは2価アルコールであり，これを酸化するとCと同じ炭素数をもち，還元性を示す2価カルボン酸Gに変換された。

一方，化合物Bはアミノ酸の一種であり，1つの不斉炭素原子をもっていた。このアミノ酸の一方の光学異性体は小麦に多く含まれ，そのナトリウム塩はうまみ成分としても知られている。

問i 33.1mgの化合物Aを完全燃焼させたところ，61.6mgの二酸化炭素と18.9mgの水，および窒素酸化物のみが生成した。このうち窒素酸化物を，銅を用いてすべて還元したところ，窒素原子を含む物質として単体の窒素のみが1.40mg生

146 第5章 問題

じた。化合物Aに含まれる酸素の割合は、質量パーセントでいくらか。解答は、小数点以下第1位を四捨五入して、下の形式により示せ。

□□ %

問ii 6.62 g の化合物Aを完全に加水分解すると、最大で何 g の化合物Dが得られるか。解答は小数点以下第2位を四捨五入して、下の形式により示せ。

□.□ g

問iii 化合物Dは炭素、水素、酸素からなり、第二級アルコール構造をあわせもつ2価カルボン酸であった。また、Dは不斉炭素原子を含んでいなかった。Dの構造を例にならって示せ。

$$\text{(例)} \quad \underset{\underset{O}{\|}}{CH_3-C}-\underset{\underset{OH}{|}}{CH}-CH_2-CH=CH-COOH$$

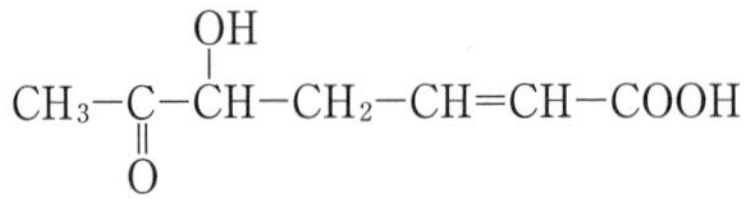

問iv つぎの記述のうち、誤っているものはどれか。なお、正解は1つまたは2つある。

1. 化合物Aに含まれる不斉炭素原子の数は2つである。
2. 化合物Bの等電点の値は、グリシンの等電点の値より大きい。
3. 化合物Cをテレフタル酸と縮合重合させて得られる高分子化合物は、ペットボトルの素材として利用されている。
4. 化合物Fは単体のナトリウムと反応し、水素を発生する。
5. 化合物Gを酸性水溶液中にて過マンガン酸カリウムと反応させると、無色、無臭の気体が発生する。

201 酸素を含む脂肪族化合物の構造決定と性質   2012 年度〔1〕

つぎの文を読み、下の問に答えよ。ただし、各元素の原子量は、H＝1、C＝12、O＝16 とする。

炭素と水素からなる化合物Aがある。化合物Aに酸を用いて水を付加させたところ、アルコールBが得られた。アルコールBの分子量は70以下であり、質量〔％〕組成は、炭素 60.0 ％、水素 13.3 ％、酸素 26.7 ％であった。このアルコールBを二クロム酸カリウムの硫酸酸性溶液で酸化したところ、ケトンCが得られた。

問i 化合物Aの分子式を下の形式により示せ。

C□H□

問ii つぎの記述のうち、誤っているものはどれか。なお、正解は1つまたは2つある。

1．化合物**A**は縮合重合し，高分子化合物となる。
2．触媒を用い化合物**A**をベンゼンと反応させて得られる生成物を，酸素で酸化して過酸化物としてから，希硫酸で分解して得られる芳香族化合物は，水酸化ナトリウム水溶液に塩をつくって溶ける。
3．アルコール**B**は水によく溶ける。
4．アルコール**B**はフェーリング液を還元しない。
5．ケトン**C**は，酢酸カルシウムの熱分解（乾留）によって合成することができる。
6．ケトン**C**にアンモニア性硝酸銀水溶液を加えると銀が析出する。

202 芳香族化合物の構造決定 　　　　　　　　　　2012 年度〔2〕

地衣類（菌類の一種）がつくり出す化合物のひとつにギロホリン酸がある。ギロホリン酸は，ベンゼン環，エステル結合およびカルボキシ基を含み，炭素，水素，酸素原子のみから構成される化合物である。この化合物に関するつぎの記述を読み，下の問に答えよ。ただし，各元素の原子量は，$H=1$，$C=12$，$O=16$ とする。

ギロホリン酸を加水分解したところ，分子量が 200 以下の化合物**A**のみが得られた。この化合物**A**を高圧下，水中で加熱すると脱炭酸反応※のみが起こり，ベンゼン環をもつ化合物**B**が得られた。この化合物**A**から化合物**B**への変換において，質量が 26.2 ％減少した。また，1 mol の化合物**B**を十分な量のナトリウムと反応させると 1 mol の水素が発生した。一方，化合物**A**を塩基性水溶液中，過マンガン酸カリウムと反応させた後，酸性にして得た生成物を，さらに加熱処理すると分子内の脱水反応が起こり，酸無水物が生成した。なお，化合物**A**および化合物**B**のベンゼン環に直接結合した水素原子 1 つを塩素原子に置換したときに生成しうる異性体の数は，それぞれ 2 である。

※脱炭酸反応とは，カルボン酸が起こす下式の反応である。

$$R-COOH \longrightarrow R-H + CO_2$$

問 i　化合物**B**を構成している炭素と水素の数はそれぞれいくらか。解答は下の形式により示せ。

炭素 ☐ 個　　水素 ☐ 個

問 ii　化合物**A**の構造を例にならって示せ。

（例）　⬡-CH=CH-CH₂-COOH

問 iii　ギロホリン酸 11.7 g を高圧下，水中で加熱したところ，加水分解とともに脱炭酸反応が起こり，ベンゼン環をもつ化合物としては化合物**B**のみが 9.30 g 得ら

148　第5章　問題

れた。ギロホリン酸 0.0100 mol を用いてこの反応を行ったとき，生成する化合物
Bの質量はいくらか。解答は小数点以下第2位を四捨五入して，下の形式により示
せ。

$\boxed{}.\boxed{}$ g

203 脂肪族炭化水素の構造決定　　　　　　　2012年度〔3〕

つぎのア～オの記述を読み，下の問に答えよ。ただし，各元素の原子量は，H = 1,
C = 12, O = 16, Br = 80, I = 127 とする。また環を構成する原子が n 個である場合，
その環を「n 員環」と呼ぶ。

ア．化合物**A**は分子式 $C_{12}H_{18}$ で表される。

イ．化合物**A**は炭素－炭素結合を1つ共有する2つの環からなり，環状構造中に炭素
－炭素二重結合を含む。また環状構造の他にメチル基を2つだけ持つ。

ウ．酸性条件で，炭素－炭素二重結合をもつ化合物と過マンガン酸カリウムとを反応
させると，炭素－炭素二重結合が開裂し，ケトンやカルボン酸が生成する（下式参
照）。48.6 g の化合物**A**を下線にしたがって反応させると，化合物**A**と炭素の数が
等しい化合物**B** 72.6 g が生成する。

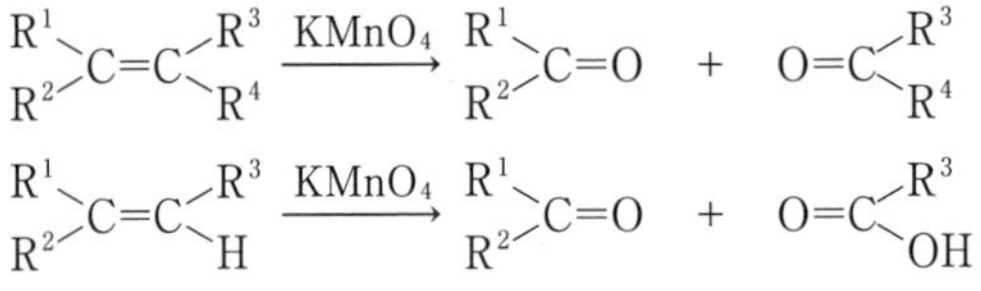

$$\begin{array}{l} R^1 \\ R^2 \end{array} C=C \begin{array}{l} R^3 \\ R^4 \end{array} \xrightarrow{\text{KMnO}_4} \begin{array}{l} R^1 \\ R^2 \end{array} C=O \quad + \quad O=C \begin{array}{l} R^3 \\ R^4 \end{array}$$

$$\begin{array}{l} R^1 \\ R^2 \end{array} C=C \begin{array}{l} R^3 \\ H \end{array} \xrightarrow{\text{KMnO}_4} \begin{array}{l} R^1 \\ R^2 \end{array} C=O \quad + \quad O=C \begin{array}{l} R^3 \\ OH \end{array}$$

（R^1～R^4 は炭化水素基）

エ．化合物**B**はヨードホルム反応を示す。72.6 g の化合物**B**を完全に反応させたと
きに生じるヨードホルムは 236 g である。

オ．化合物**B**の最も長い炭素鎖の炭素数は 10 である。

　（注）例えば，下図に示す化合物の最も長い炭素鎖の炭素数は 7 である。

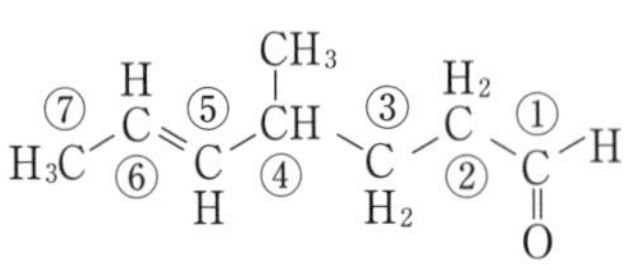

$$\text{H}_3\text{C} \overset{⑦}{\underset{}{\text{C}}} \overset{⑤}{\underset{}{\text{C}}} \overset{③}{\underset{}{\text{C}}} \overset{①}{\underset{}{\text{C}}} \text{H}$$

問i　48.6 g の化合物**A**と反応する臭素は最大何 g か。下の形式で答えよ。

$\boxed{}\boxed{}$ g

問ii　化合物**A**のひとつである**A−1**は下図に示すように6員環を含み，メチル基が
C①とC②に結合している。化合物**A−1**は下図のどの炭素－炭素間に二重結合を

第5章　問題　149

もつか。下の1～9から選べ。なお，正解は1つまたは2つある。

$$
\begin{array}{c}
CH_3 \\
\text{（① CH}_3
\end{array}
$$

（環を構成する炭素原子をC①～C⑩で表し，それらに結合した水素原子は省略した。）

1．C①—C②間　　2．C②—C③間　　3．C③—C④間

4．C④—C⑤間　　5．C⑤—C⑥間　　6．C⑥—C⑦間

7．C⑨—C⑩間　　8．C①—C⑩間　　9．C⑤—C⑩間

問ⅲ　化合物**A**のうち，6員環を含むものは，メチル基と二重結合の位置を適切に配置すれば問ⅱで考えた化合物**A-1**以外にも存在する。そのひとつである化合物**A-2**は，下線の反応により化合物**B-2**に変換される。一方，化合物**A**のひとつ**A-3**は，環状構造として5員環を含む。また化合物**A-3**は下線の反応により化合物**B-2**に変換される。化合物**A-3**の構造を例にならって示せ。

$$
\underset{\text{（6員環を含む）}}{\text{化合物 A-2}} \xrightarrow{\text{KMnO}_4} \text{化合物 B-2} \xleftarrow{\text{KMnO}_4} \underset{\text{（5員環を含む）}}{\text{化合物 A-3}}
$$

（例）

$$
\begin{array}{c}
H_2 \\
C \\
H_2C \diagup \diagdown C-CH_3 \\
\quad \quad \quad \| \\
H_2C \diagdown \diagup CH \\
C \\
H_2
\end{array}
$$

204　芳香族化合物の構造決定　　　2011年度〔7〕

化合物**A**，**B**，および**C**は，いずれも分子式 $C_{14}H_{12}O_3$ で表されるカルボン酸エステルである。つぎの記述**ア～カ**を読み，下の問に答えよ。

ア．化合物**A**，**B**，**C**の混合物に対して下に示した①～⑥の実験操作を行うと，②で化合物**D**が，④で化合物**E**と化合物**F**が，また⑥で化合物**G**と化合物**H**が得られる。化合物**D**～**H**は，いずれもベンゼン環をもつ化合物である。また，⑤の水層には有機化合物は含まれない。

イ．化合物**A**，**B**の混合物に対して下に示した①～⑥の実験操作を行うと，⑥では化合物**G**のみが得られる。

ウ．化合物**B**，**C**の混合物に対して下に示した①～⑥の実験操作を行うと，②では何も得られない。

150　第5章　問題

エ．化合物Gおよび化合物Hは，いずれもメチル基をもたない。また，化合物Gおよび化合物Hのいずれも，ベンゼン環に直接結合する水素原子の1個を塩素原子に置換すると2つの異性体が生成しうる。

オ．化合物Hは，塩化鉄(Ⅲ)水溶液で呈色しない。

カ．化合物Eに塩基性の過マンガン酸カリウム水溶液を加えて加熱した後，塩酸で酸性にすると，化合物Gが得られる。

〔実験操作〕

① 水酸化ナトリウム水溶液を加え，かき混ぜながら加熱し，加水分解する。冷却後，ジエチルエーテルを加えてよく振り混ぜ，エーテル層と水層を分離する。

② ①のエーテル層からジエチルエーテルを蒸発させる。

③ ①の水層に二酸化炭素を十分に通じた後，ジエチルエーテルを加えてよく振り混ぜ，エーテル層と水層を分離する。

④ ③のエーテル層からジエチルエーテルを蒸発させる。

⑤ ③の水層に塩酸を加えて酸性にした後，ジエチルエーテルを加えてよく振り混ぜ，エーテル層と水層を分離する。

⑥ ⑤のエーテル層からジエチルエーテルを蒸発させる。

問 i　化合物Cおよび化合物Eの構造を，それぞれ例にならって示せ。

（例）

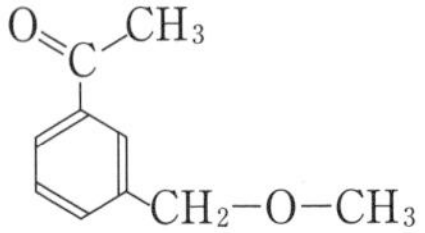

$$O=C-CH_3$$

ベンゼン環に CH_2-O-CH_3

問 ii　つぎの記述のうち，誤っているものはどれか。なお，正解は1つまたは2つある。

1．化合物D～Hはすべてナトリウムと反応して水素を発生する。

2．化合物D～Hのうち，エーテル結合を含むものは1つである。

3．化合物D～Hのうち，分子中のいずれか1個の水素原子をメチル基に置換すると，不斉炭素原子をもつ化合物になるものは2つである。

4．化合物D～Hのうち，酸化によりポリエチレンテレフタラートの原料を生成しうるものは1つである。

5．化合物D～Hのうち，塩化鉄(Ⅲ)水溶液で呈色するものは3つである。

205 芳香族化合物の構造決定　2010年度〔5〕

つぎの文を読み，下の問に答えよ。ただし，各元素の原子量は，H＝1，C＝12，O＝16とする。

質量〔％〕組成が，炭素 75.95％，水素 10.55％，酸素 13.50％である化合物**A**を加水分解したところ，分岐構造をもたない脂肪族化合物**B**，およびメチル基を 2 個もつ芳香族化合物**C**が得られた。化合物**B**および**C**は同じ炭素数からなる化合物であった。化合物**B**を酸化すると，化合物**D**が得られた。また，**C**および**D**に炭酸水素ナトリウム水溶液を加えると発泡した。**C**を加熱すると，分子内脱水反応が起こり，化合物**E**が生成した。化合物**E**に**B**を作用させると，分子量 334 の化合物**F**が得られた。

問 i 化合物**A**の組成式を下の形式により示せ。

C□□H□□O□□

問 ii 化合物**F**として考えられる構造異性体の数はいくつか。

問 iii 化合物**E**と**B**の反応により，**F**が構造異性体を含まずに単一の生成物として得られる場合，考えられる化合物**E**の構造式を，例にならって 1 つだけ示せ。

（例）　CH_3-CH_2-〈ベンゼン環〉$\overset{O}{\underset{CH_2}{\diagdown}}C=O$

206　芳香族化合物の異性体と合成　　　　　2010 年度〔6〕

化合物**A**，**B**に関するつぎの記述ア〜オを読み，下の問に答えよ。ただし，各元素の原子量は，$H=1$，$C=12$，$N=14$，$O=16$ とする。

ア. 化合物**A**，**B**は，炭素，水素のほかに，窒素または酸素，あるいはその両方を含むが，これ以外の元素は含まない。

イ. 化合物**A**，**B**は，8 つの炭素原子をもつ。

ウ. 化合物**A**，**B**は，互いに構造異性体の関係にある。

エ. 化合物**A**，**B**は，いずれもベンゼンのパラ（$p-$）二置換体である。

オ. 化合物**A**，**B**は，いずれもメチル基をもつ。

問 i 化合物**A**の分子量が 150 から 155 の範囲にあるとき，可能な分子式はいくつあるか。

問 ii 化合物**A**は分子量 151 のエステルであった。この化合物**A**を加水分解したのち，無水酢酸と反応させると分子量 179 の化合物**C**が得られた。一方，化合物**B**は塩化鉄(Ⅲ)を加えると呈色する化合物であり，ベンゼン環以外の環状構造，炭素－窒素二重結合，窒素原子に直接結合したメチル基のいずれももたない。化合物**B**，**C**の構造を例にならって示せ。

152 第5章 問題

(例)

$H_3C-\overset{H}{\underset{}{N}}$ ... （構造式）

問ⅲ ベンゼンまたはトルエンを出発原料に用いて，次に示す反応操作 a ）〜 j ）のうちのいくつかを適切な順で行うことにより化合物**A**および**B**を合成したい。**A**，**B**の合成が可能な出発原料（1または2）と反応操作の順（3〜8）の組み合わせをそれぞれ選び，答えよ。

a ）ニッケルを触媒に用いて水素と反応させる。

b ）濃硝酸と濃硫酸の混合物を加えて加熱する。

c ）スズと濃塩酸を加えて加熱した後に塩基を加える。

d ）触媒を用いてエチレンと反応させる。

e ）過マンガン酸カリウム水溶液を加えて加熱する。

f ）濃硫酸を加えて加熱する。

g ）固体の水酸化ナトリウムを加えて高温で融解した後に酸を加える。

h ）メタノールと少量の濃硫酸を加えて加熱する。

i ）無水酢酸と反応させる。

j ）氷冷下で希塩酸と亜硝酸ナトリウム水溶液を加えた後，室温まで温度を上げる。

出発原料	反応操作の順
1．ベンゼン	3．b→c→i→e→h
2．トルエン	4．f→g→e→h
	5．b→c→i→b→a→j
	6．b→c→j→e→i
	7．b→e→a→i
	8．d→b→e→a→h

207 エステルの構造決定　　　　　　2009年度〔5〕

化合物**A**は分子式 $C_8H_{12}O_2$ で表されるエステルであり，炭素−炭素二重結合をもつ。この化合物**A**を加水分解したところ，化合物**B**のみが生成した。これにオゾンを作用させ，還元剤による処理（下式参照）を行うと，ヨードホルム反応を示す酸性化合物**C**と銀鏡反応を示すアルコール**D**が得られた。

$$\overset{R^1}{\underset{R^2}{>}}C=C\overset{R^3}{\underset{R^4}{<}} \xrightarrow{オゾン} \xrightarrow{還元剤} \overset{R^1}{\underset{R^2}{>}}C=O \ + \ O=C\overset{R^3}{\underset{R^4}{<}}$$

（R^1〜R^4 はそれぞれアルキル基，または水素原子）

一方，化合物**B**に触媒を用いて水素を付加させて化合物**E**とした後，これを酸化したところ，不斉炭素原子をもたない2価カルボン酸**F**が得られた。つぎの問に答えよ。ただし，幾何異性体は考慮しないものとし，各元素の原子量は，H＝1，C＝12，O＝16とする。

問 i 化合物**D**と同一の分子式をもつ構造異性体のうち，炭素－炭素二重結合をもたない鎖状化合物に関するつぎの記述で正しいものはどれか。ただし，化合物**D**も含めて考えること。また，光学異性体は考慮しないものとする。なお，正解は1つまたは2つある。

1．酸性を示すものは1種類である。
2．不斉炭素原子をもつものは2種類である。
3．エステルは3種類である。
4．ヨードホルム反応を示すものは4種類である。
5．還元性を示すものは5種類である。

問 ii 28.0 g の化合物**A**を用いて上の実験を行ったとき，化合物**C**は何 g 得られるか。解答は小数点以下第1位を四捨五入して，下の形式により示せ。

$\boxed{}\boxed{}$ g

問 iii 化合物**B**の構造を例にならって示せ。

（例）
$$\begin{array}{c} H_3C-CH_2 \\ H_3C-C \\ \parallel \\ O \end{array} \!\! \begin{array}{c} OH \\ | \\ C=CH-CH-CH_3 \end{array}$$

---

208 脂肪族化合物の反応 　　　　　　　　2008年度〔1〕

つぎの文を読み，下の問に答えよ。

触媒を用いてエチレンに水を付加させ化合物**A**とした後，これを酸化して化合物**B**を得た。この化合物**B**を水酸化カルシウムと反応させて得た物質を熱分解（乾留）し，沸点56℃の化合物**C**を得た。

問 i つぎの記述のうち，正しいものはどれか。なお，正解は1つまたは2つある。

1．化合物**A** 4mol にナトリウム 2mol を作用させると，水素 2mol が発生する。
2．化合物**A**に濃硫酸を加えて170℃で反応させると，縮合反応が起こる。
3．化合物**B**はフェーリング液を還元する。
4．触媒を用いてエチレン 2mol と酸素 1mol を反応させると，化合物**B** 2mol が

154　第5章　問題

生成する。

5．触媒を用いてアセチレン1molに水1molを付加させると，化合物B 1molが生成する。

6．化合物Bの酸性は炭酸水よりも強く，ベンゼンスルホン酸よりも弱い。

問ⅱ　化合物Cと同じ分子式で表される化合物に関するつぎの記述のうち，正しいものはどれか。ただし，光学異性体の関係にあるものは各々を別の構造と考え，また，化合物Cも含めて考えるものとする。なお，正解は1つまたは2つある。

1．光学異性体の関係にあるものが，2組ある。

2．カルボニル基をもつものは，3つである。

3．炭素原子間に不飽和結合を含まないものは，7つである。

4．不飽和結合を含まないものは，4つである。

5．不飽和結合を含まないアルコールは，2つである。

問ⅲ　化合物Cを100 g得るためには，エチレンを何g必要とするか。解答は小数点以下第1位を四捨五入して，下の形式により示せ。ただし，各元素の原子量は，H＝1，C＝12，O＝16とする。

$$\boxed{}\boxed{}\,g$$

209　脂肪族化合物の構造決定　　　　　2008年度〔3〕

化合物A～Fに関するつぎの文を読み，下の問に答えよ。ただし，各元素の原子量は，H＝1，C＝12，O＝16とする。

Aは分子式$C_6H_{10}O_4$をもつ化合物である。Aを加水分解すると，還元性を示す2価カルボン酸Bと1種類のアルコールCが得られる。またAに炭酸水素ナトリウム水溶液を加えても，二酸化炭素は発生しない。一方，Aの異性体Dを加水分解すると，Bと1種類のアルコールEが得られる。Eを酸化するとケトンFが生じる。

問ⅰ　つぎの記述のうち，誤っているものはどれか。なお，正解は1つまたは2つある。

1．Aは水酸基をもたない。

2．Cを酸化するとアルデヒドが生成する。

3．CとEは互いに異性体の関係にある。

4．Dに炭酸水素ナトリウム水溶液を加えると，二酸化炭素が発生する。

5．Eは不斉炭素原子をもつ。

6．EとFはともにヨードホルム反応を示す。

問ii 58.4 g の A を加水分解するときに生成する C の質量はいくらか。解答は小数点以下第1位を四捨五入して，下の形式により示せ。

□□ g

問iii A の異性体であり，かつ加水分解すると2価カルボン酸を生じるエステルのうち，不斉炭素原子を含むものはいくつあるか。ただし，互いに光学異性体の関係にある化合物も1つずつ区別して数えるものとする。

210 芳香族化合物の分離，合成　　　　　　　　　　2007年度〔8〕

化合物 A～C は分子量が160以下で，ベンゼン環をもち，炭素，水素，酸素，窒素以外の原子を含まない。つぎの記述①～⑩を読み，下の問に答えよ。ただし，「分液操作」とは，水および水と混ざり合わない有機溶媒とを分液漏斗の中でよく振り混ぜた後，有機溶媒の層（有機層）と水の層（水層）を別々に取り出すことをいう。また，各元素の原子量は，H＝1，C＝12，N＝14，O＝16 とする。

① 化合物 A～C を含むジエチルエーテル溶液に十分な量の水酸化ナトリウム水溶液を加えて，分液操作を行った。
② ①の水層に二酸化炭素を十分通じた後，ジエチルエーテルを加えて分液操作を行った。
③ ②の有機層からジエチルエーテルを蒸発させ，化合物 A を得た。
④ ①の有機層に十分な量の希塩酸を加えて分液操作を行った。
⑤ ④の有機層からジエチルエーテルを蒸発させ，化合物 B を得た。
⑥ ④の水層に水酸化ナトリウム水溶液を加えて塩基性にした後，ジエチルエーテルを加えて分液操作を行った。
⑦ ⑥の有機層からジエチルエーテルを蒸発させ，化合物 C を得た。
⑧ 化合物 A および化合物 B を無水酢酸と反応させてエステル化すると，それぞれ化合物 D，化合物 E を生成した。
⑨ 化合物 D および化合物 E をそれぞれ 20.5 mg 完全燃焼させると，どちらの場合にも二酸化炭素 55.0 mg および水 13.5 mg だけを生成した。
⑩ 化合物 C 108 mg を十分な量の無水酢酸と反応させると，化合物 F 192 mg を生成した。

問i 化合物 A を構成している炭素と水素の数はそれぞれいくつか。
問ii 化合物 B の構造として可能なものはいくつあるか。ただし，光学異性体は考慮しないものとする。
問iii 化合物 A および化合物 C はつぎの式に示すように，下の＜ア群＞の中の化合物

156　第5章　問題

を原料として，＜イ群＞の中の2つの反応操作を順に利用することによりそれぞれ合成することができた。原料Ⅰ，原料Ⅱおよび反応1〜反応4として適切なものはどれか。番号で答えよ。

$$原料Ⅰ \xrightarrow{反応1} \xrightarrow{反応2} 化合物A$$

$$原料Ⅱ \xrightarrow{反応3} \xrightarrow{反応4} 化合物C$$

＜ア群＞
1．トルエン
2．m-キシレン
3．クメン
4．フェノール
5．p-クレゾール
6．クロロベンゼン
7．ニトロベンゼン
8．ベンゼンスルホン酸
9．安息香酸

＜イ群＞
1．過マンガン酸カリウムの塩基性水溶液と反応させる。
2．スズおよび塩酸を用いて還元した後，水酸化ナトリウム水溶液を作用させる。
3．濃硫酸を作用させ加熱する。
4．触媒（H_3PO_4）を用いてプロペンと反応させる。
5．希硫酸を作用させ加熱する。
6．高温・高圧で二酸化炭素と反応させた後，酸性にする。
7．塩酸に溶かして氷で冷却し，亜硝酸ナトリウム水溶液を作用させる。
8．濃硫酸と濃硝酸の混合物を作用させ加熱する。
9．固体の水酸化ナトリウムと混合して高温で融解した後，酸性にする。

211　ボンビコールの構造決定　　　　2007年度〔9〕

ドイツの A. Butenandt は，カイコ蛾の雌が放出し，雄を誘引する物質（性フェロモンと呼ばれる）の研究を 1930 年代から始め，50 万匹の雌のカイコ蛾からボンビコールと命名した性フェロモンを約 6mg 単離・精製して，1959 年にその推定構造を発表した。ボンビコールの構造決定に関するつぎの文を読み，下の問に答えよ。ただし，各元素の原子量は，$H=1$，$C=12$，$N=14$，$O=16$ とする。なお，この問題文は Butenandt の実験を忠実に再現したものではない。

Butenandt は，精製の途中でボンビコールがヒドロキシ基をもつことに気がつき，ボンビコールを橙赤色で結晶化しやすい p-ニトロフェニルアゾ安息香酸のエステルに導き，再結晶を繰り返し，融点 95〜96℃の純粋な結晶を得ている。ボンビコール

の p-ニトロフェニルアゾ安息香酸エステルは，分子内に不斉炭素をもたず，また三重結合ももっていなかった。このエステルを加水分解すると定量的にボンビコールが得られた。

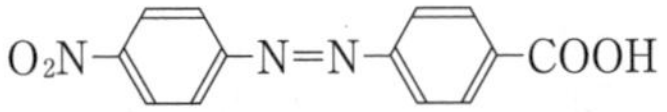

$$O_2N-\langle\bigcirc\rangle-N=N-\langle\bigcirc\rangle-COOH$$

　　p-ニトロフェニルアゾ安息香酸（分子式 $C_{13}H_9N_3O_4$，分子量 271）

　得られたボンビコール 1.19mg をパラジウム触媒の存在下で水素と完全に反応させたところ，1.21mg の生成物 A が得られた。1.21mg の生成物 A を完全燃焼させたところ，3.52mg の二酸化炭素と 1.53mg の水だけが得られた。

　一方，ボンビコールの p-ニトロフェニルアゾ安息香酸エステル 4.91mg を過マンガン酸カリウム水溶液と反応させたところ，p-ニトロフェニルアゾ安息香酸エステル基を含む 1 価のカルボン酸 B が 4.41mg，2 価のカルボン酸 C が 0.90mg，1 価のカルボン酸 D が 0.88mg 得られた。このときの反応では，下図のような炭素-炭素二重結合が酸化的に切断され，他の官能基は影響を受けなかった。

$$R-CH=CH-R' \xrightarrow{\text{KMnO}_4} R-COOH + HOOC-R'$$

問 i　1mol の生成物 A を完全燃焼するために必要な酸素の物質量はいくらか。解答は小数点以下第 1 位を四捨五入して，下の形式により示せ。

$$\boxed{}\ \text{mol}$$

問 ii　1mol のボンビコールと反応する水素の物質量はいくらか。

問 iii　ボンビコールを構成している炭素と水素の数は，それぞれいくつか。

問 iv　1 価のカルボン酸 B を構成している炭素の数はいくつか。

問 v　ボンビコールとして考えられる構造に関するつぎの記述 1 ～ 6 のうち，正しいものはどれか。ただし，幾何異性体は考慮しないものとする。なお，正解は 1 つまたは 2 つある。

　1．環構造をもつ。

　2．メチル基（CH_3-基）の数が 1 つであるとすると，考えられる構造は 1 つである。

　3．メチル基（CH_3-基）の数が 2 つであるとすると，考えられる構造は 2 つである。

　4．メチル基（CH_3-基）の数が 3 つであるとすると，考えられる構造は 3 つである。

　5．第一級アルコールであるとすると，考えられる構造は 1 つである。

　6．第三級アルコールであるとすると，考えられる構造は 3 つである。

158 第5章 問題

212 飽和脂肪族エステルの加水分解 2006年度〔9〕

1 mol の飽和脂肪酸エステル A を加水分解すると，化合物 B と分子式 $C_5H_{12}O$ で表されるアルコール C がそれぞれ 1 mol ずつ得られた。また，アルコール C を酸化すると化合物 B が生成した。つぎの問に答えよ。ただし，各元素の原子量は，H = 1，C = 12，O = 16 とする。

問 i つぎの記述のうち，正しいものはどれか。ただし，光学異性体は考慮しないものとする。なお，正解は 1 つまたは 2 つある。

1. B として考えられる化合物の中には，フェーリング液と反応して赤色沈殿を生成するものがある。
2. C として考えられる化合物は 8 種類である。
3. C として考えられる化合物の中には，脱水反応により幾何異性体を生じるものがある。
4. C として考えられる化合物はいずれも不斉炭素原子を含まない。
5. C のすべての異性体のうち，ヨードホルム反応を示すものは 2 種類である。
6. C のすべての異性体はナトリウムと反応して水素を発生する。

問 ii 6.88 g のエステル A を完全燃焼させるために必要な酸素の物質量はいくらか。解答は小数点以下第 3 位を四捨五入して，下の形式により示せ。

0.□□ mol

213 有機化合物の反応 2006年度〔10〕

つぎの文章を読み，下の**問 i ～ iii** に答えよ。

化合物 A を適切な触媒の存在下で加熱すると，3 分子が結合してベンゼンが生じる。また，化合物 A は化合物 B を経由して化合物 C へと変換できる。

化合物 C は，濃硫酸を加えて約 170℃に加熱すると化合物 B を生じる。また，化合物 C を適切な酸化剤で酸化すると化合物 D が得られ，これをさらに酸化すると化合物 E が得られる。化合物 D は，化合物 A に水を付加させて合成することもできる。

2 分子の化合物 E が縮合すると無水酢酸を生じる。また，化合物 C と化合物 E を縮合すると化合物 F が得られる。

問 i 化合物 B を化合物 C へ変換するための適切な方法を下の 1 ～ 9 の中から 1 つ選び，番号で答えよ。

問ii 化合物 D は，化合物 C を経由することなく，化合物 B から直接合成することもできる。そのための適切な方法を下の 1 ～ 9 の中から 1 つ選び，番号で答えよ。

1. 硫酸水銀(II)を触媒として水と反応させる。
2. ニッケルを触媒として水素と反応させる。
3. 高温高圧のもとで二酸化炭素と反応させる。
4. 塩化パラジウムおよび塩化銅(II)を触媒として，酸素で酸化する。
5. 硫酸酸性の二クロム酸カリウム水溶液を用いて酸化する。
6. 空気を遮断して加熱分解する。
7. 十酸化四リンを加えて加熱する。
8. 濃硫酸を加えて温める。
9. リン酸を触媒として水と反応させる。

問iii 下線の反応で理論的に 1300 kg のベンゼンを生じる量の化合物 A がある。この化合物 A から上記の一連の変換によって，化合物 F を理論的に最大いくら合成できるか。解答は有効数字 3 桁目を四捨五入して，下の形式により示せ。ただし，各元素の原子量は，H＝1，C＝12，N＝14，O＝16 とする。

$$\boxed{}.\boxed{} \times 10^3 \text{kg}$$

214 芳香族化合物の反応と量的関係   2006 年度〔11〕

つぎの反応 1 ～ 4 を，下線で示した物質をそれぞれ同じ質量だけ用いて行う。このとき得られる生成物 A ～ D の質量が理論的に最大となる反応，最小となる反応はどれか。1 ～ 4 の番号で答えよ。ただし，各元素の原子量は，H＝1，C＝12，N＝14，O＝16，Na＝23，Cl＝35.5 とする。

1. 塩化ベンゼンジアゾニウム（式量 140.5）をナトリウムフェノキシドと反応させ，染料として用いられる赤橙色の化合物 A を得る。
2. サリチル酸（分子量 138）にメタノールと濃硫酸を作用させ，強い芳香のある化合物 B を得る。
3. ベンゼン（分子量 78）とプロペンを，触媒を用いて反応させ，フェノールを合成するための原料となる化合物 C を得る。
4. トルエン（分子量 92）を過マンガン酸カリウムの塩基性水溶液と反応させた後，溶液を酸性にして，医薬品・香料などの原料となる化合物 D を得る。

160　第5章　問題

215　炭化水素の混合物　　2006年度〔12〕

3種類の炭化水素を含む混合物に関するつぎの記述**ア〜キ**を読み，下の問に答えよ。ただし，各元素の原子量は，H＝1，C＝12，Br＝80とする。

ア．炭素数4の炭化水素2種類と炭素数6の炭化水素1種類を含む。
イ．飽和炭化水素を2種類だけ含む。
ウ．飽和シクロアルカンを1種類だけ含む。
エ．環構造を2つ以上もつ化合物は含まれない。
オ．2種類は，互いに構造異性体の関係にある。
カ．完全燃焼すると，二酸化炭素と水が物質量比12：13で生成する。
キ．混合物7.00gに臭素を作用させると，臭素4.40gが消費される。

問 i　炭素数4の炭化水素の合計質量が混合物全体の質量に占める割合は何パーセントか。解答は小数点以下第1位を四捨五入して，下の形式により示せ。

□□％

問 ii　混合物に含まれる飽和シクロアルカンの質量パーセントはいくらか。解答は小数点以下第1位を四捨五入して，下の形式により示せ。

□□％

216　芳香族化合物の分類　　2006年度〔13〕

つぎに示す4つの化合物がラベルのはがれた容器に別々に入っている。

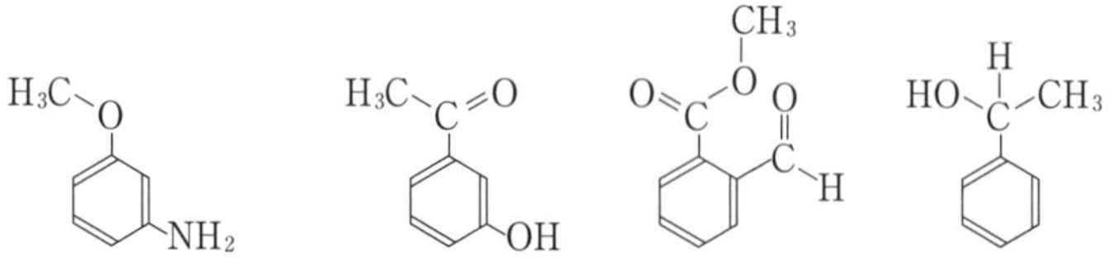

これらを区別するために，**実験ア〜キ**をそれぞれの内容物について行うことにした。
　実験ア．アンモニア性硝酸銀水溶液に加えて変化をみる。
　実験イ．希塩酸によく溶けるかどうかを調べる。
　実験ウ．炭酸水素ナトリウム水溶液によく溶けるかどうかを調べる。
　実験エ．無水酢酸と反応するかどうかを調べる。
　実験オ．さらし粉を加えて変化をみる。
　実験カ．塩化鉄（Ⅲ）水溶液を加えて変化をみる。
　実験キ．水酸化ナトリウム水溶液を加えて加熱し，つぎに塩酸を加えて溶液を酸

性にする。これにエーテルを加えてよく振り混ぜ，エーテル層に化合物がある場合には，それがもとの化合物であるかどうかを調べる。

実験ア〜キをこの順番で行うと，何番目の実験が終わった段階で4つの化合物を区別できるか。また，実験の順番を逆にして**実験キ**から**実験ア**へと行うと，何番目の実験が終わった段階で4つの化合物を区別できるか。

217 脂肪族化合物の構造決定 2005年度〔11〕

分子式$C_nH_{2n}O_2$で表されるエステル**A**を加水分解したところ，アルコール**B**と脂肪酸**C**が得られた。つぎの問に答えよ。ただし，光学異性体は考慮しないものとし，各元素の原子量は，$H = 1$，$C = 12$，$O = 16$とする。

問 i アルコール**B**の酸素含有率は，質量パーセントで18.2%であった。アルコール**B**を構成する炭素と水素の数はそれぞれいくらか。

問 ii アルコール**B**にあてはまる構造はいくつあるか。

問 iii アルコール**B**の構造を決めるため，つぎの**実験ア〜エ**を計画した。

ア．穏やかに酸化して，銀鏡反応を示す化合物を生じるかどうかを調べる。

イ．ヨードホルム反応を示すかどうかを調べる。

ウ．不斉炭素をもつかどうかを調べる。

エ．脱水反応を行い，シス-トランス異性体を生じるかどうかを調べる。

ア〜エの実験では，アルコール**B**の構造によってつぎの実験結果の組み合わせ1〜6の6通りが考えられる。このうち，アルコール**B**を1つの構造異性体に決めることができないものはどれか。1〜6の番号で答えよ。なお，正解は1つまたは2つある。

	ア	イ	ウ	エ
1	生じる	示さない	もつ	生じない
2	生じる	示さない	もたない	生じない
3	生じない	示す	もつ	生じる
4	生じない	示す	もつ	生じない
5	生じない	示さない	もたない	生じる
6	生じない	示さない	もたない	生じない

問 iv 1.16gの脂肪酸**C**を完全燃焼させたところ，0.0800molの酸素が必要であった。エステル**A**（$C_nH_{2n}O_2$）のnはいくらか。

162　第5章　問題

218 セッケン，脂肪酸の性質　　　2005年度〔13〕

つぎの記述のうち，誤っているものはどれか。なお，正解は1つまたは2つある。

1．酢酸とエタノールの混合液に少量の濃硫酸を加えて温めると，酢酸エチルと水を生じる。

2．グリセリンに濃硫酸と濃硝酸の混合物を作用させると，グリセリンの硝酸エステルを生じる。

3．けん化は，エステルを塩基により加水分解し，カルボン酸の塩とアルコールを生じる反応である。

4．セッケン分子は，疎水性の炭化水素基の部分と親水性のカルボン酸イオンの部分をもっている。

5．脂肪油はオレイン酸やリノール酸のような高級不飽和脂肪酸のグリセリンエステルを多く含み，水素を付加させると融点が低くなる。

6．脂肪酸の水溶液は弱い酸性を示し，脂肪酸のナトリウム塩の水溶液は，加水分解の結果，塩基性を示す。

219 ベンゼンの置換反応における量的関係　　　2005年度〔15〕

つぎの文章を読み，下の問に答えよ。ただし，各元素の原子量は，$H = 1$，$C = 12$，$N = 14$，$O = 16$，$Na = 23$，$Cl = 35.5$ とする。

　ベンゼンに鉄粉を加えて塩素を通じると，分子量 112.5 の化合物 A が生成する。この化合物 A を高温・高圧下，水酸化ナトリウム水溶液と反応させると化合物 B が生成する。

　一方，ベンゼンに濃硝酸と濃硫酸の混合物を作用させると，分子量 123 の化合物 C が生成する。この化合物 C にスズおよび塩酸を作用させ，化合物 D としたのち，水酸化ナトリウム水溶液を作用させると化合物 E が生成する。この化合物 E の希塩酸溶液に低温で亜硝酸ナトリウムを作用させると化合物 F が生成する。

　化合物 F の水溶液に化合物 B の水溶液を加えると，化合物 G が生成する。

問 i　化合物 G 中の炭素の質量パーセントはいくらか。解答は小数点以下第1位を四捨五入して，下の形式により示せ。

　　　　　　　　　　　　　　　　　　　　　　　　□□ %

問 ii　上記の操作で，46.8 g のベンゼンと 18.6 g の化合物 E から，化合物 G は最大何 g 得られるか。解答は小数点以下第1位を四捨五入して，下の形式により示せ。

　　　　　　　　　　　　　　　　　　　　　　　　□□ g

第5章 問題 163

220 有機化合物の性質　2004年度〔13〕

つぎの問に答えよ。なお，正解は1つまたは2つある。

問A　つぎの化合物1〜8のうち，下の記述ア〜カのいずれにもあてはまらないものはどれか。化合物の番号で答えよ。

問B　つぎの化合物1〜8のうち，下の記述ア〜カの3つ以上にあてはまるものはどれか。化合物の番号で答えよ。

　1．エタノール　　2．フェノール　　3．アニリン
　4．グリセリン　　5．トルエン　　　6．グルコース
　7．酢酸エチル　　8．グリシン

　ア．水によく溶ける。
　イ．水酸化ナトリウム水溶液と反応して，塩をつくる。
　ウ．塩化鉄(Ⅲ)水溶液を加えると青紫〜赤紫色を示す。
　エ．フェーリング液を還元する。
　オ．無水酢酸と反応してアミドをつくる。
　カ．不斉炭素原子をもつ。

221 C_8H_8O の異性体　2004年度〔14〕

ベンゼン環をもち分子式 C_8H_8O で表される化合物に関するつぎの記述のうち，誤っているものはどれか。ただし，ベンゼン環のほかに環構造はないものとする。なお，正解は1つまたは2つある。

1．銀鏡反応を示す化合物がある。
2．ヨードホルム反応を示す化合物がある。
3．弱酸性を示す化合物がある。
4．オルト，メタ，パラ異性体をもつ化合物がある。
5．不斉炭素原子をもつ化合物がある。
6．C−O−C 結合をもつ化合物がある。

164 第5章 問題

222 $C_{10}H_{18}O_4$ のエステルの加水分解 　　　　　2004年度〔15〕

分子式 $C_{10}H_{18}O_4$ をもつエステル A は，加水分解によりアルコール B，アルコール C および 2 価のカルボン酸 D を与える。アルコール C およびカルボン酸 D は不斉炭素原子をもつ。化合物 A〜D として考えられる構造に関するつぎの記述のうち，正しいものはどれか。なお，正解は 1 つまたは 2 つある。

1．アルコール B には炭素数 2 のものがある。
2．アルコール B には炭素数 3 のものがある。
3．アルコール C には炭素数 4 のものがある。
4．アルコール C には炭素数 5 のものがある。
5．カルボン酸 D には炭素数 6 のものがある。
6．エステル A の中には，互いに構造異性体の関係となるものがある。

223 不飽和度，エステルの加水分解と異性体 　　　　　2004年度〔18〕

つぎの文章を読み，下の間に答えよ。

　有機化合物の分子式からは，分子に含まれている原子の種類と数の情報のほかに，不飽和度と呼ばれる情報が得られる。不飽和度は，その分子がもつ不飽和結合の数と環の数の和を表し，0 または正の整数で表される。たとえば，二重結合を 1 つもつエチレンの不飽和度は 1，三重結合を 1 つもつアセチレンは 2，環構造を 1 つもつシクロヘキサンは 1，また，ベンゼンの不飽和度は 4 である。炭素と水素からなる分子の不飽和度は，つぎの式で分子式から計算できる。

　　　不飽和度＝炭素数－（水素数／2）+1

問 i　炭素，水素からなる化合物のうち，炭素数 4 で不飽和度 1 をもつ化合物は全部でいくつあるか。

問 ii　炭素，水素，酸素からなる分子の不飽和度は，つぎの 1〜6 のうち，どの式で表されるか。
　1．炭素数－（水素数／2）
　2．炭素数－（水素数／2）+1
　3．炭素数－（水素数／2）+酸素数
　4．炭素数－（水素数／2）+酸素数+1
　5．炭素数－（水素数／2）－酸素数
　6．炭素数－（水素数／2）－酸素数+1

問ⅲ 炭素，水素，酸素からなるエステル**A**がある。2.60 g のエステル**A**を完全に加水分解したところ，1.76 g のアルコール**B**と 1.20 g の 1 価のカルボン酸**C**が得られた。17.6 mg のアルコール**B**を完全燃焼させたところ，44.0 mg の二酸化炭素と 21.6 mg の水が生成した。エステル**A**として考えられる構造はいくつあるか。ただし，光学異性体は考慮しないものとし，各元素の原子量は，H = 1，C = 12，O = 16 とする。

224 脂肪族化合物の構造   2003 年度〔13〕

つぎの記述のうち，誤っているものはどれか。ただし，n は 5 以上とする。なお，正解は 1 つまたは 2 つある。

1. 分子式 C_nH_{2n+2} で表される化合物は，メチル基（CH_3-）を少なくとも 2 つもつ。
2. 分子式 C_nH_{2n+2} で表される化合物には，メチル基（CH_3-）を 4 つ以上もつものが，各 n につき必ずある。
3. 分子式 C_nH_{2n} で表される化合物には，メチル基（CH_3-）を 1 つだけもつものが，各 n につき必ずある。
4. 分子式 $C_nH_{2n}O_2$ で表されるエステルは，メチル基（CH_3-）を少なくとも 2 つもつ。
5. 分子式 $C_nH_{2n+2}O$ で表されるエーテルは，メチル基（CH_3-）を少なくとも 2 つもつ。

225 ニトロベンゼンと関連化合物の反応と性質   2003 年度〔14〕

芳香族化合物の合成に関するつぎの文を読み，下の問に答えよ。

ニトロベンゼンにスズおよび塩酸を作用させることにより生成した化合物に対し，水酸化ナトリウム水溶液を作用させ化合物**A**を得た。さらに，化合物**A**に無水酢酸を作用させ化合物**B**を得た。

一方，化合物**A**を塩酸に溶解し，これに亜硝酸ナトリウムを作用させて得た化合物をさらに希硫酸中で加熱して化合物**C**を得た。化合物**C**は，ベンゼンに濃硫酸を加えて加熱すると生じる化合物**D**からも合成できた。

化合物**C**に水酸化ナトリウム水溶液を作用させて得た化合物を，高温・高圧下で二酸化炭素と反応させ，生成物に希塩酸を加えることにより化合物**E**を得た。この化合物**E**にメタノールと少量の濃硫酸を加えて加熱して化合物**F**を得た。

166　第5章　問題

問　上の化合物**A**〜**F**に関するつぎの記述のうち，正しいものはどれか。なお，正解
は1つまたは2つある。

1．ニトロベンゼン1.0 mol を完全に化合物**A**に変換するためには，少なくとも
　1.5 mol のスズを必要とする。
2．2番目に酸性が強い化合物は**E**である。
3．炭酸水素ナトリウム水溶液中で塩を形成するものが3つ以上ある。
4．塩酸中で塩を形成するものは2つである。
5．アンモニアより強い塩基性を示すものがある。
6．無水酢酸と反応して酢酸エステルを生成するものは2つである。

226　$C_5H_{10}O$ の分子式をもつカルボニル化合物の構造と性質　　2003年度〔15〕

カルボニル基をもち分子式 $C_5H_{10}O$ で表される化合物に関するつぎの記述のうち，
誤っているものはどれか。ただし，光学異性体は考慮しないものとする。なお，正
解は1つまたは2つある。

1．銀鏡反応を示す化合物は，4つある。
2．ヨードホルム反応を示す化合物は，2つある。
3．不斉炭素原子をもつ化合物は，1つある。
4．還元すると不斉炭素原子を新たに生じる化合物は，2つある。
5．還元して脱水すると幾何異性体を生じる化合物は，3つある。
6．記述1〜5の下線部の条件のうち，3つにあてはまる化合物は2つある。
7．記述1〜5の下線部の条件のうち，どれにもあてはまらない化合物は無い。

227　ジアシルグリセロールの構造決定　　2003年度〔17〕

従来の食用油脂にくらべて体に脂肪がつきにくい効果があるジアシルグリセロール
は，油脂とは異なり2分子の直鎖脂肪酸と1分子のグリセリンからなるエステルで
ある。ある構造未知のジアシルグリセロールに関するつぎの問に答えよ。ただし，
各元素の原子量は，H＝1，C＝12，O＝16とする。

問 i　ジアシルグリセロール16.80 g を水酸化ナトリウム水溶液中で完全に加水分解
し，反応液を酸性にして有機溶媒で抽出した。この抽出液を濃縮すると単一の化合
物**A**が15.40 g 得られた。7.70 g の化合物**A**を触媒存在下で水素と完全に反応させ
たところ，7.80 g の化合物**B**が得られた。1分子のジアシルグリセロールに含ま
れる炭素と水素の数はそれぞれいくらか。

問ii　アルケンの二重結合の位置を決めるためにつぎの反応がよく使われる。アルケンをオゾンと反応させ，その後過酸化水素と反応させると，下に示すように二重結合が切断され，カルボン酸が得られる。7.70 g の化合物 A をオゾンと反応させ，さらに過酸化水素を作用させたところ，2.90 g の 1 価のカルボン酸 C と 8.00 g の 2 価のカルボン酸 D が得られた。1 分子の化合物 D に含まれる炭素の数はいくらか。

$$R_1-CH=CH-R_2 \xrightarrow{O_3} \xrightarrow{H_2O_2} R_1-COOH + HOOC-R_2$$

228　脂肪族化合物の構造と性質　　　2002 年度〔13〕

つぎの記述のうち，正しいものはどれか。なお，正解は 1 つまたは 2 つある。

1．分子式 C_nH_{2n-2} で表されるすべての化合物は，炭素−炭素間の三重結合をもつ。
2．エチレンやプロペンを構成するすべての原子は，同一平面内にある。
3．アセトアルデヒドは，触媒を用いてアセチレンを酸素で酸化することでつくられる。
4．プロペンの水素原子 1 つを塩素原子に置き換えた場合，置換位置の違いによって生じる異性体は 4 つある。
5．アセチレンは塩化水素と置換反応を起こし，塩化ビニルを生じる。
6．食用油が固まったり，ゴムの弾性が失われて劣化するのは，それぞれの分子内に含まれる二重結合が還元されるためである。

229　芳香族化合物の分離　　　2002 年度〔14〕

芳香族化合物を原料としてつぎの 1 ～ 6 の反応操作を行ったところ，反応が完全には進行せず，目的とする生成物と原料を含む混合物が得られた。下のア～ウのいずれの抽出操作によっても生成物と原料を分離できないのは，1 ～ 6 のうちのどれか。番号で答えよ。なお，正解は 1 つまたは 2 つある。

1．ベンゼンに濃硝酸と濃硫酸の混合物を加えて加熱する。
2．ニトロベンゼンに金属スズと濃塩酸を加えて加熱する。
3．アセチルサリチル酸に水酸化ナトリウム水溶液を加えて加熱する。
4．ベンゼンに濃硫酸を加えて加熱する。
5．アニリンに無水酢酸を加える。
6．安息香酸のエタノール溶液に少量の濃硫酸を加えて加熱する。

168　第5章　問題

ア．十分な量の希塩酸とジエチルエーテルを加えて抽出操作を行う。

イ．十分な量の水酸化ナトリウム水溶液とジエチルエーテルを加えて抽出操作を行う。

ウ．十分な量の炭酸水素ナトリウムの飽和水溶液とジエチルエーテルを加えて抽出操作を行う。

230　$C_5H_{12}O$ の分子式をもつアルコールの異性体と性質　　2002年度〔15〕

分子式 $C_5H_{12}O$ で表されるアルコールの異性体に関するつぎの記述のうち，誤っているものはどれか。ただし，光学異性体は考慮しないものとする。なお，正解は1つまたは2つある。

1．不斉炭素原子をもつアルコールは，3種類である。

2．ヨードホルム反応を示すアルコールは，3種類である。

3．脱水すると幾何異性体を生じるアルコールは，2種類である。

4．酸化すると銀鏡反応を示す化合物を生じるアルコールは，4種類である。

5．硫酸酸性過マンガン酸カリウム水溶液で酸化されにくいアルコールは，1種類である。

6．上の1～5の記述のどれにもあてはまらないアルコールは無い。

231　C_mH_nO の不飽和アルコール　　2002年度〔17〕

分子式 C_mH_nO で表される環構造をもたない不飽和アルコール A がある。8.60 g のアルコール A を完全に燃焼するには，0.860 mol の酸素が必要であった。また，8.60 g のアルコール A を臭素と反応させたところ，すべての不飽和結合に臭素が付加し，21.40 g の生成物が得られた。m と n はそれぞれいくらか。ただし，各元素の原子量は，H = 1，C = 12，O = 16，Br = 80 とする。

第6章　天然有機化合物, 合成高分子化合物

232　合成樹脂, 合成繊維　　　　2021年度〔12〕

高分子化合物 A～D に関するつぎの記述ア～エを読み, 下の問に答えよ。

ア. プロピレンを付加重合させると A が得られる。

イ. スチレンを付加重合させると B が得られる。

ウ. 同じ物質量のアジピン酸とヘキサメチレンジアミンを縮合重合させると C が得られる。

エ. ε-カプロラクタムを開環重合させると D が得られる。

△問　つぎの記述のうち, 誤っているものはどれか。なお, 正解は1つまたは2つある。

1. A の固体では, 結晶部分の割合が多くなると密度が大きくなる。
2. B は断熱材として用いることができる。
3. B の平均分子量を測定したところ, 1.04×10^4 であった。この B は, すべて重合度100以上の高分子化合物からなる。
4. ウの反応で, アミノ基とカルボキシ基がすべてなくなるまで重合させると, 得られる高分子化合物は必ず環状になる。
5. C と D のそれぞれに含まれる繰り返し単位中の窒素の含有率は, 同じである。
6. A～D は, すべて熱可塑性を示す。

233　二糖類の加水分解と単糖類の性質　　　　2021年度〔13〕

単糖 A～C に関するつぎの記述ア～ウを読み, 下の問に答えよ。ただし, 各元素の原子量は, O＝16, Cu＝64 とする。

ア. マルトースを加水分解すると A が得られる。

イ. スクロースを加水分解すると A と B が得られる。

ウ. ラクトースを加水分解すると A と C が得られる。

△問　つぎの記述のうち, 誤っているものはどれか。なお, 正解は1つまたは2つある。

1．AとBは互いに構造異性体である。

2．数千個のAが脱水縮合した多糖であるデンプンとグリコーゲンは，いずれもヨウ素ヨウ化カリウム水溶液を加えると呈色する。

3．Aの1位の炭素に結合しているヒドロキシ基どうしで脱水縮合した二糖は，ヘミアセタール構造をもたない。

4．アミロース，セロビオース，セルロース，アミロペクチンをそれぞれ完全に加水分解したときに得られる単糖はAのみである。

5．水溶液中でAは複数の異性体が平衡状態にある混合物となっているが，そのうち還元性を示すものは1種類のみである。

6．Bを1.80 g含む水溶液に過剰なフェーリング液を加え完全に反応させた。この反応で生じた銅の酸化物は0.80 gである。

7．マルトース，スクロース，ラクトースの混合物に希硫酸を加えて加熱し，完全に加水分解したところ，A，B，Cの物質量の比が7：3：2となった。この混合物中のスクロースのモル分率は0.5である。

234 合成高分子化合物 　　　　　2020 年度〔12〕

高分子化合物A〜Gに関するつぎの記述ア〜オを読み，下の問に答えよ。

ア．アジピン酸とヘキサメチレンジアミンを縮合重合させるとAが得られる。

イ．メタクリル酸メチルを付加重合させるとBが得られ，酢酸ビニルを付加重合させるとCが得られる。

ウ．フェノールとホルムアルデヒドの付加縮合において，酸を触媒として用いると分子量1000程度のDが得られ，塩基を触媒として用いると分子量数百程度のEが得られる。

エ．塩基を触媒として尿素とホルムアルデヒドを付加縮合させるとFが得られる。

オ．ジクロロジメチルシランとトリクロロメチルシランを加水分解した後，縮合重合させると三次元網目構造をもつGが得られる。

△問　つぎの記述のうち，誤っているものはどれか。なお，正解は1つまたは2つある。

1．Aと同じ官能基を有する高分子を，開環重合によって合成することができる。

2．Bは有機ガラスとして水族館の大型水槽に用いられている。

3．Cは水溶性である。

4．Dを加熱して三次元網目構造にするためには硬化剤が必要であるが，Eには不要である。

5．Fは熱可塑性樹脂である。

6．Gは耐熱性，耐水性，電気絶縁性に優れた樹脂である。

235 タンパク質を構成する α-アミノ酸とペプチドの性質　2020年度〔13〕

タンパク質を構成する α-アミノ酸 A，B に関するつぎの記述ア～ウを読み，下の問に答えよ。ただし，各元素の原子量は，H＝1，C＝12，N＝14，O＝16 とする。

ア．A とメタノールを脱水縮合させると分子量 103 の化合物 C が得られた。

イ．A を無水酢酸と反応させると化合物 D が得られた。

ウ．B はメチル基をもたない α-アミノ酸で，濃い水酸化ナトリウム水溶液を加えて加熱した後に，酢酸鉛(II)を加えると黒色沈殿が生じた。

問 つぎの記述のうち，正しいものはどれか。なお，正解は1つまたは2つある。

1．A より分子量の小さな α-アミノ酸はない。

2．B を構成成分として含むタンパク質中の B がもつ官能基の間で酸化により生成する結合は，タンパク質の二次構造の形成に重要である。

3．2分子の A と1分子の B からなる鎖状のトリペプチドは，4種類存在する。

4．塩基性条件下で電気泳動すると，C は陽極の方へ移動する。

5．D にニンヒドリン水溶液を加えて加熱すると，赤～青紫色を呈する。

6．A のみからなる鎖状のトリペプチドの分子量は 231 である。

7．A，C，D の結晶のうち，A の結晶が最も低い温度で融解する。

236 合成高分子化合物の性質と反応　2019年度〔13〕

高分子化合物 A～G に関するつぎの記述ア～オを読み，下の問に答えよ。

ア．アセチレンを重合させると A が得られる。

イ．酢酸ビニルを重合させると B が得られる。

ウ．C は B から得られ，C を繊維化した後，ホルムアルデヒド水溶液を作用させることによって D が得られる。D は日本で開発された合成繊維である。

エ．スチレンと p-ジビニルベンゼンを共重合させると E が得られる。E に濃硫酸を反応させると F が得られる。

オ．アクリル酸ナトリウムを架橋構造を形成するように重合させると G が得られる。

172　第6章　問題

問　つぎの記述のうち，誤っているものはどれか。なお，正解は1つまたは2つある。
  1．Aとヨウ素から金属に近い電気伝導性を示す高分子化合物が得られる。
  2．BからCを生成する反応を，けん化と呼ぶ。
  3．Dは六員環構造を含む。
  4．Fを塩化ナトリウム水溶液に加えると，水溶液が酸性になる。
  5．Gは高分子内に存在するイオンの影響によって，多量の水を吸収することができる。
  6．A〜Fのうち，水に溶けるのは3つである。
  7．A〜Gのうち，縮合重合によっても得られる高分子化合物がある。

237　多糖類，天然ゴムの性質　　　　　　　　　2018 年度〔14〕

つぎの高分子化合物A〜Eに関する記述を読み，下の問に答えよ。

　AとBは，それぞれ分子式（$C_6H_{10}O_5$）$_n$で表される天然高分子化合物である。Aは水に不溶であり，分子間水素結合により繊維を形成する。Bは熱水に可溶であり，また，Bにヨウ素ヨウ化カリウム水溶液を加えると濃青色を示す。Cは，Aを無水酢酸と酢酸および少量の濃硫酸の混合物と十分に反応させることにより得られる。Dは，Aを濃硫酸と濃硝酸の混合物と十分に反応させることにより得られる。Eは樹液から得られる天然高分子化合物であり，そのくり返し構造中に含まれる二重結合は主にシス形である。

問　つぎの記述のうち，正しいものはどれか。なお，正解は1つまたは2つある。
  1．AとBをそれぞれ適当な酵素で加水分解すると，同じ二糖が得られる。
  2．Bの水溶液は銀鏡反応を示す。
  3．CとDは再生繊維に分類される。
  4．同じ質量のAから生成したCとDの質量を比較すると，Dの質量のほうが大きい。
  5．Eに数%の硫黄を加えて加熱すると，三次元網目構造を形成し弾性が低下する。
  6．空気を遮断してEを加熱分解すると，クロロプレンが得られる。

238　付加重合，開環重合による合成高分子化合物　　2017 年度〔13〕

つぎの記述ア〜エを読み，下の問に答えよ。

ア．化合物 a は，アセチレンにシアン化水素を付加させることで得られる。化合物 a を重合させると高分子 A が得られる。

イ．化合物 b は，アセチレンに塩化水素を付加させることで得られる。化合物 b を重合させると高分子 B が得られる。

ウ．化合物 c は，分子式 $C_6H_{11}NO$ をもち，七員環構造を含む。化合物 c を開環重合させると高分子 C が得られる。高分子 C は，分子間に多くの水素結合を有しており，強度や耐久性に優れる。

エ．化合物 d は，ナフサの熱分解で得られる最も小さなアルケンである。化合物 d をアルミニウム化合物と塩化チタン(IV)を触媒として 60℃，比較的低圧下で重合させると高分子 D が得られる。化合物 d を 200℃，高圧下で重合させると高分子 E が得られる。高分子 D は，高分子 E よりも結晶部分を多く含む。

問　つぎの記述のうち，誤っているものはどれか。なお，正解は 1 つまたは 2 つある。

1．高分子 A の繊維は，柔軟で軽く，羊毛に似た肌触りをもつ。

2．高分子 B は，適度な吸湿性を示し，耐摩耗性や耐薬品性に優れる。

3．高分子 B は，燃焼させると有害なダイオキシン類を生じやすい。

4．高分子 C と同じ官能基を有する高分子を縮合重合によって得ることができる。

5．高分子 E は，高分子 D よりも密度が高く，透明度が低い。

6．高分子 A～E の中に熱硬化性樹脂は含まれていない。

239　油脂の分子式と構成脂肪酸の性質　　2017 年度〔14〕

油脂 A に関するつぎの記述ア～ウを読み，下の問に答えよ。ただし，各元素の原子量は，H＝1，C＝12，O＝16，K＝39，Br＝80 とする。

ア．油脂 A を完全に加水分解すると，直鎖の脂肪酸 B，C，D およびグリセリンが得られた。油脂 A 20.0 g を完全に加水分解するには，4.20 g の水酸化カリウムが必要であった。

イ．油脂 A に金属触媒を用いて水素を付加させ，得られた化合物を加水分解すると，脂肪酸 B とグリセリンのみが得られた。

ウ．油脂 A 20.0 g に臭素を完全に付加させるには，7.50×10^{-2} mol の臭素が必要であった。

問　油脂 A の分子式を例にならって示せ。

（例）　$CH_3(CH_2)_5OH$ の分子式：C [0][6] H [0][1][4] O [1]

174 第6章 問題

240 合成高分子化合物の合成反応と性質 2016年度〔13〕

有機化合物 a ～ f および高分子化合物 A ～ G に関するつぎの記述ア～エを読み，下の問に答えよ。

ア．化合物 a は，白金や銅を触媒として用い，メタノールを空気中で酸化すると得られる。芳香族化合物 b はイソプロピルベンゼンを酸素で酸化した後，希硫酸で処理することで得られる。化合物 a と化合物 b を塩基触媒を用いて反応させた後，その生成物を加熱すると高分子 A が得られる。

イ．化合物 c はアセチレンに酢酸を付加させることで得られる。化合物 c を重合させると高分子 B が得られる。高分子 B をけん化すると高分子 C が得られる。

ウ．化合物 d は分子式 C_8H_8 をもつ一置換ベンゼンである。化合物 e は分子式 $C_{10}H_{10}$ をもち，同一の置換基がパラ（p-）の位置で結合した二置換ベンゼンである。化合物 d と化合物 e を共重合させると高分子 D が得られる。高分子 D を濃硫酸と反応させると高分子 E が得られる。

エ．化合物 f は分子式 C_4H_6 をもち，二重結合を2つ含む。化合物 f を重合させると高分子 F が得られる。化合物 d と化合物 f を共重合させると高分子 G が得られる。高分子 F と高分子 G はどちらも合成ゴムとして用いられる。

問 つぎの記述のうち，誤っているものはどれか。なお，正解は1つまたは2つある。

1．高分子 A ～ G のうち，三次元の網目状構造をもつものは2つである。

2．高分子 C を化合物 a の水溶液で処理すると，アセタール化された高分子が得られる。

3．水酸化ナトリウム水溶液に高分子 E を作用させると，pH の値が小さくなる。

4．高分子 F と高分子 G は，どちらも空気中で次第に酸化されて弾性を失う。

5．同じ平均分子量をもつ高分子 B と高分子 F では，B のほうが平均重合度が大きい。

6．高分子 A ～ G のうち，水溶性を示すものは1つである。

241 糖類の性質，セルロースの誘導体 2016年度〔14〕

つぎの文を読み，下の問に答えよ。なお，正解は1つまたは2つある。

セルロースは自然界に最も多量に存在する有機化合物である。希酸で処理すると，セルロースは徐々に加水分解され最終的に単糖 X になり，セルラーゼによる処理では，

主に二糖**Y**に加水分解される。また，セルロースの誘導体は有用物質として広く使用されている。例えば，アセテート繊維は適度な吸湿性と絹に似た風合いをもつ。

問i つぎの記述のうち，誤っているものはどれか。

1．アミロースやアミロペクチンを単糖に加水分解すると，いずれも**X**のみが得られる。

2．**Y**と同じ二糖であるスクロース，マルトース，ラクトースを単糖に加水分解すると，いずれも**X**のみが得られる。

3．**Y**はフェーリング液を還元する。

4．スクロース，マルトース，ラクトースはいずれも**Y**の異性体である。

5．**X**は水溶液中で主に六員環の構造をとっている。

6．酵母による発酵では，**X**は最終的にエタノールと水に分解される。

問ii つぎのセルロースの誘導体に関する記述のうち，誤っているものはどれか。

1．セルロースから作られるアセテート繊維は半合成繊維に分類される。

2．セルロースからアセテート繊維を作るときに新たに生じる官能基は，油脂中にも含まれる。

3．銅アンモニアレーヨンやビスコースレーヨンは再生繊維に分類される。

4．ビスコースから膜状にセルロースを再生させるとゼラチンとなる。

5．火薬としても利用されるトリニトロセルロースは，セルロースに濃硝酸と濃硫酸を反応させると得られる。

242 ヒドロキシ酸の縮合重合による生成物　　　2015年度〔14〕

つぎの記述を読み，下の問に答えよ。ただし，各元素の原子量は，$H = 1$，$C = 12$，$O = 16$ とする

　分子式 $C_3H_6O_3$（分子量90）で表される化合物**A**は，ヒドロキシ基とカルボキシ基を1つずつもつ。化合物**A** 180.00 g を縮合重合してエステル結合を形成したところ，化合物**A**はすべて反応により消費され，環状化合物の混合物 14.40 g と，一方の末端にヒドロキシ基，もう一方の末端にカルボキシ基をもつ鎖状化合物の混合物 131.76 g が得られた。

問i 環状化合物の生成に使われた化合物**A**の物質量はいくらか。解答は小数点以下第3位を四捨五入して，下の形式により示せ。

$$0.\boxed{}\ \text{mol}$$

176　第6章　問題

問 ii　鎖状化合物は平均何個の化合物 **A** が縮合重合したものか。解答は小数点以下第1位を四捨五入して，下の形式により示せ。

☐☐個

243　糖類の性質，デキストリンの重合度　　2014年度〔11〕

糖類に関するつぎの問に答えよ。ただし，各元素の原子量は，H = 1，C = 12，O = 16 とする。

問 i　つぎの記述のうち，正しいものはどれか。なお，正解は1つまたは2つある。
1．フルクトースは，グルコースの構造異性体ではない。
2．1 mol のマルトースでフェーリング液を還元すると 2 mol の Cu_2O が生じる。
3．スクロースを加水分解して得られる2種類の糖類は，いずれも還元性を示す。
4．アミロースやセルロースは，どちらも分子内の水素結合でらせん構造をとる。
5．希硫酸を用いてデンプンをグルコースまで完全に加水分解する反応では，デキストリンを経由する。

問 ii　デンプンを希硫酸で部分的に加水分解すると，化合物 **A** が得られた。0.0100 mol の化合物 **A** を過剰の無水酢酸と反応させると，すべてのヒドロキシ基がアセチル化され，質量が 33.6 g 増加した。化合物 **A** は何個のグルコース分子が縮合してできたものか。

244　油脂の構造決定　　2014年度〔12〕

油脂は，1分子のグリセリン（1，2，3-プロパントリオール）に3分子の脂肪酸がエステル結合した構造をもつ化合物である。つぎの油脂に関する**実験1**と**2**の記述を読み，下の問に答えよ。ただし，各元素の原子量は，H = 1，C = 12，O = 16，K = 39 とする。

実験1　油脂 **A** を加水分解するとグリセリンと2種類の直鎖の飽和脂肪酸 **B** と **C** が得られた。この油脂 **A** 40.3 g を完全に加水分解するのに必要な水酸化カリウムの量は 8.40 g であった。

実験2　油脂 **A** を触媒を用いて加水分解すると，エステル結合を1つもつ化合物 **D** と脂肪酸 **C** が得られた。化合物 **D** は不斉炭素原子をもたなかった。13.7 g の化合物 **D** を完全に燃焼させると，二酸化炭素 33.0 g と水 13.5 g が得られた。

第6章　問題　**177**

問 i　1分子の油脂**A**を構成する炭素原子の数はいくらか。

問 ii　化合物**D**の構造を示せ。

245 ポリエステル　　　2011年度〔6〕

つぎの文を読み，下の問に答えよ。ただし，各元素の原子量は，$H = 1$，$C = 12$，$O = 16$とする。

化合物**A**は鎖状分子であり，分子式$C_mH_nO_2$で表される2価アルコールである。化合物**A**に二クロム酸カリウムの硫酸酸性溶液を作用させ得られた化合物を，さらに酸化すると，化合物**A**と炭素数が等しい化合物**B**が得られた。$1.0200\,mol$の化合物**A**と$1.0000\,mol$の化合物**B**を反応させたところ，化合物**A**および化合物**B**はすべて反応し，ポリエステル**C**と水のみが得られた。ポリエステル**C**は鎖の両末端にヒドロキシ基をもつ高分子であり，平均分子量は11518であった。

問 i　得られたポリエステル**C**に含まれるヒドロキシ基を，触媒と酢酸を用いて完全にアセチル化した。このとき，ヒドロキシ基と反応した酢酸の質量はいくらか。解答は小数点以下第2位を四捨五入して，下の形式により示せ。

$$\boxed{}.\boxed{}\,g$$

問 ii　化合物**B**の分子量はいくらか。解答は下の形式により示せ。

$$1\boxed{}\boxed{}$$

問 iii　化合物**A**として考えられる構造はいくつあるか。ただし立体異性体は考慮しないものとする。

246 天然有機化合物，DNA　　　2011年度〔8-1〕

つぎの問に答えよ。

問 i　つぎの記述のうち，正しいものはどれか。なお，正解は1つまたは2つある。

1．アミロースはグルコースが縮合重合した多糖であり，枝分かれしてつながった部分をもつ。

2．タンパク質を構成するすべてのアミノ酸は不斉炭素原子をもつ。

3．酵素によって化学反応の速度が大きくなるのは，酵素が基質と結合することで反応熱が小さくなるためである。

4．トリペプチドの水溶液に水酸化ナトリウム水溶液と少量の硫酸銅(II)水溶液を

加えると，赤紫に呈色する。
5．RNA には，DNA におけるシトシンの代わりにウラシルが塩基として含まれる。
6．光合成において二酸化炭素から糖を合成する過程では，水が還元されて酸素が発生する。

問ⅱ ある微生物の細胞 1.0×10^9 個からすべての DNA を抽出して 4.3×10^{-6} g の DNA を得た。この DNA の塩基組成を調べたところ，全塩基数に対するアデニンの数の割合は 23 % であった。

問A この DNA の全塩基数に対するグアニン，シトシン，チミンの数の割合として，正しい組み合わせはどれか。
1．グアニン＝23 %，シトシン＝27 %，チミン＝27 %
2．グアニン＝23 %，シトシン＝25 %，チミン＝29 %
3．グアニン＝27 %，シトシン＝27 %，チミン＝23 %
4．グアニン＝25 %，シトシン＝23 %，チミン＝29 %
5．グアニン＝27 %，シトシン＝23 %，チミン＝27 %
6．グアニン＝25 %，シトシン＝29 %，チミン＝23 %

問B この微生物の細胞 1 個が有する DNA の塩基対の数として，適切なものはどれか。ただし，DNA におけるヌクレオチド構成単位の式量を塩基がアデニンの場合に 313，グアニンの場合に 329，シトシンの場合に 289，チミンの場合に 304 とし，アボガドロ数を 6.0×10^{23} とする。

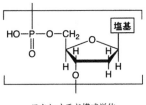

ヌクレオチド構成単位

1．2.1×10^6　2．4.2×10^6　3．8.4×10^6　4．1.7×10^7
5．2.1×10^9　6．4.2×10^9　7．8.4×10^9　8．1.7×10^{10}

247　糖類　　2011 年度〔8-2〕

つぎの問に答えよ。

問ⅰ つぎの記述のうち，正しいものはどれか。なお，正解は 1 つまたは 2 つある。
1．アセテート繊維は再生繊維である。
2．セルロースとデンプンはいずれもヨウ素—ヨウ化カリウム水溶液で青〜青紫に呈色する。
3．スクロースは転化糖である。
4．銅アンモニアレーヨン（キュプラ）は半合成繊維である。
5．トリニトロセルロースは火薬の原料となる。

6. α,α-トレハロースには還元性がない。

α, α-トレハロース

問ii リボース，グルコース，マルトース，およびスクロースをそれぞれ1.80g含む水溶液に，過剰なフェーリング液を加え，加熱した。この反応で生成した酸化銅（I）は何gか。解答は小数点以下第2位を四捨五入して，下の形式により示せ。ただし，各元素の原子量は，H=1, C=12, O=16, Cu=63.5とする。また，フルクトース1.80gを含む水溶液と過剰なフェーリング液との反応では，酸化銅（I）が1.43g生成するものとする。

リボース

□.□ g

248 アミノ酸の性質　　　　　　　　　　　2009年度〔7A〕

つぎの文を読み，下の問に答えよ。ただし，各元素の原子量は，H=1, C=12, N=14, O=16とする。

ある単純タンパク質の溶液に酵素を加えて加水分解した。この溶液をセロハンの袋に入れて水に浸しておいたときに袋の外に出てくる物質の中から，分子式 $C_{15}H_{23}N_3O_3$ の化合物Aを得た。化合物Aはビウレット反応による呈色を示さなかった。化合物Aに希硫酸を作用させると，化合物Bと化合物Cの2種類の化合物のみが得られ，それらはともにメチル基をもたないα-アミノ酸であった。化合物Bは分子量が150以下であり，炭素，水素，窒素，および酸素を構成元素とし，それぞれの質量〔%〕組成は炭素49.3%，水素9.6%，窒素19.2%，酸素21.9%であった。化合物Cは，タンパク質中でキサントプロテイン反応に関与するアミノ酸であった。化合物Cにメタノールを作用させると，化合物Dが生成した。化合物Cと化合物Dのあいだで脱水縮合によりアミド結合を形成させると，化合物Eが生成した。

問i 上記の酵素として適切なものはどれか。番号で答えよ。なお，正解は1つまたは2つある。

1. セルラーゼ　　2. アミラーゼ　　3. リパーゼ
4. ペプシン　　　5. カタラーゼ　　6. チマーゼ

180 第6章 問題

問ii 化合物**B**について，pH＝1 の水溶液中での主なイオンの構造および pH＝12 の水溶液中での主なイオンの構造をそれぞれ示せ。ただし，光学異性体は考慮しなくてよい。なお構造は例にならって示せ。

（例）

$$CH_3-\underset{\underset{NH_3{}^+}{|}}{CH}-\overset{\overset{O}{\|}}{C}-O-(CH_2)_3-CH-CH_2-\overset{\overset{O}{\|}}{C}-O^-$$

問iii 化合物**A**～**E**について，pH＝7 の水溶液を用いて電気泳動を行った場合，1 つだけ明らかに移動する方向の異なる化合物があった。それはどれか。**A**～**E**の記号で答えよ。

249 SBR の反応
2009 年度〔7B〕

つぎの文を読み，下の問に答えよ。ただし，各元素の原子量は，H＝1，C＝12，N＝14，O＝16，Br＝80 とする。

高分子**A**はブタジエンとスチレンを共重合させたものである。この高分子**A** 1.00 g に十分な量の臭素を加えて反応させると，臭素 2.00 g が消費された。

一方，高分子**A**に，触媒を用いて水素を付加すると高分子**B**が生成した。この際，ベンゼン環は反応しなかった。高分子**B**に濃硫酸と濃硝酸を加えて熱すると，ベンゼン環1個あたり平均1か所以上でニトロ化がおこり，高分子**C**を生じた。高分子**C**に濃塩酸とスズを作用させて還元した後，塩基を加えると高分子**D**を生じ，これを無水酢酸と反応させると高分子**E**を生じた。この一連の反応により，高分子**A** 16.0 g から高分子**E** 21.0 g が得られ，**E**の平均分子量は 2.10×10^5 であった。

問i 高分子**A**における，各構成単位の数の比はいくらか。解答は小数点以下第2位を四捨五入して，下の形式により示せ。

ブタジエン構成単位：スチレン構成単位＝□.□：1

問ii 高分子**E** 1分子あたりに含まれるアセチル基の平均の数はいくらか。解答は有効数字2桁目を四捨五入して，下の形式により示せ。

□×10□ 個

250 ポリアミド

2008 年度〔2〕

質量〔%〕組成が，炭素 68.09 %，水素 10.64 %，窒素 9.93 %，酸素 11.34 %であるポリアミド A は，分子式 $C_mH_nN_2$ で表されるジアミンとアジピン酸 $HOOC(CH_2)_4COOH$ が同じ物質量ずつ縮合重合したものである。つぎの問に答えよ。ただし，各元素の原子量は，H = 1，C = 12，N = 14，O = 16 とする。

問 i ジアミンの分子式中の m と n はそれぞれいくらか。

問 ii 縮合重合によりポリアミド A を 100 kg 得る際に発生する水の量は何 kg か。解答は小数点以下第 1 位を四捨五入して，下の形式により示せ。ただし，ポリアミド A の分子量は $1.41×10^5$ とする。

$$\boxed{}\ kg$$

251 糖類の性質

2007 年度〔7〕

つぎの文を読み，下の問に答えよ。なお，正解は 1 つまたは 2 つある。

純物質としてもっとも古くから大量に得られていた有機化合物の一つに化合物 A がある。4 世紀にはすでに結晶化された化合物 A が甘味料として使用されていたといわれている。サトウキビから化合物 A を取り出す産業も 14 世紀以降盛んに行われてきた。19 世紀になってサトウキビ以外の原料から甘味料を得る試みがなされ，ブドウ汁から化合物 B が単離された。化合物 B が脱水縮合した構造をもつものにデンプンやセルロースがある。セルロースは，半透膜，写真用フィルムなどの機能性材料の原料としても使われている。

問 i つぎの記述のうち，正しいものはどれか。

1. 化合物 A に希硫酸を作用させると転化糖が得られる。
2. 化合物 A はフェーリング液を還元する。
3. 化合物 A はヨウ素デンプン反応により呈色する。
4. 化合物 A は水溶液中で 3 種類の異性体として存在する。
5. アミロペクチンを酸で加水分解すると，化合物 A が得られる。
6. 化合物 B の発酵によって二酸化炭素とエタノールが生じる。
7. ヒトは化合物 B を体内でアミロースという多糖に変換して貯蔵している。

問 ii つぎの高分子化合物 1 〜 5 のうち，下線の反応形式で重合した構造をもたないものはどれか。

182　第6章　問題

1．ポリエチレンテレフタラート

2．ポリエチレン

3．ナイロン66

4．タンパク質

5．ポリ塩化ビニル

問ⅲ　つぎの記述のうち，誤っているものはどれか。

1．水への溶解性の違いからデンプンと化合物Bを区別できる。

2．熱水への溶解性の違いからデンプンとセルロースを区別できる。

3．ニンヒドリン反応により化合物Aと化合物Bを区別できる。

4．チンダル現象の有無により，デンプン水溶液と化合物Bの水溶液を区別できる。

5．化合物Aと化合物Bを1gずつ，それぞれ1kgの水に溶かした溶液の凝固点は同じである。

6．デンプンと化合物Aの混合水溶液をセロハン膜でできた袋に入れて，ヨウ素ヨウ化カリウム水溶液の入ったビーカーに浸すと，袋内の水溶液だけが青紫色になる。

252　糖類，タンパク質の性質　　　　2005年度〔12〕

つぎの記述のうち，正しいものはどれか。なお，正解は1つまたは2つある。

1．スクロースがフェーリング反応を示さないのは，鎖状構造をとることができず，還元性を示すアルデヒド基が存在しないからである。

2．マルトース1分子の加水分解では，2分子の水が必要であり，2分子のグルコースが生成する。

3．タンパク質を構成するアミノ酸は，すべてα-アミノ酸であり，それぞれに光学異性体が存在する。

4．あるアミノ酸のアミノ基と，もう1つのアミノ酸のカルボキシ基から形成された塩をジペプチドという。

5．タンパク質に熱，酸，塩基，重金属イオンを作用させることにより，アミノ酸の配列順序が変化して凝固する現象をタンパク質の変性という。

6．腸液中の酵素であるインベルターゼは，デンプン，マルトース，スクロースのいずれも加水分解する。

第 6 章 問題 **183**

253 合成高分子の組成 2005 年度〔14〕

合成高分子の組成に関するつぎの問に答えよ。ただし，各元素の原子量は，$H = 1$，$C = 12$，$N = 14$，$Cl = 35.5$ とする。

問 i 合成ゴムの一種であるポリクロロプレンに含まれる塩素の質量パーセントを求めよ。解答は小数点以下第 1 位を四捨五入して，下の形式により示せ。

□□ %

問 ii 塩化ビニルとアクリロニトリルの付加重合により平均分子量 8700 の共重合体を得た。この共重合体に含まれる塩素の質量パーセントは，ポリクロロプレンに含まれる塩素の質量パーセントに等しかった。この共重合体 1 分子あたりに含まれるアクリロニトリル単位の平均の数を求めよ。解答は小数点以下第 1 位を四捨五入して，下の形式により示せ。

□□ 個

254 ジペプチドの構成 2004 年度〔16〕

下のアミノ酸 1 ～ 6 のうちの 2 種類からなるジペプチド（分子量 200 以上）59.0mg を完全燃焼させたところ，88.0mg の二酸化炭素と 36.0mg の水が得られた。このジペプチドを構成しているアミノ酸は，どれとどれか。ただし，各元素の原子量は，$H = 1$，$C = 12$，$N = 14$，$O = 16$，$S = 32$ とする。

1. アラニン （分子式 $C_3H_7NO_2$， 分子量 89）
2. セリン （分子式 $C_3H_7NO_3$， 分子量 105）
3. リシン （分子式 $C_6H_{14}N_2O_2$， 分子量 146）
4. グルタミン酸 （分子式 $C_5H_9NO_4$， 分子量 147）
5. メチオニン （分子式 $C_5H_{11}NO_2S$， 分子量 149）
6. フェニルアラニン （分子式 $C_9H_{11}NO_2$， 分子量 165）

255 6,6-ナイロン 2004 年度〔17〕

アジピン酸と過剰量のヘキサメチレンジアミンを用いて縮合重合を行ったところ，分子鎖の両末端にアミノ基をもつ直鎖状の 6,6-ナイロン（平均分子量 3550）が得られた。この 6,6-ナイロン中の末端アミノ基の数とアミド結合の数との比を求めよ。解答は小数点以下第 1 位を四捨五入して，下の形式により示せ。ただし，各元素の

184 第6章 問題

原子量は，H＝1，C＝12，N＝14，O＝16とする。

末端アミノ基の数：アミド結合の数＝1：□□

256 合成高分子化合物の単量体の構造と性質　　2003年度〔16〕

下に示す合成高分子の単量体1～9と記述ア～カに関するつぎの問に答えよ。なお，正解は1つまたは2つある。

問A　単量体1～9のうち，記述ア～カのいずれにもあてはまらないものはどれか。1～9の番号で答えよ。

問B　単量体1～9のうち，記述ア～カの3つ以上にあてはまるものはどれか。1～9の番号で答えよ。

1．アジピン酸　　　　　2．アクリル酸　　　　3．エチレングリコール

4．アクリル酸メチル　　5．アクリロニトリル　6．酢酸ビニル

7．イソプレン　　　　　8．カプロラクタム　　9．ヘキサメチレンジアミン

ア．縮合重合の単量体として用いられる。

イ．実験式 C_2H_3O で表される。

ウ．ポリアミドの単量体として用いられる。

エ．エステル結合をもつ。

オ．窒素原子を含む。

カ．アセチレンに酢酸が付加して生成する。

257 アセチルセルロースの混合比と反応　　2003年度〔18〕

高分子を回収し，再利用するつぎのような実験を行った。あるフィルムから回収したトリアセチルセルロースとジニトロセルロースの混合物を完全に加水分解した。生じたすべてのグルコースを原料にして，酵素チマーゼを用いてアルコール発酵を行い，エタノールを得た。下の問に答えよ。ただし，各元素の原子量は，H＝1，C＝12，N＝14，O＝16とする。

問A　上記の高分子混合物 60.0mg を完全燃焼させたところ，88.0mg の二酸化炭素を生じた。この高分子混合物中のトリアセチルセルロースの質量パーセントを求めよ。解答は小数点以下第1位を四捨五入して，下の形式により示せ。

□□％

問B 上記の高分子混合物 54.2 g を用いた場合，アルコール発酵により得られるエタノールの質量は理論上いくらか。解答は小数点以下第 1 位を四捨五入して，下の形式により示せ。

□□ g

258 合成ゴム
2002 年度〔16〕

ブタジエンとアクリロニトリルの共重合反応により，平均分子量 53000 の共重合体が得られた。この共重合体の元素分析を行ったところ，窒素の質量パーセントは 11.9 % であった。下の問に答えよ。ただし，各元素の原子量は，H = 1，C = 12，N = 14 とする。

問A 共重合体中のアクリロニトリル成分の質量パーセントを求めよ。解答は小数点以下第 1 位を四捨五入して，下の形式により示せ。

□□ %

問B 共重合体の 1 分子中に含まれるブタジエン単位の平均の数を求めよ。解答は有効数字 3 桁目を四捨五入して，下の形式により示せ。

□.□ $\times 10^2$ 個

259 ジペプチドの分子式の決定
2002 年度〔18〕

分子式 $C_mH_nO_3N_2$ で表されるジペプチド 21.6 g を完全に加水分解したところ，1 種類の α-アミノ酸のみが得られた。この α-アミノ酸すべてに十分な量のエタノールと塩化水素を加えて加熱し，反応を完全に進行させた。その後反応液を乾固すると 36.3 g の生成物が得られた。下の問に答えよ。ただし，各元素の原子量は，H = 1，C = 12，N = 14，O = 16，Cl = 35.5 とする。

問A このジペプチド 21.6 g の物質量はいくらか。解答は小数点以下第 3 位を四捨五入して，下の形式により示せ。

0.□□ mol

問B m と n はそれぞれいくらか。

解答編

第1章 物質の構造

1 解 答

問 i 0.87　　問 ii 0.89

解 説

塩化セシウム型イオン結晶の単位格子は右図のようになる。

問 i 立方体の対角線の方向で M^+ と X^- が接しているから，$\sqrt{3}a = 2d$ より

$$\frac{d}{a} = \frac{\sqrt{3}}{2} = 0.865 \fallingdotseq 0.87$$

○：X^-，●：M^+

問 ii 問 i より，M^+ と X^- の中心間距離 d は

$$\frac{d}{0.422} = 0.865 \quad d = 0.365$$

ここで，d の値から与えられた M^+ のイオン半径 r^+ を引くと，それぞれの値は次のようになる。

$0.365 - 0.082 = 0.283 \text{ (nm)}$
$0.365 - 0.139 = 0.226 \text{ (nm)}$
$0.365 - 0.172 = 0.193 \text{ (nm)}$

よって，適する X^- のイオン半径 r^- は，0.193 nm となるので，求める半径比は次のようになる。

$$\frac{r^+}{r^-} = \frac{0.172}{0.193} = 0.891 \fallingdotseq 0.89$$

2 解 答

3・4

解 説

★1．（正文）^1_1H 以外の原子は，すべて中性子が存在するので，原子番号の値は，その元素の原子量よりも小さくなる。水素原子も ^2_1H や ^3_1H の同位体が存在するので，原子番号の値は，原子量よりも小さい。

2．（正文）三重水素 ^3_1H は，β 線（電子）を放出し β 崩壊する放射性同位体である。

第1章 解答 **189**

3．（誤文）化学反応などに関与する価電子は，一般に最外電子殻に存在するが，遷移元素などは内殻にある電子も化学結合などに関与し，色々な酸化数の化合物をつくることがある。また，貴ガスは他の原子とほとんど化合物をつくらず，最外殻電子は化学結合に関与しないため，価電子の数は0個である。

4．（誤文）貴ガスにおいて，第一イオン化エネルギーが最大の元素は He であり，原子番号の増加とともに小さくなる。

5．（正文）気体状の原子に1個の電子を与えたとき，放出するエネルギーが電子親和力であるから等しくなる。

6．（正文）K^+ の陽子数は 19，Cl^- の陽子数は 17 であるので，K^+ の方が Cl^- より電子を引きつける力が強く，イオンの大きさは Cl^- の方が大きくなる。

7．（正文）典型元素には金属元素と非金属元素が約半数ずつ含まれるが，遷移元素はすべて金属元素である。

---

3 解 答

問 i 04 問 ii 1.4 倍

解 説

★**問 i** 一般に，陽イオンと陰イオンの組成比が1：1のイオン結晶の場合，陽イオンに接している陰イオンの数と，陰イオンに接している陽イオンの数は等しくなる。

問 ii 図の単位格子の一辺の長さを l，M^+ のイオン半径を r とすると，X^- のイオン半径は $4r$ となるので

$$\sqrt{3}\,l = 4 \times (r + 4r) \qquad l = \frac{20r}{\sqrt{3}}$$

よって，単位格子の体積を，単位格子内の X^- の体積で割ると，単位格子中に X^- は4個あるので

$$l^3 \div \left\{ \frac{4}{3}\pi (4r)^3 \times 4 \right\} = \left(\frac{20r}{\sqrt{3}} \right)^3 \times \frac{3}{4^5 \times \pi \times r^3} = 1.43 \fallingdotseq 1.4 \ 倍$$

攻略のポイント

陽イオンと陰イオンが1：1の組成であるイオン結晶には，(1)塩化セシウム型イオン結晶，(2)塩化ナトリウム型イオン結晶，(3)セン亜鉛鉱型イオン結晶などがある。これら3つのイオン結晶において，**限界半径比**と**配位数**（1つのイオンに隣接する反対符号のイオンの数）の関係を理解しておきたい。

- **限界半径比**について

陽イオンの半径 r^+, 陰イオンの半径 r^- とすると, それぞれの限界半径比は次のようになる。

(1) 塩化セシウム型

$$2r^- \times \sqrt{3} = 2(r^+ + r^-) \qquad \frac{r^+}{r^-} = \sqrt{3} - 1 \fallingdotseq 0.73$$

(2) 塩化ナトリウム型

$$4r^- = 2(r^+ + r^-) \times \sqrt{2} \qquad \frac{r^+}{r^-} = \sqrt{2} - 1 \fallingdotseq 0.41$$

((1), (2)については教科書などで, 上式を確認してほしい。)

(3) セン亜鉛鉱型

右図の単位格子の一辺の長さを a とおくと, 図の①, ②の長さは次のようになる。

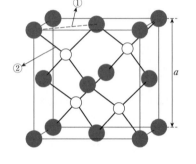

$$2r^- = \frac{a}{2} \times \sqrt{2} \quad \cdots\cdots ①$$

$$r^+ + r^- = \frac{a}{2} \times \sqrt{3} \times \frac{1}{2} \quad \cdots\cdots ②$$

①, ②より a を消去すると

$$\frac{r^+}{r^-} = \frac{\sqrt{6}-2}{2} \fallingdotseq 0.22$$

- **配位数**について

(1) 塩化セシウム型：配位数 8
(2) 塩化ナトリウム型：配位数 6
(3) セン亜鉛鉱型：配位数 4

一般に, 配位数の大きいイオン結晶の方が, 陽イオンと陰イオンの間により多くの静電気力がはたらくため安定になる。例えば $0.22 < \frac{r^+}{r^-} < 0.41$ のイオン結晶は, 塩化ナトリウム型のイオン結晶にはなれず, $0.73 < \frac{r^+}{r^-}$ のイオン結晶であれば, 塩化ナトリウム型やセン亜鉛鉱型のイオン結晶ではなく, 配位数が大きく, より安定なイオン結晶である塩化セシウム型の構造をとることを覚えておきたい。

---

4 解 答

問 i　1.2　　問 ii　1.3

第1章　解答　**191**

解　説

問 i　原子半径を r とすると，体心立方格子において，単位格子の一辺の長さ a_1 と原子半径の関係は次のようになる。

$$\sqrt{3}\,a_1 = 4r \qquad r = \frac{\sqrt{3}\,a_1}{4} \quad \cdots\cdots ①$$

また，同様にして，面心立方格子では次のようになる。

$$\sqrt{2}\,a_2 = 4r \qquad r = \frac{\sqrt{2}\,a_2}{4} \quad \cdots\cdots ②$$

よって，①，②より

$$\frac{\sqrt{3}\,a_1}{4} = \frac{\sqrt{2}\,a_2}{4}$$

$$\frac{a_2}{a_1} = \frac{\sqrt{2}\times\sqrt{3}}{2} = 1.21 \fallingdotseq 1.2$$

問 ii　元素 C の原子量を M とすると，元素 D の原子量は $4.00M$ となる。また，元素 C，D の結晶の密度をそれぞれ d_C, d_D，単位格子の一辺の長さをそれぞれ a_C, a_D，アボガドロ定数を $N_A〔/\mathrm{mol}〕$ とおくと，それぞれの密度は次のようになる。

$$d_C = \frac{\dfrac{M}{N_A}\times 2}{a_C{}^3} = \frac{2M}{\left(\dfrac{4r_1}{\sqrt{3}}\right)^3 N_A} \quad \cdots\cdots ①$$

$$d_D = \frac{\dfrac{4.00M}{N_A}\times 4}{a_D{}^3} = \frac{16M}{(2\sqrt{2}\,r_2)^3 N_A} \quad \cdots\cdots ②$$

元素 D の結晶の密度は元素 C の結晶の密度の 2.00 倍なので，①，②より

$$\frac{16M}{(2\sqrt{2}\,r_2)^3 N_A} = \frac{2M}{\left(\dfrac{4r_1}{\sqrt{3}}\right)^3 N_A}\times 2.00$$

$$4 = \left(\frac{2\sqrt{2}\,r_2}{\dfrac{4}{\sqrt{3}}r_1}\right)^3$$

$$(\sqrt[3]{2})^2 = \frac{\sqrt{2}\times\sqrt{3}}{2}\times\frac{r_2}{r_1}$$

$$\frac{r_2}{r_1} = \frac{1.41\times 1.73\times(1.26)^2}{3} = 1.29 \fallingdotseq 1.3$$

5 解答

2・6

解説

1．（正文）原子において，原子番号，陽子の数，電子の数はともに等しい。
2．（誤文）He原子，Ne原子の最外殻は収容できる最大の数の電子で満たされている。Ar原子，Kr原子の最外殻はそれぞれ収容できる電子の数が18，32であるが，それぞれの最外殻電子は8個で，収容できる最大の数の電子で満たされていない。
3．（正文）He原子の最外殻電子は，原子核から最も近いK殻にあり，そのK殻が2個の電子で満たされた安定な閉殻構造をとるため，すべての原子の中で第一イオン化エネルギーが最大となる。
4．（正文）F，Na，Alなどは同位体が存在しない元素である。
5．（正文）ファンデルワールス力はすべての分子間にはたらき，その大きさは分子量や分子の形（表面積）などに依存する。
6．（誤文）CO_2やCH_4などは，分子内の結合に極性はあるが，分子の形からその極性が打ち消し合い，無極性分子となる。

6 解答

問i 12個　問ii 16％

解説

問i 層間距離が$\sqrt{6}r$なので，原子の中心間距離がr以上$2r$以下にある原子は，同じ層上の原子である。同じ層上の原子の中心間距離は下の図のようになる。

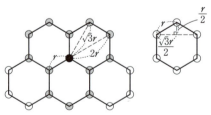

よって，●のC原子に対し，近いものから順に中心間距離がr，$\sqrt{3}r$，$2r$の○で表した12個のC原子がある。

問ii 設問に与えられた図から，破線で示された3層間（$2\sqrt{6}r$）の正六角柱において考える。第1層と第3層にある原子は$\dfrac{1}{6}×6×2=2$個分，第2層（中央の層）に

は，$\frac{1}{3} \times 3 + 1 = 2$ 個分ある。

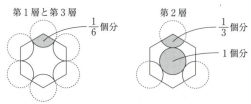

よって，この正六角柱には $2+2=4$ 個分のC原子がある。
また，この正六角柱の体積は

$$r \times \frac{\sqrt{3}}{2}r \times \frac{1}{2} \times 6 \times 2\sqrt{6}r = 9\sqrt{2}r^3$$

したがって，求める充填率は

$$\frac{\frac{4}{3}\pi\left(\frac{r}{2}\right)^3 \times 4}{9\sqrt{2}r^3} \times 100 = \frac{\sqrt{2}\pi}{27} \times 100 = 16.3 \fallingdotseq 16 \,[\%]$$

攻略のポイント

①黒鉛の繰り返し単位には，いくつかの考え方がある。黒鉛の密度などを求める際，繰り返し単位が指定されていない場合は，次のように考えてもよい。

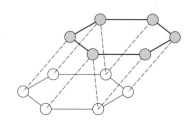

②黒鉛の炭素原子間の結合距離はすべて同じ長さで，ダイヤモンドの炭素原子間の結合距離よりも少し短い。また，黒鉛は電気伝導性をもつが，同素体であるフラーレンは，単結合と二重結合からなる1,3,5-シクロヘキサトリエンの構造をもち絶縁体である。また，フラーレンは面心立方格子からなる分子結晶であり，その結晶のすき間にアルカリ金属が取り込まれると導体に変化する。

194 第1章 解答

7 解答

2 ・ 7

解 説

1．（誤文）NaI と NaCl は，クーロン力により結合したイオン結晶である。Na^+ と I^- の中心間距離は，Na^+ と Cl^- の中心間距離より大きいため，NaI の方が結合力は弱く融点は低くなる。

2．（正文）常温・常圧において液体の単体は，Br_2 と Hg である。

3．（誤文）C 原子や O 原子には質量数の異なる同位体があるため，CO_2 には質量の異なる分子が大気中に存在する。

4．（誤文）温度を高くすると，溶媒粒子の熱運動が激しくなるため，溶液の体積は大きくなり，モル濃度は小さくなる。このように，温度が変われば溶液の体積が変化するためモル濃度も変化する。

5．（誤文）原子や分子などが規則正しく配列した状態を結晶という。固体は，粒子間の距離が小さく，粒子は熱運動をしているが，相互の位置が変わらないものをいう。

6．（誤文）分子 1 mol あたりの質量を，その分子のモル質量という。一方，分子式中の元素の原子量の総和を，その分子の分子量という。

★7．（正文）H_2 分子間にはたらく分子間力より，NH_3 分子間にはたらく分子間力の方が大きいので，標準状態で比べると，気体 1 mol あたりの体積は H_2 の方が NH_3 より大きい。

8 解 答

問 i **74 %**　　問 ii **0.86 倍**

解 説

問 i　面心立方格子の一辺の長さを a [cm], 原子半径を r [cm] とすると, 単位格子面上において, 右図のように原子どうしは接している。また, 単位格子中に原子は4個分あるので, 充填率は次のようになる。

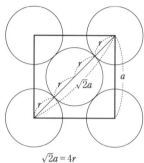

$\sqrt{2}a = 4r$
$a = 2\sqrt{2}r$ [cm]

$$\dfrac{\dfrac{4}{3}\pi r^3 \times 4}{(2\sqrt{2}r)^3} \times 100 = \dfrac{\sqrt{2}\pi}{6} \times 100 = 73.7$$

$$\fallingdotseq 74 \text{ [%]}$$

問 ii　化合物 MX 結晶の単位格子中には, M^+, X^- がそれぞれ4個ずつあるので, 充填率は次のようになる。

$$\dfrac{\left\{\dfrac{4}{3}\pi \times (0.600 \times 10^{-8})^3 + \dfrac{4}{3}\pi \times (2.00 \times 10^{-8})^3\right\} \times 4}{(6.00 \times 10^{-8})^3} \times 100 = 63.6 \text{ [%]}$$

よって, 求める値は　$\dfrac{63.6}{73.7} = 0.862 \fallingdotseq 0.86$ 倍

9 解 答

問 i **1.6 倍**　　問 ii **4.4 g/cm³**

解 説

問 i　灰色で表された4個の原子の中心を右図のA, B, C, D で表すと, 単位格子の高さの半分 $\dfrac{c}{2} = \text{AH}$ となる。また, <u>H は △BCD の重心である</u>から, $\text{DE} = \dfrac{\sqrt{3}}{2}a$, $\text{DH} : \text{HE} = 2 : 1$ より

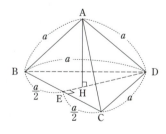

$$\text{DH} = \dfrac{\sqrt{3}}{2}a \times \dfrac{2}{3} = \dfrac{\sqrt{3}}{3}a$$

よって　$\text{AH} = \sqrt{a^2 - \left(\dfrac{\sqrt{3}}{3}a\right)^2} = \sqrt{\dfrac{2}{3}}a$

したがって，求める値は

$$\frac{c}{2}=\sqrt{\frac{2}{3}}a \quad \therefore \quad \frac{c}{a}=2\sqrt{\frac{2}{3}}=\frac{2\times 2.45}{3}=1.63\fallingdotseq 1.6 \text{ 倍}$$

問ii 問題の図の正六角柱内において，原子は上面と下面にそれぞれ

$$\frac{1}{2}+\frac{1}{3}\times\frac{1}{2}\times 6=\frac{3}{2}\text{ 個}$$

上面と下面の間の中央には3個の原子があるので，正六角柱内には全部で $2\times\frac{3}{2}+3=6$ 個ある。したがって，図の太線で囲まれた平行六面体中に原子は2個分ある。

また，平行六面体の体積は次のようになる。

$$\left(2\times\frac{1}{2}a^2\sin 60°\right)\times c=\frac{\sqrt{3}}{2}a^2\times 2\sqrt{\frac{2}{3}}a$$
$$=\sqrt{2}a^3\text{ (cm}^3\text{)}$$

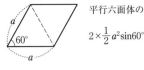

平行六面体の底面積 $2\times\frac{1}{2}a^2\sin60°$

よって，求める密度を d (g/cm³) とすると

$$d=\frac{\frac{60.2}{6.02\times 10^{23}}\times 2}{\sqrt{2}\times 3.24\times 10^{-23}}=\frac{14.1}{3.24}=4.35\fallingdotseq 4.4 \text{ (g/cm}^3\text{)}$$

10 解 答

問i　3番目　　問ii　3番目

解 説

問i 単位格子中に含まれる原子数は，体心立方格子は2個，面心立方格子は4個である。よって，それぞれの密度は次のようになる。

ナトリウム： $\dfrac{\frac{23}{6.0\times 10^{23}}\times 2}{8.0\times 10^{-23}}=0.958\fallingdotseq 0.96$ (g/cm³)

アルミニウム： $\dfrac{\frac{27}{6.0\times 10^{23}}\times 4}{6.4\times 10^{-23}}=2.81\fallingdotseq 2.8$ (g/cm³)

カリウム： $\dfrac{\frac{39}{6.0\times 10^{23}}\times 2}{15\times 10^{-23}}=0.866\fallingdotseq 0.87$ (g/cm³)

銅： $\dfrac{\frac{64}{6.0\times 10^{23}}\times 4}{4.7\times 10^{-23}}=9.07\fallingdotseq 9.1$ (g/cm³)

第1章 解答 **197**

問ii 体心立方格子における原子半径を r_1〔cm〕，単位格子の一辺の長さを l_1〔cm〕とおくと

$$\sqrt{3}\,l_1 = 4r_1 \qquad \therefore \quad r_1 = \frac{\sqrt{3}}{4}l_1$$

また，面心立方格子における原子半径を r_2〔cm〕，単位格子の一辺の長さを l_2〔cm〕とおくと

$$\sqrt{2}\,l_2 = 4r_2 \qquad \therefore \quad r_2 = \frac{\sqrt{2}}{4}l_2$$

よって，それぞれの原子半径は次のようになる。

ナトリウム：$\dfrac{1.7}{4} \times 4.3 \times 10^{-8} = 1.82 \times 10^{-8} \doteqdot 1.8 \times 10^{-8}$〔cm〕

アルミニウム：$\dfrac{1.4}{4} \times 4.0 \times 10^{-8} = 1.4 \times 10^{-8}$〔cm〕

カリウム：$\dfrac{1.7}{4} \times 5.3 \times 10^{-8} = 2.25 \times 10^{-8} \doteqdot 2.3 \times 10^{-8}$〔cm〕

銅：$\dfrac{1.4}{4} \times 3.6 \times 10^{-8} = 1.26 \times 10^{-8} \doteqdot 1.3 \times 10^{-8}$〔cm〕

---

11 解 答

2・5

解 説

1．（誤文）原子が電子1個を失って陽イオンになるとき，エネルギーを<u>吸収する</u>。

2．（正文）Cl 原子の電子親和力を Q〔kJ/mol〕とすると

$$Cl + e^- = Cl^- + Q \text{〔kJ〕}$$

よって，Cl^- から電子を取り去って Cl にするのに必要なエネルギーは，電子親和力 Q〔kJ/mol〕に等しい。

3．（誤文）各単原子イオンの電子配置は Ne と同じであるから，陽イオンの数が最も多い Mg^{2+} のイオン半径が最も小さくなる。

4．（誤文）一般に，<u>原子間の距離が大きくなるほど結合力が弱くなる</u>。このため，アルカリ金属の単体は，原子半径が大きくなるほど融点は低くなる。

5．（正文）<u>自由電子が金属表面で光を散乱する</u>。このため，金属には特有の光沢がある。

6．（誤文）水素 ^1_1H，重水素 ^2_1H，三重水素 ^3_1H は互いに<u>同位体</u>である。

12 解答

問i 4.0倍　　問ii 0.75倍　　問iii 18個

解説

問i 塩化ナトリウムの単位格子における塩化物イオンの配置は，面心立方格子状であるので，イオン数は4個となる。一方，塩化セシウムの単位格子中の塩化物イオンは単位格子の頂点のみに存在するとすれば1個となるから

$$\frac{4}{1}=4.0 \text{ 倍}$$

問ii 塩化ナトリウムでは，塩化物イオンの前後，左右，上下にナトリウムイオンが存在するので6個となる。塩化セシウムでは，塩化物イオンを中心とした立方体の各頂点にセシウムイオンが存在するので8個となるから

$$\frac{6}{8}=0.75 \text{ 倍}$$

問iii 与えられた塩化ナトリウムの単位格子において，ナトリウムイオンと塩化物イオンを入れ替えて考えると，中心の塩化物イオンに最も近いナトリウムイオンは6個ある。また，これらの6個のナトリウムイオンに最も近い塩化物イオンもそれぞれ6個存在するが，中心の塩化物イオンは含まないので，それぞれ5個存在する。これらの5個のうち1個はいずれも単位格子の外にあって，他のナトリウムイオンと共通ではないが，他の4個はいずれも2個のナトリウムイオンと共通する存在である。よって，求める個数は

$$1\times 6+(5-1)\times \frac{6}{2}=18 \text{ 個}$$

攻略のポイント

問iii 与えられた塩化ナトリウムの単位格子において，ナトリウムイオンと塩化物イオンを入れ替えた図を描くと，右のようになる。
A_1〜A_6の6個のナトリウムイオンを取り囲む塩化物イオンは，中心にあるXを除いて数えると，単位格子中の12個以外に，格子外にある6個の○で表した塩化物イオンがある。

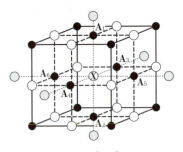

第1章　解答　199

13　解　答

問 i　78　　問 ii　Xe　　問 iii　5

解　説

問 i　ヨウ素の原子番号は 53 であるので，^{131}I のもつ中性子の数は

131 − 53 = 78 個

問 ii　ヨウ素より原子番号が 1 大きい元素は，原子番号が 54 のキセノン Xe である。

問 iii　1．(誤文) ^{1}H は中性子をもたない。

2．(誤文) ^{2}H はわずかながら (0.01 ％程度) 天然に存在する。

3．(誤文) ^{14}C は天然に存在する (放射性同位体であり，年代測定に利用される)。

4．(誤文) 同位体とは，原子番号が同じ (すなわち，同じ元素記号で表される) で，質量数の異なる原子である。

5．(正文) Sr も Ca も 2 族の元素である。

6．(誤文) Cs はアルカリ金属である。

7．(誤文) Rn の最外殻は P 殻であり，P 殻は最大で 72 個の電子が収容されるが，Rn 原子の P 殻には 8 個の電子しか収容されていない。希ガス元素の原子は，He を除いて，最外殻に 8 個の電子をもつ。

攻略のポイント

☆　一般に，陽子数より中性子数が多くなると原子核が不安定となり，粒子を放出しながら安定な原子核へと変化する。この現象を放射壊変という。放射壊変には，ヘリウムの原子核を放出する α 壊変，電子を放出する β 壊変，陽子が電子を取り込み中性子に変化する電子捕獲などがある。

例えば，年代測定で利用される ^{14}C は，高速の電子線である β 線を放出しながら，^{14}N へ変化する。

$$^{14}_{6}C \longrightarrow {}^{14}_{7}N + \beta \text{ 粒子}$$

なお，この反応は一次反応として理解しておきたい。

14 解 答

問 i 面心立方格子の場合：42個　六方最密構造の場合：44個
問 ii 面心立方格子の場合：3種類　六方最密構造の場合：5種類
問 iii 面心立方格子の場合：$\sqrt{2}$ 倍　六方最密構造の場合：$\sqrt{2}$ 倍

解 説

▶（面心立方格子の場合）

問 i 塗りつぶした粒子を粒子 X とすると，粒子 X の最近接粒子は，粒子 A，B，C，D，E，F，G，H（およびこの単位格子の"右隣り"の単位格子の E，F，G，H に相当する粒子）である。

平面 ABCD 内にある粒子を考えると，図 2 のようになる。この面内にある，粒子 X の最近接粒子（A，B，C，D）に接する粒子（粒子 X および粒子 X の最近接粒子を除く。以下，同様）は，⊗印の 8 個の粒子である。

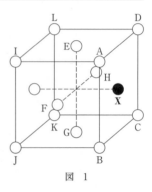

図 1

次に，平面 EFGH 内にある粒子を考えると，図 3 のようになる。この面内にある，粒子 X の最近接粒子（E，F，G，H）に接する粒子は，⊗印の 8 個の粒子である。

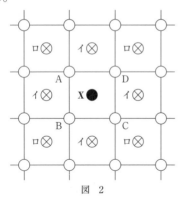

図 2

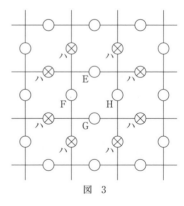

図 3

また，平面 IJKL 内にある粒子を考えると，図 4 のようになる。この面内にある，粒子 X の最近接粒子（E, F, G, H）に接する粒子は，⊗印の 9 個の粒子である。

はじめに描いた単位格子の"右隣り"でも同様に考えられるから，求める粒子の個数は

$8+8\times 2+9\times 2=42$ 個

問ⅱ 粒子間の距離を考える。単位格子の一辺の長さを a とすると

粒子 X－粒子イ間：a

粒子 X－粒子ロ間：$\sqrt{2}a$ （≒$1.4a$）

粒子 X－粒子ハ間：$\dfrac{\sqrt{6}}{2}a$ （≒$1.2a$）

粒子 X－粒子ニ間：a

粒子 X－粒子ホ間：$\sqrt{2}a$ （≒$1.4a$）

粒子 X－粒子Ⅰ間：$\dfrac{\sqrt{6}}{2}a$ （≒$1.2a$）

よって，粒子 X との間の距離は 3 種類である。

問ⅲ このうち，最も短いものは a，最も長いものは $\sqrt{2}a$ であるから，最も長いものは最も短いものに対して

$$\dfrac{\sqrt{2}a}{a}=\sqrt{2}\ 倍$$

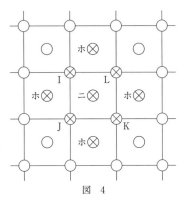

図 4

▶**（六方最密構造の場合）**

問ⅰ 塗りつぶした粒子を粒子 X とすると，粒子 X の最近接粒子は，粒子 A, B, C, D, E, F, G, H, I（およびこの六角柱の"上側"の六角柱の G, H, I に相当する粒子）である。

平面 ABCDEF 内にある粒子を考えると，図 6 のようになる。この平面内にあり，粒子 X の最近接粒子（A, B, C, D, E, F）に接する粒子は，◎印の 12 個の粒子である。

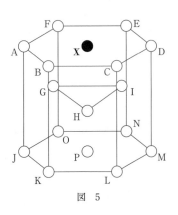

図 5

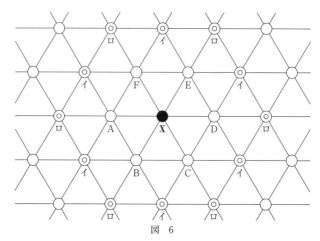

図 6

次に，平面 GHI 内にある粒子を考えると，図7のようになる。この平面内にあり，粒子 X の最近接粒子に接する粒子は，◎印の 9 個の粒子である。

また，面 JKLMNO 内にあり，粒子 G, H, I に接する粒子は，粒子 J, K, L, M, N, O, P の 7 個の粒子である。

描いた六角柱の"上側"でも同様に考えられるから，求める粒子の個数は

  $12 + 9 \times 2 + 7 \times 2 = 44$ 個

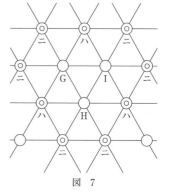

図 7

問ii 粒子間の距離を考える。最近接粒子間の距離を a とすると

  粒子 X －粒子イ間：$\sqrt{3}a$ （≒1.7a）

  粒子 X －粒子ロ間：$2a$

  粒子 X －粒子ハ間：$\sqrt{2}a$ （≒1.4a）

  粒子 X －粒子ニ間：$\sqrt{3}a$ （≒1.7a）

  粒子 X －粒子 P 間：$\dfrac{2\sqrt{6}}{3}a$ （≒1.6a）

  粒子 X －粒子 J 間：$\dfrac{\sqrt{33}}{3}a$ （≒1.9a）

よって，粒子 X との間の距離は 5 種類ある。

問iii このうち，最も短いものは $\sqrt{2}a$，最も長いものは $2a$ であるから，最も長いものは最も短いものに対して

$$\frac{2a}{\sqrt{2}a} = \sqrt{2}\ 倍$$

15 解 答

問 i **7.9 g**　　問 ii **26 g**

解 説

問 i　このとき起こる変化は

$$CH_3{}^{13}COONa + NaOH \longrightarrow CH_4 + Na_2{}^{13}CO_3$$

化合物 **A** は CH_4 である。

$CH_3{}^{13}COONa = 83$ より，ナトリウム塩の物質量は

$$\frac{41.0}{83} = 0.493\ (mol)$$

また，NaOH の物質量は

$$\frac{24.0}{40} = 0.600\ (mol)$$

よって，酢酸のナトリウム塩は完全に反応し，化合物 **A** の生成量は

$$0.493 \times 16 = 7.88 \fallingdotseq 7.9\ (g)$$

問 ii　CH_4 と Cl_2 は，次のように反応する。

$$CH_4 + Cl_2 \longrightarrow CH_3Cl + HCl$$

$$CH_3Cl + Cl_2 \longrightarrow CH_2Cl_2 + HCl$$

この反応で，HCl と Cl_2 の物質量は同じであるから，求める HCl の生成量は

$$\frac{50.0}{71.0} \times 36.5 = 25.7 \fallingdotseq 26\ (g)$$

攻略のポイント

問 i　カルボキシ基の ^{13}C は，次のようにして，Na_2CO_3 に取り込まれる。

$$
\begin{array}{ccc}
\overset{\delta^-}{\underset{\delta^+ \diagup \ OH^-}{\overset{\displaystyle O}{CH_3-C-O^-}}} & \longrightarrow & CH_3 \vdots C-O^- \\
\end{array}
\quad \longrightarrow CH_4 + \ \underset{O^-\quad O^-}{\overset{O}{C}}
$$

炭酸イオンの構造から考えると，^{13}C は Na_2CO_3 に取り込まれ，メチル基の CH_3 が CH_4 へ変化することが予想できる。

問 ii　メタンと塩素の反応はラジカル反応とよばれ，塩素分子が開裂し不対電子をもった $\cdot Cl$ が生成する。このような化学種をラジカルといい，反応性が高く，次のよ

うな一連の反応によって，水素が塩素に置換されたクロロメタンが生成する。

$$Cl : Cl \xrightarrow{\text{光}} Cl\cdot + \cdot Cl$$

$$CH_4 + \cdot Cl \longrightarrow \cdot CH_3 + H : Cl$$

$$\cdot CH_3 + Cl : Cl \longrightarrow CH_3Cl + \cdot Cl$$

16 解 答

問 i　$1.5 \times 10^3\,kJ$　　問 ii　$15\,mol$　　問 iii　$18\,mol$

解 説

はじめに容器に入れた黒鉛の物質量を X〔mol〕とし，下線(ア)で反応した黒鉛の物質量を Y〔mol〕とする。下線(ア)での反応は次のようになる。

$$C\,(黒鉛) + O_2 \longrightarrow CO_2 \quad \cdots\cdots①$$

$$C\,(黒鉛) + \frac{1}{2}O_2 \longrightarrow CO \quad \cdots\cdots②$$

生じた気体 CO_2 と CO の物質量が同じなので，①，②で反応した C（黒鉛）の物質量はそれぞれ $\dfrac{Y}{2}$〔mol〕ずつとなる。よって，反応した O_2 の物質量は

$$\frac{Y}{2} + \frac{Y}{4} = 4.50 \qquad \therefore \quad Y = 6.00 \text{〔mol〕}$$

次に，下線(イ)で加えた O_2 の物質量を Z〔mol〕とすると，下線(イ)では次の反応が起こる。

$$C + O_2 \longrightarrow CO_2 \quad \cdots (X - Y)\,\text{〔mol〕 の C（黒鉛）が } CO_2 \text{ に変化}$$

$$CO + \frac{1}{2}O_2 \longrightarrow CO_2 \quad \cdots \frac{Y}{2}\,\text{〔mol〕 の CO が } CO_2 \text{ に変化}$$

したがって，下線(イ)で反応した O_2 の物質量は

$$(X - Y) + \frac{Y}{4} = X - \frac{3}{4}Y \text{〔mol〕}$$

また，下線(ア)と下線(イ)によって黒鉛はすべて CO_2 に酸化されたため，反応後，容器内に存在する CO_2 の物質量は，はじめに容器に入れた黒鉛の物質量 X に等しい。ゆえに，反応後の容器内の気体の物質量は

$$X + Z - \left(X - \frac{3}{4}Y\right) = 3.75Y$$

$$\therefore \quad Z = 3.00Y = 3.00 \times 6.00 = 18.0 \fallingdotseq 18 \text{〔mol〕} \quad (\textbf{問 iii} \text{ の答})$$

下線(イ)で発生した熱量は

$$(X - Y) \times 390 + 280 \times \frac{Y}{2} = 390X - 250Y \text{〔kJ〕}$$

下線(ア)で発生した熱量は，CO の生成熱が $390-280=110$〔kJ/mol〕となるので，①，②の反応熱から

$$\frac{Y}{2}\times 390+\frac{Y}{2}\times 110=250Y\text{〔kJ〕}$$

与えられた条件から

$$390X-250Y=250Y\times 2.90$$

$$390X=975Y \quad \therefore \quad X=\frac{975}{390}\times 6.00=15.0\fallingdotseq 15\text{〔mol〕} \quad \textbf{(問 ii の答)}$$

また，$Y=6.00$ より下線(ア)での燃焼による発熱量は

$$250Y=250\times 6.00=1500\fallingdotseq 1.5\times 10^{3}\text{〔kJ〕} \quad \textbf{(問 i の答)}$$

攻略のポイント

次のように考えてもよい。与えられた燃焼熱から

$$C\text{(黒鉛)}+\frac{1}{2}O_2=CO+110\,\text{kJ}$$

$$C\text{(黒鉛)}+O_2=CO_2+390\,\text{kJ}$$

問 i CO，CO_2 へ変化した C（黒鉛）の物質量が同じなので，x〔mol〕ずつ反応したとすると，下線(ア)の反応で O_2 4.50 mol はすべて反応しているので

$$\frac{1}{2}x+x=4.50 \quad \therefore \quad x=3.00\text{〔mol〕}$$

よって，発生した熱量は

$$3.00\times 110+3.00\times 390=1500\fallingdotseq 1.5\times 10^{3}\text{〔kJ〕}$$

問 ii 下線(ア)で残った C（黒鉛）の物質量を z〔mol〕とすると

下線(ア)の燃焼後		下線(イ)の燃焼後
CO 3.00 mol CO_2 3.00 mol C（黒鉛） z〔mol〕	加えた O_2　a〔mol〕 $\left(\begin{array}{l}CO+\frac{1}{2}O_2\longrightarrow CO_2\\ C+O_2\longrightarrow CO_2\end{array}\right)$	CO_2 3.00 mol CO_2 3.00 mol CO_2 z〔mol〕 未反応の O_2

このとき，次の式が成り立つ。

$$3.00\times 280+390z=1500\times 2.90 \quad \therefore \quad z=9.00\text{〔mol〕}$$

よって，はじめの C（黒鉛）の物質量は

$$3.00+3.00+9.00=15.00\fallingdotseq 15\text{〔mol〕}$$

問 iii 新たに加えた O_2 の物質量を a〔mol〕とすると，$z=9.00$〔mol〕より，CO および C と反応した残りの物質量は

$$a-\left(\frac{1}{2}\times 3.00+9.00\right)=a-10.5\text{〔mol〕}$$

よって

206　第1章　解答

$$(3.00+3.00) \times 3.75 = 3.00 + 3.00 + 9.00 + a - 10.5$$

∴　$a = 18.0 \fallingdotseq 18 \, (mol)$

17　解　答

問i　**3・5**　　問ii　**4.0 mol**　　問iii　**1.8 mol**

解　説

問i　1．（誤文）各気体の燃焼式は

$$C_2H_6 + \frac{7}{2}O_2 = 2CO_2 + 3H_2O + 1560 \, kJ$$

$$C_2H_4 + 3O_2 = 2CO_2 + 2H_2O + 1410 \, kJ$$

$$C_2H_2 + \frac{5}{2}O_2 = 2CO_2 + H_2O + 1300 \, kJ$$

よって，生成する二酸化炭素 1 mol あたりの発熱量は，エタンが最大である。

2．（誤文）水 1 mol あたりの発熱量は，上記の熱化学方程式から

$$エタン：\frac{1560}{3} = 520 \, (kJ)$$

$$エチレン：\frac{1410}{2} = 705 \, (kJ)$$

$$アセチレン：\frac{1300}{1} = 1300 \, (kJ)$$

よって，アセチレンが最大である。

3．（正文）酸素 1 mol あたりの発熱量は，上記の熱化学方程式から

$$エタン：\frac{1560}{\dfrac{7}{2}} = 445.7 \, (kJ)$$

$$エチレン：\frac{1410}{3} = 470 \, (kJ)$$

$$アセチレン：\frac{1300}{\dfrac{5}{2}} = 520 \, (kJ)$$

よって，アセチレンが最大である。

4．（誤文）炭素の物質量が同じなので，CO_2 の物質量も同じである。

5．（正文）下線(ア)の反応の前に，次の反応により水素の付加が起こっている。

$$C_2H_4 + H_2 \longrightarrow C_2H_6$$

$$C_2H_2 + 2H_2 \longrightarrow C_2H_6$$

よって，消費される O_2 の物質量は(ア)の方が多い。

第1章 解答 **207**

問ⅱ エチレン，アセチレンに水素が付加し，エタンが生成する。はじめの混合気体の物質量の総和が1.00 mol であったので，燃焼時に存在したエタンの物質量も1.00 mol である。残っていた H_2 の物質量を a〔mol〕とすると，下線(ア)の燃焼熱から

$$1.00 \times 1560 + a \times 290 = 1850 \qquad \therefore \quad a = 1.00 \text{〔mol〕}$$

1.00 mol のエタンの燃焼で 3.00 mol の水が，1.00 mol の H_2 の燃焼で 1.00 mol の水が生成するので，求める水の物質量は

$$3.00 + 1.00 = 4.00 \fallingdotseq 4.0 \text{〔mol〕}$$

問ⅲ エタン，エチレン，アセチレンがそれぞれ x〔mol〕，y〔mol〕，z〔mol〕あるとすると

$$x + y + z = 1.00 \quad \cdots\cdots①$$

また，混合気体に加えた H_2 の物質量を b〔mol〕とすると，反応する H_2 分が減少するので

$$\frac{(1.00 + b) - (y + 2z)}{1.00 + b} = \frac{5}{8} \qquad \therefore \quad y + 2z = \frac{3}{8}(1.00 + b)$$

ここで，$y + 2z$ は付加した H_2 の物質量である。

問ⅱより，残った H_2 の物質量は $b - (y + 2z) = 1.00$ なので

$$b = \frac{11}{5} = 2.20$$

よって $\quad y + 2z = \frac{6}{5} = 1.20 \quad \cdots\cdots②$

下線(イ)の燃焼熱は

$$1560x + 1410y + 1300z = 1400$$

これより $\quad 156x + 141y + 130z = 140 \quad \cdots\cdots③$

①～③を解くと

$$x = 0.300 \text{〔mol〕}, \quad y = 0.200 \text{〔mol〕}, \quad z = 0.500 \text{〔mol〕}$$

よって，各炭化水素の燃焼で生じる水の物質量は

エタンから $\quad 0.300 \times 3 = 0.900$〔mol〕

エチレンから $\quad 0.200 \times 2 = 0.400$〔mol〕

アセチレンから $\quad 0.500 \times 1 = 0.500$〔mol〕

したがって，求める水の物質量は

$$0.900 + 0.400 + 0.500 = 1.800 \fallingdotseq 1.8 \text{〔mol〕}$$

攻略のポイント

問ⅲは次のように考えてもよい。水素との付加反応により，容積は $\frac{5}{8}$ に減少し，こ

208 第1章 解答

のとき容器中には付加反応によって生じたエタンと，未反応の水素が**問 ii** の結果より
合計 2.00 mol 存在している。よって，付加反応が起こる前は，気体が合計で
$2.00 \times \dfrac{8}{5} = 3.20$ 〔mol〕存在していた。

$$
\left.\begin{array}{l}
\text{エ　タ　ン} \\
\text{エ チ レ ン} \\
\text{アセチレン}
\end{array}\right\}1.00\,\text{mol}
\quad
\begin{array}{c}
\longrightarrow \\
\text{反応した水素} \\
1.20\,\text{mol}
\end{array}
\quad
\left.\begin{array}{l}
\longrightarrow\text{エ　タ　ン} \\
\longrightarrow\text{エ　タ　ン} \\
\longrightarrow\text{エ　タ　ン}
\end{array}\right\}1.00\,\text{mol}
$$

水　　素　2.20 mol　　　　　　　　　　　　水素（未反応）1.00 mol

反応前の物質量をエタン x〔mol〕，エチレン y〔mol〕，アセチレン z〔mol〕とおくと，
次の関係式が成り立つ。

$$x+y+z=1.00, \quad y+2z=1.20, \quad 1560x+1410y+1300z=1400$$

これらを整理すると

$$x=0.300\,\text{〔mol〕}, \quad y=0.200\,\text{〔mol〕}, \quad z=0.500\,\text{〔mol〕}$$

以上の値より，水の物質量を求めればよい。

18　解　答

問 i　**4・5**　　問 ii　**3番目**　　問 iii　**1.2倍**

解　説

問 i　1．（正文）$\dfrac{1}{2} \times 6 + \dfrac{1}{8} \times 8 = 4$ 個

2．（正文）$1 + \dfrac{1}{8} \times 8 = 2$ 個

3．（正文）図1より，単位格子の一辺の長さを l，原子半径を r とすると，最近接
　原子間距離は $2r$ であるから，次の関係が成立する。

　　　$\sqrt{2}\,l = 2 \times 2r$　　∴　$l = \sqrt{2} \times 2r$

4．（誤文）図2より，単位格子の一辺の長さを l，原子半径を r とすると，最近接
　原子間距離は $2r$ であるから，次の関係が成立する。

　　　$\sqrt{3}\,l = 2 \times 2r$　　∴　$l = \dfrac{2\sqrt{3}}{3} \times 2r$

5．（誤文）図3の面心立方格子より，最近接原子数（配位数）は

　　　$4 \times 3 = 12$ 個

　（図3で●の原子は12個の○の原子と接している）

6．（正文）体心立方格子の配位数は8である。

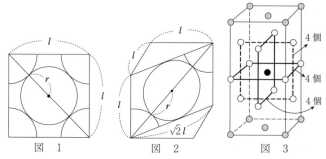

図 1　　　　　図 2　　　　　図 3

問 ii　アボガドロ数を N_A とすると，結晶の密度 D 〔g/cm³〕は

体心立方格子：$D = \dfrac{\dfrac{M}{N_A} \times 2}{l^3}$　これより　$l = \sqrt[3]{\dfrac{2}{N_A} \cdot \dfrac{M}{D}}$

面心立方格子：$D = \dfrac{\dfrac{M}{N_A} \times 4}{l^3}$　これより　$l = \sqrt[3]{\dfrac{4}{N_A} \cdot \dfrac{M}{D}}$

最近接原子間距離は，**問 i** より，次のようになる。

体心立方格子：$\dfrac{\sqrt{3}}{2} l$　　面心立方格子：$\dfrac{\sqrt{2}}{2} l$

それぞれの金属について計算式を示すと

リチウム：$\dfrac{\sqrt{3}}{2} \times \sqrt[3]{\dfrac{2}{N_A} \times 12.9}$

アルミニウム：$\dfrac{\sqrt{2}}{2} \times \sqrt[3]{\dfrac{4}{N_A} \times 10.0}$

鉄：$\dfrac{\sqrt{3}}{2} \times \sqrt[3]{\dfrac{2}{N_A} \times 7.17}$

銀：$\dfrac{\sqrt{2}}{2} \times \sqrt[3]{\dfrac{4}{N_A} \times 10.3}$

N_A はすべてに共通なので，これを除いて計算すると，それぞれ次のようになる。

リチウム：$\dfrac{\sqrt{3}}{2} \times \sqrt[3]{2} \times \sqrt[3]{12.9} = 1.09 \times \sqrt[3]{12.9}$

　　　　　　　　　　$> 1.08 \times \sqrt[3]{12} = 1.08 \times \sqrt[3]{3} \times \sqrt[3]{4} \fallingdotseq 2.47$

アルミニウム：$\dfrac{\sqrt[3]{4}}{\sqrt{2}} \times \sqrt[3]{10.0} = 1.13 \times \sqrt[3]{10.0} \fallingdotseq 2.43$

鉄：$\dfrac{\sqrt{3}}{2} \times \sqrt[3]{2} \times \sqrt[3]{7.17} \fallingdotseq 1.09 \times \sqrt[3]{7.17} < 1.08 \times \sqrt[3]{8} = 2.16$

銀：$1.13 \times \sqrt[3]{10.3} > 2.43$

これらを比較すると

　　鉄＜アルミニウム＜銀＜リチウム

となり，銀は3番目である。

問ⅲ　問ⅱの結果から，リチウムと鉄の比をとればよいので次のようになる。

$$\frac{\sqrt[3]{12.9}}{\sqrt[3]{7.17}}=\sqrt[3]{1.799}\fallingdotseq\sqrt[3]{1.8}=\sqrt[3]{\frac{2\times9}{10}}=\frac{1.26\times2.08}{2.15}=1.21\fallingdotseq1.2\ 倍$$

19　解　答

問ⅰ　3

問ⅱ　問A　2.9×10^{-8} cm　　問B　3.0×10^{-8} cm　　問C　2.8 %

問ⅲ　0.20 g

解　説

問ⅰ　1．（正文）^3H（Tとも表す；トリチウム）は放射性同位体で，地球上にきわめてわずか（通常の水素の10^{17}分の1程度）存在する。

2．（正文）固体，液体，気体において，気体の密度が最も小さい。H_2は常温・常圧において気体であるから，圧力P，絶対温度T，気体定数Rとすると，理想気体の状態方程式から

$$密度=\frac{P}{RT}\times（分子量）$$

H_2は分子量が最小であるから，密度も最小である。

3．（誤文）$2H_2+O_2\longrightarrow2H_2O$ より，水素と酸素は$H_2:O_2=2:1$（物質量比）で反応し，水素と同じ物質量の水が生成する。したがって，この場合は1 molの水を生じる。

4．（正文）酸化銅（Ⅱ）と水素は次のように反応し，金属銅が生じる。

　　$CuO+H_2\longrightarrow Cu+H_2O$

5．（正文）Zn，Feはそれぞれ希硫酸と次のように反応する。

　　$Zn+H_2SO_4\longrightarrow ZnSO_4+H_2$

　　$Fe+H_2SO_4\longrightarrow FeSO_4+H_2$

一方，鉛に希硫酸を加えると，水に難溶性の$PbSO_4$が鉛の表面をおおってしまうため，反応が進行しない。

6．（正文）二酸化炭素は一部水と反応するので，水素よりも水に対する溶解度が大きい。

問ii　問A　右図の一辺の長さを l〔cm〕，鉄原子，チタン原子の半径をそれぞれ r_{Fe}, r_{Ti} とすると

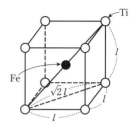

$$\sqrt{3}\,l = 2r_{Ti} + 2r_{Fe}$$

これより
$$l = 2.89 \times 10^{-8} \fallingdotseq 2.9 \times 10^{-8}〔cm〕$$

図より，鉄原子間の最短距離は l に等しいので，2.9×10^{-8} cm となる。

問B　チタン原子と水素原子が接していると仮定して，水素原子の半径を r_{H_2} とすると

$$\sqrt{2}\,l = 2r_{Ti} + 2r_{H_2}$$

これより　　$l = 2.35 \times 10^{-8}$〔cm〕

となるが，これは問Aで求めた $l = 2.89 \times 10^{-8}$〔cm〕より小さいので，矛盾する。したがって，鉄原子と水素原子が接していることがわかり，この距離が最短距離になる。よって，求める原子間距離は

$$(1.17 \times 2 + 0.33 \times 2) \times 10^{-8} = 3.00 \times 10^{-8} \fallingdotseq 3.0 \times 10^{-8}〔cm〕$$

問C　単位格子に含まれる各原子の個数は，それぞれ次のようになる。

$$Ti : \frac{1}{8} \times 8 = 1 \qquad Fe : 1 \qquad H : \frac{1}{2} \times 6 = 3$$

よって，合金中の水素の質量パーセントは

$$\frac{3 \times 1}{3 \times 1 + 48 + 56} \times 100 = 2.80 \fallingdotseq 2.8〔\%〕$$

問iii　試料の合金に Mg が x〔g〕，Ni が y〔g〕，H が z〔g〕含まれるとすると
$$x + y + z = 11.50$$

アのマグネシウム，ニッケルと塩酸との反応は次のようになる。

$$Mg + 2HCl \longrightarrow MgCl_2 + H_2$$
$$Ni + 2HCl \longrightarrow NiCl_2 + H_2$$

イの電気分解の陰極で析出するのはニッケルのみである。

$$Ni^{2+} + 2e^- \longrightarrow Ni$$

同時に，$2H^+ + 2e^- \longrightarrow H_2$ も起こり，水素ガスが 0.300 mol 発生する。

ウの燃料電池の負極では，次の変化が起こる。

$$H_2 \longrightarrow 2H^+ + 2e^-$$

これより，0.410 mol の水素ガスが反応すると，0.820 mol の電子が流れる。

イの電気分解で，水素ガスの発生に使われる電子は

$$0.300 \times 2 = 0.600〔mol〕$$

したがって，ニッケルの析出に使われる電子は

212　第1章　解答

$0.820 - 0.600 = 0.220$〔mol〕

析出したニッケルの質量と物質量は

$$0.220 \times \frac{1}{2} \times 59 = 6.49 \text{〔g〕}, \quad \frac{6.49}{59} = 0.11 \text{〔mol〕}$$

よって，アの塩酸と反応したニッケルの質量は，6.49 g となるので

$x + z = 11.50 - 6.49 = 5.01$〔g〕　……①

アの塩酸との反応で生じた水素ガスのうち，ニッケルとの反応で生じた水素ガスが 0.11 mol であるから，マグネシウムとの反応で生じた水素ガスおよび吸収されていた水素から生じた水素ガスの物質量は

$0.410 - 0.11 = 0.30$〔mol〕

したがって，次式が成り立つ。

$$\frac{x}{24} + \frac{z}{2} = 0.30 \quad ……②$$

①，②より　　$z = 0.199 \doteqdot 0.20$〔g〕

よって，試料中には 0.20 g の水素が吸収（吸蔵）されていたことがわかる。

20　解　答

4・5

解　説

1．（正文）原子番号が大きくなるほど最外殻電子は原子核から離れることになり，第一イオン化エネルギーは小さくなる。He が全元素中で最大である。

2．（正文）同じ電子配置をもつ陽イオンと陰イオンでは，陽イオンの方が原子核に陽子を多くもつので，最外殻電子が原子核に強く引きつけられる。そのため，陽イオンの方が小さい。

3．（正文）$NH_4{}^+$ は正四面体構造で，4つの N-H 結合はまったく等価である。したがって，結合エネルギーはすべて等しい。

4．（誤文）二酸化炭素を例にとると，炭素と酸素間の共有結合には電荷の片寄り，つまり極性があるが，分子全体としては無極性である。これは二酸化炭素が直線構造をもつためである。このほか，メタン分子のような正四面体構造なども同様である。

5．（誤文）ハロゲン化水素の沸点を比較すると分子量の一番小さいフッ化水素が最も高い。これは分子間に水素結合が存在するためである。なお，このような例外を除けば，「物質の沸点は，分子量が大きくなるにつれ高くなる」と一般にいえる。つまり，分子量が大きいほど分子間力が強くなることを反映している。

第1章 解答　213

21 解 答

問 i　**5**　　問 ii　**1.2倍**

解 説

問 i　1.（正文）クロム結晶は体心立方格子であるから，単位格子中に2個
$\left(\dfrac{1}{8}\times 8+1=2\right)$ 含まれる。ニッケル結晶は面心立方格子であるから，4個
$\left(\dfrac{1}{8}\times 8+\dfrac{1}{2}\times 6=4\right)$ 含まれる。よって，単位格子中に含まれる原子数は

$$\frac{2}{4}=0.5 \text{ 倍}$$

2.（正文）条件からクロムとニッケルの原子半径は等しいとみなせる。単位格子の一辺の長さ l をそれぞれ原子半径 r を用いて表すと以下のようになる。

クロム結晶：$l=\dfrac{4\sqrt{3}}{3}r$

ニッケル結晶：$l=2\sqrt{2}r$

よって，単位格子の一辺の長さは

$$\frac{\frac{4}{3}\sqrt{3}r}{2\sqrt{2}r}=\frac{2}{3}\sqrt{\frac{3}{2}}=\sqrt{\frac{2}{3}} \text{ 倍}$$

3.（正文）最近接原子の数は，クロム結晶は8個，ニッケル結晶は12個であるから

$$\frac{8}{12}=\frac{2}{3} \text{ 倍}$$

4.（正文）第2近接原子までの距離は，単位格子の一辺の長さになるので，2と同様にすると

$$\frac{\frac{4}{3}\sqrt{3}r}{2\sqrt{2}r}=\sqrt{\frac{2}{3}} \text{ 倍}$$

5.（誤文）第2近接原子の数は，クロム結晶もニッケル結晶もともに6個であるから

$$\frac{6}{6}=1 \text{ 倍}$$

問 ii　各結晶の密度を d，d' とすると，それぞれ次式で表される（ただし，N_A はアボガドロ数）。

214 第1章 解答

$$\text{クロム結晶}: d = \frac{2 \times \dfrac{52.0}{N_A}}{\left(\dfrac{4}{3}\sqrt{3}\,r\right)^3}$$

$$\text{ニッケル結晶}: d' = \frac{4 \times \dfrac{58.7}{N_A}}{(2\sqrt{2}\,r)^3}$$

ここで，一定質量の金属を用いたとして，それぞれの体積を，クロム結晶 $v\,[\text{cm}^3]$，ニッケル結晶 $v'\,[\text{cm}^3]$ とすると，次式が成り立つ。

$$d \times v = d' \times v'$$

よって，求める値は

$$\frac{v}{v'} = \frac{d'}{d} = \frac{\dfrac{4 \times \dfrac{58.7}{N_A}}{(2\sqrt{2}\,r)^3}}{\dfrac{2 \times \dfrac{52.0}{N_A}}{\left(\dfrac{4}{3}\sqrt{3}\,r\right)^3}} = \frac{4\sqrt{6} \times 58.7}{9 \times 52.0} = 1.22 \fallingdotseq 1.2 \text{ 倍}$$

---

22 解 答

^{16}O の物質量：^{18}O の物質量 $= \mathbf{0.60 : 1}$

解 説

酸化鉄（Ⅲ）Fe_2O_3 $65.50\,\text{g}$ 中に，^{16}O が $x\,[\text{mol}]$，^{18}O が $y\,[\text{mol}]$ 含まれているとすると，還元した結果，減少した $20.70\,\text{g}$ は含まれていた酸素の質量であるので，次式が成り立つ。

$$16x + 18y = 20.70 \quad \cdots\cdots ①$$

また，還元により得られた鉄は

$$\frac{65.50 - 20.70}{56} = 0.80\,[\text{mol}]$$

よって，$Fe_2O_3 + 3H_2 \longrightarrow 2Fe + 3H_2O$ より次式が成り立つ。

$$0.80 : (x + y) = 2 : 3 \quad \cdots\cdots ②$$

①，②より　　$x = 0.45$，$y = 0.75$

したがって　　^{16}O の物質量：^{18}O の物質量 $= 0.45 : 0.75 = 0.60 : 1$

攻略のポイント

次のように考えてもよい。^{16}O と ^{18}O が $x:1$ の物質量比で構成されていると考える。このとき，酸素の原子量 M は次式で表される。

$$M = \frac{16x + 18}{x + 1} \quad \cdots\cdots ③$$

また，Fe_2O_3 の式量は $112 + 3M$ となるので

$$\frac{65.50}{112 + 3M} : \frac{65.50 - 20.70}{56} = 1 : 2 \quad \therefore \quad M = 17.25$$

よって，③より

$$17.25 = \frac{16x + 18}{x + 1} \quad \therefore \quad x = 0.60$$

---

23 解 答

1 ・ 6

解 説

1．（誤文）メタンは正四面体構造分子のため，分子全体として無極性になる。

2．（正文）例えば $H_3O^+ \longrightarrow H_2O + H^+$ と電離するときを考えると，3つの水素原子は同じ確率で電離する。

3．（正文）沸点は HF $20℃$，HCl $-85℃$ で，HF は分子量は小さいが，分子間に水素結合を形成するため非常に高い沸点を示す。

4．（正文）メタノール分子間には水素結合が存在するため沸点が高い。この<u>水素結合</u>は右のように表される<u>静電気的引力</u>である。

$$CH_3 - O^{\delta-} \diagdown_{H^{\delta+} \cdots\cdots O^{\delta-} \diagup^{H^{\delta+}}} \diagdown_{CH_3}$$

5．（正文）金属結晶は，陽イオンが規則正しく並び，その間を自由電子が自由に動き回る構造をしている。

6．（誤文）イオン結晶を加熱融解すると，イオンが自由に動けるようになり電気が通る。

7．（正文）平面的な網目構造は，炭素原子がもつ4つの価電子のうち3つを使って形成される。残りの価電子は特定の共有結合ではなく，平面構造の中を自由に動けるようになっている。

24 解答

6

解説

バリウム結晶と酸化バリウム結晶を下図のように表す。図1のBa間の最短距離をlとすると，図2のBa^{2+}間の最短距離l'は，$l'=0.90l$と表される。そこで，図1の単位格子の一辺の長さをaとすると

$$a = \frac{2}{3}\sqrt{3}l = 1.153l \fallingdotseq 1.15l$$

また，図2の単位格子の一辺の長さをbとすると

$$b = \sqrt{2}l' = 0.90\sqrt{2}l = 1.269l \fallingdotseq 1.27l$$

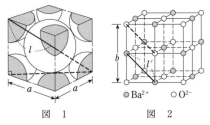

図1　　　　図2

1．(正文) 図2の……で表された距離であるから等しい。
2．(正文) Ba^{2+}に隣接しているO^{2-}の数は6個，Baに隣接しているBaの数は8個となる。
3．(正文) 図1より，この条件のBa間の距離は単位格子の一辺の長さaになる。また，図2より，この条件のBa^{2+}間の距離は単位格子の一辺の長さbになる。よって，a, bを比較すると$a<b$となる。
4．(正文) $a<b$であるから，$a^3<b^3$である。したがって，Ba結晶の単位格子の体積の方が小さい。
5．(正文) Ba 1 molからBaO 1 molが得られる。Baの単位格子中にはBaが2個，BaOの単位格子中にはBa^{2+}が4個含まれているので

$$\frac{b^3}{a^3 \times 2} = \frac{(0.90\sqrt{2}l)^3}{\left(\frac{2}{3}\sqrt{3}l\right)^3 \times 2} = \frac{0.90^3 \times 3 \times \sqrt{6}}{8}$$

6．(誤文) Ba結晶の密度をd，BaO結晶の密度をd'，アボガドロ定数をN_Aとおくと

第1章　解答　217

$$\frac{d}{d'}=\frac{\dfrac{\dfrac{137\times2}{N_A}}{a^3}}{\dfrac{\dfrac{153\times4}{N_A}}{b^3}}=\frac{137}{153\times2}\times\frac{b^3}{a^3}=\frac{137}{153\times2}\times\frac{(0.90\sqrt{2}\,l)^3}{\left(\dfrac{2}{3}\sqrt{3}\,l\right)^3}\fallingdotseq\frac{137}{306}\times\left(\frac{1.27}{1.15}\right)^3$$

この比の値は 1 より小さい。したがって，Ba 結晶の密度の方が小さい。

25　解答

5・6

解説

1．（正文）同位体は，化学的性質が大変よく似ている。また，化学変化によってその割合が変化することはない。

2．（正文）遷移元素は，化学的性質に関係する最外殻電子数が 1 または 2 個で，それらが放出されて陽イオンになりやすく，すべて金属元素である。また，遷移元素では，原子番号が変化しても，増加する電子は内殻に配置され，最外殻電子数が典型元素のように周期的に変化しないので，原子番号の近い原子の性質が似ている。

3．（正文）これらすべての電子配置は同じで，K 殻，L 殻にそれぞれ 2 個，8 個の電子が入っている。正電荷が大きいとまわりの電子をより強くひきつけるのでイオン半径は小さくなる。なお，参考までに，それぞれのイオン半径（単位は nm）は，$_8O^{2-}$（0.147），$_9F^-$（0.136），$_{11}Na^+$（0.097），$_{12}Mg^{2+}$（0.066），$_{13}Al^{3+}$（0.051）である。

4．（正文）希ガスの価電子は 0 であるが，それ以外の最外殻電子は価電子とよばれ，原子の化学的性質と密接な関連性がある。

5．（誤文）第 1 イオン化エネルギーは，原子から電子を 1 個取り除き 1 価の陽イオンにするのに必要なエネルギーであり，同じ周期の元素では 1 族の元素が最も小さい。電子親和力は，原子が電子を 1 個取り入れるときに放出されるエネルギーのことで，その絶対値はイオン化エネルギーの方が常に大きい。例として，17 族元素のイオン化エネルギーと電子親和力を次表に示す。

（単位 eU）	F	Cl	Br	I
イオン化エネルギー	−17.4	−13.0	−11.8	−10.5
電子親和力	+3.4	+3.6	+3.4	+3.1

6．（誤文）原子の第 1 イオン化エネルギーは，同一周期内では，18 族の希ガスが最大である。

7．（正文）1 価の陰イオンから電子 1 個を取り去る反応は，原子が電子を 1 個取り

218　第1章　解答

入れて1価の陰イオンになる反応の逆反応であり，そのとき出入りするエネルギーの大きさは同じである。

26　解　答

問 i　3　　問 ii　8　　問 iii　64

解　説

問 i　単位格子には，原子Aが4個，原子Bが$\dfrac{1}{8}\times 8+1=2$個含まれる。したがって，組成式はA_2Bとなる。

問 ii　単位格子の対角線は，A−Bの距離の4倍である。単位格子の辺の長さをlとすると，単位格子の体対角線は$\sqrt{3}l$と表されるので

$$4r=\sqrt{3}l \quad \therefore \quad l=\frac{4}{\sqrt{3}}r$$

よって，単位格子の体積は

$$l^3=\frac{64}{3\sqrt{3}}r^3=\frac{64\sqrt{3}}{9}r^3$$

問 iii　問 i より，単位格子には，原子Aが4個，原子Bが2個含まれる。原子Aの原子量をxとすると

$$\frac{4x+16\times 2}{6.02\times 10^{23}}\times\frac{1}{7.81\times 10^{-23}}=6.10 \quad \therefore \quad x=63.6\fallingdotseq 64$$

27　解　答

問A　4.7倍　　問B　$1.1\times 10^2\,\mathrm{kJ}$

解　説

問A　エタンの燃焼の反応式は，次のようになる。また，燃焼前のエタンと酸素の物質量をそれぞれn_e，n_oとすると，燃焼前後の各物質量は次のようになる。

$$2C_2H_6+\quad 7O_2\quad \longrightarrow 4CO_2+6H_2O（液）$$

燃焼前	n_e	n_o	0	0
燃焼後	0	$n_o-\dfrac{7}{2}n_e$	$2n_e$	$3n_e$

よって，燃焼前は　　$n_e+n_o=\dfrac{1.00\times 10.0}{RT}$　……①

燃焼後は $\quad n_0 - \dfrac{7}{2}n_e + 2n_e = \dfrac{1.00 \times 5.60}{RT}$ ……②

①, ②より $\quad n_e = \dfrac{8.80}{5RT}$, $\quad n_0 = \dfrac{41.2}{5RT}$

したがって，分圧比は，それぞれの物質量の比と同じであるから

$$\dfrac{p_0}{p_e} = \dfrac{n_0}{n_e} = \dfrac{41.2}{5RT} \times \dfrac{5RT}{8.80} = 4.68 \fallingdotseq 4.7 \text{倍}$$

問B エタンの燃焼の熱化学方程式は，次の3つの熱化学方程式より導くことができる。

$\quad$ 2C（黒鉛）$+ 3H_2 = C_2H_6 + 83.8 \,\text{kJ}$ ……①

$\quad$ C（黒鉛）$+ O_2 = CO_2 + 394 \,\text{kJ}$ ……②

$\quad$ $H_2 + \dfrac{1}{2}O_2 = H_2O$（液）$+ 286 \,\text{kJ}$ ……③

②×2 + ③×3 − ① より

$\quad$ $C_2H_6 + \dfrac{7}{2}O_2 = 2CO_2 + 3H_2O + 1562.2 \,\text{kJ}$

問Aより

$\quad n_e = \dfrac{8.80}{5RT} = \dfrac{8.80}{5 \times 0.0821 \times (273 + 25)} = 0.07193 \,\text{〔mol〕}$

よって，発生した熱量は

$\quad 1562.2 \times 0.07193 = 112.3 \fallingdotseq 1.1 \times 10^2 \,\text{〔kJ〕}$

---

28 解 答

問A $\mathbf{5.2\,g/cm^3}$ $\qquad$ **問B** $\dfrac{x}{y} = \mathbf{0.68}$

解 説

問A Fe_xO_y の密度を d〔g/cm^3〕とすると，それぞれの酸化物の質量は

$\quad$ FeO : $6.00 \times 5.00 \times 10^3 \times 6.00 \times 10^{-4} = 18.0$〔g〕

$\quad$ Fe_xO_y : $d \times 5.00 \times 10^3 \times 5.20 \times 10^{-4} = 2.60d$〔g〕

生成した酸化物全体の平均の密度より

$$\dfrac{18.0 + 2.60d}{5.00 \times 10^3 \times 11.2 \times 10^{-4}} = 5.63 \quad \therefore \quad d = 5.20 \fallingdotseq 5.2 \,\text{〔g/cm}^3\text{〕}$$

問B 容積と温度が一定なので，鉄と反応した酸素の物質量は，圧力の減少量に比例するから，0.250 mol となる。また，FeO（式量72）が 18.0 g 生成したから，$2Fe + O_2 \longrightarrow 2FeO$ より，FeO の生成に O_2 が 0.125 mol 反応したことがわかる。

220 第1章 解答

よって，残りの O_2 0.125 mol が Fe_xO_y の生成に使われたことになる。

$xFe + \dfrac{y}{2}O_2 \longrightarrow Fe_xO_y$ より

$\dfrac{y}{2} = 0.125 \,[mol]$ ……①

問A より Fe_xO_y は $5.20 \times 5.00 \times 10^3 \times 5.20 \times 10^{-4} = 13.52 \,[g]$ 生成しているので，$x \,[mol]$ の Fe が反応したとすると

$56x + 32 \times \dfrac{y}{2} = 13.52$ ……②

①，②より $x = 0.170 \,[mol]$，$y = 0.250 \,[mol]$

したがって，求める x と y の比は

$\dfrac{x}{y} = \dfrac{0.170}{0.250} = 0.680 \fallingdotseq 0.68$

---

29 解 答

問i 3 問ii $[Fe^{2+}] : [Fe^{3+}] = 1 : 2.4$

解 説

問i 実験アより，$FeSO_4 \cdot 7H_2O$（式量 278）と $Fe_2(SO_4)_3 \cdot nH_2O$（式量 $400 + 18n$）の混合物を純水に溶かし，$KMnO_4$ と反応させると，次のようになる。

$5Fe^{2+} + MnO_4^- + 8H^+ \longrightarrow Mn^{2+} + 5Fe^{3+} + 4H_2O$

よって，水溶液 A 10.0 mL 中に Fe^{2+} は

$0.00200 \times \dfrac{50.0}{1000} \times 5 = 5.00 \times 10^{-4} \,[mol]$

含まれていたことがわかる。

したがって，混合物 4.11 g 中に Fe^{2+} は 5.00×10^{-3} mol 含まれているので，$FeSO_4 \cdot 7H_2O$ の質量は $278 \times 5.00 \times 10^{-3} = 1.39 \,[g]$ となる。よって，残りの 2.72 g が $Fe_2(SO_4)_3 \cdot nH_2O$ となる。

実験イ より，混合溶液を硝酸で酸化するとすべての Fe^{2+} が Fe^{3+} になり，これから生成する Fe_2O_3（式量 160）の質量が 0.680 g であるから，混合溶液 50.0 mL 中の Fe^{3+} の物質量は

$\dfrac{0.680}{160} \times 2 = 8.50 \times 10^{-3} \,[mol]$

これより，試料溶液 100 mL 中の Fe イオンの全量は 1.70×10^{-2} mol になる。

1.70×10^{-2} mol のうち，Fe^{2+} の物質量は**実験ア**より 5.00×10^{-3} mol であるから，

第1章　解答　221

$Fe_2(SO_4)_3 \cdot nH_2O$ からの Fe^{3+} の物質量は 1.20×10^{-2} mol である。よって，2.72 g の $Fe_2(SO_4)_3 \cdot nH_2O$ は 6.00×10^{-3} mol になる。したがって，求める n は

$$\frac{2.72}{400 + 18n} = 6.00 \times 10^{-3} \qquad \therefore \quad n = 2.96 \fallingdotseq 3$$

問ii　問iより，混合物の中には $Fe^{2+} = 5.00 \times 10^{-3}$〔mol〕と $Fe^{3+} = 1.20 \times 10^{-2}$〔mol〕が含まれるから

$$[Fe^{2+}] : [Fe^{3+}] = 5.00 \times 10^{-3} : 1.20 \times 10^{-2} = 1 : 2.4$$

攻略のポイント

問i，問ii は，次のように整理して考えてもよい。

ア. $FeSO_4 \cdot 7H_2O \xrightarrow{\text{水}} Fe^{2+} \xrightarrow{KMnO_4} \underset{5.00 \times 10^{-4}\text{mol}/(\text{水溶液A}10.0\text{mL})}{Fe^{3+}}$

よって，水溶液A 100 mL 中には，Fe^{2+} は 5.00×10^{-3} mol 含まれている。

イ. $\begin{array}{l} FeSO_4 \cdot 7H_2O \\ Fe_2(SO_4)_3 \cdot nH_2O \end{array} \xrightarrow{\text{水}} \begin{array}{l} Fe^{2+} \\ Fe^{3+} \end{array} \xrightarrow{HNO_3} Fe^{3+} \xrightarrow{NaOH} Fe(OH)_3 \xrightarrow{\text{加熱}} \underset{\frac{0.680}{160}\text{mol}}{Fe_2O_3}$

（計 4.11 g）　　　　（50.0 mL 取り出す）

よって，Fe_2O_3 を生じた Fe^{3+} は，水溶液A 100 mL あたり次のようになる。

$$\frac{0.680}{160} \times 2 \times \frac{100}{50.0} = 1.70 \times 10^{-2}〔\text{mol}〕$$

したがって　　$[Fe^{2+}] : [Fe^{3+}] = 5.00 \times 10^{-3} : (1.70 \times 10^{-2} - 5.00 \times 10^{-3}) = 1 : 2.4$

また，混合物 4.11 g 中に $FeSO_4 \cdot 7H_2O$（式量 278）は，$278 \times 5.00 \times 10^{-3} = 1.39$〔g〕あるので，$Fe_2(SO_4)_3 \cdot nH_2O$（式量 $400 + 18n$）は $4.11 - 1.39 = 2.72$〔g〕ある。よって，求める n は

$$1.70 \times 10^{-2} - 5.00 \times 10^{-3} = 2 \times \frac{2.72}{400 + 18n} \qquad \therefore \quad n = 2.96 \fallingdotseq 3$$

30　解　答

問A　5　　**問B　7**

解　説

問A　面心立方格子の一辺の長さを l〔cm〕とすると，図1のように立方格子の面の対角線は原子間距離 a〔cm〕の2倍になる。

したがって　　$\sqrt{2}\, l = 2a \quad \therefore \quad l = \dfrac{2}{\sqrt{2}} a = \sqrt{2}\, a$〔cm〕

面心立方格子は，1つの格子の中に粒子を4個含むので，結晶の密度 d [g/cm³] は

$$d = \frac{\frac{4M}{N}}{l^3} = \frac{4M}{N(\sqrt{2}a)^3} = \frac{\sqrt{2}M}{Na^3}$$

問B 体心立方格子の一辺の長さを l' [cm] とすると，図2のように立方格子の立体の対角線が原子間距離 a [cm] の2倍になるので，l' は次のようになる。

$$\sqrt{3}\,l' = 2a \quad \therefore \quad l' = \frac{2}{\sqrt{3}}a = \frac{2\sqrt{3}}{3}a \text{ [cm]}$$

体心立方格子は，1つの格子の中に粒子を2個含むので，4個の粒子では立方格子2個分となる。よって，粒子4個分の体積はそれぞれ次のようになる。

面心立方格子（1個）：$l^3 = (\sqrt{2}a)^3 = 2\sqrt{2}a^3 ≒ 2.82a^3$

体心立方格子（2個）：$2l'^3 = 2\left(\frac{2\sqrt{3}}{3}a\right)^3 = \frac{16\sqrt{3}}{9}a^3 ≒ 3.07a^3$

したがって，体積の増加の割合は

$$\frac{2l'^3 - l^3}{l^3} \times 100 = \frac{3.07a^3 - 2.82a^3}{2.82a^3} \times 100 ≒ 8.86 \text{ [\%]}$$

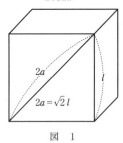

図 1

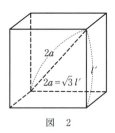

図 2

31 解答

4・6

解説

1・2・3・5．（正文）ダイヤモンドと黒鉛は，炭素の同素体であるが，ダイヤモンドが炭素の4つの価電子が互いに共有結合することにより立体網目状の巨大分子（最近接原子4個）をつくっているのに対して，黒鉛は炭素の3つの価電子が共有結合することにより平面状（最近接原子3個）になり，その平面が積み重なってできており，残りの1個の価電子は面に沿って自由電子のように動いている。

第1章 解答 **223**

4．（誤文）ダイヤモンドの炭素原子間の距離は $0.154\,\mathrm{nm}$ であり，黒鉛は平面状の原子間が $0.142\,\mathrm{nm}$ とダイヤモンドより短い。しかし，黒鉛の平面の層間距離は $0.335\,\mathrm{nm}$ と長い。

6．（誤文）炭素原子の価電子数はどちらも4であるが，上述の通り，黒鉛では共有結合していない価電子が自由に移動できるため，電導性をもつ。

---

32 解 答

2.6 %

解 説

Cu（式量 64），Cu_2O（式量 144），CuO（式量 80）の混合物を $900\,\text{℃}$ に加熱するとすべてが CuO に，$1100\,\text{℃}$ に加熱するとすべてが Cu_2O になる。このとき，各温度における反応は次のようになる。

$900\,\text{℃}$ のとき

$$\mathrm{Cu} + \frac{1}{2}\mathrm{O_2} \longrightarrow \mathrm{CuO}, \quad \mathrm{Cu_2O} + \frac{1}{2}\mathrm{O_2} \longrightarrow 2\mathrm{CuO}, \quad \mathrm{CuO}\ \text{変化なし}$$

$1100\,\text{℃}$ のとき

$$\mathrm{Cu} + \frac{1}{4}\mathrm{O_2} \longrightarrow \frac{1}{2}\mathrm{Cu_2O}, \quad \mathrm{Cu_2O}\ \text{変化なし}, \quad \mathrm{CuO} \longrightarrow \frac{1}{2}\mathrm{Cu_2O} + \frac{1}{4}\mathrm{O_2}$$

ここで混合物の質量を $100\,\mathrm{g}$ とし，この混合物の中に Cu$\cdots x$〔mol〕，$Cu_2O\cdots y$〔mol〕，CuO$\cdots z$〔mol〕が含まれているとすると

$$64x + 144y + 80z = 100 \quad \cdots\cdots ①$$

$900\,\text{℃}$ での処理の後，14.0 ％質量が増加するので，反応した酸素分は

$$16x + 16y = 14.0 \quad \cdots\cdots ②$$

$1100\,\text{℃}$ での変化は $8x - 8z$ となる。

①と②より y を消去すると $\quad x - z = 0.325$

ゆえに $\quad 8x - 8z = 2.6$〔％〕

第2章 物質の状態・状態変化

33 解答

5

解説

1. （正文）同一周期内において，貴ガスは最も安定な電子配置をもつため，同一周期内の元素の中では，第1イオン化エネルギーが最も大きい。
2. （正文）遷移元素はすべて金属元素である。
3. （正文）凝固点を過ぎて冷却されても凝固せず，液体の状態を維持する現象を過冷却という。
4. （正文）シラン SiH_4 は正四面体形の無極性分子であるが，硫化水素 H_2S は，折れ線形の極性分子である。このため分子量はほぼ同じであるが，SiH_4 に比べ H_2S は，分子間に電荷の偏りによって弱い静電気力が生じるため，沸点は高くなる。
5. （誤文）蒸気圧は，気液平衡状態にあれば，密閉容器内の液体の量や容器の容積に関係なく，温度によって決まり，蒸気圧曲線に沿って温度の上昇とともに大きくなる。
6. （正文）水のように，融解曲線が右図のように右下がりになっている場合，温度一定で圧力が増加すると，固体から液体に変化する。
7. （正文）右図の臨界点以上の温度，圧力にある状態を超臨界流体といい，液体とも気体とも区別のつかない状態となる。

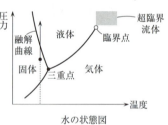

水の状態図

34 解答

問 i 88　　問 ii 0.76

解説

問 i　HA の分子量を M とすると，ベンゼン溶液中では二量体を形成するので $2M$ となる。よって，分子量は凝固点降下度から次のようになる。

$$5.530 - 4.890 = 5.12 \times \frac{2.20}{2M} \times \frac{1000}{100} \qquad M = 88$$

問ⅱ 電離度を α とすると，水溶液中での HA，H^+，A^- の質量モル濃度は，それぞれ次のようになる。

$$HA : \frac{0.500}{88} \times \frac{1000}{100}(1-\alpha) = \frac{5.00}{88}(1-\alpha) \text{ [mol/kg]}$$

$$H^+,\ A^- : \frac{0.500}{88} \times \frac{1000}{100}\alpha = \frac{5.00}{88}\alpha \text{ [mol/kg]}$$

よって，溶液中の全粒子の質量モル濃度は

$$\frac{5.00}{88}(1-\alpha) + 2 \times \frac{5.00}{88}\alpha = \frac{5.00}{88}(1+\alpha) \text{ [mol/kg]}$$

したがって，電離度は凝固点降下度から次のようになる。

$$0.185 = 1.85 \times \frac{5.00}{88}(1+\alpha) \qquad \alpha = 0.76$$

35 解 答

問ⅰ $\dfrac{2X}{1-X^2}$　　問ⅱ $\dfrac{C_1}{2C_0+C_1}$

解 説

問ⅰ 平衡状態に達したときの，各室の圧力，体積は下図のようになる。

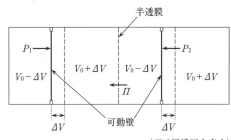

(Π は浸透圧を表す)

このとき，左右両端の理想気体について，温度 T [K] で一定であることから，ボイルの法則より次の関係が成り立つ。

$$\left[P_0 V_0 = P_1(V_0 - \Delta V) \quad \cdots\cdots ①,\quad P_0 V_0 = P_2(V_0 + \Delta V) \quad \cdots\cdots ② \right]$$

①，②の両辺を V_0 で割り，変形すると

$$P_0 = P_1\left(1 - \frac{\Delta V}{V_0}\right) = P_1(1-X) \qquad \frac{P_1}{P_0} = \frac{1}{1-X} \quad \cdots\cdots ①'$$

$$P_0 = P_2\left(1 + \frac{\Delta V}{V_0}\right) = P_2(1+X) \qquad \frac{P_2}{P_0} = \frac{1}{1+X} \quad \cdots\cdots ②'$$

よって，①' - ②' より

226 第2章 解答

$$\frac{P_1}{P_0} - \frac{P_2}{P_0} = \frac{1}{1-X} - \frac{1}{1+X} \qquad \frac{P_1 - P_2}{P_0} = \frac{2X}{1-X^2}$$

問ⅱ スクロース水溶液中のスクロースの物質量は C_1V_0〔mol〕であるから，平衡後のスクロース水溶液の濃度は

$$\frac{C_1V_0}{V_0 + \Delta V} = \frac{C_1}{1 + \dfrac{\Delta V}{V_0}} = \frac{C_1}{1+X} \text{〔mol/L〕}$$

よって，ファントホッフの法則より，浸透圧 Π〔Pa〕は

$$\boxed{\Pi = \frac{C_1}{1+X} RT \text{〔Pa〕}}$$

したがって，図におけるつり合いの関係より，$P_1 = \Pi + P_2$ が成り立つので

$$P_1 = \frac{C_1}{1+X} \cdot RT + P_2 \qquad P_1 - P_2 = \frac{C_1}{1+X} \cdot RT$$

辺々を P_0 で割って整理すると

$$\frac{P_1 - P_2}{P_0} = \frac{C_1}{1+X} \cdot \frac{RT}{P_0} \qquad \frac{2X}{1-X^2} = \frac{1}{1+X} \cdot \frac{C_1}{C_0}$$

$$2C_0X = C_1(1-X) \qquad \therefore \quad X = \frac{C_1}{2C_0 + C_1}$$

36 解 答

1・6

解 説

1．(誤文) ボイル・シャルルの法則より，127℃，5.0×10^5 Pa での体積を V〔L〕とすると

$$\frac{1.0 \times 10^5 \times 10}{273 + 27} = \frac{5.0 \times 10^5 \times V}{273 + 127} \qquad \therefore \quad V = 2.66 \doteqdot 2.7 \text{〔L〕}$$

2．(正文) 理想気体の状態方程式は，ボイル・シャルルの法則とアボガドロの法則より導かれたものである。

3．(正文) 理想気体の状態方程式より，質量を w〔g〕とすると

$$8.31 \times 10^4 \times 1.0 = \frac{w}{40} \times 8.31 \times 10^3 \times (273 + 127)$$

$$w = 1.0 \text{〔g〕}$$

4．(正文) 理想気体と実在気体の違いは，実在気体には分子間力と分子自身の大きさがあり，理想気体にはその2つが存在しないことである。

5．(正文) N_2, O_2 それぞれを 10L の容器に入れたときの分圧を P_{N_2}〔Pa〕，P_{O_2}〔Pa〕

第2章　解答　227

とすると

$2.0 \times 10^5 \times 3.0 = P_{N_2} \times 10$　　∴　$P_{N_2} = 0.60 \times 10^5 \,[\text{Pa}]$

$1.0 \times 10^5 \times 4.0 = P_{O_2} \times 10$　　∴　$P_{O_2} = 0.40 \times 10^5 \,[\text{Pa}]$

よって，この混合気体の全圧は

$0.60 \times 10^5 + 0.40 \times 10^5 = 1.0 \times 10^5 \,[\text{Pa}]$

6．（誤文）水上置換をおこなっているので，捕集容器の内部の圧力は水素と水蒸気の各分圧の和であり，これが大気圧と等しくなっている。

37　解　答

問 i　**1.2 mL**　　問 ii　**05**

解　説

問 i　25℃，$1.00 \times 10^5 \,\text{Pa}$，水 1.00 L に溶解する O_2 は 30.0 mL であるから，水 1.00 L に溶解する O_2，容器内の気体部分の体積中の O_2 をすべて 25℃，$1.00 \times 10^5 \,\text{Pa}$ 下に換算して考えると，物質量比＝体積比となる。よって，操作 1 回目によって気体部分に放出される O_2 の体積を $x\,[\text{mL}]$ とすると，ヘンリーの法則より次の関係が成立する。

$$\frac{\dfrac{x}{120} \times 10^5}{1.00 \times 10^5} \times 30 = V_0 - x　　\therefore　x = \frac{4}{5} V_0 \,[\text{mL}]$$

したがって，求める $V_1\,[\text{mL}]$ は，$V_0 = 30.0 \times \dfrac{20.0}{100} = 6.00 \,[\text{mL}]$ より

$$V_1 = V_0 - \frac{4}{5} V_0 = \frac{1}{5} V_0 = \frac{1}{5} \times 6.00 = 1.20 \,[\text{mL}]$$

問 ii　V_n が V_0 の $\dfrac{1}{1000}$ 以下となるためには，$V_n = V_0 \times \left(\dfrac{1}{5}\right)^n$ $(n = 0,\ 1,\ 2,\ \cdots)$ と表されるので，求める n は

$$V_0 \times \left(\frac{1}{5}\right)^n \leqq V_0 \times \frac{1}{1000}$$

$$1000 \leqq 5^n$$

よって，これをみたす最小の n は，$5^4 = 625$，$5^5 = 3125$ より，$n = 5$ である。

攻略のポイント

水への気体の溶解度を，ヘンリーの法則を用いて考える場合，水に溶解する気体の質量や物質量は，溶解する気体の分圧に比例するが，溶解する量を体積で考える場合，

温度一定下において次の2点に注意することが必要である。

(1) 溶解する気体の体積を，同温・同圧下に換算すれば，物質量や質量と同様に分圧に比例する。

(2) 溶解する気体の体積を，その気体の分圧下に換算すれば，溶解する気体の体積は常に一定である。

本問では，問題文中に溶解する酸素の体積 V_0, V_1, V_2, …, V_n はすべて，25℃，$1.00×10^5$ Pa における体積とあるので，(1)の考え方を用いればよい。

問ii 問iより $V_1=\frac{1}{5}V_0$ から $V_n=\frac{1}{5}V_{n-1}$ が成り立つので，V_n は初項 V_0，公比 $\frac{1}{5}$ の等比数列と考え，$V_n=V_0\left(\frac{1}{5}\right)^n$ ($n=0, 1, 2, 3, …$) を用いて n を求めればよい。

38 解 答

$$K_b = kT_b + \frac{kB}{A} \ [\text{K·kg/mol}]$$

解 説

溶媒の蒸気圧は，$AT+B$ より T の1次関数で表され，希薄溶液の蒸気圧は，いずれの温度においても kCP_0 だけ減少したという条件より，縦軸に蒸気圧，横軸に絶対温度をとり図示すると，右図のように表される。ここで，この希薄溶液の沸点上昇度を Δt [K] とすると，希薄溶液の蒸気圧を表す直線の傾きも A となるので，次の関係が成立する。

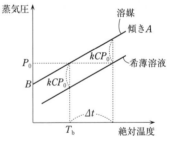

$$\frac{kCP_0}{\Delta t}=A \quad \Delta t=\frac{kCP_0}{A} \quad \cdots\cdots ①$$
$$P_0=AT_b+B \quad \cdots\cdots ②$$
$$\Delta t=K_bC \quad \cdots\cdots ③$$

よって，①〜③より P_0 と Δt を消去して整理すると

$$\frac{kC(AT_b+B)}{A}=K_bC \qquad K_b=kT_b+\frac{kB}{A} \ [\text{K·kg/mol}]$$

第2章 解答 229

39 解答

3

解説

1. （誤文）50℃のときの体積を V [L]，100℃のときの体積を V' [L]，圧力を P [Pa] とすると，ボイル・シャルルの法則より

$$\frac{PV}{273+50}=\frac{PV'}{273+100} \qquad \frac{V'}{V}≒1.15 倍$$

2. （誤文）ボイルの法則より，温度一定のとき体積と圧力は反比例する。

3. （正文）高温になるほど，分子の熱運動が激しくなり，おもに分子間力の影響が小さくなる。また，低圧になるほど，単位体積中の分子数の減少により分子自身の占める体積の影響が小さくなる。したがって，実在気体のふるまいは理想気体に近づく。

4. （誤文）実在気体では，分子間力の影響は，その気体の体積を減少させる効果をもち，分子自身の大きさの影響は，その気体の体積を増加させる効果をもつ。したがって，実在気体の体積は，圧力，温度の違いによって，圧力，温度，物質量が同じ理想気体の体積より大きい場合も小さい場合もある。

5. （誤文）アンモニアや塩化水素のように，水への溶解度が非常に大きい気体の溶解度は，その気体の圧力に比例しない。

6. （誤文）一般に温度が高くなると気体分子の熱運動が激しくなるため，水に対する気体の溶解度は減少する。

40 解答

$$\varDelta T=\frac{K_b(P_1-P_0)}{RT} [\mathrm{K}]$$

解説

平衡状態に達したときの希薄水溶液の浸透圧を $\varPi$ [Pa]，希薄水溶液中の非電解質の物質量を n [mol] とすると，ファントホッフの法則より

$$\varPi=\frac{n}{V_1}RT \quad ……①$$

ここで，図の平衡状態に達したときのつり合いの関係から

$$P_0+\varPi=P_1 \qquad \varPi=P_1-P_0 \quad ……②$$

①を②へ代入して，n について整理すると

230　第2章　解答

$$\frac{n}{V_1}RT = P_1 - P_0 \qquad n = \frac{(P_1 - P_0)\,V_1}{RT} \,\text{(mol)}$$

希薄水溶液であるから V_1〔L〕≒V_1〔kg〕とすると，求める沸点上昇度 ΔT〔K〕は次のようになる。

$$\Delta T = K_b \times \frac{(P_1 - P_0)\,V_1}{RT} \times \frac{1}{V_1} = \frac{K_b(P_1 - P_0)}{RT} \,\text{(K)}$$

41　解 答

$$\frac{P_M}{P_D} = 0.33$$

解 説

はじめ，容器に入れた単量体 CH_3COOH を x〔mol〕，生成した二量体 $(CH_3COOH)_2$ を y〔mol〕とすると

$$2CH_3COOH \rightleftharpoons (CH_3COOH)_2 \quad \cdots\cdots①$$

反応前	x	0	〔mol〕
変化量	$-2y$	$+y$	〔mol〕
平衡後	$x-2y$	y	〔mol〕

よって，理想気体の状態方程式より

$$4.40 \times 10^5 \times 0.831 = (x - 2y + y) \times 8.31 \times 10^3 \times 440$$

$$x - y = 0.100 \quad \cdots\cdots②$$

さらに，状態 **A** より加熱すると，①の平衡は左へ移動し，すべての酢酸が次の反応により無水酢酸と水に変化する。

$$2CH_3COOH \longrightarrow (CH_3CO)_2O + H_2O$$

よって，新たに生じる $(CH_3CO)_2O$ と H_2O の物質量は，それぞれ $\dfrac{x}{2}$〔mol〕ずつで合計 x〔mol〕となるから

$$7.70 \times 10^5 \times 0.831 = x \times 8.31 \times 10^3 \times 440$$

$$x = 0.175 \,\text{(mol)} \quad \cdots\cdots③$$

②，③より，$x = 0.175$〔mol〕，$y = 0.0750$〔mol〕となるので，状態 **A** における単量体 CH_3COOH と，二量体 $(CH_3COOH)_2$ の物質量は次のようになる。

単量体 CH_3COOH：$0.175 - 2 \times 0.0750 = 0.0250$〔mol〕

二量体 $(CH_3COOH)_2$：0.0750 mol

したがって，同温・同体積において，（分圧の比）＝（物質量の比）より

$$\frac{P_M}{P_D} = \frac{0.0250}{0.0750} = 0.333 ≒ 0.33$$

第2章　解答　231

42　解　答

$$P = \frac{2P_1}{V_0 + 1} \text{ (Pa)}$$

解　説

はじめに充填した N_2 の物質量を n 〔mol〕とすると，理想気体の状態方程式より

$$P_1 V_1 = nRT \qquad \therefore \quad n = \frac{P_1 V_1}{RT} \text{ (mol)} \quad \cdots\cdots\text{①}$$

水を加えた後に，気体として存在する N_2 の物質量を n_1 〔mol〕とすると，理想気体の状態方程式より

$$P \times \frac{V_1}{2} = n_1 RT \qquad \therefore \quad n_1 = \frac{PV_1}{2RT} \text{ (mol)} \quad \cdots\cdots\text{②}$$

また，$\dfrac{V_1}{2}$〔L〕の水に溶解した N_2 は，ヘンリーの法則より，温度 T〔K〕において，その圧力下に換算すると溶解する気体の体積は不変であるから，P〔Pa〕下で溶解した体積は

$$V_0 \times \frac{V_1}{2} = \frac{V_0 V_1}{2} \text{ (L)}$$

よって，溶解した体積が n_2〔mol〕とすると，理想気体の状態方程式から

$$P \times \frac{V_0 V_1}{2} = n_2 RT \qquad \therefore \quad n_2 = \frac{PV_0 V_1}{2RT} \text{ (mol)} \quad \cdots\cdots\text{③}$$

したがって，$n = n_1 + n_2$ であるから，①～③より求める P は次のようになる。

$$\frac{P_1 V_1}{RT} = \frac{PV_1}{2RT} + \frac{PV_0 V_1}{2RT}$$

$$\therefore \quad P = \frac{2P_1}{V_0 + 1} \text{ (Pa)}$$

攻略のポイント

次のように，気体の体積に着目して考えてもよい。

水を加える前

① N_2 の体積 V_1〔L〕
（P_1〔Pa〕，T〔K〕）

水を加えた後

② N_2 の体積 $\dfrac{V_1}{2}$〔L〕
（P〔Pa〕，T〔K〕）
③ 水 $\dfrac{V_1}{2}$〔L〕に溶解した N_2

N_2 は T〔K〕において，P_0〔Pa〕のとき，水 1L に V_0〔L〕溶解するので，P〔Pa〕

232 第2章 解答

下において，水 $\dfrac{V_1}{2}$ 〔L〕に溶解する N_2 は P〔Pa〕下に換算すると $\dfrac{V_0 V_1}{2}$〔L〕である。

よって，P〔Pa〕，T〔K〕において，気体の N_2 と水に溶解した N_2 の体積の和は

$$\frac{V_1}{2} + \frac{V_0 V_1}{2} = \frac{V_1(V_0+1)}{2}\,\text{〔L〕}$$

したがって，水を加える前の N_2 の体積 V_1（P_1〔Pa〕，T〔K〕）は，ボイルの法則から次のようになる。

$$P \times \frac{V_1(V_0+1)}{2} = P_1 V_1 \qquad \therefore \quad P = \frac{2P_1}{V_0+1}\,\text{〔Pa〕}$$

43 解答

6

解説

1．（正文）コロイド粒子は直径 $10^{-7} \sim 10^{-5}$ cm 程度の大きさで，可視光を散乱する。このため，強い光を当てると，光の通路が明るく光って見える。この現象をチンダル現象という。

2．（正文）牛乳は水が分散媒となり，この中にコロイド粒子が沈殿せずに混合したものである。

3．（正文）水酸化鉄(Ⅲ)のコロイド粒子は，水和している水分子が少ない疎水コロイドである。

4．（正文）タンパク質やデンプンのような分子量が大きい高分子は，分子1個でコロイド粒子となる。

5．（正文）親水コロイドは，多くの水分子が水和しているため，多量の電解質を加え水和している水分子を取り除くと沈殿する。この現象を塩析という。

6．（誤文）分散媒の熱運動により，分散媒がコロイド粒子に衝突し，コロイド粒子が不規則に運動する。この現象をブラウン運動という。

44 解答

問 i 　$Q = -30$ kJ/mol 　　問 ii 　20℃

解説

問 i 　実験1より，温度が下がると溶解度が小さくなるので，実験に用いた塩を**M**，溶解熱を Q〔kJ/mol〕とすると，塩**M**の水への溶解は次の熱化学方程式で表される。

$$M(固) + aq = Maq - Q[kJ] \quad (Q > 0)$$

40.0℃では水100gあたり塩は70.0g溶解するが,溶解により温度が40.0℃から25.0℃へ15.0℃下がるので,25.0℃で溶解平衡となったとき,水に溶解した塩の質量は

$$70.0 - 2.00 \times 15.0 = 40.0 [g]$$

よって,塩の式量100,容器内の物質の比熱4.00J/(g・K)より,溶解熱Qは次のようになる。

$$\frac{40.0}{100} Q = 4.00 \times 200 \times 15.0 \times 10^{-3} \quad \therefore \quad Q = 30.0 \fallingdotseq 30 [kJ/mol]$$

問ii 問iより,25.0℃の水100gに塩は40.0g溶解するので,温度がΔt[℃]下がるとすると,水は200gあるから析出する塩の質量は

$$2.00 \times \frac{200}{100} \times \Delta t = 4.00 \Delta t [g]$$

Δt[℃]下がったときの溶解度は$40.0 - 4.00\Delta t$であり,このときの溶解熱が水溶液300gの温度を下げるので

$$\frac{40.0 - 4.00\Delta t}{100} \times 30.0 = 4.00 \times 300 \times \Delta t \times 10^{-3} \quad \therefore \quad \Delta t = 5.00 [℃]$$

したがって,求める状態Bの溶液の温度は次のようになる。

$$25.0 - 5.00 = 20.0 \fallingdotseq 20 [℃]$$

攻略のポイント

固体の溶解度と温度の関係を表したものを,溶解度曲線といい,右の図のAまたはBのような曲線になることが多い。このとき,AとBの溶解は,次の熱化学方程式で表される。

$$A(固体) + aq = Aaq - Q_A [kJ]$$
$$B(固体) + aq = Baq + Q_B [kJ]$$
$$(Q_A > 0, \quad Q_B > 0)$$

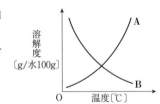

よって,温度が上昇すれば,Aの場合は平衡は右へ移動し,溶解度は大きくなるが,Bの場合は逆になる。

---

45 解 答

6

234 第 2 章 解答

解 説

1. （誤文）0℃の氷がすべて解けるとき，周りから熱を吸収するが，温度が変わらないのは，外部と熱エネルギーの交換があるからである。

2. （誤文）純物質に食塩などの他の物質を溶解すると，温度を下げても結晶化しにくくなる。このため，凝固する温度が純水に比べて降下する。

3. （誤文）食塩水と氷の濃度が異なるため，氷は解けて食塩水の濃度をできるだけ小さくしようとする。

4. （誤文）直径 $1.0 \times 10^{-7} \sim 10^{-5}$ cm 程度の粒子をコロイド粒子という。コロイド粒子が溶解した溶液では，レーザー光などの光束を当てると光が散乱され，その通路が輝いて見える。これをチンダル現象という。Na^+ や Cl^- はコロイド粒子より小さく光を散乱しない。

5. （誤文）固体の水酸化ナトリウムは水に溶解すると発熱するので，溶解熱は正の値である。

6. （正文）飽和食塩水では，溶質である食塩の溶解する速度と析出する速度が等しくなった溶解平衡の状態にある。

46 解 答

2.8×10^4 Pa

解 説

プロパン C_3H_8（分子量 44），酸素 O_2（分子量 32）の物質量はそれぞれ次のようになる。

$$C_3H_8 : \frac{0.880}{44} = 0.0200 \text{（mol）} \qquad O_2 : \frac{6.40}{32} = 0.200 \text{（mol）}$$

燃焼にともなう物質量の変化は

	C_3H_8	+	$5O_2$	$\longrightarrow$	$3CO_2$	+	$4H_2O$	
反応前	0.0200		0.200		0		0	〔mol〕
変化量	-0.0200		-0.100		$+0.0600$		$+0.0800$	〔mol〕
反応後	0.00		0.100		0.0600		0.0800	〔mol〕

次に，容器中の水蒸気圧が飽和蒸気圧の状態にあるとすると，その物質量 n〔mol〕は

$$3.60 \times 10^3 \times 16.6 = n \times 8.3 \times 10^3 \times 300 \qquad \therefore \quad n = 0.0240 \text{（mol）}$$

よって，生じた H_2O の一部が水蒸気となり，H_2O の分圧は飽和水蒸気圧になっている。また，未反応の O_2，生成した CO_2 の分圧の和を P〔Pa〕とすると

第2章　解答　235

$$P \times 16.6 = (0.100 + 0.0600) \times 8.3 \times 10^3 \times 300$$

$$\therefore \quad P = 2.40 \times 10^4 \,(Pa)$$

したがって，求める容器内の気体の圧力は

$$2.40 \times 10^4 + 3.60 \times 10^3 = 2.76 \times 10^4 \fallingdotseq 2.8 \times 10^4 \,(Pa)$$

47　解　答

問i　**24 g**　　問ii　**10 g**　　問iii　$\dfrac{30a}{573 - 373a} \times K_b \,(g)$

解　説

問i　80℃の飽和 Na_2SO_4 水溶液 $50.0\,g$ 中に含まれる Na_2SO_4 の質量を $x\,(g)$ とすると

$$\frac{x}{50.0} = \frac{43.0}{143} \quad \therefore \quad x = 15.0\,(g)$$

よって，析出した $Na_2SO_4 \cdot 10H_2O$ の質量を $y\,(g)$ とすると

$$\frac{15.0 - y \times \dfrac{142}{142 + 180}}{50.0 - y} = \frac{20.0}{120} \quad \therefore \quad y = 24.3 \fallingdotseq 24\,(g)$$

問ii　上ずみ液 $10.0\,g$ 中に含まれる Na_2SO_4 の質量を $z\,(g)$ とすると

$$\frac{z}{10.0} = \frac{20.0}{120} \quad \therefore \quad z = \frac{5.00}{3.00}\,(g)$$

また，H_2O の質量は　$50.0 + 10.0 - \dfrac{5.00}{3.00} = \dfrac{175}{3.00}\,(g)$

よって，$w_1\,(g)$ の氷が析出するとすれば

$$1.35 = 1.85 \times \frac{\dfrac{5.00}{3.00} \times 3}{142} \times \frac{1000}{\dfrac{175}{3.00} - w_1} \quad \therefore \quad w_1 = 10.1 \fallingdotseq 10\,(g)$$

問iii　状態 C での水蒸気が占める体積を $V\,(L)$，沸点上昇度を $\Delta t\,(K)$，純水の $1.01 \times 10^5\,Pa$ での沸点を 100℃ とすると，シャルルの法則より

$$\frac{V}{373 + \Delta t} = \frac{aV}{573} \quad \therefore \quad \Delta t = \frac{573 - 373a}{a} \quad \cdots\cdots①$$

また，状態 C における希薄水溶液中の水の質量を $w_2\,(g)$ とすると

$$\Delta t = K_b \times \frac{1.42}{142} \times 3 \times \frac{1000}{w_2} \quad \cdots\cdots②$$

よって，①，②より

236　第2章　解答

$$K_b \times \frac{1.42}{142} \times 3 \times \frac{1000}{w_2} = \frac{573 - 373a}{a}$$

$$\therefore \quad w_2 = \frac{30a}{573 - 373a} \times K_b \, [g]$$

48 解　答

4

解　説

1．（誤文）浸透圧 Π に関するファントホッフの式は

　　$\Pi = CRT$

　C：希薄水溶液のモル濃度，R：気体定数，T：絶対温度であり，Π は重力加速度の影響を受けない。

2．（誤文）塩化ナトリウム NaCl は電離するので，全イオンのモル濃度はショ糖水溶液よりも大きくなり，浸透圧も大きくなる。

3．（誤文）溶質が電解質の場合，イオンを含む全粒子の質量モル濃度は $1/M$ 〔mol/kg〕より大きくなるので，沸点上昇度は K_b/M〔K〕より大きくなる。

4．（正文）食塩は不揮発性溶質であるので，水溶液の蒸気圧降下を生じさせる。

5．（誤文）尿素 1 mol を水 m〔kg〕に溶かしたときの凝固点降下度は K_f/m〔K〕である。

49 解　答

問 i　1.2×10^{-3} mol　　問 ii　4.4×10^4 Pa　　問 iii　3.3×10^4 Pa

解　説

問 i　状態 **A** での気体中の酸素の物質量を x〔mol〕とすると，このとき酸素の分圧は $9.80 \times 10^4 - 4.00 \times 10^3$〔Pa〕であるから，酸素についての気体の状態方程式は

　　$(9.80 \times 10^4 - 4.00 \times 10^3) \times 0.100 = x \times 8.3 \times 10^3 \times 300$

$\therefore \quad x = 3.77 \times 10^{-3}$〔mol〕

　よって，水に溶解した酸素の物質量は

　　$5.00 \times 10^{-3} - 3.77 \times 10^{-3} = 1.23 \times 10^{-3} \doteqdot 1.2 \times 10^{-3}$〔mol〕

問 ii　液体の水の体積は変化しないので，温度が一定の場合，ヘンリーの法則により，水に溶けている気体の物質量は気体の分圧に比例する。よって，比例定数を k_1 と

して，状態 **A** についてこの考え方をあてはめると

$$1.23 \times 10^{-3} = k_1 \times (9.80 \times 10^4 - 4.00 \times 10^3)$$

∴ $k_1 = 1.30 \times 10^{-8}$

次に，状態 **B** で水に溶解している酸素の物質量を n〔mol〕，気体中の酸素の分圧を P〔Pa〕，物質量を y〔mol〕とすると

$$n = 1.30 \times 10^{-8} \times P$$

$$P \times 0.250 = y \times 8.3 \times 10^3 \times 300$$

∴ $y = \dfrac{P \times 0.250}{8.3 \times 10^3 \times 300} = 1.00 \times 10^{-7} \times P$

全物質量は 5.00×10^{-3} mol であるから

$$n + y = 1.30 \times 10^{-8} \times P + 1.00 \times 10^{-7} \times P$$

$$5.00 \times 10^{-3} = 1.13 \times 10^{-7} \times P$$

∴ $P = 4.42 \times 10^4 \fallingdotseq 4.4 \times 10^4$〔Pa〕

問ⅲ 実験 **3** のメタンの溶解量に関して，**問ⅱ**と同様にヘンリーの法則についての考え方を用いる。比例定数を k_2 とすると

$$1.40 \times 10^{-3} = k_2 \times 1.00 \times 10^5 \quad ∴ \quad k_2 = 1.40 \times 10^{-8}$$

状態 **C** でのメタンの分圧を P_C〔Pa〕とし，水に溶けているメタンの物質量を n_1〔mol〕，気体中のメタンの物質量を z〔mol〕とすると

$$n_1 = 1.40 \times 10^{-8} \times P_C$$

$$P_C \times 0.100 = z \times 8.3 \times 10^3 \times 300 \quad ∴ \quad z = 4.016 \times 10^{-8} \times P_C \fallingdotseq 4.02 \times 10^{-8} \times P_C$$

よって，メタンの全物質量は

$$n_1 + z = 5.42 \times 10^{-8} \times P_C$$

一方，メタンの燃焼の反応式は

$$CH_4 + 2O_2 \longrightarrow CO_2 + 2H_2O$$

よって，メタンの完全燃焼に必要な酸素の物質量は

$$2 \times (n_1 + z) = 10.84 \times 10^{-8} \times P_C$$

次に，状態 **C** での酸素の分圧を P_O〔Pa〕とし，水に溶けている酸素の物質量を n_2〔mol〕，気体中の酸素の物質量を w〔mol〕とすると

$$n_2 = 1.30 \times 10^{-8} \times P_O$$

$$P_O \times 0.100 = w \times 8.3 \times 10^3 \times 300$$

∴ $w = 4.016 \times 10^{-8} \times P_O \fallingdotseq 4.02 \times 10^{-8} \times P_O$

よって，酸素の全物質量は

$$n_2 + w = 5.32 \times 10^{-8} \times P_O$$

ここで，実験 **5** での酸素の物質量の和を考えると

$$(n_2 + w) - 2 \times (n_1 + z) = 5.00 \times 10^{-3}$$

238 第2章 解答

$$5.32 \times 10^{-8} \times P_O - 10.84 \times 10^{-8} \times P_C = 5.00 \times 10^{-3}$$

状態Cでの気体の全圧について，$P_O + P_C + 4.00 \times 10^3 = 1.99 \times 10^5$ であるから，P_O を上式に代入すると

$$5.32 \times 10^{-8} \times (1.99 \times 10^5 - P_C - 4.00 \times 10^3) - 10.84 \times 10^{-8} \times P_C = 5.00 \times 10^{-3}$$

∴ $P_C = 3.32 \times 10^4 \fallingdotseq 3.3 \times 10^4 \, [\text{Pa}]$

攻略のポイント

問iiiは次のように考えてもよい。実験4，5において，容器内の気体の体積は0.100 L，300Kで，気体として残る O_2 と，水に溶解した O_2 の物質量の和が実験1と同じであることに注目すると，反応した CH_4 と O_2 の分圧の和は

$$1.99 \times 10^5 - 9.80 \times 10^4 = 1.01 \times 10^5 \, [\text{Pa}]$$

CH_4 と O_2 は，分圧比1:2で反応するから，求める CH_4 の分圧 P_C は

$$P_C = 1.01 \times 10^5 \times \frac{1}{1+2} = 3.36 \times 10^4 \fallingdotseq 3.4 \times 10^4 \, [\text{Pa}]$$

50 解 答

問i $\left(\dfrac{M}{S} + hd\right)g \, [\text{Pa}]$　　　問ii $\dfrac{3MhS}{2(M - 2hSd)} \, [\text{m}^3]$　　　問iii $8M - 13hSd$

解 説

問i　低い方（純水側）のピストンの高さを基準にして考える。状態Aにおける水溶液の浸透圧とこの基準線より上にある物体による圧力が等しい。基準線より上にある水溶液側の液体の体積は

$$h \, [\text{m}] \times S \, [\text{m}^2] = hS \, [\text{m}^3]$$

であるから，その質量は

$$hS \, [\text{m}^3] \times d \, [\text{kg/m}^3] = hSd \, [\text{kg}]$$

である。質量 $M \, [\text{kg}]$ のおもりの質量とあわせると，基準線より上にある物体の質量は

$$M + hSd \, [\text{kg}]$$

よって，求める浸透圧は次のようになる。

$$\frac{(M + hSd)g \, [\text{N}]}{S \, [\text{m}^2]} = \left(\frac{M}{S} + hd\right)g \, [\text{Pa}]$$

問ii　低い方（水溶液側）のピストンの高さを基準にとり，状態Bにおける水溶液の浸透圧 $\Pi_B \, [\text{Pa}]$ を考えると，Π_B は，水溶液側の基準線より上にある物体による圧力と，純水側の基準線より上にある物体による圧力との差に等しいから

$$\Pi_B = \frac{2Mg}{S} - \frac{hSdg}{S} = \left(\frac{2M}{S} - hd\right)g \,\text{〔Pa〕}$$

一方，状態Cにおける水溶液の体積をV_c〔m^3〕とすると，状態Cよりh〔m〕の液面差が生じるため，$\dfrac{h}{2} \times S$〔m^3〕分の水が移動している。よって，状態A，Bにおける水溶液の体積は次のようになる。

状態Aにおける水溶液の体積 $V_A = V_c + \dfrac{h}{2} \times S$〔m^3〕

状態Bにおける水溶液の体積 $V_B = V_c - \dfrac{h}{2} \times S$〔m^3〕

浸透圧Π〔Pa〕は，溶液の体積をV〔m^3〕，溶質の物質量をn〔mol〕，絶対温度をT〔K〕，気体定数をR〔Pa·m^3/(K·mol)〕とすると

$$\Pi V = nRT$$

状態Aと状態Bにおいて溶質の物質量は等しく，温度も一定であるから，状態Aにおける浸透圧をΠ_Aとすると

$$\Pi_A V_A = \Pi_B V_B$$

したがって

$$\left(\frac{M}{S} + hd\right)g \cdot \left(V_c + \frac{hS}{2}\right) = \left(\frac{2M}{S} - hd\right)g \cdot \left(V_c - \frac{hS}{2}\right)$$

$$\therefore \quad V_c = \frac{3MhS}{2(M - 2hSd)} \,\text{〔m}^3\text{〕}$$

問iii 状態Cにおける水溶液の浸透圧Π_cは

$$\Pi_c = \frac{2Mg}{S} \,\text{〔Pa〕}$$

一方，求めるピストンの高さの差をx〔m〕，この状態における水溶液の浸透圧を$\Pi_c{}'$〔Pa〕とすると

$$\Pi_c{}' = \frac{xSdg}{S} = xdg \,\text{〔Pa〕}$$

また，水溶液の体積を$V_c{}'$〔m^3〕とすると

$$V_c{}' = \left(V_c + \frac{x}{2} \times S\right) \,\text{〔m}^3\text{〕}$$

状態Cと，x〔m〕の液面差がついた状態とで，溶質の物質量と絶対温度は同じであるから

$$\Pi_c V_c = \Pi_c{}' V_c{}' \quad \therefore \quad \frac{2Mg}{S} \cdot V_c = xdg \cdot \left(V_c + \frac{xS}{2}\right)$$

x $(x>0)$ について整理すると

$$S^2 dx^2 + 2SdV_c x - 4MV_c = 0$$

$$\therefore \quad x = \frac{-SdV_c + \sqrt{(SdV_c)^2 + S^2 d \cdot 4MV_c}}{S^2 d}$$

$$= -\frac{V_c}{S} + \frac{\sqrt{S^2 d^2 V_c^2 + 4MS^2 dV_c}}{S^2 d}$$

$$= \frac{V_c}{S}\left(-1 + \sqrt{\frac{S^2 d^2 V_c^2 + 4MS^2 dV_c}{S^2 d^2 V_c^2}}\right)$$

$$= \frac{V_c}{S}\left(-1 + \sqrt{1 + \frac{4M}{dV_c}}\right) \quad \cdots\cdots ①$$

ここで，**問ii** より

$$V_c = \frac{3MhS}{2(M - 2hSd)}$$

$$\frac{V_c}{S} = \frac{3Mh}{2(M - 2hSd)} \quad \cdots\cdots ②$$

②を①へ代入すると

$$x = \frac{3Mh}{2(M - 2hSd)}\left(-1 + \sqrt{1 + \frac{4M \times 2(M - 2hSd)}{d \times 3MhS}}\right)$$

ここで，根号の中に注目して整理すると

$$(根号の中の式) = 1 + \frac{4M \cdot 2(M - 2hSd)}{d \cdot 3MhS} = 1 + \frac{8M - 16hSd}{3hSd}$$

$$= \frac{3hSd + 8M - 16hSd}{3hSd} = \frac{8M - 13hSd}{3hSd}$$

攻略のポイント

U字管を用いた浸透圧の実験において，次の点に注意したい。

①
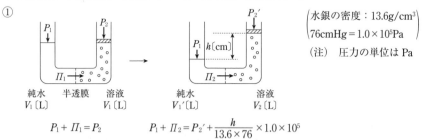

$$P_1 + \Pi_1 = P_2 \qquad P_1 + \Pi_2 = P_2' + \frac{h}{13.6 \times 76} \times 1.0 \times 10^5$$

②上記①において，溶質の物質量を n〔mol〕，気体定数を R〔Pa・m³/(K・mol)〕，絶対温度を T〔K〕とすると，ファントホッフの式より

$$\Pi_1 = \frac{n}{V_1} RT, \quad \Pi_2 = \frac{n}{V_2} RT$$

よって，$\Pi_1 V_1 = \Pi_2 V_2$ の関係が成り立つ。

第2章 解答 241

51 解 答

問 i 81.4K   問 ii 0.12   問 iii 0.05

解 説

問 i 気体と液体が共存しているときの気体の全物質量を n_g〔mol〕，液体の全物質量を n_l〔mol〕とすると

$$n_g + n_l = 0.8000 + 0.2000 \quad \cdots\cdots①$$

また，気体中の酸素分子 O_2 のモル分率が A，液体中の O_2 のモル分率が B であるから，容器内の O_2 の物質量について

$$An_g + Bn_l = 0.2000 \quad \cdots\cdots②$$

一方，与えられた関係式より

$$A = 0.05000T - 3.870 \quad \cdots\cdots③$$
$$B = 0.1200T - 9.290 \quad \cdots\cdots④$$

①～④より，A，B および n_g を消去すると

$$(0.0700T - 5.420)n_l = 4.070 - 0.0500T \quad \cdots\cdots⑤$$

よって，凝縮が始まる瞬間は液体の物質量は 0 mol に近いので，⑤に $n_l = 0$ を代入すると，凝縮が始まる瞬間の温度 T〔K〕は次のようになる。

$$0 = 4.070 - 0.0500T \quad \therefore \quad T = 81.40 \fallingdotseq 81.4 〔K〕$$

問 ii 容器内の液体の全物質量と気体の全物質量が等しくなるときは

$$n_l = \frac{1.000}{2} = 0.5000 〔mol〕$$

これを⑤に代入すると

$$(0.0700T - 5.420) \times 0.5000 = 4.070 - 0.0500T$$

$$\therefore \quad T = \frac{6.780}{0.0850} = 79.764 \fallingdotseq 79.76 〔K〕$$

よって，この結果を③に代入すると A の値は次のようになる。

$$A = 0.05000 \times 79.76 - 3.870$$
$$= 0.1180 \fallingdotseq 0.12$$

問 iii **問 ii** の状態のとき，気体として存在する O_2 の物質量は

$$An_g = 0.1180 \times 0.5000 = 0.0590 〔mol〕$$

また，気体として存在する窒素分子 N_2 の物質量は

$$0.5000 - 0.0590 = 0.4410 〔mol〕$$

問 ii の状態の容器から液体のみをすべて取り除くと，上記の物質量の O_2 と N_2 が容器内に残る。ここから温度を下げ，気体と液体が共存するようになったときの気体の全物質量を n_g'〔mol〕，液体の全物質量を n_l'〔mol〕とすると

242　第2章　解答

$n_g' + n_l' = 0.5000$　　……⑥

$An_g' + Bn_l' = 0.0590$　　……⑦

③，④，⑥，⑦より，**問 i** と同様にして

　$(0.0700T - 5.420)n_l' = 1.994 - 0.0250T$　　……⑧

気体と液体が共存するとき，n_l' のとる範囲は

　$0 < n_l' < 0.5000$

また，⑧の T がとる範囲は

　$78.40 < T < 79.76$

したがって，このときの A のとる範囲は

　$0.05000 \times 78.40 - 3.870 < A < 0.05000 \times 79.76 - 3.870$

∴　$0.05000 < A < 0.1180$

すべて気体であるときの A の値（$= 0.1180$）を含めると，A の変化する範囲は次のようになる。

　$0.05000 < A \leqq 0.1180$

以上より，求める A_1 は

　$A_1 = 0.05000 \fallingdotseq 0.05$

攻略のポイント

次のように考えてもよい。気体中の N_2 のモル分率を A'，液体中の N_2 のモル分率を B' とすると

　$A' = 1 - A = 4.870 - 0.05000T$

　$B' = 1 - B = 10.29 - 0.1200T$

問 i　容器内には N_2 が $0.8000\,mol$，O_2 が $0.2000\,mol$ あるので，N_2，O_2 の凝縮が温度 T〔K〕で同時に始まったとすると

　$0.05000T - 3.870 = 0.2000$　　∴　$T = 81.4$〔K〕

　$4.870 - 0.05000T = 0.8000$　　∴　$T = 81.4$〔K〕

よって，N_2 と O_2 は $81.4\,K$ で同時に凝縮が始まる。

問 ii　液体の全物質量と気体の全物質量はともに $0.5000\,mol$ となるから，O_2 の全物質量が $0.2000\,mol$ であることに注目すると

　$0.5000\,(0.05000T - 3.870) + 0.5000\,(0.1200T - 9.290) = 0.2000$

∴　$T = 79.76$〔K〕

よって，求める A は

　$A = 0.05000 \times 79.76 - 3.870 = 0.118 \fallingdotseq 0.12$

問 iii　液体を取り除いた後の気体の O_2，N_2 は

　O_2（気体）：$0.5000 \times 0.118 = 0.0590$〔mol〕

N_2(気体)：$0.5000 \times (1-0.118) = 0.4410$〔mol〕

ここで、これらがすべて液体になったとすると、B，B' の値はそれぞれ 0.118，$1-0.118$ となるので

$0.1200T - 9.290 = 0.118$ $\quad \therefore \quad T = 78.4$〔K〕

$10.29 - 0.1200T = 1-0.118$ $\quad \therefore \quad T = 78.4$〔K〕

よって、78.4K で O_2，N_2 がすべて凝縮するので、求める A_1 は

$A_1 = 0.05000 \times 78.4 - 3.870 = 0.0500 \fallingdotseq 0.05$

---

52 解 答

問 i **23g** 問 ii **43g** 問 iii **1・4**

解 説

問 i 下線(イ)の混合物中の塩化ナトリウム水溶液は、-15.2℃で氷と共存していることから、凝固点降下度は 15.2K である。この水溶液は水 100g あたり x〔g〕の NaCl（式量 58.5）を含むとすると、NaCl は水中ですべて電離しているので

$$15.2 = 1.90 \times \frac{\dfrac{x}{58.5} \times 2}{100 \times 10^{-3}} \quad \therefore \quad x = 23.4 \fallingdotseq 23 \text{〔g〕}$$

問 ii 融解した氷の質量を m_i〔g〕，溶解した NaCl の質量を m_s〔g〕とすると、容器内の物質に吸収された熱量は

$340 \times m_i + 66.0 \times m_s$〔J〕

また、すべて 0℃の $900 + 100 + m_s$〔g〕の物質（比熱はすべて 2.00J/(g・K)）が -15.2℃になったことから、容器内の物質に吸収された熱量は

$2.00 \times (900 + 100 + m_s) \times 15.2 = 30.4(1000 + m_s)$〔J〕

よって、次の関係が成り立つ。

$340m_i + 66.0m_s = 30.4(1000 + m_s)$

$\therefore \quad 340m_i + 35.6m_s = 30400$ ……①

一方、溶媒である（液体の）水は $100 + m_i$〔g〕となるから、**問 i** の結果より

$$\frac{m_s}{100 + m_i} = \frac{23.4}{100}$$

$\therefore \quad m_s = \dfrac{23.4}{100}(100 + m_i)$ ……②

したがって、①，②より

$m_i = 84.8 \fallingdotseq 85$〔g〕

$m_s = 43.2 \fallingdotseq 43$〔g〕

問iii 1．(誤文)下線(イ)の混合物を徐々に加熱すると，氷が融解してNaCl水溶液の濃度が変化するため，混合物の温度は変化する。
2．(正文)下線(イ)の混合物中のNaCl水溶液は−15.2℃で氷と平衡状態にあるため，下線(イ)の混合物に水を加えて十分な時間−15.2℃に保つと，水を加える前と同じ濃度のNaCl水溶液となって新たな平衡に達する。
3．(正文)水溶液の凝固点は0℃より低いので，0℃に保つと氷はすべて融解する。
4．(誤文)モル凝固点降下は溶媒に固有の量であり，溶質の種類にはよらないので，凝固点降下は起こる。

53 解答

問i 1.4倍　問ii 10K　問iii 1・5

解説

操作a～dによって生じた状態A～Dを次のように表す。

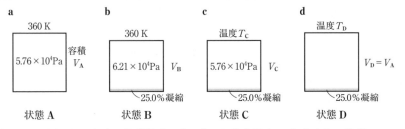

問i aで用いられた水の物質量をn〔mol〕，気体定数をRとすると，状態A，Bについて，次の式が成り立つ。

$5.76 \times 10^4 \times V_A = nR \times 360$ ……①

$6.21 \times 10^4 \times V_B = 0.750nR \times 360$ ……②

よって，①，②より

$V_A = \dfrac{6.21}{0.750 \times 5.76} V_B = 1.43 V_B \fallingdotseq 1.4 V_B$

問ii 状態Dの温度が状態Aよりt〔K〕低いとすると，$T_D = 360 - t$となる。また，体積は$V_A = V_D$，状態Dの圧力は$6.21 \times 10^4 - 2.00 \times 10^3 t$〔Pa〕となる。よって，状態Dについて，次の式が成り立つ。

$(6.21 \times 10^4 - 2.00 \times 10^3 t) \times V_A = 0.750nR \times (360 - t)$ ……③

したがって，①，③より

$\dfrac{5.76 \times 10^4}{6.21 \times 10^4 - 2.00 \times 10^3 t} = \dfrac{360}{0.750 \times (360 - t)}$

第 2 章 解答　245

∴　$t = 10.0 \fallingdotseq 10 \,(K)$

問 iii　1．（誤文）**c** の操作では，圧力が一定であるから，圧縮によって凝縮が起こり，温度 T_C を保ちながら容積が減少している。

2．（正文）**b**：操作の過程での体積を V，水蒸気の質量を w，水の分子量を M，蒸気圧を P_B とすると，密度について

$$\frac{w}{V} = \frac{P_B M}{R T_B} = (\text{一定})$$

　よって，$T_B = (\text{一定})$ であるから蒸気圧も一定となるので，密度も一定となる。

　c：**b** と同様，凝縮が始まってからは P_C と T_C が一定であるから，密度も一定となる。

　d：凝縮が始まってからも温度を下げるので，飽和蒸気圧は低下し，気体の質量も減少する。しかし，体積は一定なので気体の密度は減少する。

3．（正文）T_C について，$T_A = 360 \,(K)$ からの低下を $t' \,(K)$ とすると

$$6.21 \times 10^4 - 2.00 \times 10^3 t' = 5.76 \times 10^4 \qquad \therefore \quad t' = 2.25 \,(K)$$

　よって，T_C は

$$T_C = 360 - t' = 360 - 2.25 = 357.75 \fallingdotseq 358 \,(K)$$

状態 **B**，**C** における気体の物質量は等しいから，ボイル・シャルルの法則より

$$\frac{6.21 \times 10^4 V_B}{360} = \frac{5.76 \times 10^4 V_C}{358} \qquad \therefore \quad \frac{V_C}{V_B} = \frac{621 \times 358}{576 \times 360} > 1$$

したがって，$V_B < V_C$ となる。

4．（正文）$T_C = 358 \,(K)$，$T_D = 360 - 10 = 350 \,(K)$ となるので，T_C の方が高い。

5．（誤文）状態 **C**，**D** における気体の物質量は等しいが，$V_C < V_D \,(= V_A)$ であるから，状態 **C** の密度の方が大きい。

54　解　答

問 i　**30 %**　　**問 ii**　**282 K**

解　説

問 i　容積を $V \,(L)$ とすると，300.0 K で湿度 50.0 % の空気中の水蒸気圧は

$$36.00 \times 0.50 = 18.00 \,(hPa)$$

容積が一定なので，ボイル・シャルルの法則から，310.0 K になったときの水蒸気圧を $P \,(hPa)$ とおくと

$$\frac{18.00}{300.0} = \frac{P}{310.0} \qquad \therefore \quad P = 18.60 \,(hPa)$$

310.0 K における飽和水蒸気圧は 62.00 hPa であるから，求める湿度は次のように

なる。

$$\frac{18.60}{62.00} \times 100 = 30.00 \fallingdotseq 30 \text{[\%]}$$

問ii 操作終了後，310.0Kにおける湿度が20.0%であるから，水蒸気圧は

$$62.00 \times 0.20 = 12.4 \text{[hPa]}$$

ここで，T_c における飽和水蒸気圧は，310.0Kに戻したときに12.4hPaになることから，これに近い値と考えられるので，表より $280.0 \text{[K]} < T_c < 285.0 \text{[K]}$ と仮定すると

$$P = 10.00 + (14.00 - 10.00) \times \frac{T_c - 280.0}{285.0 - 280.0} = 0.80 T_c - 214.0$$

温度 T_c の状態から310.0Kに温度を上げたとき12.4hPaになるので

$$\frac{0.80 T_c - 214.0}{T_c} = \frac{12.4}{310.0} \quad \therefore \quad T_c = 281.5 \fallingdotseq 282 \text{[K]}$$

よって，$280.0 \text{[K]} < T_c < 285.0 \text{[K]}$ を満たすので，$T_c = 282 \text{[K]}$ となる。

攻略のポイント

飽和水蒸気圧〔hPa〕と温度〔K〕の関係，および310Kで12.4hPaとなる空気中の水蒸気の圧力〔hPa〕と温度〔K〕の関係（①）は右図のようになる。

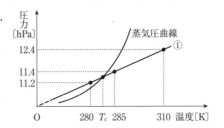

右図において，①の直線の傾きは $\frac{12.4}{310} = 0.0400$ となるから

$$P = 0.0400 T$$

$T = 280\text{K}$ のとき　$P = 0.0400 \times 280 = 11.2 \text{[hPa]} > 10.00 \text{hPa}$
$T = 285\text{K}$ のとき　$P = 0.0400 \times 285 = 11.4 \text{[hPa]} < 14.00 \text{hPa}$
よって，$280 < T_c < 285$ となる。

---

55 解答

問i 28hPa　**問ii** 0.42K　**問iii** 4

解説

問i 題意より，B点における空気の塊の圧力は960hPaである。水の飽和蒸気圧は，そのときの水蒸気の分圧となるので

$$960 \times \frac{3.00}{80.0 + 20.0 + 3.00} = 27.96 \fallingdotseq 28 \text{[hPa]}$$

問ii B点からC点に上昇すると，空気の圧力は260hPa減少し，水蒸気の凝縮を伴わない場合，空気の温度は26.0K下がる。このとき1.00molの水蒸気が凝縮すると，45.0kJの凝縮熱が放出される。この熱により，空気の温度は$\dfrac{45.0}{3.00}=15.0$〔K〕上昇する。

よって，圧力が260hPa減少した結果，温度は$26.0-15.0=11.0$〔K〕下がる。

したがって，圧力が10.0hPa減少するごとに，下がる温度は次のようになる。

$$\dfrac{11.0}{\dfrac{260}{10.0}}=0.423\fallingdotseq0.42\,\text{〔K〕}$$

問iii 1．（正文）気体の密度は圧力に比例し，絶対温度に反比例する。このため，密度は高圧・低温ほど大きい。C点とD点における圧力と温度の違いを比較すると，温度の変化による影響より圧力の変化による影響の方が大きい。したがって，D点での空気の塊の密度の方が大きい。

2．（正文）水蒸気が少ないと，凝縮熱の放出が少なくなるのでC点における温度が低くなる。したがって，D点における温度も2.5molのときの方が低くなる。

3．（正文）3000mから3500mにすると，C点における温度は下がるが，C点からD点に移動するときの温度上昇の方が大きいので，D点における温度は高くなる。

4．（誤文）A点で2K下げると，飽和蒸気圧に達する点がB点と異なってくるので，C点に達するまでの温度変化も変わる。したがって，A点で2K下げるとD点での温度も2K下がるわけではない。

5．（正文）水蒸気の分子量は18であるから，水蒸気を含んだ空気の平均分子量は29より小さくなる。したがって，密度も小さくなる。

---

56 解 答

1・5

解 説

水溶液の蒸気圧は，純水の蒸気圧より低い。したがって，ふたまた試験管Bではショ糖水溶液側の蒸気圧が低いので，ショ糖水溶液への凝縮がより多い。その結果，水溶液の濃度が小さくなるので，水が蒸発する速さは試験管Aより速くなる。つまり，**ア＜ウ**となる。また，ショ糖水溶液の濃度が小さくなると，蒸気圧降下が小さくなる。言い換えると，ふたまた試験管Bの方が蒸気圧が高くなるので，凝縮する速さは大きくなる。つまり，**イ＜エ**となる。

攻略のポイント

図を用いて考えると次のようになる。図のように，水が蒸発する速さを v_1, $v_1{'}$，水蒸気が凝縮する速さを v_2, $v_2{'}$ とする。

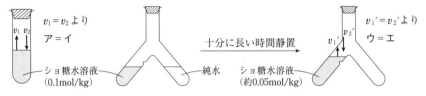

試験管 A　　　　ふたまた試験管 B

濃度が大きいほど蒸気圧降下が大きくなるので，$v_1 < v_1{'}$，$v_2 < v_2{'}$ となる。

57 解 答

8.2 倍

解 説

気体を捕集したときの水素の分圧は

$$1.000 - 0.0355 = 0.9645 \text{〔atm〕}$$

この混合気体を容器に入れ，外気を 0.500 atm にしたときの体積を V〔L〕とすると

$$p_{H_2} V = n_{H_2} RT \quad (ただし，p_{H_2}：水素の分圧，n_{H_2}：水素の物質量)$$

次に，外気を 4.000 atm にしたときの体積を V'〔L〕とすると

$$p_{H_2}{'} V' = n_{H_2} RT \quad (ただし，p_{H_2}{'}：水素の分圧，n_{H_2}：水素の物質量)$$

体積比をとると

$$\frac{V}{V'} = \frac{p_{H_2}{'}}{p_{H_2}}$$

ここで，外気が 0.500 atm のときは水蒸気はすべて気体として存在し，水蒸気の圧力は分圧の法則に従う。一方，外気が 4.000 atm のときは水蒸気の一部が凝縮して液体になり，そのときの水蒸気圧は，温度が 27℃で一定に保たれているので，0.0355 atm を示す。よって，p_{H_2}，$p_{H_2}{'}$ は次のようになる。

$$p_{H_2} = 0.9645 \times 0.500 \text{〔atm〕}, \quad p_{H_2}{'} = 4.000 - 0.0355 = 3.9645 \text{〔atm〕}$$

したがって，求める値は次のようになる。

$$\frac{V}{V'} = \frac{3.9645}{0.9645 \times 0.500} = 8.22 \fallingdotseq 8.2$$

第2章 解答 249

58 解答

3・5

解説

1．（正文）ヘンリーの法則で，溶解度の小さい気体に適用できる。

2．（正文）溶液の蒸気圧が大気圧に等しくなったとき沸騰が始まる。

3．（誤文）液体表面にある溶質粒子の存在により溶媒の蒸発が妨げられる。

4．（正文）陽イオンの価数が大きいほど少量の電解質で凝析が起こる。

5．（誤文）デンプン水溶液は親水コロイドで，少量の電解質ではコロイド粒子は沈殿しないが，多量の電解質を加えれば塩析が起き，チンダル現象を生じなくなる。

59 解答

問i　44L　　問ii　15g

解説

問i　$2H_2 + O_2 \longrightarrow 2H_2O$ の反応で，水素はすべて水になり，残る酸素は

$$2.00 - 1.00 \times \frac{1}{2} = 1.50 \,(mol)$$

燃焼後の47℃における容器内の気体の体積を V〔L〕とすると，混合気体中の酸素の分圧は，$1.00 - 0.106 = 0.894$〔atm〕であるから

$$0.894 \times V = 1.50 \times 0.0821 \times (273 + 47) \quad \therefore \quad V = 44.0 \fallingdotseq 44 \,(L)$$

問ii　気体になっている水の物質量を n〔mol〕とすると

$$0.106 \times 44.0 = n \times 0.0821 \times (273 + 47)$$

$\therefore \quad n = 0.1775$〔mol〕

よって，液体になっている水は

$$1.00 - 0.1775 = 0.8225 \,(mol)$$

したがって，求める質量は

$$0.8225 \times 18 = 14.80 \fallingdotseq 15 \,(g)$$

250 第2章 解答

60 解 答

1

解 説

1. （正文）沸騰している状態では，液体と気体の2つの状態が共存する。
2. （誤文）領域Cでは，温度の上昇につれて蒸気圧が上昇する。
3. （誤文）与えられた式は，1mol あたりの蒸発熱を表す。
4. （誤文）融点 T_1，沸点 T_2 は，外圧により変化する。
5. （誤文）物質量が変化すれば，吸収熱量 Q の値は変化する。
6. （誤文）温度 T_1 は融点で，物質量に無関係で一定である。

61 解 答

3・5

解 説

1. （正文）気体の圧力は，気体分子が器壁に衝突し，はねかえるときに壁におよぼす力であり，単位時間により多くの分子が衝突すればそれだけ圧力は大きくなる。よって，温度を上げると分子運動が激しくなり，大きな速度でより多く衝突することにより壁に大きな力をおよぼすため，圧力は大きくなる。
2. （正文）同じ速さであっても，体積が大きくなると単位時間に壁に衝突する分子の数は少なくなり，容器の壁におよぼす力は小さくなる。
3. （誤文）気体分子は，同じ温度であっても，すべてが同じ速さで運動しているのではなく，一定の分布をもっている。最も分布の大きい速さを平均の速さとよんでいる。平均の速さは，温度が高くなると大きくなる。
4. （正文）同じ温度であれば，分子量の大きな分子は，分子量の小さいものに比べて，平均の速さが小さい。
5. （誤文）実在気体の場合，同じ温度，体積，物質量では，分子間にはたらく力が大きい気体は，小さい気体に比べて圧力が小さくなる。
6. （正文）温度が高くなると分子運動が激しくなり，分子間にはたらく力による影響が小さくなる。また，圧力が低くなると分子間の距離が大きくなり，分子間にはたらく力は小さくなるとともに，分子自体の体積の影響も無視できるようになる。

第2章 解答 251

62 解 答

2 ・ 4

解 説

1. （正文）沸点は，液体と接している気体の圧力と液体の飽和蒸気圧が等しくなるときの温度である。よって，大気の圧力が高くなると沸点は高くなる。

2. （誤文）状態図で，液体と固体の間の境界線を融解曲線といい，ほとんどの物質は固体より液体の体積が大きいので，蒸気圧曲線と同じように融解曲線の傾きは正である。しかし，水は凝固すると体積が大きくなるので，逆に融解曲線の傾きは負である。つまり，融解平衡を考えると，固体⇌液体において温度一定で，圧力を大きくすると体積の小さい方に平衡は移動するため，ほとんどの物質は固体の方に，水の場合は液体の方に移動する。

3. （正文）液体から気体への変化においては粒子間の引力を切るためのエネルギーを必要とする。

4. （誤文）3と同様に固体から液体への変化は粒子間の配列を乱すためのエネルギーを外部から加える必要がある。

5. （正文）拡散の原因は，粒子の熱運動である。

6. （正文）固体中でも，構成粒子は振動や回転といった熱運動をしている。

252　第3章　解答

第3章　物質の化学変化

≪熱化学，酸・塩基，酸化還元反応，電池，電気分解≫

63 解答

問i　27g　　問ii　4.2L

解説

電解槽①～③の各電極における反応は次のようになる。

電解槽①　陰極：$Ni^{2+} + 2e^- \longrightarrow Ni$

　　　　　陽極：$2H_2O \longrightarrow O_2 + 4H^+ + 4e^-$

電解槽②　陰極：$Ag^+ + e^- \longrightarrow Ag$

　　　　　陽極：$2H_2O \longrightarrow O_2 + 4H^+ + 4e^-$

電解槽③　陰極：$2H_2O + 2e^- \longrightarrow H_2 + 2OH^-$

　　　　　陽極：$4OH^- \longrightarrow O_2 + 2H_2O + 4e^-$

問i　各電極を流れる電子の物質量は次のようになる。

$$\frac{7.30}{58.7} \times 2 = 0.248 〔mol〕$$

よって，析出する Ag は　　$108 \times 0.248 = 26.7 \fallingdotseq 27 〔g〕$

問ii　電解槽③で発生する気体は H_2 と O_2 で，回路を流れる電子の物質量から，求める気体の体積は次のようになる。

$$\left(0.248 \times \frac{1}{2} + 0.248 \times \frac{1}{4} \right) \times 22.4 = 4.16 \fallingdotseq 4.2 〔L〕$$

64 解答

5

解説

1．（正文）物質は熱や光などのエネルギーを吸収して高いエネルギー状態（励起状態）になり，低いエネルギー状態（基底状態）になるとき光を放出する。この発光の一例が炎色反応である。

2．（正文）25℃において，NaClの溶解熱は-3.88kJ/mol，H_2SO_4（液体）の溶解熱

は 95.3 kJ/mol である。

3．（正文）CH_4 に比べ C_3H_8 は C 原子数，H 原子数が多いので，燃焼熱も大きくなると考えられる。CH_4 の燃焼熱は 891 kJ/mol，C_3H_8 の燃焼熱は 2219 kJ/mol である。

4．（正文）一般に金属の比熱は小さく，液体の水の比熱は金属に比べて大きい。銅の比熱は約 0.379 J/(g·K)，液体の水の比熱は約 4.18 J/(g·K) である。

5．（誤文）黒鉛とダイヤモンドの燃焼熱をエネルギー図に表すと右図のようになる。よって，黒鉛からダイヤモンドへの生成反応は 1.0 kJ/mol の吸熱反応である。

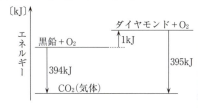

6．（正文）与えられた結合エネルギーを用いてエネルギー図に表すと，下図のようになる。

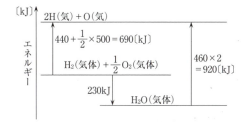

7．（正文）強酸と強塩基の希薄溶液どうしの中和熱は，それぞれの酸，塩基がほぼ完全に電離し，H^+ aq と OH^- aq から H_2O（液体）1 mol が生成する反応熱となり，酸，塩基の種類によらず一定で 56.5 kJ/mol である。なお一般に，弱酸や弱塩基の場合や濃厚溶液の場合は，電離による反応熱（吸熱反応）がともなうので，中和熱は 56.5 kJ/mol より小さくなる。

攻略のポイント

イオン結晶などの溶解熱は，格子エネルギーと水和熱との差で決まる。一般に，NaCl や KNO_3 などは吸熱反応（温度が高くなると溶解度が大きくなる），NaOH や $Ca(OH)_2$ は発熱反応（温度が高くなると溶解度が小さくなる）であることは覚えておきたい。

水和熱などの大小に関してはいくつかの要因が考えられる。例として NaCl と NaOH の溶解熱について，Cl^- より OH^- の水和熱が大きくなるのは，OH^- が水分子と水素結合を形成するためであり，水和熱が大きくなることが発熱反応になる要因であることも理解しておきたい。

254　第3章　解答

65　解　答

2

解　説

1．（正文）HCl（気体）の生成熱 Q〔kJ/mol〕は次のように表される。

$$\frac{1}{2}H_2（気体）+\frac{1}{2}Cl_2（気体）=HCl（気体）+Q\,kJ$$

H_2, Cl_2, HCl の結合エネルギーをそれぞれ，x〔kJ/mol〕，y〔kJ/mol〕，z〔kJ/mol〕とすると，（反応熱）=（生成物の結合エネルギーの総和）−（反応物の結合エネルギーの総和）より

$$Q=z-\frac{1}{2}x-\frac{1}{2}y\,〔kJ/mol〕$$

2．（誤文）C_2H_5OH（液体）の燃焼反応の熱化学方程式は，次のように表される。

$$C_2H_5OH（液体）+3O_2（気体）=2CO_2（気体）+3H_2O（液体）+1400\,kJ$$

C_2H_5OH（液体）の生成熱を Q〔kJ/mol〕とすると

$$1400=2\times400+3\times300-(Q+0)$$

$$\therefore\quad Q=300〔kJ/mol〕$$

よって，C_2H_5OH（液体）の生成熱は350kJ/mol以下である。

3．（正文）$\underline{KNO_3}$ などは，温度が高くなると溶解度が大きくなるので，KNO_3 の水への溶解は吸熱反応である。

4．（正文）一般に，温度が一定であれば活性化エネルギーが変化しても平衡定数は変化しない。

5．（正文）ハーバー・ボッシュ法における NH_3 の生成反応は，反応熱を Q〔kJ〕とすると，次のように表される。

$$N_2（気体）+3H_2（気体）=2NH_3（気体）+Q\,kJ\quad(Q>0)$$

よって，ルシャトリエの原理より NH_3 のモル分率を高くするためには，低温・高圧にする方がよい。

6．（正文）グルコース $C_6H_{12}O_6$（固体）の燃焼反応における反応熱を Q〔kJ〕とすると $Q>0$ である。よって，光合成における熱化学方程式は，次のように表されるので吸熱反応である。（燃焼の逆）

$$6CO_2（気体）+6H_2O（液体）=C_6H_{12}O_6（固体）+6O_2（気体）-Q\,kJ$$

第3章 解答　255

66 解 答

1・3

解 説

1．（誤文）電池において，正極では還元反応，負極では酸化反応が起こる。
2．（正文）充電により再使用できない電池を一次電池，再使用できる電池を二次電池という。
3．（誤文）負極につないだ電極を陰極，正極につないだ電極を陽極という。
4．（正文）Al_2O_3 を融解すると Al^{3+} と O^{2-} に電離し，炭素電極を用いると各電極では次のように反応する。

　　　陰極：$Al^{3+} + 3e^- \longrightarrow Al$
　　　陽極：$C + O^{2-} \longrightarrow CO + 2e^-$，　$C + 2O^{2-} \longrightarrow CO_2 + 4e^-$

5．（正文）イオン化傾向は $Ni > Cu$ であり，次の反応により Cu が析出する。

　　　$Cu^{2+} + Ni \longrightarrow Cu + Ni^{2+}$

6．（正文）ファラデー定数は，電子 $1\,mol$ のもつ電気量である。

67 解 答

$6.25 \times 10^{-2}\,mol/L$

解 説

実験1より，硫酸により遊離したシュウ酸と過マンガン酸イオンとのイオン反応式は，次のようになる。

　　　$2MnO_4^- + 5H_2C_2O_4 + 6H^+ \longrightarrow 2Mn^{2+} + 10CO_2 + 8H_2O$

よって，濃度未知の $KMnO_4$ 水溶液の濃度を $x\,[mol/L]$ とすると

　　　$x \times \dfrac{16.0}{1000} : \dfrac{0.670}{134} \times \dfrac{10.0}{100.0} = 2 : 5$　　　$\therefore\ x = 1.25 \times 10^{-2}\,[mol/L]$

また，実験2より，過酸化水素と過マンガン酸イオンとのイオン反応式は，次のようになる。

　　　$2MnO_4^- + 5H_2O_2 + 6H^+ \longrightarrow 2Mn^{2+} + 5O_2 + 8H_2O$

よって，濃度未知の H_2O_2 水の濃度を $y\,[mol/L]$ とすると

　　　$1.25 \times 10^{-2} \times \dfrac{30.0}{1000} : y \times \dfrac{15.0}{1000} = 2 : 5$　　　$\therefore\ y = 6.25 \times 10^{-2}\,[mol/L]$

256 第3章 解答

68 解 答

問 i 5　問 ii 3

解 説

実験1より，次の①〜③が推定される。

①BとDはCuよりイオン化傾向が小さく，AとCはCuよりイオン化傾向が大きい。

②希塩酸と反応しない金属は，水素よりイオン化傾向の小さいAg，Ptと，難溶性の塩$PbCl_2$を形成するPbである。よって，A，B，DはAg，Pt，Pbのいずれかである。

③AとBが濃硝酸に溶け，CとDが溶けないことから，CとDは不動態を形成するFe，または王水には溶けるPtと考えられる。

　以上より，AはPb，BはAg，CはFe，DはPtと推定できる。

問 i　イオン化傾向は，Fe＞Pb＞Ag＞Ptの順となる。

問 ii　実験2において，Bの硝酸塩水溶液は，$AgNO_3$水溶液である。各電極での反応は次のようになる。

$$陽極：2H_2O \longrightarrow O_2＋4H^＋＋4e^－$$

$$陰極：Ag^＋＋e^－ \longrightarrow Ag$$

回路を流れた$e^－$の物質量は

$$\frac{0.400 \times 9650}{9.65 \times 10^4} = 4.00 \times 10^{-2} 〔mol〕$$

よって，溶液中に存在していた$Ag^＋$は1.00 molであるので，陰極に析出したAgの質量は

$$4.00 \times 10^{-2} \times 108 = 4.32 ≒ 4.3〔g〕$$

また，陽極から発生したO_2の標準状態での体積は

$$22.4 \times \frac{4.00 \times 10^{-2}}{4} = 0.224 ≒ 0.22〔L〕$$

69 解 答

2

解 説

1.（誤文）アレニウスの定義では，塩基とは水溶液中で$OH^－$を生じる物質のことである。

2．（正文）次の反応では，水はそれぞれ酸・塩基としてはたらいている。

$$NH_3 + \underline{H_2O} \longrightarrow NH_4^+ + OH^-$$
　　　　　酸

$$CH_3COOH + \underline{H_2O} \longrightarrow CH_3COO^- + H_3O^+$$
　　　　　　　　　塩基

3．（誤文）弱酸や弱塩基では，それぞれの濃度が大きくなると電離度は小さくなり，濃度が小さくなると電離度は大きくなる。よって，濃度の平方根に比例しない。

4．（誤文）中和点において生成する CH_3COONa は水溶液中で加水分解し，弱塩基性を示すので，メチルオレンジではなくフェノールフタレインを用いる。

5．（誤文）$NaHCO_3$ は，水溶液中で次のように反応して弱塩基性を示すが，塩の分類上は酸性塩である。

$$NaHCO_3 \longrightarrow Na^+ + HCO_3^-$$
$$HCO_3^- + H_2O \rightleftharpoons H_2CO_3 + OH^-$$

よって，塩の液性と塩の分類は必ずしも一致しない。

6．（誤文）例えば，弱酸の塩である CH_3COONa に，強塩基ではなく，強酸である塩酸を加えると，次のように反応して，弱酸である CH_3COOH が遊離する。

$$CH_3COONa + HCl \longrightarrow CH_3COOH + NaCl$$

攻略のポイント

5．一般に，塩の液性は，強酸と弱塩基からできた塩は弱酸性，弱酸と強塩基からできた塩は弱塩基性となるが，酸性塩などではあてはまらないことがある。例えば，H_3PO_4 の場合，第1〜3段階の電離定数 $K_1 \sim K_3$〔mol/L〕および，H_3PO_4 水溶液を NaOH 水溶液で滴定したときの滴定曲線の概形が次のようになる。

第1段階：$H_3PO_4 \rightleftharpoons H^+ + H_2PO_4^-$
　　　　$K_1 = 7.0 \times 10^{-3}$〔mol/L〕

第2段階：$H_2PO_4^- \rightleftharpoons H^+ + HPO_4^{2-}$
　　　　$K_2 = 6.3 \times 10^{-8}$〔mol/L〕

第3段階：$HPO_4^{2-} \rightleftharpoons H^+ + PO_4^{3-}$
　　　　$K_3 = 4.5 \times 10^{-13}$〔mol/L〕

$-\log_{10} K_1 ≒ 3 - 0.84 = 2.16$
$-\log_{10} K_2 ≒ 8 - 0.80 = 7.20$
$-\log_{10} K_3 ≒ 13 - 0.65 = 12.35$

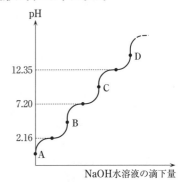

A：H_3PO_4，B：NaH_2PO_4，C：Na_2HPO_4，D：Na_3PO_4 である。

よって，B の酸性塩は酸性であるが，C の酸性塩は塩基性である。

〔注〕 $[H_3PO_4] ≒ [H_2PO_4^-]$ では $[H^+] = K_1$，$[H_2PO_4^-] ≒ [HPO_4^{2-}]$ では $[H^+]$

258 第3章 解答

=K_2，[HPO$_4^-$]≒[PO$_4^{3-}$] では [H$^+$]=K_3 である。

70 解答

3・6

解説

1．（正文）反応熱は，生成物の全生成熱から反応物の全生成熱を引くことにより得られる。
2．（正文）H$_2$（気体）の燃焼熱を Q〔kJ/mol〕とすると，熱化学方程式は次のようになる。

$$H_2(気体) + \frac{1}{2}O_2(気体) = H_2O(液体) + Q\text{ kJ}$$

よって，液体の水の生成熱も Q〔kJ/mol〕となる。

3．（誤文）下のエネルギー図より，O$_2$ 分子の O=O 結合の結合エネルギーを求めるためには，C（固体）の昇華熱も必要である。

```
         C(気体)+2O(気体)
        ↑
        │(C(固体)の昇華熱)+
        │(O=O 結合エネルギー)        (C=O の結合エネルギー)×2
        │C(固体)+O_2(気体)
        │(CO_2(気体)の生成熱)      ( ) 内のエネルギーはいずれも 1 mol あたりの値
        │CO_2(気体)                を表す。
```

4．（正文）ある物質 A からある物質 B への反応における反応熱を Q'〔kJ〕，正反応の活性化エネルギーを E_1〔kJ〕，逆反応の活性化エネルギーを E_2〔kJ〕とすると，下図より，$Q'=E_2-E_1$〔kJ〕となる。触媒は，E_1，E_2 の両方を小さくするが，Q' の値は変化しない。

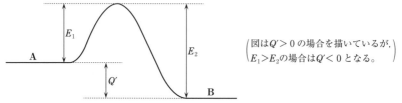

5．（正文）次の反応における反応熱を Q''〔kJ/mol〕とすると，Q'' は中和熱であり，これは発熱反応である。

$$H^+aq + OH^-aq = H_2O(液体) + Q''\text{ kJ} \quad (aq は多量の液体の水を表す)$$

よって，H$_2$O（液体）の電離はこの逆反応で，吸熱反応である。

6．（誤文）融解熱と蒸発熱に加えて，0℃の液体の水を100℃の液体の水にするため

のエネルギーが必要である。

71 解　答

5

解　説

1．（正文）陰極では，電池の負極より流れてきた e^- を受け取る還元反応が起こり，陽極では，電池の正極に向け e^- を放出する酸化反応が起こる。

2．（正文）NaCl 固体を融解すると Na^+ と Cl^- になり，これを電気分解すると各電極では次のように反応する。

陽極：$2Cl^- \longrightarrow Cl_2 + 2e^-$　　　陰極：$Na^+ + e^- \longrightarrow Na$

3．（正文）ダニエル電池の正極，負極での反応は次のようになる。

正極：$Cu^{2+} + 2e^- \longrightarrow Cu$　　　負極：$Zn \longrightarrow Zn^{2+} + 2e^-$

よって，正極の質量は増加する。

4．（正文）マンガン乾電池は正極に MnO_2，負極に Zn を用い，電解質には少量の NH_4Cl を含む $ZnCl_2$ 水溶液を用いた一次電池である。

5．（誤文）銀を電極に用いた硝酸銀水溶液の電気分解において，各電極での反応は次のようになる。

陽極：$Ag \longrightarrow Ag^+ + e^-$　　　陰極：$Ag^+ + e^- \longrightarrow Ag$

6．（正文）ファラデーの法則において次の2つの関係が成立する。

①電極で生成する物質または反応する物質の物質量は，流れた電気量に比例する。

②同じ電気量で変化するイオンの物質量は，イオンの種類に関係なく，そのイオンの価数に反比例する。

72 解　答

2・5

解　説

実験1より，塩酸のモル濃度を $x \, [mol/L]$ とすると

$$x \times \frac{10.0}{1000} = 1.00 \times \frac{15.0}{1000} \qquad x = 1.50 \, [mol/L]$$

実験2より，アンモニア水のモル濃度を $y \, [mol/L]$ とすると

$$y \times \frac{10.0}{1000} = 1.50 \times \frac{12.0}{1000} \qquad y = 1.80 \, [mol/L]$$

260　第3章　解答

1．（誤文）**A**点における水素イオン濃度は $[H^+]=1.50$〔mol/L〕であり，pH$=0$ の
とき $[H^+]=10^0=1.00<1.50$〔mol/L〕であるから，**A**点の pH は 0 より小さくな
る。

2．（正文）**B**点における未反応の HCl は

$$1.50\times\frac{10.0}{1000}-1.00\times\frac{13.5}{1000}=\frac{1.50}{1000}\text{〔mol〕}$$

よって，水素イオン濃度 $[H^+]$ は

$$[H^+]=\frac{1.50}{1000}\times\frac{1000}{23.5}=0.0638<0.100\text{〔mol/L〕}$$

したがって，水素イオン濃度が小さくなるほど pH は大きくなるので，pH は 1 よ
り大きい。

3．（誤文）pH>14 のとき，水酸化物イオン濃度は $[OH^-]>10^0=1.00$〔mol/L〕で
ある。ここで，中和点よりさらに加えた水酸化ナトリウム水溶液の体積を V〔mL〕
とすると，溶液中の $[OH^-]$ は次のようになる。

$$[OH^-]\fallingdotseq1.00\times\frac{V}{1000}\times\frac{1000}{25.0+V}=1.00\times\frac{V}{25.0+V}<1.00\text{〔mol/L〕}$$

よって，pH は 14 に近づくが，14 より大きくならない。

4．（誤文）水のイオン積を $[H^+][OH^-]=1.00\times10^{-14}$〔mol^2/L^2〕とすると，**D**点に
おける $[OH^-]$ は

$$[OH^-]=\frac{10^{-14}}{10^{-11.8}}=10^{-2.2}=10^{-0.2}\times10^{-2}<1.00\times10^{-2}\text{〔mol/L〕}$$

ここで，**D**点におけるアンモニアの電離度が 0.01 より大きいとき

$$[OH^-]>0.01\times1.80=1.80\times10^{-2}>1.00\times10^{-2}>10^{-0.2}\times10^{-2}\text{〔mol/L〕}$$

よって，アンモニアの電離度は 0.01 より小さい。

5．（正文）**E**点では，中和によって生じた NH_4^+ と未反応の NH_3 の約 1：1 混合溶
液であり，少量の酸（H^+）や少量の塩基（OH^-）を加えると，次の反応により
H^+ や OH^- の増加を抑えるため，溶液の pH は大きく変化せず，緩衝作用を示す。

$$NH_4^++OH^-\longrightarrow NH_3+H_2O$$
$$NH_3+H^+\longrightarrow NH_4^+$$

6．（誤文）**F**点における $[H^+]$ の値は次のように表される。

$$NH_4^++H_2O\rightleftharpoons NH_3+H_3O^+$$

この加水分解反応の加水分解定数を K_h〔mol/L〕，$[H_3O^+]\fallingdotseq[H^+]$，$[NH_4^+]=c$
〔mol/L〕とすると

$$K_h=\frac{[NH_3][H^+]}{[NH_4^+]}=\frac{K_w}{K_b}\fallingdotseq\frac{[H^+]^2}{c}$$

$$[H^+]=\sqrt{\frac{cK_w}{K_b}}$$

ここで，中和反応における熱化学方程式は次のように表される。

$H^+aq + OH^-aq = H_2O$ (液体) $+ 56\,kJ$ （25℃，aq は多量の水を表す）

この式について，温度を上げると，平衡は電離の方向である左へ移動し，$[H^+]$，$[OH^-]$ の値が大きくなる。そのため水のイオン積は $K_w = [H^+][OH^-] > 10^{-14}$ となる。

また，NH_3 の電離定数 $K_b = \dfrac{[NH_4^+][OH^-]}{[NH_3]}$ も温度が変われば変化する。

したがって，温度により K_b，K_w が変化するので，pH の値も変化する。

73 解答

問i　**0.22L**　　問ii　**13.4**

解説

問i　陽極である炭素電極では，次の反応により Cl_2 が発生する。

$2Cl^- \longrightarrow Cl_2 + 2e^-$

よって，発生した Cl_2 の体積は，標準状態において次のようになる。

$$\frac{5.00 \times 386}{9.65 \times 10^4} \times \frac{1}{2} \times 22.4 = 0.224 \fallingdotseq 0.22 \,[L]$$

問ii　陰極である鉄電極では，次の反応により OH^- が生じる。

$2H_2O + 2e^- \longrightarrow H_2 + 2OH^-$

電気分解をする前，陰極側の水溶液中にある OH^- の物質量は

$$5.00 \times 10^{-2} \times \frac{100}{1000} = 5.00 \times 10^{-3} \,[mol]$$

電気分解後，新たに陰極側に生じた OH^- の物質量は

$$\frac{5.00 \times 386}{9.65 \times 10^4} = 2.00 \times 10^{-2} \,[mol]$$

陰極側にある OH^- は，陽イオン交換膜を通って陽極側へ移動しないので，OH^- のモル濃度 $[OH^-]$ は

$$[OH^-] = (5.00 \times 10^{-3} + 2.00 \times 10^{-2}) \times \frac{1000}{100} = 0.250 \,[mol/L]$$

したがって，求める pH は，水のイオン積を用いて次のようになる。

$$pH = -\log_{10} \frac{1.00 \times 10^{-14}}{0.250} = -\log_{10}(4.00 \times 10^{-14})$$

$$= 13.39 \fallingdotseq 13.4$$

262　第3章　解答

74 解 答

問 i　2.0×10^4 秒　　問 ii　$0.40\,\mathrm{mol}$

解 説

問 i　電気分解によって侵されない電極を用いているので，陽極として Cu や Ag などは用いていない。また，電解槽①・②の陰極，電解槽③の陽極で気体の発生がないことから，各電極では次の反応のみが起こったと考えればよい。

電解槽①　陽極：$2H_2O \longrightarrow O_2 + 4e^- + 4H^+$

　　　　　陰極：$Cu^{2+} + 2e^- \longrightarrow Cu$

電解槽②　陽極：$2H_2O \longrightarrow O_2 + 4e^- + 4H^+$

　　　　　陰極：$Ag^+ + e^- \longrightarrow Ag$

電解槽③　陽極：$2I^- \longrightarrow I_2 + 2e^-$

　　　　　陰極：$2H_2O + 2e^- \longrightarrow H_2 + 2OH^-$

ここで，回路を流れた電子 e^- の物質量を x〔mol〕とすると，電極上に析出した金属の総量から

$$63.5 \times \frac{1}{2}x + 108x = 55.9$$

∴　$x = \dfrac{111.8}{279.5} = 0.400\,\text{〔mol〕}$

よって，電気分解した時間を t 秒間とすると

$$1.93 \times t = 0.400 \times 9.65 \times 10^4$$

∴　$t = 2.00 \times 10^4 \fallingdotseq 2.0 \times 10^4$ 秒

問 ii　回路を流れた電子 e^- の物質量は $0.400\,\mathrm{mol}$ であるから，発生した気体の物質量の総和は，次のようになる。

$$\frac{1}{4} \times 0.400 + \frac{1}{4} \times 0.400 + \frac{1}{2} \times 0.400 = 0.400 \fallingdotseq 0.40\,\text{〔mol〕}$$

75 解 答

$4.5 \times 10^2\,\mathrm{kJ/mol}$

解 説

C_{60} 1 分子中の結合数は，C 原子 1 個あたり 3 つの共有結合があるので

$$(\text{結合数}) = 60 \times 3 \times \frac{1}{2} = 90$$

また，C_{60} の燃焼を表す熱化学方程式は次のようになる。

$C_{60} + 60 O_2 = 60 CO_2 + 25500 kJ$

反応物である C_{60} を含め，反応物，生成物がすべて気体の場合，反応に関与する物質の結合エネルギーから，次の関係が成立する。

　(反応熱) = (生成物の結合エネルギーの総和)
　　　　　　　　　　　　　　　- (反応物の結合エネルギーの総和)

よって，求める結合エネルギーを x〔kJ/mol〕とすると，与えられた結合エネルギーの値から，次のようになる。

　$25500 = 60 \times 2 \times 800 - (90x + 60 \times 500)$

　∴　$x = 450 ≒ 4.5 \times 10^2$〔kJ/mol〕

〔注〕 反応熱や結合エネルギーは，一般に $25℃$，$1.013 \times 10^5 Pa$ における値を用いる。C_{60} は室温では，C_{60} 分子が面心立方格子を形成する分子結晶であるが，本問では，C_{60} は気体として考え，結合エネルギーを導いた。

攻略のポイント

エネルギー図を用いて，次のように考えてもよい。まず，C_{60} 分子の燃焼熱 25500 kJ/mol より

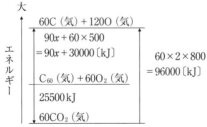

よって，与えられた結合エネルギーの値を用いると次のようになる。

したがって，求める結合エネルギー x〔kJ/mol〕は

　$90x + 30000 + 25500 = 96000$

　∴　$x = 450 ≒ 4.5 \times 10^2$〔kJ/mol〕

ところで，C_{60} フラーレンの合成法に燃焼法とよばれる合成法があり，炭化水素を不完全燃焼させ連続的に生成物を得る方法がある。例えば，ベンゼンを原料とした場合の反応は次のようになる。

$$10C_6H_6 + 15O_2 \longrightarrow C_{60} + 30H_2O$$

76 解 答

5

解 説

1. （正文）一次電池，二次電池とも放電するとき，負極は酸化反応，正極は還元反応が起こる。
2. （正文）リチウム電池，マンガン乾電池以外にも，銀電池などの一次電池がある。また，リチウムイオン電池は二次電池である。
3. （正文）二次電池を充電するとき，負極では放電とは逆の還元反応，正極では酸化反応が起こる。このため，外部電源の負極から流れ出す電子を二次電池の負極が受け取り，二次電池の正極が電子を放出する。よって，外部電源の負極は電池の負極側，正極は電池の正極側に接続する。
4. （正文）ダニエル電池の放電では，各電極において次の反応が起こる。

　　　負極：$Zn \longrightarrow Zn^{2+} + 2e^-$

　　　正極：$Cu^{2+} + 2e^- \longrightarrow Cu$

負極側，正極側の電解液はそれぞれ $ZnSO_4$，$CuSO_4$ 水溶液であるから，負極側では Zn^{2+} が増加するため素焼き板を通って正極側へ移動し，正極側では SO_4^{2-} が過剰となるため素焼き板を通って負極側へ移動する。
5. （誤文）鉛蓄電池の放電では，各電極において次の反応が起こる。

　　　負極：$Pb + SO_4^{2-} \longrightarrow PbSO_4 + 2e^-$

　　　正極：$PbO_2 + SO_4^{2-} + 4H^+ + 2e^- \longrightarrow PbSO_4 + 2H_2O$

よって，両電極ともに $PbSO_4$ に変化するので質量が増加する。
6. （正文）電解液にリン酸水溶液を用いた燃料電池の放電では，各電極において次の反応が起こる。

　　　負極：$H_2 \longrightarrow 2H^+ + 2e^-$

　　　正極：$O_2 + 4H^+ + 4e^- \longrightarrow 2H_2O$

よって，正極では水が生成する。

77 解 答

$$L = \frac{2CAT^2}{20K - AT} \text{ (J/g)}$$

第3章 解答 265

解 説

断熱容器内の物質の質量は

$$M + \frac{99M}{100} + \frac{M}{100} = 2M \,(\mathrm{g})$$

また、氷の融解に用いられた熱量は

$$C \times 2MT = 2CMT \,(\mathrm{J})$$

このとき、融解した氷の質量を $x \,(\mathrm{g})$ とすると

$$xL = 2CMT \quad \therefore \quad x = \frac{2CMT}{L} \,(\mathrm{g})$$

よって、食塩の質量モル濃度は

$$\frac{\dfrac{M}{100}}{A} \times \frac{1000}{M + \dfrac{2CMT}{L}} = \frac{10M}{A\left(M + \dfrac{2CMT}{L}\right)} \,(\mathrm{mol/kg})$$

したがって、凝固点降下度 $T \,(\mathrm{K})$ であるから、次の関係が成立する。

$$T = K \times 2 \times \frac{10M}{A\left(M + \dfrac{2CMT}{L}\right)}$$

$$\therefore \quad L = \frac{2CAT^2}{20K - AT} \,(\mathrm{J/g})$$

78 解 答

1 ・ 2

解 説

1. （誤文）塩酸と水酸化ナトリウム水溶液を、それぞれ $V \,(\mathrm{L})$ ずつ混合すると、混合溶液中の水素イオンのモル濃度 $[\mathrm{H}^+]$ は

$$[\mathrm{H}^+] = (0.025V - 0.010V) \times \frac{1}{2V} = 0.0075 \,(\mathrm{mol/L})$$

よって、pH2 の水溶液中の水素イオン濃度は $[\mathrm{H}^+] = 0.010 \,(\mathrm{mol/L})$ であるから、混合溶液の pH は 2 より大きい。

2. （誤文）酢酸ナトリウムは水溶液中で酢酸イオン $\mathrm{CH_3COO^-}$ と $\mathrm{Na^+}$ に電離し、酢酸イオンが次のように加水分解し塩基性を示す。

$$\mathrm{CH_3COO^-} + \mathrm{H_2O} \longrightarrow \mathrm{CH_3COOH} + \mathrm{OH^-}$$

一方、酢酸ナトリウムは、酸である酢酸と塩基である水酸化ナトリウムが過不足な

く反応して生じた正塩に分類される。

3．（正文）水と反応しオキソ酸を生じたり，塩基と反応して塩を生じる酸化物を酸性酸化物という。CO_2，SiO_2，P_4O_{10} は水や塩基と次のように反応する。

$$CO_2 + H_2O \longrightarrow H_2CO_3$$
$$SiO_2 + 2NaOH \longrightarrow Na_2SiO_3 + H_2O$$
$$P_4O_{10} + 6H_2O \longrightarrow 4H_3PO_4$$

4．（正文）塩素のオキソ酸と化合物中の塩素の酸化数は次のようになる。

	化合物名	化合物中の塩素の酸化数
$HClO$	次亜塩素酸	$+1$
$HClO_2$	亜塩素酸	$+3$
$HClO_3$	塩素酸	$+5$
$HClO_4$	過塩素酸	$+7$

よって，化合物中の酸素原子数の多いオキソ酸ほど強い酸となるので，塩素の酸化数が大きいものほど強い酸である。

5．（正文）フッ化水素の水溶液をフッ化水素酸という。フッ化水素酸は，フッ化水素分子間に水素結合を生じるため，弱酸となる。また，フッ化水素酸は石英や水晶の主成分である SiO_2 と次のように反応する。

$$SiO_2 + 6HF \longrightarrow H_2SiF_6 + 2H_2O$$

6．（正文）アンモニアは弱塩基，塩酸は強酸であるため，中和反応によって生じる塩化アンモニウム NH_4Cl 中の NH_4^+ が次のように加水分解するため，中和点は弱酸性を示す。

$$NH_4^+ + H_2O \rightleftharpoons NH_3 + H_3O^+$$

よって，指示薬は pH4 付近に変色域をもつメチルオレンジを用いることができる。

---

79 解 答

問 i **32kg**　　問 ii **13kg**

解 説

問 i 回路を流れた電子 e^- の物質量は

$$\frac{965 \times 100 \times 60 \times 60}{9.65 \times 10^4} = 3.60 \times 10^3 \,〔mol〕$$

また，陰極での反応は次のようになる。

$$Al^{3+} + 3e^- \longrightarrow Al$$

よって，得られるアルミニウムの質量は

$$3.60 \times 10^3 \times \frac{1}{3} \times 27 \times 10^{-3} = 32.4 \fallingdotseq 32 \,(\mathrm{kg})$$

問ii　陽極での反応は次のようになる。

$$C + O^{2-} \longrightarrow CO + 2e^-, \quad C + 2O^{2-} \longrightarrow CO_2 + 4e^-$$

このとき，CO が $x\,(\mathrm{mol})$ 生じたとすると，CO_2 は $2.50x\,(\mathrm{mol})$ 生じるので，回路を流れた電子 e^- について考えると

$$2x + 4 \times 2.50x = 3.60 \times 10^3 \qquad \therefore \quad x = 3.00 \times 10^2\,(\mathrm{mol})$$

また，反応した炭素電極の炭素の物質量は

$$x + 2.50x = 3.50x\,(\mathrm{mol})$$

したがって，減少した炭素電極の質量は次のようになる。

$$3.50 \times 3.00 \times 10^2 \times 12 \times 10^{-3} = 12.6 \fallingdotseq 13\,(\mathrm{kg})$$

---

80 解答

問i　0.72 g　　**問ii　38 %**

解 説

問i　白金電極を用いた $AgNO_3$ 水溶液の電気分解において，陽極，陰極での反応は次のようになる。

陽極：$2H_2O \longrightarrow O_2 + 4e^- + 4H^+$

陰極：$Ag^+ + e^- \longrightarrow Ag$

回路全体を流れた e^- は $\dfrac{8.64}{108} = 0.0800\,(\mathrm{mol})$ となり，直列に接続した鉛蓄電池 5 個それぞれに流れた e^- は $0.0400\,\mathrm{mol}$ となる。また，鉛蓄電池の放電反応は

$$Pb + PbO_2 + 2H_2SO_4 \longrightarrow 2PbSO_4 + 2H_2O$$

よって，$1.00\,\mathrm{mol}$ の e^- が流れると H_2SO_4 $1.00\,\mathrm{mol}$ が反応し，H_2O $1.00\,\mathrm{mol}$ が生じるので，放電によって生じる H_2O は

$$0.0400 \times 18 = 0.720 \fallingdotseq 0.72\,(\mathrm{g})$$

問ii　放電前の鉛蓄電池 1 個あたりの電解液の質量は $1.30 \times 100 = 130\,(\mathrm{g})$，$H_2SO_4$ の質量は $0.400 \times 130 = 52.0\,(\mathrm{g})$ である。また，放電によって減少する H_2SO_4 は $0.0400 \times 98 = 3.92\,(\mathrm{g})$，放電によって増加する H_2O は $0.720\,\mathrm{g}$ となるから，放電後の電解液中の H_2SO_4 は

$$52.0 - 3.92 = 48.08\,(\mathrm{g})$$

電解液の質量は

$$130 - 3.92 + 0.720 = 126.8\,(\mathrm{g})$$

268 第3章 解答

よって，求める質量パーセント濃度は

$$\frac{48.08}{126.8} \times 100 = 37.9 \fallingdotseq 38 \, [\%]$$

81 解 答

問 i　−34 kJ/mol　　問 ii　3

解 説

問 i　一酸化窒素の生成，および燃焼の熱化学方程式は次のようになる。

$$\frac{1}{2}N_2 \, (気体) + \frac{1}{2}O_2 \, (気体) = NO \, (気体) - 91 \, kJ \quad \cdots\cdots ①$$

$$NO \, (気体) + \frac{1}{2}O_2 \, (気体) = NO_2 \, (気体) + 57 \, kJ \quad \cdots\cdots ②$$

よって，① + ② から

$$\frac{1}{2}N_2 \, (気体) + O_2 \, (気体) = NO_2 \, (気体) - 34 \, kJ$$

したがって，二酸化窒素の生成熱は −34 kJ/mol である。

問 ii　1．（正文）生成熱は $1.013 \times 10^5 \, Pa$，25℃における反応熱である。よって，温度が変化すれば生成熱も変化する。

2．（正文）アルミナの生成熱を $Q_1 \, [kJ/mol]$，酸化鉄（Ⅲ）の生成熱を $Q_2 \, [kJ/mol]$ とすると

$$2Al \, (固体) + \frac{3}{2}O_2 \, (気体) = Al_2O_3 \, (固体) + Q_1 \, kJ \quad \cdots\cdots ③$$

$$2Fe \, (固体) + \frac{3}{2}O_2 \, (気体) = Fe_2O_3 \, (固体) + Q_2 \, kJ \quad \cdots\cdots ④$$

③ − ④ より

$$2Al \, (固体) + Fe_2O_3 \, (固体)$$
$$= 2Fe \, (固体) + Al_2O_3 \, (固体) + (Q_1 - Q_2) \, kJ \quad \cdots\cdots ⑤$$

一般に，Al 粉末と酸化鉄（Ⅲ）の混合物にマグネシウムリボンで点火すると⑤の反応（テルミット反応）が生じることから，$Q_1 - Q_2 > 0$ である。したがって，アルミナの生成熱の方が酸化鉄（Ⅲ）の生成熱より大きい。

3．（誤文）ヘスの法則は，物質が変化するとき反応熱の総和が，化学反応の経路などによって変化せず，反応の前後の状態によって決まるものであり，実際に化学反応が起こるかどうかは区別できない。

4．（正文）例えば，次の図の **A ⟶ B** の反応において，逆反応の活性化エネルギー

から正反応の活性化エネルギーを引いたものが反応熱となる。

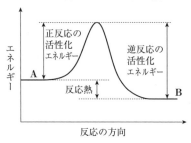

5．(正文) 反応物のもつエネルギーから生成物のもつエネルギーを引いたものが反応熱になる。このとき，反応物のもつエネルギーが生成物のもつエネルギーより大きいときは上の図のように発熱反応となる。

82 解答

問 i　正極：8　負極：5　　問 ii　1.6g

解説

問 i　電池の放電時に流れた電子の物質量は，次のようになる。

$$\frac{0.0200 \times 20 \times 60}{9.65 \times 10^4} = 2.487 \times 10^{-4} \text{[mol]}$$

負極に用いた金属が1価の陽イオンになるもの (Li, K) である場合，反応する金属の物質量は 2.487×10^{-4} mol であるので，その質量は

　　Li の場合：$7 \times 2.487 \times 10^{-4} = 1.74 \times 10^{-3}$ [g]

　　K の場合：$39 \times 2.487 \times 10^{-4} = 9.69 \times 10^{-3}$ [g]

よって，問題の記述と合わない。

負極に用いた金属が2価の陽イオンになるもの (Fe, Cu, Zn, Pb) である場合，反応する金属の物質量は次のようになる。

$$\frac{2.487 \times 10^{-4}}{2} = 1.243 \times 10^{-4} \text{[mol]}$$

であるので，その質量は

　　Fe の場合：$56 \times 1.243 \times 10^{-4} = 6.960 \times 10^{-3}$

$$\fallingdotseq 6.96 \times 10^{-3} \text{[g]} = 6.96 \text{[mg]}$$

したがって，問題文の記述と合致する。

負極活物質として Fe を用いた場合，正極活物質となり得るのは Fe よりもイオン化傾向の小さい Cu，Ag，Pb のいずれかとなり，水溶液が無色であることから，

270　第3章　解答

Ag か Pb である。また，水溶液の電気分解において析出する金属の物質量は

Ag の場合：$\dfrac{0.200 \times 2 \times 60 \times 60}{9.65 \times 10^4} \times 1 = 0.0149$〔mol〕

Pb の場合：$\dfrac{0.200 \times 2 \times 60 \times 60}{9.65 \times 10^4} \times \dfrac{1}{2} = 0.00746$〔mol〕

であり，電気分解後の金属イオンの濃度が 0.0400 mol/L 以下となるためには 0.01 mol 以上反応しなければならないので，Ag を用いた場合が適する。

問ⅱ　問ⅰより，電気分解において析出した金属（Ag）の質量は

0.0149 × 108 = 1.60 ≒ 1.6〔g〕

攻略のポイント

問ⅰにおいて，Li，K，Ca などのアルカリ金属やアルカリ土類金属は，常温の水と反応するため，ダニエル電池型の電極としては適当でない。また，Ag は与えられた9種類の金属中，イオン化傾向が最も小さいので，負極活物質にはならない。さらに正極活物質として用いた金属の硝酸塩水溶液が無色であることから，正極は Fe，Cu ではないことがわかる。

83　解　答

問ⅰ　**4**　　**問ⅱ**　電解時間：**1.3×10^3分**　金属の質量：**16 g**

解　説

問ⅰ　銅よりもイオン化傾向の大きい金属は，陽極で酸化されて陽イオンになってしまう。この電気分解では陽極の下に金属が沈殿したので，銅よりもイオン化傾向の小さい銀が含まれていることがわかる。

問ⅱ　陰極では銅の析出が起こる。

$Cu^{2+} + 2e^- \longrightarrow Cu$

電解した時間を x 分とすると

$\dfrac{9.65 \times x \times 60}{9.65 \times 10^4} \times \dfrac{1}{2} \times 63.5 = 254.0$　　∴　$x = 1.33 \times 10^3 \fallingdotseq 1.3 \times 10^3$ 分

一方，陽極では，銅と鉄のイオン化が起こり，金属 **A**（銀）が沈殿する。

$Cu \longrightarrow Cu^{2+} + 2e^-$

$Fe \longrightarrow Fe^{2+} + 2e^-$

陽極の質量減少量の 80.00％は銅のイオン化によるものであるから，銅から放出された電子の物質量は

$$\dfrac{265.0 \times \dfrac{80.00}{100}}{63.5} \times 2 = 6.67 \,[\text{mol}]$$

また，この電気分解で流れた電子の物質量は，陰極の質量増加より

$$\dfrac{254.0}{63.5} \times 2 = 8.00 \,[\text{mol}]$$

よって，鉄から放出された電子の物質量は

$$8.00 - 6.67 = 1.33 \,[\text{mol}]$$

したがって，沈殿した銀の質量は

$$265.0 - \left(265.0 \times \dfrac{80.00}{100} + 56 \times 1.33 \times \dfrac{1}{2}\right) = 15.7 \fallingdotseq 16 \,[\text{g}]$$

84 解 答

問 i   70 分   問 ii   65 %

解 説

問 i　陽極における反応は次のようになる。

$$C + O^{2-} \longrightarrow CO + 2e^-, \quad C + 2O^{2-} \longrightarrow CO_2 + 4e^-$$

このとき，CO が 3.00 mol 生成し，CO_2 が 9.00 mol 生成しているので，回路を流れた電子は

$$6.00 + 36.0 = 42.0 \,[\text{mol}]$$

よって，かかった時間を x 分とすると

$$965 \times x \times 60 = 42.0 \times 96500 \quad \therefore \quad x = 70.0 \,\text{分}$$

問 ii　ボーキサイト 1200 g から Fe_2O_3 180 g を除くと，残りは 1020 g となる。いま，$Al_2O_3 \cdot 3H_2O$（=156）が $x\,[\text{mol}]$，$Al_2O_3 \cdot H_2O$（=120）が $y\,[\text{mol}]$ 含まれているとすると，流れた電子の物質量から，Al は $42.0 \times \dfrac{1}{3} = 14.0\,[\text{mol}]$ 生じるので，次の2式が成り立つ。

$$156x + 120y = 1020 \quad \cdots\cdots ①$$
$$2x + 2y = 14.0 \quad \cdots\cdots ②$$

①，②より　$x = 5.0,\ y = 2.0$

よって，求める $Al_2O_3 \cdot 3H_2O$ の質量パーセントは

$$\dfrac{156 \times 5.0}{1200} \times 100 = 65.0 \fallingdotseq 65 \,[\%]$$

272　第3章　解答

85　解答

問 i　1.6×10^{-2} mol/L　　問 ii　77%　　問 iii　6

解説

問 i　過マンガン酸イオンおよびシュウ酸の半反応式は次のようになる。

$$MnO_4^- + 8H^+ + 5e^- \longrightarrow Mn^{2+} + 4H_2O \quad \cdots\cdots ⑦$$

$$(COOH)_2 \longrightarrow 2CO_2 + 2H^+ + 2e^- \quad\quad \cdots\cdots ④$$

⑦×2＋④×5 より

$$2MnO_4^- + 6H^+ + 5(COOH)_2 \longrightarrow 2Mn^{2+} + 8H_2O + 10CO_2$$

よって，$(COOH)_2$ と MnO_4^- は 5：2 の物質量比で反応するから，求める $KMnO_4$ 水溶液**A**のモル濃度を x〔mol/L〕とすると

$$2.00 \times 10^{-2} \times \frac{50.0}{1000} : x \times \frac{25.0}{1000} = 5 : 2$$

∴　$x = 1.60 \times 10^{-2} \fallingdotseq 1.6 \times 10^{-2}$〔mol/L〕

問 ii　滴定②の反応は，2段階に分けて考えればよい。

　　第1段階：MnO_2 と $(COOH)_2$ の反応

　　第2段階：上記反応で残った $(COOH)_2$ と $KMnO_4$ の反応

第1段階の反応は次のようになる。

$$MnO_2 + 2H^+ + (COOH)_2 \longrightarrow Mn^{2+} + 2H_2O + 2CO_2$$

第2段階の反応から，第1段階で反応した $(COOH)_2$ の物質量は

$$2.00 \times 10^{-2} \times \frac{50.0}{1000} - 1.60 \times 10^{-2} \times \frac{14.0}{1000} \times \frac{5}{2} = 4.40 \times 10^{-4}〔mol〕$$

よって，第1段階の反応から，反応した MnO_2 と $(COOH)_2$ の物質量は等しいので，軟マンガン鉱 50.0mg 中の MnO_2（式量 87）の質量パーセントは

$$\frac{4.40 \times 10^{-4} \times 87}{50.0 \times 10^{-3}} \times 100 = 76.56 \fallingdotseq 77〔\%〕$$

問 iii　1．（誤文）水が蒸発しても，シュウ酸の物質量は変化しないので，過マンガン酸カリウム水溶液の滴下量は同じである。

2．（誤文）CO_2 が発生する。

3．（誤文）デンプン水溶液は I_2 の生成や消費に関わる反応に用いられる。

4．（誤文）中性条件下で反応させると次の反応が起こる。

$$MnO_4^- + 2H_2O + 3e^- \longrightarrow MnO_2 + 4OH^-$$

よって，過マンガン酸カリウム水溶液の滴下量は変化する。

5．（誤文）酸化マンガン(Ⅳ)も酸化剤としてはたらく。Mn の酸化数は，$+4 \rightarrow +2$ と変化し，還元される。

6．（正文）MnO_2 の割合が低いと，はじめに加えたシュウ酸の反応量が少ないので，過マンガン酸カリウム水溶液の滴下量は増加する。

86 解 答

問 i 　$9.3 \times 10^2\,kJ/mol$　　問 ii 　$1.98\,mol$

問 iii 　水素：0.63　メタン：0.00　エタン：0.00　プロパン：0.37

解 説

問 i 　水素とプロパンを物質量比 $2:1$ で混合しているので

$$285.0 \times \frac{2}{3} + 2220 \times \frac{1}{3} = 930 \fallingdotseq 9.3 \times 10^2\,[kJ/mol]$$

問 ii 　(1) H_2 と CH_4 の組み合わせ

H_2 を $x\,[mol]$ 用いるとすると

$$285 \times x + 890 \times (1.000 - x) = 1560 \quad \therefore \quad x = -1.10\,[mol]$$

$x < 0$ なので，この組み合わせは不適。

(2) H_2 と C_3H_8 の組み合わせ

H_2 の物質量を $y\,[mol]$ とおくと

$$285 \times y + 2220 \times (1.000 - y) = 1560 \quad \therefore \quad y = 0.341\,[mol]$$

C_3H_8 の物質量は 　$1 - 0.341 = 0.659\,[mol]$

ここで C_3H_8 の燃焼反応は

$$C_3H_8 + 5O_2 \longrightarrow 3CO_2 + 4H_2O$$

よって，発生する CO_2 の物質量は

$$0.659 \times 3 = 1.977 \fallingdotseq 1.98\,[mol]$$

(3) CH_4 と C_3H_8 の組み合わせ

CH_4 の物質量を $z\,[mol]$ とおくと

$$890 \times z + 2220 \times (1.000 - z) = 1560 \quad \therefore \quad z = 0.496\,[mol]$$

よって，CH_4，C_3H_8 から発生する CO_2 はそれぞれ次のようになる。

CH_4 から発生する CO_2 は 　$0.496\,mol$

C_3H_8 から発生する CO_2 は 　$(1.000 - 0.496) \times 3 = 1.512\,[mol]$

したがって，発生する全 CO_2 は

$$0.496 + 1.512 = 2.008\,[mol]$$

以上，(1)〜(3)より，最小値は 　$1.98\,mol$

問 iii 　$1000\,kJ/mol$ より多いもの同士や少ないもの同士の組み合わせでは条件を満たさないので，考えられる組み合わせは，H_2 と C_2H_6，H_2 と C_3H_8，CH_4 と C_2H_6，

CH_4 と C_3H_8 の 4 つ。

問ii の結果より，同じ物質量，同じ燃焼熱では，H_2 と C_2H_6 より H_2 と C_3H_8 の方が CO_2 の発生量が少なく，CH_4 と C_3H_8 の組み合わせでは H_2 と C_3H_8 より多くなるから，H_2 と C_2H_6，CH_4 と C_3H_8 の組み合わせは除かれる。

- H_2 と C_3H_8 の組み合わせ

  H_2 の物質量を x〔mol〕とすると

  $$285 \times x + 2220 \times (1.000 - x) = 1000 \quad \therefore \quad x = 0.630 〔mol〕$$

  C_3H_8 の物質量は $\quad 1.000 - 0.630 = 0.370$〔mol〕

  したがって，発生する CO_2 は $\quad 0.370 \times 3 = 1.11$〔mol〕

- CH_4 と C_2H_6 の組み合わせ

  CH_4 の物質量を y〔mol〕とすると

  $$890 \times y + 1560 \times (1.000 - y) = 1000 \quad \therefore \quad y = 0.835 〔mol〕$$

  C_2H_6 の物質量は $\quad 1.000 - 0.835 = 0.165$〔mol〕

  したがって，発生する CO_2 は $\quad 0.835 \times 1 + 0.165 \times 2 = 1.165$〔mol〕

以上より，H_2 0.63 mol，CH_4 0 mol，C_2H_6 0 mol，C_3H_8 0.37 mol のとき，発生する CO_2 の量が最も少なくなる。

87 解 答

問i 2・5 　　**問ii** $Q = -7.2 \times 10^2 \text{kJ}$

解 説

問i 1．（正文）イオン結晶の特徴のひとつである。

2．（誤文）$AgCl$，$BaSO_4$ のように水に溶けにくいイオン結晶もある。

3．（正文）イオン結晶は固体のときは電気を通さないが，融解し液体にすると通す。

4．（正文）イオンの価数が大きいものほどクーロン力が大きくなり，融点が高くなる。

5．（誤文）同じ電子配置のイオンの大きさは，次のように原子番号が大きくなるほど小さくなる。

$$O^{2-} > F^- > Na^+ > Mg^{2+} > Al^{3+}$$

これは原子番号が大きくなるにつれて，原子核中の陽子の数が増え，電子がより内側に引きつけられるからである。

問ii 与えられた値から次の熱化学方程式をつくり，①〜⑤とする。

$$K (気) = K^+ (気) + e^- - 419 \text{kJ} \qquad \cdots\cdots① \quad (イオン化エネルギー)$$

$$Cl (気) + e^- = Cl^- (気) + 349 \text{kJ} \qquad \cdots\cdots② \quad (電子親和力)$$

$Cl_2(気) = 2Cl(気) - 240 kJ$ ……③ （結合エネルギー）
$K(固) = K(気) - 89 kJ$ ……④ （Kの昇華熱）
$K(固) + \frac{1}{2}Cl_2(気) = KCl(固) + 437 kJ$ ……⑤ （KClの生成熱）

よって，①+④+②+$\frac{1}{2}$×③-⑤ より

$KCl(固) = K^+(気) + Cl^-(気) - 716 kJ$ ∴ $Q = -716 ≒ -7.2 \times 10^2$ 〔kJ〕

攻略のポイント

問ii エネルギー図を用いて考えると次のようになる。

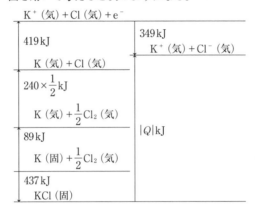

よって

$|Q| = 437 + 89 + 240 \times \frac{1}{2} + 419 - 349 = 716$ 〔kJ〕

したがって，$Q<0$ より $Q = -716 ≒ -7.2 \times 10^2$ kJ となり，この $|Q|$ を KCl（固）の格子エネルギーという。

88 解 答

2

解 説

1. （正文）陽極では $2Cl^- \longrightarrow Cl_2 + 2e^-$ の反応が起こり，塩素ガスが発生する。
2. （誤文）ともに同じ気体 O_2 が発生する。

NaOH 水溶液：$4OH^- \longrightarrow 2H_2O + O_2 + 4e^-$

H_2SO_4 水溶液：$2H_2O \longrightarrow 4H^+ + O_2 + 4e^-$

276 第3章 解答

3．(正文) 正極では $Cu^{2+} + 2e^- \longrightarrow Cu$ の変化が起こり，質量が増える。

4．(正文) それぞれの反応は以下のように表せる。

濃硝酸：$Cu + 4HNO_3 \longrightarrow Cu(NO_3)_2 + 2H_2O + 2NO_2$ ……①

希硝酸：$3Cu + 8HNO_3 \longrightarrow 3Cu(NO_3)_2 + 4H_2O + 2NO$ ……②

①より，Cu $1\,mol$ から NO_2 が $2\,mol$ 発生する。

②より，Cu $1\,mol$ から NO が $\dfrac{2}{3}\,mol$ 発生する。

したがって，発生する気体の物質量は濃硝酸との反応の方が多い。

5．(正文) このときの変化は次のようになる。

$O_3 + 2KI + H_2O \longrightarrow O_2 + 2KOH + I_2$

ヨウ化物イオンは酸化されて，ヨウ素デンプン反応が起こる。

---

89 解 答

問 i　$3.4 \times 10^4 \, kJ/mol$　　問 ii　$1.3 \times 10^2 \, g$

解 説

問 i　油脂の燃焼熱を Q 〔kJ/mol〕とすると

$$C_3H_5(OCOC_{17}H_{35})_3 + \dfrac{163}{2}O_2 = 57CO_2 + 55H_2O + Q\,kJ$$

ここで，以下の3つの熱化学方程式を①～③とする。

$$C_3H_5(OCOC_{17}H_{35})_3 + 3H_2O = C_3H_5(OH)_3 + 3C_{17}H_{35}COOH + 300\,kJ \quad \cdots\cdots①$$

$$C_3H_5(OH)_3 + \dfrac{7}{2}O_2 = 3CO_2 + 4H_2O + 1700\,kJ \quad\quad\quad \cdots\cdots②$$

$$C_{17}H_{35}COOH + 26O_2 = 18CO_2 + 18H_2O + 10500\,kJ \quad\quad\quad \cdots\cdots③$$

①＋②＋③×3 より

$$Q = 33500 \fallingdotseq 3.4 \times 10^4 \,〔kJ/mol〕$$

問 ii　次の2つの熱化学方程式を④，⑤とする。

$$C_{12}H_{22}O_{11} + H_2O = 2C_6H_{12}O_6 + 100\,kJ \quad \cdots\cdots④$$

$$C_6H_{12}O_6 + 6O_2 = 6CO_2 + 6H_2O + 2800\,kJ \quad \cdots\cdots⑤$$

④＋⑤×2 より

$$C_{12}H_{22}O_{11} + 12O_2 = 12CO_2 + 11H_2O + 5700\,kJ$$

問 i の油脂（分子量 890）57.0 g を燃焼すると

$$3.35 \times 10^4 \times \dfrac{57.0}{890} = 2.14 \times 10^3 \,〔kJ〕$$

よって，必要なマルトース（分子量 342）の質量は次のようになる。

$$\frac{2.14 \times 10^3}{5.70 \times 10^3} \times 342 = 128 \fallingdotseq 1.3 \times 10^2 \,[\,\mathrm{g}\,]$$

90 解 答

問 i $2.0 \times 10^{-2}\,\mathrm{mol/L}$ 問 ii $80\,\%$

解 説

問 i $2S_2O_3{}^{2-} \longrightarrow S_4O_6{}^{2-} + 2e^-$ ……(ア)

$I_2 + 2e^- \longrightarrow 2I^-$ ……(イ)

(ア), (イ)より

$2S_2O_3{}^{2-} + I_2 \longrightarrow S_4O_6{}^{2-} + 2I^-$

$Na_2S_2O_3$（チオ硫酸ナトリウム）水溶液の濃度を $x\,[\mathrm{mol/L}]$ とすると

$$x \times \frac{30.0}{1000} : 3.00 \times 10^{-4} = 2 : 1$$

∴ $x = 2.00 \times 10^{-2} \fallingdotseq 2.0 \times 10^{-2}\,[\mathrm{mol/L}]$

問 ii ①および②の反応をまとめると次のようになる。

$2Mn(OH)_2 + O_2 \longrightarrow 2MnO(OH)_2$ ……(ウ)

$MnO(OH)_2 + 2I^- + 4H^+ \longrightarrow Mn^{2+} + 3H_2O + I_2$ ……(エ)

ここで，生じた I_2 は**問 i** より

$$2.00 \times 10^{-2} \times \frac{4.00}{1000} \times \frac{1}{2} = 4.00 \times 10^{-5}\,[\mathrm{mol}]$$

よって，(ウ)および(エ)より，反応した O_2 は

$$4.00 \times 10^{-5} \times \frac{1}{2} = 2.00 \times 10^{-5}\,[\mathrm{mol}]$$

$100\,\mathrm{mL}$ 中に飽和している O_2 の物質量は

$$1.25 \times 10^{-3} \times 0.200 \times \frac{100}{1000} = 2.50 \times 10^{-5}\,[\mathrm{mol}]$$

したがって，求める溶存酸素の割合は次のようになる。

$$\frac{2.00 \times 10^{-5}}{2.50 \times 10^{-5}} \times 100 = 80.0 \fallingdotseq 80\,[\%]$$

91 解 答

問A $2.3 \times 10^2\,\mathrm{kJ}$ 問B $3.0 \times 10^2\,\mathrm{kJ}$

278　第3章　解答

解　説

問A　(1)の反応熱を Q_1〔kJ〕とすると

$$NH_3 + \frac{5}{4}O_2 = NO + \frac{3}{2}H_2O \text{(気体)} + Q_1 kJ$$

また，与えられた条件から次の熱化学方程式をつくることができる。

$$NH_3 + \frac{3}{4}O_2 = \frac{1}{2}N_2 + \frac{3}{2}H_2O \text{(気体)} + 317 kJ \quad \cdots\cdots①$$

$$\frac{1}{2}N_2 + \frac{1}{2}O_2 = NO - 90 kJ \qquad\qquad\qquad \cdots\cdots②$$

①＋② より

$$NH_3 + \frac{5}{4}O_2 = NO + \frac{3}{2}H_2O \text{(気体)} + 227 kJ$$

よって　　$Q_1 = 2.27 \times 10^2 \fallingdotseq 2.3 \times 10^2$〔kJ〕

問B　反応する NH_3 と O_2 の物質量比は

$$NH_3 : O_2 = 1.00 : 1.75$$
$$= 4.00 : 7.00$$

よって，反応熱を Q_2〔kJ〕とすると

$$NH_3 + \frac{7}{4}O_2 = \frac{1}{3}NO + \frac{2}{3}HNO_3 + \frac{7}{6}H_2O + Q_2 kJ$$

ここで NH_3 の生成熱を Q_3〔kJ〕とすると，**問A**で導いた熱化学方程式より，
(反応熱) = (生成物の生成熱の和) - (反応物の生成熱の和) を用いて

$$\left(-90 + \frac{3}{2} \times 242\right) - (Q_3 + 0) = 227 \quad \therefore \quad Q_3 = 46 \text{〔kJ/mol〕}$$

よって，求める反応熱 Q_2 は

$$Q_2 = \frac{1}{3} \times (-90) + \frac{2}{3} \times 135 + \frac{7}{6} \times 242 - (46 + 0) = 296.3 \fallingdotseq 3.0 \times 10^2 \text{〔kJ〕}$$

92　解　答

問 i　0.50 mol/L　　**問 ii　0.24 g**

解　説

問 i　このときの変化は次のように表される。

$$K_2CrO_4 + 2AgNO_3 \longrightarrow 2KNO_3 + Ag_2CrO_4$$

水溶液**A**のクロム酸イオン濃度を x〔mol/L〕とすると，$Ag_2CrO_4 = 332$ より

第3章 解答 279

$$x \times \frac{10.0}{1000} = \frac{1.66}{332} \qquad \therefore \quad x = 0.500 \fallingdotseq 0.50 \,[mol/L]$$

問ii K_2CrO_4 水溶液に硫酸を加えると，CrO_4^{2-} は次のように $Cr_2O_7^{2-}$ へ変化する。

$$2CrO_4^{2-} + 2H^+ \longrightarrow Cr_2O_7^{2-} + H_2O$$

水溶液 **A** 中にある K_2CrO_4 は

$$0.500 \times \frac{10.0}{1000} = 5.00 \times 10^{-3} \,[mol]$$

よって，生成する $Cr_2O_7^{2-}$ は $5.00 \times 10^{-3} \times \dfrac{1}{2}$ mol である。

ここで，硫酸酸性二クロム酸カリウム水溶液と過酸化水素の反応は

$$Cr_2O_7^{2-} + 14H^+ + 6e^- \longrightarrow 2Cr^{3+} + 7H_2O \quad \cdots\cdots ①$$
$$H_2O_2 \longrightarrow 2H^+ + O_2 + 2e^- \qquad\qquad\quad \cdots\cdots ②$$

① + ② × 3 より

$$Cr_2O_7^{2-} + 8H^+ + 3H_2O_2 \longrightarrow 2Cr^{3+} + 7H_2O + 3O_2$$

よって，発生した O_2 の質量は

$$5.00 \times 10^{-3} \times \frac{1}{2} \times 3 \times 32 = 2.40 \times 10^{-1} \fallingdotseq 0.24 \,[g]$$

---

93 解 答

問A 77g **問B 83%**

解 説

問A 回路を流れた電子は

$$\frac{9.65 \times 4 \times 10^2 \times 60 \,[C]}{9.65 \times 10^4 \,[C/mol]} = 2.4 \,[mol]$$

陰極における変化は $Cu^{2+} + 2e^- \longrightarrow Cu$ となるので，陰極の質量の増加量は次のようになる。

$$\frac{64}{2} \times 2.4 = 76.8 \fallingdotseq 77 \,[g]$$

問B 粗銅 $200.0 - 120.0 = 80.0 \,[g]$ 中には，Ag が $4.00\,g$（陽極泥）含まれている。この中に Cu が $x\,[g]$，Ni が $y\,[g]$ 含まれるとすると，陽極では，
$Cu \longrightarrow Cu^{2+} + 2e^-$，$Ni \longrightarrow Ni^{2+} + 2e^-$ の反応が起こるので，次式が成り立つ。

$$\begin{cases} x + y = 76.0 & \cdots\cdots ① \\ 2\left(\dfrac{x}{64} + \dfrac{y}{59}\right) = 2.4 & \cdots\cdots ② \end{cases}$$

280　第3章　解答

①，②より　　$x = 66.56 [g]$，$y = 9.44 [g]$

よって，求める銅の質量パーセントは

$$\frac{66.56}{80.0} \times 100 = 83.2 \doteqdot 83 [\%]$$

94　解　答

2・3

解　説

1．（正文）$[H^+] = 10 [mol/L]$ や $[OH^-] = 10 [mol/L]$ の pH は -1 や 15 となる。

2．（誤文）塩酸と水酸化ナトリウムのように強酸と強塩基の中和では中和点は pH7 であるが，酢酸と水酸化ナトリウムのように弱酸と強塩基の中和点は pH>7，逆に塩酸とアンモニアのように強酸と弱塩基の中和点は pH<7 である。

3．（誤文）弱酸の水溶液を薄めると電離度は大きくなるが，薄めることによる $[H^+]$ の低下の方が大きく，pH は大きくなる。

4．（正文）酸や塩基の価数が異なれば，同じ物質量の酸と塩基を混合しても中性の溶液は得られない。例えば，硫酸と水酸化ナトリウムの場合は，酸性になる。

5．（正文）酸と塩基が反応した結果できる塩が難溶性の場合がある。例えば，硫酸と水酸化バリウムの反応では，難溶性の硫酸バリウムが生成する。

6．（正文）酸性塩とは，塩の中に，まだ酸として反応する水素イオンが含まれるものである。例えば，二酸化炭素（弱酸）と水酸化ナトリウム（強酸）から生成する $NaHCO_3$ は水酸化ナトリウムと次のように反応するので，酸性塩に分類される。

$$NaHCO_3 + NaOH \longrightarrow Na_2CO_3 + H_2O$$

また，この塩は，水溶液中で生成する HCO_3^- が次のように加水分解し，弱塩基性を示す。

$$HCO_3^- + H_2O \rightleftharpoons H_2CO_3 + OH^-$$

しかし，硫酸（強酸）と水酸化ナトリウム（強酸）から生成する $NaHSO_4$ は酸性塩であるが，この場合は，加水分解は起こらず，次の反応により酸性を示す。

$$HSO_4^- \longrightarrow H^+ + SO_4^{2-}$$

攻略のポイント

3．1価の弱酸において，電離定数を $K_a [mol/L]$，濃度を $c [mol/L]$，電離度を α とすると，$\alpha \ll 1$ のとき

$$\alpha = \sqrt{\frac{K_a}{c}}$$

よって　　$[\mathrm{H^+}]=c\alpha=\sqrt{cK_\mathrm{a}}\,\mathrm{(mol/L)}$

ここで，10 倍に希釈しても $\alpha \ll 1$ と仮定し，このときの電離度を α' とすると

$$\alpha'=\sqrt{\dfrac{K_\mathrm{a}}{\dfrac{c}{10}}}=\sqrt{10}\sqrt{\dfrac{K_\mathrm{a}}{c}}$$

よって　　$[\mathrm{H^+}]=\dfrac{c}{10}\alpha'=\dfrac{\sqrt{10}}{10}\sqrt{cK_\mathrm{a}}\,\mathrm{(mol/L)}$

したがって，電離度 α' は α より大きくなるが，$[\mathrm{H^+}]$ は逆に小さくなるので，pH は大きくなる。

6．$\mathrm{HCO_3^-}$ が加水分解により塩基性を示す理由は，次のように考えればよい。

$$\mathrm{H_2CO_3 \rightleftharpoons H^+ + HCO_3^-} \qquad 電離定数\,K_1=4.5\times10^{-7}\mathrm{mol/L}$$

$$\mathrm{HCO_3^- \rightleftharpoons H^+ + CO_3^{2-}} \qquad 電離定数\,K_2=4.7\times10^{-11}\mathrm{mol/L}$$

ここで，$\mathrm{HCO_3^-}$ の加水分解定数を $K_\mathrm{h}\,\mathrm{(mol/L)}$ とおくと

$$K_\mathrm{h}=\dfrac{[\mathrm{H_2CO_3}][\mathrm{OH^-}]}{[\mathrm{HCO_3^-}]}=\dfrac{[\mathrm{H_2CO_3}][\mathrm{OH^-}][\mathrm{H^+}]}{[\mathrm{HCO_3^-}][\mathrm{H^+}]}=\dfrac{K_\mathrm{w}}{K_1}$$

（水のイオン積 $K_\mathrm{w}=1.0\times10^{-14}\mathrm{mol^2/L^2}$ とする）

$$\therefore\quad K_\mathrm{h}=\dfrac{1.0\times10^{-14}}{4.5\times10^{-7}}\fallingdotseq2.2\times10^{-8}\,\mathrm{(mol/L)}$$

よって，$K_\mathrm{h}>K_2$ となるので，$\mathrm{NaHCO_3}$ 水溶液は弱塩基性を示す。

---

95 解 答

問A　34 mL　　問B　$4.0\times10^{-3}\mathrm{mol}$

解 説

問A　銀イオンが還元されているとき，各極での反応は次のようになる。

陽極：$\mathrm{2H_2O \longrightarrow O_2 + 4H^+ + 4e^-}$

陰極：$\mathrm{Ag^+ + e^- \longrightarrow Ag}$

析出する Ag と同じ物質量の電子が流れるので，回路を流れた電子は

$$\dfrac{0.648}{108}=6.00\times10^{-3}\,\mathrm{(mol)}$$

よって，発生する気体 $\mathrm{O_2}$ の体積は

$$\dfrac{6.00\times10^{-3}}{4}\times22400=33.6\fallingdotseq34\,\mathrm{(mL)}$$

問B　回路を流れた電子は

$$\dfrac{0.965\times2000}{96500}=2.00\times10^{-2}\,\mathrm{(mol)}$$

282 第3章 解答

このとき，陽極で発生した O_2 は

$$\frac{2.00\times10^{-2}}{4}=5.00\times10^{-3}\,(\text{mol})$$

一方，実際に発生した気体は $\dfrac{0.224}{22.4}=1.00\times10^{-2}\,(\text{mol})$

このことから，陰極でも気体が発生したことになり，陰極では，Ag^+，Cu^{2+} が溶液中からなくなると，次の反応により H_2 が発生する。

$$2H_2O+2e^-\longrightarrow H_2+2OH^-$$

このとき，発生する H_2 は

$$1.00\times10^{-2}-5.00\times10^{-3}=5.00\times10^{-3}\,(\text{mol})$$

よって，回路を流れた電子は $1.00\times10^{-2}\,\text{mol}$ となる。

したがって，Ag^+ と Cu^{2+} の還元に用いられた電子は

$$2.00\times10^{-2}-1.00\times10^{-2}=1.00\times10^{-2}\,(\text{mol})$$

ここで，析出した Ag と Cu の質量をそれぞれ $x\,(\text{g})$，$y\,(\text{g})$ とすると

$$x+y=0.470 \qquad\qquad \cdots\cdots①$$

$$\frac{x}{108}+\frac{y}{63.5}\times2=1.00\times10^{-2} \quad\cdots\cdots②$$

①，②より $\quad y=0.254$

以上より，求める Cu^{2+} の物質量は $\dfrac{0.254}{63.5}=4.00\times10^{-3}\fallingdotseq4.0\times10^{-3}\,(\text{mol})$

攻略のポイント

水溶液の電気分解において，陰極での反応は一般に次のようになる。

①Ag^+，Cu^{2+}，H^+ と，イオン化傾向の小さいイオンから反応するが，これらのイオンがなくなると，H_2O が次のように反応する。

$$2H_2O+2e^-\longrightarrow H_2+2OH^- \quad\cdots\cdots(\text{i})$$

②水素よりイオン化傾向の大きい Sn^{2+} や Zn^{2+} が水溶液中に存在するときは，(i)と同時に $Zn^{2+}+2e^-\longrightarrow Zn$ や $Sn^{2+}+2e^-\longrightarrow Sn$ などの反応が起こる。

③水溶液中では，Pt や Fe などを電極に用いた場合，Al^{3+} や Na^+ などのイオン化傾向の大きい金属イオンは還元されず，(i)の反応が起こるが，Hg を電極に用いると，$Na^++e^-\longrightarrow Na$ の反応が起こり，Hg と Na の合金アマルガムが生成する。

第3章 解答 283

96 解 答

2・4

解 説

1. （正文）それぞれの溶液で数回洗うことを共洗いといい，ピペットを使うときの正しい操作である。

2. （誤文）メスフラスコは，加熱したり冷やしたりすると膨張や収縮をし，容積が変化する恐れがある。また，メスフラスコは，純水で洗った後，水滴がついていても，後で水を加えるので乾燥する必要はない。

3. （正文）蒸留水を加えても，量り取った水酸化ナトリウムの物質量は変化しないので，中和点は変わらない。

4. （誤文）中和点付近では1mLずつでは多すぎるので，0.1mL以下の量を滴下する必要がある。

5. （正文）溶液が均一にならないと中和反応は完結しないので，pHメーターは一定の値を示さない。よって，撹拌すれば，しないときよりもはやく均一になる。

攻略のポイント

4. ビュレットによる滴下は1滴あたりおよそ0.05mL程度である。よって，中和滴定などで，滴下する溶液の濃度が大きすぎても，小さすぎてもよくない。例えば0.012mol/Lの塩酸10mLを水酸化ナトリウム水溶液で中和滴定する場合，滴下する水酸化ナトリウム水溶液の体積は次のようになる。

①水酸化ナトリウム水溶液1.0mol/Lの場合

滴下する体積をx〔mL〕とすると

$$1.0 \times \frac{x}{1000} = 0.012 \times \frac{10}{1000} \qquad \therefore \quad x = 0.12 \text{〔mL〕}$$

②水酸化ナトリウム水溶液0.00010mol/Lの場合

滴下する体積をy〔mL〕とすると

$$0.00010 \times \frac{y}{1000} = 0.012 \times \frac{10}{1000} \qquad \therefore \quad y = 1200 \text{〔mL〕}$$

よって，滴下する溶液の濃度が大きすぎても，小さすぎても正確な溶液の濃度を決定することはできない。

284 第3章 解答

97 解 答

問A 1.2×10^3 kJ/mol 　　問B 6個

解 説

問A アルカンの炭素の数が1個増えるごとに化学式の上では CH_2 が1つ増える。しかし，結合エネルギーは，次のように，C–C結合が1つ分減る代わりに，C–C結合が2つ分とC–H結合が2つ分の結合エネルギーが加わる。

（増加する結合エネルギー）$= -$（C–C結合）$+2$（C–C結合）$+2$（C–H結合）

$$= -368 + 2 \times 368 + 2 \times 411$$

$$= 1190 \fallingdotseq 1.2 \times 10^3 \, [\text{kJ/mol}]$$

問B 炭素数を n とすると，燃焼の熱化学方程式は次のように書くことができる。

$$C_nH_{2n+2} + \frac{3n+1}{2}O_2 = nCO_2 + (n+1)H_2O + 3727\,kJ$$

反応物の結合エネルギーは，C_nH_{2n+2} には（C–C）が $n-1$ 個，（C–H）が $2n+2$ 個あり，$\dfrac{3n+1}{2}$ 個の O_2 には（O=O）が $\dfrac{3n+1}{2}$ 個あるので

（反応物の結合エネルギーの総和）

$$= 368 \times (n-1) + 411 \times (2n+2) + 494 \times \frac{3n+1}{2}$$

$$= 1931n + 701$$

生成物の結合エネルギーは，n 個の CO_2 には（C=O）が $2n$ 個，$n+1$ 個の H_2O には（O–H）が $2n+2$ 個あるので

（生成物の結合エネルギーの総和）$= 799 \times 2n + 459 \times (2n+2)$

$$= 2516n + 918$$

よって，（反応熱）＝（生成物の結合エネルギーの総和）－（反応物の結合エネルギーの総和）より

$$(2516n + 918) - (1931n + 701) = 3727 \qquad \therefore \quad n = 6$$

98 解 答

問A　**0.14 mol/L**　　問B　**0.86 mol**

解 説

問A　NaCl 水溶液の電気分解における各極の反応は次のようになる。

陽極：$2Cl^- \longrightarrow Cl_2 + 2e^-$

陰極：$2H_2O + 2e^- \longrightarrow H_2 + 2OH^-$

OH^- は 流 れ た 電 子 と 同 じ 物 質 量 だ け 生 成 す る。こ の と き 電 子 は $\dfrac{0.30 \times 150 \times 60}{96500} = 0.0279 \text{〔mol〕}$ 流れたので，求める OH^- の濃度 $[OH^-]$ は

$$[OH^-] = 0.0279 \times \frac{1000}{200} = 0.139 \fallingdotseq 0.14 \text{〔mol/L〕}$$

問B　硫酸水溶液は希釈後 10.0 L になっているので，硫酸水溶液の濃度を $c \text{〔mol/L〕}$ とすると

$$2 \times c \times \frac{10.0}{1000} = 1 \times 0.139 \times \frac{12.0}{1000} \quad \therefore \quad c = 0.0834 \text{〔mol/L〕}$$

よって，10.0 L 中に含まれる硫酸は 0.834 mol となる。

一方，鉛蓄電池の放電反応は

$$Pb + PbO_2 + 2H_2SO_4 + 2e^- \longrightarrow 2PbSO_4 + 2H_2O + 2e^-$$

よって，電子 1 mol あたり H_2SO_4 1 mol が消費されるので，この電気分解では 0.0279 mol の H_2SO_4 が失われる。

したがって，電気分解を始める前に鉛蓄電池内の水溶液に含まれていた H_2SO_4 の物質量は

$$0.834 + 0.0279 = 0.861 \fallingdotseq 0.86 \text{〔mol〕}$$

286 第3章 解答

≪反応速度，化学平衡≫

99 解答

1.0×10^{-5} mol/L

解 説

AgCl の飽和水溶液中の Ag^+，Cl^- のモル濃度 $[Ag^+]$，$[Cl^-]$ は

$$[Ag^+] = [Cl^-] = \sqrt{2} \times 10^{-5} \, [mol/L]$$

NaCl を溶解しても AgCl の飽和溶液の体積は変化しないと考えると，NaCl の溶解で生じる $[Cl^-]$ は，$[Na^+] = 1.0 \times 10^{-5} \, [mol/L]$ より 1.0×10^{-5} mol/L である。NaClの溶解によって AgCl が $x \, [mol]$ 沈殿したとすると，溶液 1.0L あたりの各イオンの物質量は次のようになる。

$$\begin{array}{lccc}
 & AgCl \rightleftharpoons & Ag^+ & + & Cl^- \\
\text{反応前} & & \sqrt{2} \times 10^{-5} & & (\sqrt{2}+1) \times 10^{-5} & [mol] \\
\text{変化量} & +x & -x & & -x & [mol] \\
\text{平衡後} & x & \sqrt{2} \times 10^{-5} - x & & (\sqrt{2}+1) \times 10^{-5} - x & [mol]
\end{array}$$

よって，AgCl の溶解度積 $2.00 \times 10^{-10} \, (mol/L)^2$ より

$$(\sqrt{2} \times 10^{-5} - x)\{(\sqrt{2}+1) \times 10^{-5} - x\} = 2.00 \times 10^{-10}$$

展開して整理すると

$$x^2 - (2\sqrt{2}+1) \times 10^{-5}x + \sqrt{2} \times 10^{-10} = 0$$

ここで，$x < \sqrt{2} \times 10^{-5}$ より解の公式から

$$x = \frac{(2\sqrt{2}+1) \times 10^{-5} - \sqrt{(9+4\sqrt{2}) \times 10^{-10} - 4\sqrt{2} \times 10^{-10}}}{2}$$

$$= \frac{(2\sqrt{2}+1-3) \times 10^{-5}}{2} = (\sqrt{2}-1) \times 10^{-5} \, [mol]$$

したがって，求める Ag^+ のモル濃度は，溶液の体積 1.0L より次のようになる。

$$[Ag^+] = \sqrt{2} \times 10^{-5} - (\sqrt{2}-1) \times 10^{-5} = 1.0 \times 10^{-5} \, [mol/L]$$

100 解答

3・6

解 説

1．（正文）化学反応の速さは，単位時間あたりの反応物の濃度の減少量，または生

成物の濃度の増加量で表す。

2．（正文）H_2 と I_2 から HI が 2mol 生成する反応熱を 9kJ とすると，その反応熱と活性化エネルギーの関係は，右図のようになる。よって，逆反応の活性化エネルギーは，正反応の活性化エネルギーよりも 9kJ/mol 大きい。

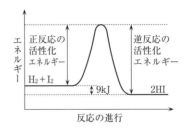

3．（誤文）化学反応による量的関係は，次のようになる。

	H_2	+	I_2	$\rightleftarrows$	2HI	
反応前	1.0		1.0		0	〔mol〕
変化量	−0.80		−0.80		+1.6	〔mol〕
平衡後	0.20		0.20		1.6	〔mol〕

よって，容器の容積を V〔L〕とすると，平衡定数 K は

$$K = \frac{\left(\frac{1.6}{V}\right)^2}{\frac{0.20}{V} \cdot \frac{0.20}{V}} = 64$$

4．（正文）$N_2O_4 \rightleftarrows 2NO_2$ の平衡状態において，温度一定で容器の体積を増加させると，容器内の圧力が減少する。このため，ルシャトリエの原理により，NO_2 の分子数が増加する方向に平衡が移動する。

5．（正文）温度を上げると分子の運動エネルギーが増加するため，単位時間あたりの衝突回数も増加するが，反応速度が大きくなるのは，主に活性化エネルギー以上のエネルギーをもつ分子の割合が増えるためである。

6．（誤文）化学反応は一般にいくつかの反応（素反応）が組み合わさって起こる。これを多段階反応という。その中の最も遅い素反応を律速段階といい，その化学反応によって反応速度が決まる。

7．（正文）反応速度の大小関係は，反応熱の大きさではなく，活性化エネルギーの大小によって決まる。

101 解 答

問 i　$K_c = \dfrac{4n\alpha^2}{(1-\alpha)V}$〔mol/L〕　　問 ii　$\alpha = \dfrac{P_B T_A}{P_A T_B} - 1$

解 説

問 i　解離した X_2 の物質量は $n\alpha$〔mol〕であるから，その量的関係は次のようにな

288　第3章　解答

る。

$$\begin{array}{ccc}
 & X_2 \rightleftharpoons 2X & \\
\text{反応前} & n \qquad\qquad 0 & \text{〔mol〕} \\
\text{変化量} & -n\alpha \qquad +2n\alpha & \text{〔mol〕} \\
\text{平衡後} & n(1-\alpha) \qquad 2n\alpha & \text{〔mol〕}
\end{array}$$

また，平衡後の X_2，X の濃度を $[X_2]$〔mol/L〕，$[X]$〔mol/L〕とすると

$$[X_2] = \frac{n(1-\alpha)}{V} \qquad [X] = \frac{2n\alpha}{V}$$

よって，平衡定数 K_c は次のように表される。

$$K_c = \frac{[X]^2}{[X_2]} = \frac{\left(\dfrac{2n\alpha}{V}\right)^2}{\dfrac{n(1-\alpha)}{V}} = \frac{4n\alpha^2}{(1-\alpha)V} \text{〔mol/L〕}$$

問ii　反応前と反応後において，理想気体の状態方程式より

$$P_A V = nRT_A \quad \cdots\cdots\text{①}$$

$$P_B V = (n - n\alpha + 2n\alpha)RT_B = n(1+\alpha)RT_B \quad \cdots\cdots\text{②}$$

よって，②÷① より式を整理すると，α は次のようになる。

$$\frac{P_B V}{P_A V} = \frac{n(1+\alpha)RT_B}{nRT_A} \qquad \therefore\quad \alpha = \frac{P_B T_A}{P_A T_B} - 1$$

---

102 解答

4.8×10^{-14} mol/L

解 説

水溶液中の各物質のモル濃度を $[H_2S]$，$[HS^-]$，$[S^{2-}]$，$[H^+]$ と表すと，H_2S の電離平衡から，$H_2S \rightleftharpoons 2H^+ + S^{2-}$ の電離定数 K〔mol²/L²〕は
H_2S の第1段階の電離定数より

$$9.6 \times 10^{-8} = \frac{[H^+][HS^-]}{[H_2S]} \quad \cdots\cdots\text{①}$$

H_2S の第2段階の電離定数より

$$1.3 \times 10^{-14} = \frac{[H^+][S^{2-}]}{[HS^-]} \quad \cdots\cdots\text{②}$$

①，②を辺々かけあわせると

$$9.6 \times 1.3 \times 10^{-22} = \frac{[H^+]^2[S^{2-}]}{[H_2S]} = K \ (\text{mol}^2/\text{L}^2)$$

ここで，$[H^+] = 1.0 \times 10^{-3}$〔mol/L〕，$[H_2S] = 0.10$〔mol/L〕であるから，$[S^{2-}]$ は

$$9.6 \times 1.3 \times 10^{-22} = \frac{(1.0 \times 10^{-3})^2 \times [S^{2-}]}{0.10}$$

$$[S^{2-}] = 9.6 \times 1.3 \times 10^{-17} \, [mol/L]$$

よって，求める溶液中の Cu^{2+} 濃度 $[Cu^{2+}]$ は，CuS の溶解度積 $[Cu^{2+}][S^{2-}]$ $= 6.0 \times 10^{-30} \, (mol/L)^2$ より，次のようになる。

$$[Cu^{2+}] = \frac{6.0 \times 10^{-30}}{9.6 \times 1.3 \times 10^{-17}} = 4.80 \times 10^{-14} \fallingdotseq 4.8 \times 10^{-14} \, [mol/L]$$

---

103 解 答

問 i $1.10 \times 10^2 \, \text{L/mol}$　　　**問 ii** $7.2 \times 10^{-3} \, \text{mol}$

解 説

問 i　正反応の速度定数を $k_1 = 4.95 \times 10^8 \, [L/(mol \cdot s)]$，逆反応の速度定数を $k_2 = 4.50 \times 10^6 \, [/s]$ とする。また，NO_2，N_2O_4 の濃度をそれぞれ $[NO_2] \, [mol/L]$，$[N_2O_4] \, [mol/L]$ とすると，正反応の速度 $v_1 \, [mol/(L \cdot s)]$，逆反応の速度 $v_2 \, [mol/(L \cdot s)]$ は次のように表される。

$$v_1 = k_1[NO_2]^2, \quad v_2 = k_2[N_2O_4]$$

ここで，300K における平衡定数を $K \, [L/mol]$ とおくと，平衡状態では $v_1 = v_2$ より

$$k_1[NO_2]^2 = k_2[N_2O_4]$$

$$\frac{k_1}{k_2} = \frac{[N_2O_4]}{[NO_2]^2} = K \, [L/mol]$$

よって

$$K = \frac{k_1}{k_2} = \frac{4.95 \times 10^8}{4.50 \times 10^6} = 1.10 \times 10^2 \, [L/mol]$$

問 ii　はじめに容器に入れた N_2O_3 の物質量を $x \, [mol]$ とすると，次の反応により，N_2O_3 はすべて $x \, [mol]$ の NO と $x \, [mol]$ の NO_2 に変化する。

$$N_2O_3 \longrightarrow NO + NO_2$$

さらに十分量の O_2 を加えることで，次の反応により，$x \, [mol]$ の NO はすべて $x \, [mol]$ の NO_2 に変化する。

$$2NO + O_2 \longrightarrow 2NO_2$$

したがって，NO_2 は合計 $2x \, [mol]$ 存在する。

ここで，300K において，N_2O_4 が $y \, [mol]$ 生成し，平衡状態になったとすると

290　第3章　解答

$$2NO_2 \rightleftharpoons N_2O_4$$

	$2NO_2$	$\rightleftharpoons$	N_2O_4	
反応前	$2x$		0	〔mol〕
変化量	$-2y$		$+y$	〔mol〕
平衡状態	$2x-2y$		y	〔mol〕

よって，与えられた条件 $[NO_2]=2.50[N_2O_4]$ と，**問 i** の平衡定数 K より

$$\frac{2(x-y)}{2.20}=2.50\times\frac{y}{2.20} \qquad \therefore \quad 2(x-y)=2.50y \quad \cdots\cdots①$$

$$1.10\times10^2=\frac{\dfrac{y}{2.20}}{\left\{\dfrac{2(x-y)}{2.20}\right\}^2} \qquad \therefore \quad 200(x-y)^2=y \quad \cdots\cdots②$$

①，②より　　$y=3.2\times10^{-3}$〔mol〕

よって　　　$x=7.2\times10^{-3}$〔mol〕

104　解　答

$K_a=2.4\times10^{-5}\,mol/L$

解　説

プロピオン酸のモル濃度を x〔mol/L〕とすると，中和点までに加えた水酸化ナトリウム水溶液が $17.50+2.30=19.80$〔mL〕であるから

$$x\times\frac{10.00}{1000}=0.100\times\frac{19.80}{1000} \qquad x=0.198\text{〔mol/L〕}$$

また，水酸化ナトリウム水溶液を $17.50\,mL$ 滴下したときの各物質の量的関係において，まず反応前の各物質量は

$$\text{プロピオン酸}：0.198\times\frac{10.00}{1000}=1.98\times10^{-3}\text{〔mol〕}$$

$$\text{水酸化ナトリウム}：0.100\times\frac{17.50}{1000}=1.75\times10^{-3}\text{〔mol〕}$$

	C_2H_5COOH	$+$	$NaOH$	$\longrightarrow$	C_2H_5COONa	$+H_2O$	
反応前	1.98		1.75		0		〔×10^{-3}mol〕
変化量	-1.75		-1.75		$+1.75$		〔×10^{-3}mol〕
反応後	0.23		0		1.75		〔×10^{-3}mol〕

反応後の pH の値が 5.50 であることから，各濃度を $[H^+]$，$[C_2H_5COOH]$，$[C_2H_5COO^-]$ とすると

$$[H^+]=10^{-5.50}=10^{0.5}\times10^{-6}=\sqrt{10}\times10^{-6}\text{〔mol/L〕}$$

$$[C_2H_5COOH] = \frac{0.23 \times 10^{-3}}{\dfrac{10.00 + 17.50}{1000}} = \frac{0.23}{27.5} \text{(mol/L)}$$

$$[C_2H_5COO^-] = \frac{1.75 \times 10^{-3}}{\dfrac{10.00 + 17.50}{1000}} = \frac{1.75}{27.5} \text{(mol/L)}$$

したがって，電離定数 K_a は次のようになる。

$$K_a = \frac{[C_2H_5COO^-][H^+]}{[C_2H_5COOH]} = \frac{\dfrac{1.75}{27.5} \times \sqrt{10} \times 10^{-6}}{\dfrac{0.23}{27.5}}$$

$$= \frac{1.75 \times 3.16 \times 10^{-6}}{0.23}$$

$$= 2.40 \times 10^{-5} \fallingdotseq 2.4 \times 10^{-5} \text{(mol/L)}$$

105 解　答

2・4

解　説

最初の 10 分間で，気体 **A** が x〔mol/L〕反応したとすると，10 分後の各物質の量的関係は次のようになる。

$$\mathbf{A} \longrightarrow 2\mathbf{B} + \mathbf{C}$$

反応前	a_0	0	0　〔mol/L〕
変化量	$-x$	$+2x$	$+x$　〔mol/L〕
反応後	a_0-x	$2x$	x　〔mol/L〕

よって，反応後の全濃度は，$a_0-x+2x+x=a_0+2x$〔mol/L〕となる。

ここで，気体 **A**，**B**，**C** は理想気体で，温度と体積が一定の条件下にあるので，理想気体の状態方程式から，各物質のモル濃度と分圧は比例関係にある。したがって，反応開始後 10 分間で全圧が 1.8 倍になっているので

$$1.8a_0 = a_0 + 2x \qquad x = 0.40a_0 \text{(mol/L)}$$

また，10 分後の各物質のモル濃度を $[\mathbf{A}]_{10}$，$[\mathbf{B}]_{10}$，$[\mathbf{C}]_{10}$〔mol/L〕とすると

$$[\mathbf{A}]_{10} = 0.60a_0 \text{(mol/L)}, \quad [\mathbf{B}]_{10} = 0.80a_0 \text{(mol/L)}, \quad [\mathbf{C}]_{10} = 0.40a_0 \text{(mol/L)}$$

さらに，この反応は一次反応であるから，**A** の濃度と時間 t の関係は次のようになる。

時間：$0 \to t$ のとき **A** の濃度が $[\mathbf{A}]_0 \to [\mathbf{A}]$ と変化したとすると

$$-\frac{d[\mathbf{A}]}{dt} = k[\mathbf{A}] \quad (\because \ v = ka)$$

292 第3章 解答

$$\int_{[A]_0}^{[A]} \frac{d[A]}{[A]} = \int_0^t (-k)\, dt$$

$$\log_e[A] - \log_e[A]_0 = -kt \quad (e \text{ は自然対数の底})$$

$$\frac{[A]}{[A]_0} = e^{-kt} \quad \cdots\cdots①$$

ここで，反応開始 10 分後の A の濃度 $[A]_{10} = 0.60a_0 [mol/L]$ を①に代入すると

$$\frac{0.60a_0}{a_0} = e^{-10k} \qquad 0.60 = e^{-10k} \quad \cdots\cdots②$$

また，反応開始 20 分後の A の濃度を $[A]_{20} = y [mol/L]$ とすると，①，②より

$$\frac{y}{a_0} = e^{-20k} \qquad \frac{y}{a_0} = (0.60)^2$$

$$y = 0.36a_0 [mol/L]$$

以上より，A，B，C の濃度と時間の関係をまとめると次のようになる。

	0分	10分	20分	
$[A]$	a_0	$0.60a_0$	$0.36a_0$	$[mol/L]$
$[B]$	0	$0.80a_0$	$1.28a_0$	$[mol/L]$
$[C]$	0	$0.40a_0$	$0.64a_0$	$[mol/L]$

1．（正文）反応開始 10 分後の A の濃度は a_0 の 0.60 倍になっている。

2．（誤文）反応開始 20 分後の全濃度は

$$0.36a_0 + 1.28a_0 + 0.64a_0 = 2.28a_0 [mol/L]$$

全濃度は初濃度の 2.28 倍になっているので，全圧も P_0 の 2.28 倍である。

3．（正文）反応開始 20 分後の A の濃度は $0.36a_0 [mol/L]$，C の濃度は $0.64a_0$ $[mol/L]$ である。

4．（誤文）化学反応式の係数から，A の 1 分間あたりの反応量と C の 1 分間あたりの生成量は等しく，ともに $\dfrac{0.60a_0 - 0.36a_0}{10} = \dfrac{0.64a_0 - 0.40a_0}{10} [mol/(L \cdot min)]$ である。

5．（正文）①より，A の濃度が半分になるまでの時間 $t_{\frac{1}{2}}$ は

$$\frac{1}{2} = e^{-kt_{1/2}} \qquad t_{\frac{1}{2}} = \frac{\log_e 2}{k} \quad (\text{一定})$$

よって，初期濃度とは関係なく $t_{\frac{1}{2}}$（半減期）は一定である。

攻略のポイント

次のように考えてもよい。この反応は一次反応であるから，反応開始 10 分後の A の濃度が 0.60 倍になるので，さらに 10 分後の，反応開始から 20 分後の濃度は，初期

濃度の $(0.60)^2 = 0.36$ 倍となる。一般に，10分間隔でこれを n 回繰り返したときの濃度を a_n とすると，〔解説〕中の②式を用いて次のようになる。

$$\frac{a_n}{a_0} = e^{-10nk} = (e^{-10k})^n = (0.60)^n$$

したがって，一次反応の場合は，同じ時間間隔で考えるならば，上記の方法で濃度を計算してもよい。

106 解 答

問 i **0.20 mol**　　問 ii **0.15 mol**

解 説

問 i　C_3H_8 が解離した物質量を x〔mol〕とすると，各物質の量的関係は次のようになる。

$$C_3H_8 \rightleftharpoons C_3H_6 + H_2$$

反応前	0.400	0	0	〔mol〕
変化量	$-x$	$+x$	$+x$	〔mol〕
平衡後	$0.400-x$	x	x	〔mol〕

平衡後の全物質量は，$0.400-x+x+x = 0.400+x$〔mol〕となるので，理想気体の状態方程式より

$$1.00 \times 10^5 \times 40.0 = (0.400+x) \times 8.31 \times 10^3 \times 800$$

$$x = 0.201 \fallingdotseq 0.20 \,\text{〔mol〕}$$

問 ii　最初に容器に入れたプロパンの物質量を y〔mol〕とすると，各物質の量的関係は次のようになる。

$$C_3H_8 \rightleftharpoons C_3H_6 + H_2$$

反応前	y	0	0	〔mol〕
変化量	-0.100	$+0.100$	$+0.100$	〔mol〕
平衡後	$y-0.100$	0.100	0.100	〔mol〕

ここで，**実験1**の平衡後における各物質量は次のようになる。

$C_3H_8 : 0.400-0.201 = 0.199$〔mol〕

$C_3H_6 : 0.201$ mol

$H_2 : 0.201$ mol

よって，800 K におけるこの平衡の平衡定数 K〔mol/L〕は

$$K = \frac{\dfrac{0.201}{40.0} \times \dfrac{0.201}{40.0}}{\dfrac{0.199}{40.0}} = \frac{0.201 \times 0.201}{40.0 \times 0.199} \,\text{〔mol/L〕}$$

294　第3章　解答

したがって，求めるyは次のようになる。

$$\frac{0.201 \times 0.201}{40.0 \times 0.199} = \frac{\dfrac{0.100}{40.0} \times \dfrac{0.100}{40.0}}{\dfrac{y-0.100}{40.0}}$$

$y = 0.149 \fallingdotseq 0.15 \,[\text{mol}]$

107 解 答

5・6

解 説

1．（正文）温度を低くすると，発熱・吸熱反応にかかわらず，粒子の熱運動が不活発になり反応速度は減少する。

2．（正文）反応の速度定数は活性化エネルギーと温度に依存し，反応物の濃度には依存しない。

3．（正文）触媒は活性化エネルギーを変化させるが，反応熱は変化させない。

4．（正文）一般に，触媒を加えると活性化エネルギーが小さくなるので，正・逆両反応ともに反応速度は大きくなる。

5．（誤文）温度一定の条件下で圧力を変化させると，容器の体積が変化するため，気体分子どうしの単位体積あたりの衝突回数が変化し，反応速度も変化する。

6．（誤文）温度を高くすると，反応物の衝突回数が大きくなるとともに分子の熱運動も活発になり，活性化エネルギー以上のエネルギーをもった分子の割合も増加する。このため，反応速度はさらに大きくなる。

108 解 答

1・4

解 説

与えられた反応熱を熱化学方程式で表すと，次のようになる。ただし，液体の水のみ H_2O（液）と表記し，他の物質はすべて気体とする。

$$CH_4 + 2O_2 = CO_2 + 2H_2O \,(液) + 891\,\text{kJ} \quad \cdots\cdots ①$$

$$CO + \frac{1}{2}O_2 = CO_2 + 283\,\text{kJ} \quad\quad\quad \cdots\cdots ②$$

$$H_2 + \frac{1}{2}O_2 = H_2O \text{（液）} + 286\,kJ \qquad \cdots\cdots ③$$

$$H_2O \text{（液）} = H_2O - 44.0\,kJ \qquad \cdots\cdots ④$$

①＋④×2 より

$$CH_4 + 2O_2 = CO_2 + 2H_2O + 803\,kJ \quad \cdots\cdots ①'$$

③＋④ より

$$H_2 + \frac{1}{2}O_2 = H_2O + 242\,kJ \quad \cdots\cdots ③'$$

反応(1)の熱化学方程式は，①′－②－③′×3 より

$$CH_4 + H_2O = CO + 3H_2 - 206\,kJ \quad \cdots\cdots 反応(1)$$

また，同様にして反応(2)の熱化学方程式は，②－③′ より

$$CO + H_2O = CO_2 + H_2 + 41\,kJ \quad \cdots\cdots\cdots 反応(2)$$

1．（誤文）反応(1)は吸熱反応であるため，温度を上げると平衡は右に移動する。

2．（正文）反応(1)は圧力を上げると，分子数減少の方向である左に平衡は移動する。

3．（正文）反応(2)は発熱反応であるため，温度を上げると平衡は左に移動する。

4．（誤文）反応(2)は反応によって分子数の増減がないので，圧力を上げても平衡は移動しない。

5．（正文）反応(1)＋反応(2) より

$$CH_4 + 2H_2O = CO_2 + 4H_2 - 165\,kJ$$

よって，吸熱反応である。

6．（正文）反応(1)において CH_4 の C 原子の酸化数は -4，CO の C 原子の酸化数は $+2$ となるので酸化数は増加する。また，反応(2)において CO の C 原子の酸化数は $+2$，CO_2 の C 原子の酸化数は $+4$ となるので酸化数は増加する。

109 解 答

問 i 2 問 ii 3

解 説

問 i 酢酸，酢酸イオン，水素イオンのモル濃度を，$[CH_3COOH]$，$[CH_3COO^-]$，$[H^+]$ と表し，ギ酸，ギ酸イオンのモル濃度も同様に表す。ここで，ギ酸水溶液と酢酸水溶液を同体積ずつ混合するので，それぞれの濃度は，半分の $C\,[mol/L]$，$1.10×10^{-4}\,mol/L$ となることに注意すると，次の関係が成立する。

$$[CH_3COOH] + [CH_3COO^-] = 1.10×10^{-4} \quad \cdots\cdots ①$$

$$2.80×10^{-5} = \frac{[CH_3COO^-][H^+]}{[CH_3COOH]} \qquad \cdots\cdots ②$$

296　第3章　解答

$[H^+] = 2.80 \times 10^{-4}$ [mol/L]，①より得られる $[CH_3COOH] = 1.10 \times 10^{-4}$
$- [CH_3COO^-]$ を②へ代入し整理すると

$$2.80 \times 10^{-5} = \frac{[CH_3COO^-] \times 2.80 \times 10^{-4}}{1.10 \times 10^{-4} - [CH_3COO^-]}$$

∴　$[CH_3COO^-] = 1.00 \times 10^{-5}$ [mol/L]

問 ii　問題の条件より，$[HCOO^-] + [CH_3COO^-] = [H^+]$ であるから

$[HCOO^-] + 1.00 \times 10^{-5} = 2.80 \times 10^{-4}$

∴　$[HCOO^-] = 2.70 \times 10^{-4}$ [mol/L]

また，$[HCOOH] + [HCOO^-] = C$ より

$[HCOOH] = C - [HCOO^-]$

$\qquad\qquad = C - 2.70 \times 10^{-4}$ [mol/L]

よって，ギ酸の電離定数から次の関係が成立する。

$$2.80 \times 10^{-4} = \frac{[HCOO^-][H^+]}{[HCOOH]} = \frac{2.70 \times 10^{-4} \times 2.80 \times 10^{-4}}{C - 2.70 \times 10^{-4}}$$

∴　$C = 5.40 \times 10^{-4}$ [mol/L]

攻略のポイント

1価の弱酸 HA と HB を混合した場合，混合水溶液中の水素イオン濃度 $[H^+]$ [mol/L] は次のようにして求める。

混合水溶液中の HA のモル濃度，電離度，電離定数をそれぞれ，C_A [mol/L]，α_A，K_A [mol/L]，HB についても同様に，C_B [mol/L]，α_B，K_B [mol/L] とし，$1 \gg \alpha$ より $1 - \alpha_A \fallingdotseq 1$，$1 - \alpha_B \fallingdotseq 1$ とする。よって，弱酸 HA，HB の平衡状態での各物質のモル濃度，電離定数は次のように表される。

$$HA \rightleftarrows H^+ + A^- \qquad\qquad HB \rightleftarrows H^+ + B^-$$

平衡状態　$C_A(1 - \alpha_A) \qquad C_A\alpha_A \quad C_A\alpha_A \qquad C_B(1 - \alpha_B) \qquad C_B\alpha_B \quad C_B\alpha_B$

$\qquad\qquad \fallingdotseq C_A \qquad\qquad\qquad\qquad\qquad\quad \fallingdotseq C_B$

$$K_A = \frac{[H^+][A^-]}{[HA]} \quad\cdots\cdots① \qquad K_B = \frac{[H^+][B^-]}{[HB]} \quad\cdots\cdots②$$

ここで，$[H^+] = C_A\alpha_A + C_B\alpha_B$ であることに注意して，①，②より

$$K_A \fallingdotseq \frac{C_A\alpha_A(C_A\alpha_A + C_B\alpha_B)}{C_A} = \alpha_A(C_A\alpha_A + C_B\alpha_B) \quad\cdots\cdots①'$$

$$K_B \fallingdotseq \frac{C_B\alpha_B(C_A\alpha_A + C_B\alpha_B)}{C_B} = \alpha_B(C_A\alpha_A + C_B\alpha_B) \quad\cdots\cdots②'$$

$①' \times C_A + ②' \times C_B$ より

$$C_A K_A + C_B K_B = C_A\alpha_A(C_A\alpha_A + C_B\alpha_B) + C_B\alpha_B(C_A\alpha_A + C_B\alpha_B)$$

$$= (C_A\alpha_A + C_B\alpha_B)^2$$

第 3 章　解答　**297**

$$= [H^+]^2$$

$$\therefore \quad [H^+] = \sqrt{C_A K_A + C_B K_B} \, [\text{mol/L}]$$

よって，混合水溶液中の水素イオン濃度を，弱酸 HA，または弱酸 HB のみの水溶液における各水素イオン濃度 $\sqrt{C_A K_A}$ 〔mol/L〕，$\sqrt{C_B K_B}$ 〔mol/L〕を用いて，$[H^+]$ $= \sqrt{C_A K_A} + \sqrt{C_B K_B}$ 〔mol/L〕としてはいけないことに着目したい。

---

110 解　答

$\log_{10} K_2 = -9.3$

解　説

各イオンのモル濃度を $[\text{R}-\text{CH}(\text{NH}_3{}^+)-\text{COOH}]$ などで表すと，電離定数 K_1，K_2 と各イオンのモル濃度の関係は次のようになる。

$$K_1 = \frac{[\text{R}-\text{CH}(\text{NH}_3{}^+)-\text{COO}^-][\text{H}^+]}{[\text{R}-\text{CH}(\text{NH}_3{}^+)-\text{COOH}]} \quad \cdots\cdots①$$

$$K_2 = \frac{[\text{R}-\text{CH}(\text{NH}_2)-\text{COO}^-][\text{H}^+]}{[\text{R}-\text{CH}(\text{NH}_3{}^+)-\text{COO}^-]} \quad \cdots\cdots②$$

等電点では，$[\text{R}-\text{CH}(\text{NH}_3{}^+)-\text{COOH}] = [\text{R}-\text{CH}(\text{NH}_2)-\text{COO}^-]$ であるから，①，②より辺々かけあわせると次のようになる。

$$K_1 K_2 = [\text{H}^+]^2 \qquad [\text{H}^+] = \sqrt{K_1 K_2}$$

$$\therefore \quad -\log_{10}[\text{H}^+] = -\log_{10}\sqrt{K_1 K_2}$$

与えられた数値を代入して整理すると

$$5.70 = -\frac{1}{2}(\log_{10} 1.00 \times 10^{-2.10} + \log_{10} K_2)$$

$$\therefore \quad \log_{10} K_2 = -9.30 \fallingdotseq -9.3$$

---

111 解　答

4・5

解　説

1．（正文）化学反応は，一般に多段階で反応が起こるものが多く，反応速度式は実験によって導く。

2．（正文）H_2O_2 の分解反応は次のように表される。

$$2H_2O_2 \longrightarrow O_2 + 2H_2O$$

298 第3章 解答

よって，発生する O_2 は

$$0.90 \times \frac{10}{1000} \times \frac{1}{2} = 4.5 \times 10^{-3} \text{(mol)}$$

3．（正文）反応開始後，1.0分間で発生した O_2 が 1.0×10^{-3} mol なので，反応した H_2O_2 は 2.0×10^{-3} mol となる。よって，H_2O_2 のモル濃度は，溶液の体積が変わらないとすると

$$(9.0 \times 10^{-3} - 2.0 \times 10^{-3}) \times \frac{1000}{10} = 0.70 \text{(mol/L)}$$

4．（誤文）初めの1.0分間で H_2O_2 の濃度が0.20 mol/L分減少し0.70 mol/Lになると，反応速度は $v=kc$ より H_2O_2 の濃度に比例するから，次の1.0分間で反応する H_2O_2 は，初めの1.0分間で反応する量より減少する。

よって，反応開始から2.0分後の濃度は0.50 mol/Lにはならない。

5．（誤文）初濃度を半分にすると $v=kc$ より，反応速度は時間と共に減少していくので，時間を2倍にしても生成する O_2 の量は同じにならない。

攻略のポイント

H_2O_2 の分解反応は一次反応で，H_2O_2 の濃度 $[H_2O_2]$ (mol/L) と時間 t (min) の関係は次のように導かれる。

時間：$0 \to t$，H_2O_2 の濃度：$[H_2O_2]_0 \to [H_2O_2]$ とすると

$$-\frac{d[H_2O_2]}{dt} = k[H_2O_2]$$

変数を分離して積分すると

$$\frac{d[H_2O_2]}{[H_2O_2]} = -kdt \qquad \int_{[H_2O_2]_0}^{[H_2O_2]} \frac{d[H_2O_2]}{[H_2O_2]} = -\int_0^t kdt$$

$$\log_e[H_2O_2] - \log_e[H_2O_2]_0 = -kt$$

$$\therefore \quad \log_e \frac{[H_2O_2]}{[H_2O_2]_0} = -kt \quad \cdots\cdots①$$

①より一次反応では，濃度が半分になるまでの時間 $t_{\frac{1}{2}}$（半減期）は，濃度とは関係なく次のように一定となる。

$$\log_e \frac{1}{2} = -kt_{\frac{1}{2}} \qquad t_{\frac{1}{2}} = \frac{\log_e 2}{k}$$

ところで，選択肢4は①を用いて次のように考えてもよい。まず，選択肢3で，反応開始後1.0分間で，H_2O_2 の濃度が0.90 mol/Lから0.70 mol/Lとなるので，反応速度定数 k $(/min)$ は次のようになる。

$$\log_e \frac{0.70}{0.90} = -k \times 1.0 \qquad k = -\log_e \frac{7}{9} \quad \cdots\cdots②$$

ここで，2.0分後の H_2O_2 の濃度を x (mol/L) とすると，①より

$$\log_e \frac{x}{0.90} = -k \times 2.0 \qquad 2k = -\log_e \frac{x}{0.90} \quad \cdots\cdots ③$$

よって，②，③より

$$\frac{x}{0.90} = \left(\frac{7}{9}\right)^2 \qquad x = 0.544 \fallingdotseq 0.54 \,〔\text{mol/L}〕$$

また，選択肢 5 も温度が一定の 20℃ とすると，反応速度定数 k は変化しないので，初濃度を $0.45\,\text{mol/L}$ とし，2.0 分後の H_2O_2 の濃度を $y〔\text{mol/L}〕$ とすると，①より

$$\log_e \frac{y}{0.45} = -k \times 2.0 \qquad 2k = -\log_e \frac{y}{0.45}$$

よって，②を用いて整理すると

$$\frac{y}{0.45} = \left(\frac{7}{9}\right)^2 \qquad y = 0.272 \fallingdotseq 0.27 \,〔\text{mol/L}〕$$

したがって，発生した O_2 は次のようになる。

$$(0.45 - 0.27) \times \frac{10}{1000} \times \frac{1}{2} = 9.0 \times 10^{-4} \,〔\text{mol}〕$$

112 解 答

3・5

解 説

$[H_2S] = 0.1〔\text{mol/L}〕$ で $pH = 1$ のとき，$[S^{2-}] = 1 \times 10^{-20}〔\text{mol/L}〕$ であるから，$H_2S \rightleftharpoons 2H^+ + S^{2-}$ における電離定数を $K〔\text{mol}^2/\text{L}^2〕$ とすると

$$K = \frac{[H^+]^2[S^{2-}]}{[H_2S]} = \frac{(1 \times 10^{-1})^2 \times 1 \times 10^{-20}}{0.1} = 1 \times 10^{-21} \,〔\text{mol}^2/\text{L}^2〕$$

このとき，各 pH における $[S^{2-}]$ のモル濃度は

$pH = 2$ のとき

$$[S^{2-}] = 1 \times 10^{-21} \times \frac{0.1}{(1 \times 10^{-2})^2} = 1 \times 10^{-18} \,〔\text{mol/L}〕$$

$pH = 4$ のとき

$$[S^{2-}] = 1 \times 10^{-21} \times \frac{0.1}{(1 \times 10^{-4})^2} = 1 \times 10^{-14} \,〔\text{mol/L}〕$$

よって，表 1 中の番号 1 ～ 5 における Pb^{2+}，Ni^{2+}，Mn^{2+} と S^{2-} とのモル濃度の積を各溶解度積と比較すると，次のようになる。

1：$[Pb^{2+}][S^{2-}] = 1 \times 10^{-2} \times 1 \times 10^{-18} = 1 \times 10^{-20} > 3 \times 10^{-28}$

2：$[Pb^{2+}][S^{2-}] = 1 \times 10^{-4} \times 1 \times 10^{-18} = 1 \times 10^{-22} > 3 \times 10^{-28}$

3：$[Ni^{2+}][S^{2-}] = 1 \times 10^{-2} \times 1 \times 10^{-18} = 1 \times 10^{-20} < 4 \times 10^{-20}$

4 ：$[\text{Ni}^{2+}][\text{S}^{2-}] = 1 \times 10^{-4} \times 1 \times 10^{-14} = 1 \times 10^{-18} > 4 \times 10^{-20}$
5 ：$[\text{Mn}^{2+}][\text{S}^{2-}] = 1 \times 10^{-2} \times 1 \times 10^{-14} = 1 \times 10^{-16} < 3 \times 10^{-11}$

溶解度積以下であれば沈殿しないので，正解は3と5である。

113 解答

1.7 mol/L

解説

25.0℃，4.00 mol/L の **X** を反応させると，濃度が半分になるまでの時間が t_X [s] であるから，式(2)より

$$\frac{1}{2.00} = kt_\text{X} + \frac{1}{4.00} \quad \therefore \quad kt_\text{X} = \frac{1}{4.00} \quad \cdots\cdots ①$$

ここで，25.0℃から65.0℃まで10.0℃の温度上昇を4回行ったので，反応速度定数 k は $(2.00)^4 = 16.0$ 倍になる。
よって，式(2)より

$$\frac{1}{\frac{A}{2}} = 16.0k \times 0.150 t_\text{X} + \frac{1}{A} \quad \cdots\cdots ②$$

①を②に代入すると

$$\frac{2}{A} = 16.0 \times 0.150 \times \frac{1}{4.00} + \frac{1}{A} \quad \therefore \quad A = 1.66 \fallingdotseq 1.7 \,[\text{mol/L}]$$

攻略のポイント

二次反応において，**X** の濃度 [**X**] と時間 t の関係は，次のようにして求められる。

$$-\frac{d[\mathbf{X}]}{dt} = k[\mathbf{X}]^2$$

よって，$t : 0 \to t$ のとき $[\mathbf{X}] : [\mathbf{X}]_0 \to [\mathbf{X}]$ とすると

$$-\int_{[\mathbf{X}]_0}^{[\mathbf{X}]} \frac{d[\mathbf{X}]}{[\mathbf{X}]^2} = \int_0^t k\,dt \qquad \frac{1}{[\mathbf{X}]} - \frac{1}{[\mathbf{X}]_0} = kt$$

$$\therefore \quad \frac{1}{[\mathbf{X}]} = kt + \frac{1}{[\mathbf{X}]_0}$$

このようにして式(2)が得られる。つまり $\frac{1}{[\mathbf{X}]}$ を t に対してプロットして直線になるなら，その反応は二次反応と判断できる。

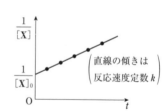
（直線の傾きは反応速度定数 k）

第3章 解答 301

114 解答

$$\dfrac{A(2n+B)}{2n}\,(mol)$$

解説

実験1より，平衡状態Ⅰにおける反応物，生成物の物質量は

$$X_2 \ + \ Y_2 \ \rightleftharpoons 2XY$$

反応前	n	n	0 〔mol〕
変化量	$-\dfrac{A}{2}$	$-\dfrac{A}{2}$	$+A$ 〔mol〕
平衡状態	$n-\dfrac{A}{2}$	$n-\dfrac{A}{2}$	A 〔mol〕

よって，反応容器内の容積を V〔L〕，この温度における平衡定数を K とすると，K と物質量との関係は次のようになる。

$$K=\frac{\left(\dfrac{A}{V}\right)^2}{\dfrac{n-\dfrac{A}{2}}{V}\times\dfrac{n-\dfrac{A}{2}}{V}}=\left(\frac{2A}{2n-A}\right)^2 \ \ \cdots\cdots①$$

また**実験2**において，変化した **XY** の物質量を $2x$〔mol〕とすると，平衡状態における各物質量は

$$X_2 \ + \ Y_2 \ \rightleftharpoons \ 2XY$$

反応前	$n-\dfrac{A}{2}$	$n-\dfrac{A}{2}$	$A+B$ 〔mol〕
変化量	$+x$	$+x$	$-2x$ 〔mol〕
平衡状態	$n-\dfrac{A}{2}+x$	$n-\dfrac{A}{2}+x$	$A+B-2x$ 〔mol〕

よって，温度，体積を一定に保つので平衡定数 K は変化しないから，K と物質量の関係は次のようになる。

$$K=\frac{\left(\dfrac{A+B-2x}{V}\right)^2}{\dfrac{n-\dfrac{A}{2}+x}{V}\times\dfrac{n-\dfrac{A}{2}+x}{V}}=\left(\frac{2A+2B-4x}{2n-A+2x}\right)^2 \ \ \cdots\cdots②$$

ここで，かっこ内の値は正の値であるから，①，②より x について整理すると

$$\left(\frac{2A}{2n-A}\right)^2=\left(\frac{2A+2B-4x}{2n-A+2x}\right)^2$$

$$\frac{2A}{2n-A}=\frac{2A+2B-4x}{2n-A+2x}$$

302 第3章 解答

$$\therefore \quad x = \frac{B(2n-A)}{4n}$$

したがって，求める **XY** の物質量は次のようになる。

$$A + B - 2 \times \frac{B(2n-A)}{4n} = \frac{A(2n+B)}{2n} \text{〔mol〕}$$

攻略のポイント

平衡定数が変わらなければ，$\mathbf{X_2}$，$\mathbf{Y_2}$ が，それぞれ n〔mol〕から平衡状態になったときと，$\mathbf{XY}$ が $2n$〔mol〕から平衡状態になったときの，$\mathbf{X_2}$，$\mathbf{Y_2}$，$\mathbf{XY}$ のそれぞれの物質量は同じになる。**実験2** においても，初め $\mathbf{X_2}$，$\mathbf{Y_2}$ が n〔mol〕ずつ，$\mathbf{XY}$ が B〔mol〕として次のように考えてもよい。

$$\mathbf{X_2} + \mathbf{Y_2} \rightleftharpoons 2\mathbf{XY}$$

反応前	n	n	B	〔mol〕
変化量	$-x$	$-x$	$+2x$	〔mol〕
平衡状態	$n-x$	$n-x$	$B+2x$	〔mol〕

$$\left(\frac{2A}{2n-A}\right)^2 = \frac{(B+2x)^2}{(n-x)^2} \quad \therefore \quad x = \frac{2nA - 2nB + AB}{4n}$$

よって，求める **XY** の物質量は次のようになる。

$$B + 2x = \frac{A(2n+B)}{2n} \text{〔mol〕}$$

---

115 解 答

問 i 分母：**2** 分子：**5**

問 ii （**pH**）**4** （V）**3**

解 説

問 i CH_3COOH，$NaOH$ のそれぞれの物質量は

$$CH_3COOH : 0.200 \times \frac{50.0}{1000} = 0.0100 \text{〔mol〕}$$

$$NaOH : 0.100 \times \frac{V}{1000} = \frac{0.100V}{1000} \text{〔mol〕}$$

よって，反応の量的関係は

第3章 解答 303

$$CH_3COOH \quad + \quad NaOH \quad \longrightarrow CH_3COONa + H_2O$$

反応前	0.0100	$\dfrac{0.100V}{1000}$	0	〔mol〕
変化量	$-\dfrac{0.100V}{1000}$	$-\dfrac{0.100V}{1000}$	$+\dfrac{0.100V}{1000}$	〔mol〕
反応後	$0.0100-\dfrac{0.100V}{1000}$	0	$\dfrac{0.100V}{1000}$	〔mol〕

したがって，酢酸のモル濃度を $[CH_3COOH]$，酢酸イオンのモル濃度を $[CH_3COO^-]$ とすると，水素イオンのモル濃度 $[H^+]$ は

$$[H^+] = K_a \times \frac{[CH_3COOH]}{[CH_3COO^-]} = K_a \times \frac{\left(0.0100 - \dfrac{0.100V}{1000}\right) \times \dfrac{1000}{50.0+V}}{\dfrac{0.100V}{1000} \times \dfrac{1000}{50.0+V}}$$

$$= K_a \times \frac{100-V}{V} \text{〔mol/L〕}$$

問ii $NaOH$ を $0.100 \times \dfrac{10.0}{1000} = 1.00 \times 10^{-3}$〔mol〕加えたとき，緩衝液中の CH_3COOH が $NaOH$ と反応するので，それぞれの物質量は

$$CH_3COOH : 0.0100 - \frac{0.100V}{1000} - 1.00 \times 10^{-3} = \frac{9.00 - 0.100V}{1000} \text{〔mol〕}$$

$$CH_3COO^- : \frac{0.100V}{1000} + 1.00 \times 10^{-3} = \frac{1.00 + 0.100V}{1000} \text{〔mol〕}$$

よって，水素イオンのモル濃度 $[H^+]_1$ は

$$[H^+]_1 = K_a \times \frac{\dfrac{9.00 - 0.100V}{1000} \times \dfrac{1000}{60.0+V}}{\dfrac{1.00 + 0.100V}{1000} \times \dfrac{1000}{60.0+V}}$$

$$= K_a \times \frac{9.00 - 0.100V}{1.00 + 0.100V} \text{〔mol/L〕}$$

したがって，pH 変化の絶対値 ΔpH_1 は

$$\Delta pH_1 = -\log_{10}\left(K_a \times \frac{9.00 - 0.100V}{1.00 + 0.100V}\right) - \left\{-\log_{10}\left(K_a \times \frac{100-V}{V}\right)\right\}$$

また，HCl を $0.100 \times \dfrac{10.0}{1000} = 1.00 \times 10^{-3}$〔mol〕加えたとき，緩衝液中の CH_3COO^- が HCl と反応するので，それぞれの物質量は

$$CH_3COOH : 0.0100 - \frac{0.100V}{1000} + 1.00 \times 10^{-3} = \frac{11.0 - 0.100V}{1000} \text{〔mol〕}$$

$$CH_3COO^- : \frac{0.100V}{1000} - 1.00 \times 10^{-3} = \frac{0.100V - 1.00}{1000} \text{〔mol〕}$$

よって，水素イオンのモル濃度 $[H^+]_2$ は

304　第3章　解答

$$[H^+]_2 = K_a \times \dfrac{\dfrac{11.0 - 0.100V}{1000} \times \dfrac{1000}{60.0 + V}}{\dfrac{0.100V - 1.00}{1000} \times \dfrac{1000}{60.0 + V}}$$

$$= K_a \times \dfrac{11.0 - 0.100V}{0.100V - 1.00}\,(mol/L)$$

したがって，pH 変化の絶対値 ΔpH_2 は

$$\Delta pH_2 = -\log_{10}\!\left(K_a \times \dfrac{100 - V}{V}\right) - \left\{-\log_{10}\!\left(K_a \times \dfrac{11.0 - 0.100V}{0.100V - 1.00}\right)\right\}$$

ここで，ΔpH_1 と ΔpH_2 の和は

$$\Delta pH_1 + \Delta pH_2 = -\log_{10}\!\left(K_a \times \dfrac{9.00 - 0.100V}{1.00 + 0.100V}\right) - \left\{-\log_{10}\!\left(K_a \times \dfrac{100 - V}{V}\right)\right\}$$

$$-\log_{10}\!\left(K_a \times \dfrac{100 - V}{V}\right) - \left\{-\log_{10}\!\left(K_a \times \dfrac{11.0 - 0.100V}{0.100V - 1.00}\right)\right\}$$

$$= -\log_{10}K_a - \log_{10}\dfrac{90.0 - V}{10.0 + V} + \log_{10}K_a + \log_{10}\dfrac{110 - V}{V - 10.0}$$

$$= \log_{10}\dfrac{(10.0 + V)(110 - V)}{(90.0 - V)(V - 10.0)}$$

$$= \log_{10}\dfrac{V^2 - 100V - 1100}{V^2 - 100V + 900}$$

$$= \log_{10}\!\left\{1 - \dfrac{2000}{(V - 50)^2 - 1600}\right\}$$

したがって，$V = 50.0\,(mL)$ のとき ΔpH_1 と ΔpH_2 の和は最小となる。

このとき，**問 i** より $[H^+] = K_a$ となるから，求める pH は

$$pH = -\log_{10}(2.80 \times 10^{-5}) = 4.553 \fallingdotseq 4.55$$

116　解答

問 i　2　　**問 ii**　$v_A = \dfrac{aP^2}{16R^2T^2}\,(mol/(L \cdot s))$　　**問 iii**　$\dfrac{1.44b}{a}$

解　説

問 i　1．（誤文）触媒によって，正・逆反応とも反応速度は大きくなる。

2．（正文）温度を上昇させると，正・逆反応とも反応速度は大きくなる。

3．（誤文）正反応が発熱反応であるとき，温度を上昇させると，平衡は吸熱反応である逆反応の方向（左辺）へ移動する。そのため，気体 X，気体 Y の濃度が大きくなり，気体 Z の濃度が小さくなるので，平衡定数の値は減少する。

4．（誤文）温度が一定であれば，平衡定数も一定で変化しない。

第3章　解答　305

5．（誤文）温度が変化すると平衡定数も変化する。

問ii　状態 A での気体 X，気体 Y，気体 Z の分圧を，P_X〔Pa〕，P_Y〔Pa〕，P_Z〔Pa〕とすると

$$P_X + P_Y + P_Z = P, \quad P_X = P_Y, \quad P_Z = \frac{P}{2}$$

よって　　$P_X = P_Y = \dfrac{P}{4}$

ここで，気体 X，気体 Y，気体 Z の物質量を x〔mol〕，y〔mol〕，z〔mol〕とすると

$$P_X V = \frac{P}{4} V = xRT \qquad \therefore \quad [X] = \frac{x}{V} = \frac{P}{4RT} \text{〔mol/L〕}$$

$$P_Y V = \frac{P}{4} V = yRT \qquad \therefore \quad [Y] = \frac{y}{V} = \frac{P}{4RT} \text{〔mol/L〕}$$

$$P_Z V = \frac{P}{2} V = zRT \qquad \therefore \quad [Z] = \frac{z}{V} = \frac{P}{2RT} \text{〔mol/L〕}$$

したがって，正反応の反応速度 v は

$$v = a[X][Y] = a \times \frac{P}{4RT} \times \frac{P}{4RT} = \frac{aP^2}{16R^2T^2} \text{〔mol/(L·s)〕}$$

平衡状態では，正反応と逆反応の反応速度は等しく，$v = v_A$ だから

$$v_A = \frac{aP^2}{16R^2T^2} \text{〔mol/(L·s)〕}$$

問iii　状態 A の各成分の濃度を用いて平衡定数 K を求めると

$$K = \frac{[Z]^2}{[X][Y]} = \frac{\left(\dfrac{P}{2RT}\right)^2}{\dfrac{P}{4RT} \times \dfrac{P}{4RT}} = 4$$

次に，状態 A に気体 X を加えた瞬間の全圧および各成分の分圧を考える。加えた気体 X の量は，状態 A での気体 X の量に等しいから，分圧に換算すると $\dfrac{P}{4}$〔Pa〕である。よって，求める全圧は $P + \dfrac{P}{4} = \dfrac{5P}{4}$〔Pa〕となるので，各成分の分圧は

気体 X：$\dfrac{P}{4} + \dfrac{P}{4} = \dfrac{P}{2}$〔Pa〕　　気体 Y：$\dfrac{P}{4}$〔Pa〕　　気体 Z：$\dfrac{P}{2}$〔Pa〕

さらに，この平衡反応では，平衡の移動によって分子数は変化しないから，全圧は一定に保たれ，状態 B での全圧は $\dfrac{5P}{4}$〔Pa〕である。

また，状態 A から状態 B への平衡の移動は気体 X を減らす方向であるから，分圧に換算すると，気体 X，気体 Y が P_1〔Pa〕減少し，気体 Z が $2P_1$〔Pa〕増加したとすると，状態 B での各成分の分圧は次のようになる。

306 第3章 解答

気体$X : \dfrac{P}{2} - P_1 \text{〔Pa〕}$ 　　気体$Y : \dfrac{P}{4} - P_1 \text{〔Pa〕}$ 　　気体$Z : \dfrac{P}{2} + 2P_1 \text{〔Pa〕}$

これらの値を濃度に換算すると

$$[X] = \dfrac{\dfrac{P}{2} - P_1}{RT} \text{〔mol/L〕} \qquad [Y] = \dfrac{\dfrac{P}{4} - P_1}{RT} \text{〔mol/L〕} \qquad [Z] = \dfrac{\dfrac{P}{2} + 2P_1}{RT} \text{〔mol/L〕}$$

ゆえに，平衡定数Kは

$$K = \dfrac{[Z]^2}{[X][Y]} = \dfrac{\left(\dfrac{\dfrac{P}{2} + 2P_1}{RT}\right)^2}{\dfrac{\dfrac{P}{2} - P_1}{RT} \times \dfrac{\dfrac{P}{4} - P_1}{RT}} = \dfrac{2P^2 + 16PP_1 + 32P_1{}^2}{P^2 - 6PP_1 + 8P_1{}^2} = 4$$

$$\therefore \quad P_1 = \dfrac{P}{20}$$

よって，気体X，気体Yの濃度は

$$[X] = \dfrac{\dfrac{P}{2} - \dfrac{P}{20}}{RT} = \dfrac{9P}{20RT} \text{〔mol/L〕}$$

$$[Y] = \dfrac{\dfrac{P}{4} - \dfrac{P}{20}}{RT} = \dfrac{P}{5RT} \text{〔mol/L〕}$$

したがって，状態Bでの正反応の反応速度v'は

$$v' = b[X][Y] = b \times \dfrac{9P}{20RT} \times \dfrac{P}{5RT} = \dfrac{9bP^2}{100R^2T^2}$$

以上より，状態Bでの逆反応の反応速度はv'に等しいから，求める比は

$$\dfrac{v'}{v_A} = \dfrac{\dfrac{9bP^2}{100R^2T^2}}{\dfrac{aP^2}{16R^2T^2}} = \dfrac{36b}{25a} = \dfrac{1.44b}{a}$$

攻略のポイント

問iii は次のように考えてもよい。状態Aにおける気体X，気体Yのモル濃度を $\dfrac{P}{4RT} = c \text{〔mol/L〕}$ として，状態Bへ変化した気体X，気体Yのモル濃度を $n \text{〔mol/L〕}$ とおくと，濃度の関係は次のように表される。

第 3 章　解答　307

$$X \ + \ Y \ \rightleftharpoons \ 2Z$$

反応前	$2c$	c	$2c$	〔mol/L〕
変化量	$-n$	$-n$	$+2n$	〔mol/L〕
平衡状態	$2c-n$	$c-n$	$2c+2n$	〔mol/L〕

よって，$K = \dfrac{(2c)^2}{c \times c} = 4$ より

$$4 = \frac{(2c+2n)^2}{(2c-n)(c-n)} \qquad c(c-5n) = 0$$

$c \neq 0$ より　　$n = \dfrac{c}{5}$

したがって，状態 **B** での逆反応の反応速度 $v_A{}'$ は正反応の反応速度に等しいので，v_A, $v_A{}'$ は c を用いて，次のように表される。

$$v_A = ac^2, \ \ v_A{}' = b\left(2c - \frac{c}{5}\right)\left(c - \frac{c}{5}\right) = 1.44bc^2$$

以上より　　$\dfrac{v_A{}'}{v_A} = \dfrac{1.44b}{a}$

117　解　答

問 i　1・5　　問 ii　$\log_{10} K_b = -4.6$　　問 iii　pH = 9.7

解　説

問 i　1．（正文）溶液 **A**（アンモニア水）の濃度を c〔mol/L〕，電離度を α，10 倍に希釈後の電離度を α'，電離定数を K_b〔mol/L〕とすると

$$K_b = \frac{[NH_4{}^+][OH^-]}{[NH_3]} = \frac{c^2\alpha^2}{c(1-\alpha)} \doteqdot c\alpha^2 \quad (\because \ \ \alpha \ll 1)$$

よって，$\alpha = \sqrt{\dfrac{K_b}{c}}$ より　　$[NH_4{}^+] = c\alpha = \sqrt{cK_b}$

また，10 倍に希釈すると，$\alpha' = \sqrt{\dfrac{K_b}{\dfrac{c}{10}}} = \sqrt{\dfrac{10K_b}{c}}$ より

$$[NH_4{}^+] = \frac{c}{10} \times \alpha' = \frac{\sqrt{10}}{10}\sqrt{cK_b}$$

したがって，$NH_4{}^+$ の濃度は希釈前の方が高い。

2．（誤文）中和反応の量的関係においては，酸・塩基の強弱は関係しないので，濃度が等しければ，中和に必要な体積は等しい。

3．（誤文）溶液 **A** における NH_3 の電離度は非常に小さいので，$NH_4{}^+$ の濃度は

308　第3章　解答

0.100mol/L に比べ非常に小さい。一方，溶液 C では，中和によって生じた NH_4Cl は完全に電離しているので，$NH_4{}^+$ の濃度は，全体積が 20.0mL であることから，0.0500mol/L となり，溶液 C の $NH_4{}^+$ の濃度の方が高い。

4．（誤文）溶液 C 中では $NH_4{}^+$ が加水分解し，弱酸性を示す。

$$NH_4{}^+ + H_2O \rightleftharpoons NH_3 + H_3O^+$$

よって，純水で 10 倍に希釈すると pH は増加する。

5．（正文）溶液 D は $NH_4{}^+$ と NH_3 を含む緩衝液であるから，NH_3 を加えても pH の変化は，溶液 C よりも小さい。

6．（誤文）緩衝液である溶液 D は純水で 10 倍程度希釈しても pH はほとんど変化しない。

問ⅱ　溶液 A 中の NH_3 の電離度は非常に小さいので，それぞれの濃度は次のようになる。

$$[NH_3] = 0.100 \, [\text{mol/L}]$$

$$[NH_4{}^+] = [OH^-] = \frac{1.00 \times 10^{-14}}{[H^+]} = \frac{1.00 \times 10^{-14}}{1.00 \times 10^{-11.2}} = 1.00 \times 10^{-2.80} \, [\text{mol/L}]$$

また，H_2O の濃度は一定とみなしてよいので

$$K_b = \frac{[NH_4{}^+][OH^-]}{[NH_3]} = \frac{(1.00 \times 10^{-2.80})^2}{0.100} = 1.00 \times 10^{-4.60} \, [\text{mol/L}]$$

よって，求める値は

$$\log_{10} K_b = \log_{10}(1.00 \times 10^{-4.60}) = -4.60 \fallingdotseq -4.6$$

問ⅲ　溶液 D 中において，$NH_4{}^+$ の加水分解反応による NH_3 の生成量や，NH_3 の電離による $NH_4{}^+$ の生成量は無視できるので，それぞれの濃度は次のようになる。

$$[NH_4{}^+] \fallingdotseq 0.100 \times \frac{10.0}{1000} \times \frac{1000}{40.0} = 0.0250 \, [\text{mol/L}]$$

$$[NH_3] \fallingdotseq 0.100 \times \frac{20.0}{1000} \times \frac{1000}{40.0} = 0.0500 \, [\text{mol/L}]$$

よって，溶液中の $[OH^-]$ は

$$[OH^-] = K_b \times \frac{[NH_3]}{[NH_4{}^+]} = 1.00 \times 10^{-4.60} \times \frac{0.0500}{0.0250} = 2.00 \times 10^{-4.60} \, [\text{mol/L}]$$

したがって，求める pH は

$$pH = -\log_{10} \frac{1.00 \times 10^{-14}}{2.00 \times 10^{-4.60}} = 9.40 + \log_{10} 2 = 9.70 \fallingdotseq 9.7$$

攻略のポイント

問ⅰ　4．溶液 C の NH_4Cl 水溶液の濃度 $c \, [\text{mol/L}]$ は

$$c = 0.100 \times \frac{10.0}{1000} \times \frac{1000}{20.0} = 0.0500 \, [\text{mol/L}]$$

第3章 解答 309

NH_4^+ の加水分解反応 $NH_4^+ + H_2O \rightleftharpoons NH_3 + H_3O^+$ における平衡定数を K_h 〔mol/L〕，アンモニアの電離定数を K_b〔mol/L〕，水のイオン積を K_w (mol/L)^2 とすると

$$K_h = \frac{[NH_3][H^+]}{[NH_4^+]} = \frac{[NH_3][H^+][OH^-]}{[NH_4^+][OH^-]} = \frac{K_w}{K_b} \quad \cdots\cdots ①$$

また，$[NH_4^+] \fallingdotseq c$，$[NH_3] \fallingdotseq [H^+]$ としてよいので

$$K_h = \frac{[H^+]^2}{c} \qquad [H^+] = \sqrt{cK_h} \quad \cdots\cdots ②$$

①，②より $\qquad [H^+] = \sqrt{\dfrac{cK_w}{K_b}}$ 〔mol/L〕

よって，濃度を10倍に希釈すると，$[H^+] = \sqrt{\dfrac{cK_w}{10K_b}}$ となり，$[H^+]$ が小さくなるので，pHは増加する。

6．溶液**D**中の $[OH^-]$ は $[OH^-] = K_b \times \dfrac{[NH_3]}{[NH_4^+]}$ と表されるので

$$[H^+] = \frac{K_w}{[OH^-]} = \frac{K_w}{K_b} \times \frac{[NH_4^+]}{[NH_3]} \text{〔mol/L〕}$$

よって，10倍に希釈しても $[NH_3]$，$[NH_4^+]$ がともに $\dfrac{1}{10}$ になるので，$[H^+]$ はほとんど変化しない。一方，上記の4より溶液**C**の $[H^+]$ は $\dfrac{1}{\sqrt{10}}$ 倍になる。

118 解 答

問 i 　4 　　問 ii 　1.3×10^{-15} mol/L

解 説

問 i 　1．(誤文) 酢酸の電離定数 K_a は 10^{-5} mol/L 程度であるから，濃度 $c = 0.100$ 〔mol/L〕の酢酸水溶液の水素イオン濃度 $[H^+]$ は

$$[H^+] = \sqrt{cK_a}$$

希釈しても上式が成り立つと仮定すると，100倍に希釈したとき，水素イオン濃度は $\dfrac{1}{10}$ となるので，pH変化は1となる。

2．(誤文) $Ca(OH)_2$ は強塩基であるが，その溶解度は20℃において 1.7 g/L 程度である。一方，NH_3 は弱塩基であるが，濃アンモニア水の質量パーセント濃度は約 28 %（比重約 0.9）であるので，20℃におけるその溶解度はおよそ 252 g/L に

なる。

3. (誤文) 強酸である塩酸と弱塩基である NH_3 水の中和では，中和点は弱酸性側にあるので，塩基性側に変色域をもつフェノールフタレインは使えない。

4. (正文) 水に溶かすと塩化アンモニウム NH_4Cl はほぼ完全に電離し，アンモニウムイオン NH_4^+ と塩化物イオン Cl^- を生じる。NH_4^+ は水中で加水分解し，その一部が NH_3 と H_3O^+ (H^+) になるため，その濃度がわずかに減少する。

$$NH_4^+ + H_2O \longrightarrow NH_3 + H_3O^+$$

しかし，生じた Cl^- は加水分解することなく水中に存在するため，これらのイオンのうち最も濃度が高くなる。

5. (誤文) 希硫酸を加えても塩化ナトリウムの沈殿は生じない。むしろ，希硫酸を加えることによって $NaCl$ の濃度は低くなり，$NaCl$ はさらに溶けるようになる。

6. (誤文) HCl はアレニウスの定義による酸であり，NH_3 はブレンステッドの定義による塩基であるが，これらが反応しても H_2O は生じない。

$$HCl + NH_3 \longrightarrow NH_4Cl$$

問 ii FeS の溶解度積が $6.00 \times 10^{-18} \mathrm{mol^2/L^2}$ であるので，Fe^{2+} の濃度が 0.100 mol/L の溶液に対して FeS の沈殿が生じるためには，S^{2-} の濃度 $[S^{2-}]$ が次の値以上であればよい。

$$\frac{6.00 \times 10^{-18}}{0.100} = 6.00 \times 10^{-17} \text{(mol/L)}$$

ここで，H_2S の第 1 段階の電離定数を K_1(mol/L)，第 2 段階の電離定数を K_2 (mol/L) とすると

$$K_1 = \frac{[H^+][HS^-]}{[H_2S]}, \quad K_2 = \frac{[H^+][S^{2-}]}{[HS^-]}$$

よって，$H_2S \rightleftharpoons 2H^+ + S^{2-}$ の平衡定数 K(mol^2/L^2) は

$$K = \frac{[H^+]^2[S^{2-}]}{[H_2S]} = K_1 K_2$$

よって，FeS の沈殿が生じはじめるとき，$[H_2S] = 0.100$(mol/L)，$[S^{2-}] = 6.00 \times 10^{-17}$(mol/L)，$[H^+] = 4.20 \times 10^{-4}$(mol/L) となるので，求める K_2 は

$$8.40 \times 10^{-8} \times K_2 = \frac{(4.20 \times 10^{-4})^2 \times 6.00 \times 10^{-17}}{0.100}$$

$\therefore \quad K_2 = 1.26 \times 10^{-15} \fallingdotseq 1.3 \times 10^{-15}$(mol/L)

119 解 答

問 i $2.3 \times 10^{-3} \mathrm{mol/(L \cdot s)}$ 　　**問 ii** $k = 4.1 \times 10^{-3} \mathrm{s^{-1}}$ 　　**問 iii** $4.7 \mathrm{mL}$

第3章　解答　311

解　説

問i　捕集容器内には，水蒸気が含まれているから，捕集された O_2 の分圧は

$$1.010 \times 10^5 - 0.040 \times 10^5 = 0.970 \times 10^5 \, [Pa]$$

反応開始後 60 秒までに発生した O_2 の物質量は，気体の状態方程式から次のようになる。

$$\frac{0.970 \times 10^5 \times 18.0 \times 10^{-3}}{8.3 \times 10^3 \times 300} = 0.701 \times 10^{-3} \, [mol]$$

よって，H_2O_2 の分解反応は $2H_2O_2 \longrightarrow 2H_2O + O_2$ であるから，反応開始後 60 秒までに減少した H_2O_2 の物質量は

$$0.701 \times 10^{-3} \times 2 = 1.40 \times 10^{-3} \, [mol]$$

したがって，0 ～60 秒における H_2O_2 の平均の分解速度は

$$\frac{1.40 \times 10^{-3} \times \dfrac{1000}{10.0}}{60} = 2.33 \times 10^{-3} \doteqdot 2.3 \times 10^{-3} \, [mol/(L \cdot s)]$$

問ii　0 ～60 秒における H_2O_2 の平均の濃度は

$$\frac{0.640 + (0.640 - 0.140)}{2} = 0.570 \, [mol/L]$$

よって，求める速度定数 k は次のようになる。

$$k = \frac{2.33 \times 10^{-3}}{0.570} = 4.08 \times 10^{-3} \doteqdot 4.1 \times 10^{-3} \, [s^{-1}]$$

問iii　反応開始後 600 秒（H_2O_2 水溶液を追加する前）において，発生した O_2 の物質量は

$$\frac{0.970 \times 10^5 \times 75.0 \times 10^{-3}}{8.3 \times 10^3 \times 300} = 2.92 \times 10^{-3} \, [mol]$$

よって，H_2O_2 のモル濃度の減少量は

$$2.92 \times 10^{-3} \times 2 \times \frac{1000}{10.0} = 0.584 \, [mol/L]$$

したがって，H_2O_2 水溶液を追加する前の H_2O_2 のモル濃度は

$$0.640 - 0.584 = 0.056 \, [mol/L]$$

追加した H_2O_2 水溶液の体積を $x \, [mL]$ とすると，追加直後の H_2O_2 の濃度は

$$\frac{0.056 \times 10.0 \times 10^{-3} + 0.640 \times x \times 10^{-3}}{(10.0 + x) \times 10^{-3}} = \frac{0.56 + 0.640x}{10.0 + x} \, [mol/L]$$

一方，追加直後から 60 秒間で発生した O_2 は

$$85.0 - 75.0 = 10.0 \, [mL]$$

よって，この 60 秒間の H_2O_2 の平均の分解速度は

312　第3章　解答

$$\dfrac{\dfrac{0.970 \times 10^5 \times 10.0 \times 10^{-3}}{8.3 \times 10^3 \times 300} \times 2}{(10.0 + x) \times 10^{-3}} \times \dfrac{1}{60} = \dfrac{0.779}{10.0 + x} \times \dfrac{1}{60} \ (\text{mol}/(\text{L} \cdot \text{s})) \quad \cdots\cdots ①$$

また，この60秒間の H_2O_2 の平均の濃度は

$$\dfrac{\dfrac{0.56 + 0.640x}{10.0 + x} + \left(\dfrac{0.56 + 0.640x}{10.0 + x} - \dfrac{0.779}{10.0 + x} \right)}{2} = \dfrac{0.17 + 0.640x}{10.0 + x} \ (\text{mol/L}) \quad \cdots\cdots ②$$

したがって，①，②より求める x 〔mL〕は

$$\dfrac{0.779}{10.0 + x} \times \dfrac{1}{60} = 4.1 \times 10^{-3} \times \dfrac{0.17 + 0.640x}{10.0 + x}$$

$$\therefore \quad x = 4.68 ≒ 4.7 \ (\text{mL})$$

120　解　答

問 i 　$K = 6.0$ 　　問 ii 　0.7 mol 　　問 iii 　1.0 mol

解　説

問 i 　燃焼前の平衡と燃焼後の平衡は同温であるから，平衡定数 K の値は同じである。よって，燃焼前の平衡前後の各成分の物質量は次のようになる。

$$\begin{array}{lccccc} & H_2O & + & CO & \rightleftharpoons & H_2 & + & CO_2 \\ \end{array}$$

	H_2O	CO	H_2	CO_2	
反応前	3.00	4.00	0	0	〔mol〕
変化量	-2.40	-2.40	$+2.40$	$+2.40$	〔mol〕
平衡後	0.60	1.60	2.40	2.40	〔mol〕

したがって，この容器の体積を V 〔L〕とすると，平衡定数 K は次のようになる。

$$K = \dfrac{[H_2][CO_2]}{[H_2O][CO]} = \dfrac{\left(\dfrac{2.40}{V} \right)\left(\dfrac{2.40}{V} \right)}{\left(\dfrac{0.60}{V} \right)\left(\dfrac{1.60}{V} \right)} = \dfrac{2.40^2}{0.60 \times 1.60} = 6.00 ≒ 6.0$$

問 ii 　燃焼した H_2，CO の物質量をそれぞれ x 〔mol〕，y 〔mol〕とすると，それぞれの燃焼反応は次のようになる。

$$2H_2 + O_2 \longrightarrow 2H_2O, \quad 2CO + O_2 \longrightarrow 2CO_2$$

よって，加えた O_2 は $\dfrac{1}{2}(x + y)$ 〔mol〕で，燃焼によって生じる H_2O は x 〔mol〕，

CO_2 は y 〔mol〕であるから，燃焼後の平衡前後の各成分の物質量は，次のようになる。

第3章 解答　313

$$\begin{array}{cccccccc}
& H_2O & + & CO & \rightleftharpoons & H_2 & + & CO_2 \\
\end{array}$$

	H_2O	CO	H_2	CO_2	
燃焼直後	$0.60+x$	$1.60-y$	$2.40-x$	$2.40+y$	〔mol〕
変化量	$+(0.60-x)$	$+(0.60-x)$	$-(0.60-x)$	$-(0.60-x)$	〔mol〕
平衡後	1.20	$2.20-(x+y)$	1.80	$1.80+(x+y)$	〔mol〕

この平衡状態における容器の体積を V'〔L〕とすると

$$K=\dfrac{\left(\dfrac{1.80}{V'}\right)\left\{\dfrac{1.80+(x+y)}{V'}\right\}}{\left(\dfrac{1.20}{V'}\right)\left\{\dfrac{2.20-(x+y)}{V'}\right\}}=\dfrac{1.80\times(1.80+x+y)}{1.20\times(2.20-x-y)}=6.00$$

$$\dfrac{1.80+(x+y)}{2.20-(x+y)}=4.00 \qquad \therefore \quad x+y=1.40 \quad\cdots\cdots①$$

よって，求める O_2 の物質量は　$\dfrac{1}{2}\times1.40=0.70\fallingdotseq0.7$〔mol〕

問iii　燃焼による発熱量より

$$246.0x+283.0y=360.0 \quad\cdots\cdots②$$

①，②から　　$x=0.97\fallingdotseq1.0$〔mol〕

121　解　答

問 i　$[H^+]=[HSO_4^-]+2[SO_4^{2-}]$

問 ii　$[H^+]=0.11\,mol/L$　$[HSO_4^-]=0.09\,mol/L$　$[SO_4^{2-}]=0.01\,mol/L$

問 iii　2・5

解　説

問 i　H_2SO_4 から HSO_4^- が生成するときは，これと同数の H^+ を生成する。H_2SO_4 から SO_4^{2-} が生成するときは，この2倍量の H^+ を生成する。

よって，$[H^+]=[HSO_4^-]+2[SO_4^{2-}]$ となる。

問 ii　(1)は完全に電離するから，(1)で生じる H^+，HSO_4^- の濃度は

$$[H^+]=0.100\,mol/L,\quad [HSO_4^-]=0.100\,mol/L$$

$[HSO_4^-]$ のうち x〔mol/L〕$(x>0)$ が電離すると

$$[HSO_4^-]=0.100-x\,\text{〔mol/L〕},\quad [SO_4^{2-}]=x\,\text{〔mol/L〕}$$

$[H^+]$ は(1)の電離とあわせて　　$[H^+]=0.100+x$〔mol/L〕

よって，(2)の電離について電離定数を K_a とすると，次の式が成り立つ。

$$K_a=\dfrac{[H^+][SO_4^{2-}]}{[HSO_4^-]}=\dfrac{(0.100+x)x}{0.100-x}$$

ここで $K_a=1.00\times10^{-2}$〔mol/L〕より

314 第3章 解答

$$x^2 + 0.110x - 0.00100 = 0$$

$$\therefore \quad x = \frac{-0.11 + \sqrt{0.0161}}{2} = 0.0085$$

以上より

$$[H^+] = 0.100 + 0.0085 = 0.1085 \fallingdotseq 0.11\,[mol/L]$$

$$[HSO_4^-] = 0.100 - 0.0085 = 0.0915 \fallingdotseq 0.09\,[mol/L]$$

$$[SO_4^{2-}] = 0.0085 \fallingdotseq 0.01\,[mol/L]$$

問iii 1．（正文）流れた電子 e^- の物質量は

$$\frac{0.965 \times 800}{96500} = 8.00 \times 10^{-3}\,[mol]$$

陰極での反応 $2H^+ + 2e^- \longrightarrow H_2$ より，生成する H_2 は

$$4.00 \times 10^{-3}\,mol$$

H_2 の体積を $V\,[L]$ とすると

$$1.01 \times 10^5 \times V = 4.00 \times 10^{-3} \times 8.31 \times 10^3 \times 298$$

$$\therefore \quad V = 9.80 \times 10^{-2} \fallingdotseq 9.8 \times 10^{-2}\,[L] = 98\,[mL] < 100\,[mL]$$

2．（誤文）陽極での反応 $2H_2O \longrightarrow 4H^+ + O_2 + 4e^-$ より，800 秒間での発生量は

$$98 \times \frac{1}{2}\,mL$$

よって，陽極と陰極の 800 秒間での発生気体の合計は

$$98 + 98 \times \frac{1}{2} = 147\,[mL]$$

ゆえに，1000 秒間での発生量は

$$147 \times \frac{1000}{800} = 183.7 \fallingdotseq 184\,[mL]$$

したがって，200 mL には満たない。

3．（正文）例えば，$C_3H_6 + 3H_2O \xrightarrow{触媒} 3CO + 6H_2$ などで製造される。

4．（正文）空気を液化して，N_2 と O_2 の沸点の差を利用し，分留する。

5．（誤文）正極では次のように還元反応が生じる。

$$4H^+ + O_2 + 4e^- \longrightarrow 2H_2O$$

よって，O_2 が正極活物質となる。

攻略のポイント

問i 水溶液全体では，電気的に中性である。水の電離による H^+ や OH^- の存在は無視できるので，「正電荷の総和」＝「負電荷の総和」より

$$[H^+] = [HSO_4^-] + 2[SO_4^{2-}]$$

特に SO_4^{2-} のように 2 価の陰イオンは濃度の 2 倍の電荷があることに注意する。

第 3 章 解答 315

問ii　問iを利用して次のように考えてもよい。

$$[H^+] = [HSO_4^-] + 2[SO_4^{2-}] \quad \cdots\cdots ①$$

希硫酸の濃度が $0.100\,mol/L$ であるから

$$[HSO_4^-] + [SO_4^{2-}] = 0.100 \quad \cdots\cdots ②$$

また，(2)の電離定数 $1.00 \times 10^{-2}\,mol/L$ から

$$1.00 \times 10^{-2} = \frac{[H^+][SO_4^{2-}]}{[HSO_4^-]} \quad \cdots\cdots ③$$

①，②より

$$[SO_4^{2-}] = [H^+] - 0.100, \quad [HSO_4^-] = 0.200 - [H^+]$$

これらの式を③へ代入して整理すると

$$[H^+]^2 - 9.00 \times 10^{-2}[H^+] - 2.00 \times 10^{-3} = 0$$

$$[H^+] = \frac{9.00 \times 10^{-2} + \sqrt{81.0 \times 10^{-4} + 8.00 \times 10^{-3}}}{2} = 0.108 \fallingdotseq 0.11\,[mol/L]$$

よって，$[HSO_4^-]$，$[SO_4^{2-}]$ は

$$[HSO_4^-] = 0.200 - 0.108 = 0.092 \fallingdotseq 0.09\,[mol/L]$$

$$[SO_4^{2-}] = 0.108 - 0.100 = 0.008 \fallingdotseq 0.01\,[mol/L]$$

---

122 解答

問i　$0.49\,mol/L$　　問ii　$-\log_{10}x = 4.8$　　問iii　$1 \cdot 3$

解説

問i　フタル酸水素カリウムの式量は 204 であるから

$$\frac{0.306\,[g]}{204\,[g/mol]} = 1.50 \times 10^{-3}\,[mol]$$

水酸化ナトリウム水溶液 B の濃度を $a\,[mol/L]$ とすると

$$a \times \frac{15.0}{1000} = 1.50 \times 10^{-3} \quad \therefore \quad a = 0.100\,[mol/L]$$

次に，酢酸水溶液 A の濃度を $b\,[mol/L]$ とすると

$$b \times \frac{5.00}{1000} = 0.100 \times \frac{24.5}{1000} \quad \therefore \quad b = 0.490 \fallingdotseq 0.49\,[mol/L]$$

問ii　酢酸水溶液 A の濃度を $c\,[mol/L]$，電離度を α とすると

$$K_a = \frac{c\alpha \cdot c\alpha}{c(1-\alpha)} \fallingdotseq c\alpha^2$$

よって，水素イオン濃度 $[H^+]$ は

$$[H^+] = c\alpha = \sqrt{cK_a}\,[mol/L] \quad \cdots\cdots ①$$

316　第3章　解答

ここで，$[H^+] = 1.00 \times 10^{-2.53}\,\mathrm{mol/L}$，$c = 0.490\,\mathrm{mol/L}$，$K_a = x\,[\mathrm{mol/L}]$ を①へ代入すると

$$1.00 \times 10^{-2.53} = \sqrt{0.490x} \qquad \therefore \quad x = \frac{(1.00 \times 10^{-2.53})^2}{0.490}\,[\mathrm{mol/L}]$$

したがって，求める値は

$$-\log_{10}\frac{(1.00 \times 10^{-2.53})^2}{0.490} = -\log_{10}\left(\frac{1.00 \times 10^{-2.53}}{7.00 \times 10^{-1}}\right)^2 = 4.76 \fallingdotseq 4.8$$

問iii　1．（誤文）水酸化ナトリウム（固体）を水に溶かすと発熱するが，一定濃度の水溶液の調製とは関係ない。

2．（正文）空気中の水分を吸収する潮解性があるため正確な質量が測れない。

3．（誤文）濃度調製とは無関係である。

4．（正文）CO_2 を吸収すると，$2NaOH + CO_2 \longrightarrow Na_2CO_3 + H_2O$ の反応が起こるためである。

123　解　答

問i　**2・3**　　　**問ii**　**2.0倍**　　　**問iii**　**6.4 mol**

解　説

問i　1．（正文）ルシャトリエの原理により，分子数が減少するアンモニア生成の方向に平衡が移動する。

2．（誤文）アンモニア生成の反応は発熱反応である。よって，温度を上げると吸熱の向きに平衡が移動するため，アンモニアは減少する。

3．（誤文）容積一定でネオンを加えても，各成分の濃度は変わらないので平衡移動は起こらない。

4．（正文）加えた水素を減らす方向に平衡は移動するので，アンモニアの物質量は増える。

5．（正文）触媒には平衡状態に達する時間を短くするはたらきはあるが，平衡は移動させない。

6．（正文）平衡状態では，正反応と逆反応の反応速度が等しい。

問ii　反応した N_2 を $x\,[\mathrm{mol}]$ とすると，反応による物質の関係は次のようになる。

$$N_2 \quad + \quad 3H_2 \quad \rightleftharpoons \quad 2NH_3$$

	N_2	$3H_2$	$2NH_3$	
反応前	5.00	5.00	0	[mol]
変化量	$-x$	$-3x$	$+2x$	[mol]
平衡後	$5.00 - x$	$5.00 - 3x$	$2x$	[mol]

よって，反応前の全物質量は $10.0\,\mathrm{mol}$，平衡後の全物質量は $10.0 - 2x\,[\mathrm{mol}]$ とな

るので，理想気体の状態方程式から

反応前：$PV = 10.0RT$ $\quad\quad$ ……①

平衡後：$P'V = (10.0 - 2x)RT$ $\quad$ ……②

①，②より $\quad \dfrac{P}{P'} = \dfrac{10.0}{10.0 - 2x}$

ここで，$P' = 0.80P$ であるから

$10.0 - 2x = 0.80 \times 10.0$ $\quad \therefore \quad x = 1.00$

したがって，平衡状態における各成分の物質量は

$N_2 : 5.00 - 1.00 = 4.00$〔mol〕 $\quad\quad H_2 : 5.00 - 1.00 \times 3 = 2.00$〔mol〕

$NH_3 : 1.00 \times 2 = 2.00$〔mol〕

分圧は物質量に比例するので，窒素の分圧を P_{N_2}，水素の分圧を P_{H_2} とすると

$\dfrac{P_{N_2}}{P_{H_2}} = \dfrac{4.00}{2.00} = 2.00 \fallingdotseq 2.0$ 倍

問ⅲ 加えた窒素の物質量を y〔mol〕とする。窒素が a〔mol〕反応して平衡に達したとすると，各成分の物質量は次のようになる。

$N_2 : 4.00 + y - a$〔mol〕 $\quad\quad H_2 : 2.00 - 3a$〔mol〕

$NH_3 : 2a$〔mol〕

水素とアンモニアの分圧が等しいので

$2.00 - 3a = 2a$ $\quad \therefore \quad a = 0.400$〔mol〕

よって，各成分の物質量は次のようになる。

$N_2 : 3.60 + y$〔mol〕 $\quad\quad H_2 : 0.800$ mol $\quad\quad NH_3 : 0.800$ mol

ここで，**問ⅱ**から平衡定数 K_c は，容器の体積を V〔L〕とすると

$$K_c = \frac{\left(\dfrac{2.00}{V}\right)^2}{\left(\dfrac{4.00}{V}\right) \times \left(\dfrac{2.00}{V}\right)^3} = \frac{V^2}{8.00}$$

したがって

$$\frac{\left(\dfrac{0.800}{V}\right)^2}{\left(\dfrac{3.60 + y}{V}\right) \times \left(\dfrac{0.800}{V}\right)^3} = \frac{V^2}{8.00} \quad\quad \therefore \quad y = 6.40 \fallingdotseq 6.4$$〔mol〕

---

124 解　答

2・6

318　第3章　解答

解　説

1. （誤文）気体Bの分子量は気体Aの分子量の2倍であり，混合する前の気体Aと気体Bの質量は等しいので，気体Bの物質量は気体Aの物質量の$\frac{1}{2}$になる。

2. （正文）混合する前，気体Aの物質量は気体Bの物質量の2倍である。気体の圧力は一定容積・温度の下では物質量に比例するので，気体Aの圧力は気体Bの圧力の2倍になる。

3. （誤文）気体の密度は，単位体積あたりの質量（g/cm^3 など）で表されるので，両者の密度は等しい。

4. （誤文）反応前の気体Aと気体Bの物質量比が，平衡に達した後の物質量比と異なるので，等しくない。平衡に達した後は，気体Aの圧力は気体Bの圧力の2倍よりも大きくなる。

5. （誤文）反応により分子数が減少するので，全物質量は混合前よりも減少する。

6. （正文）容器の体積が一定であるから，反応に関与しないヘリウムを加えても，気体A，B，Cのいずれも濃度（分圧）は変化しない。したがって，平衡の移動も起こらず，気体Cの物質量は変化しない。

125　解　答

問 i　3.0倍　　問 ii　5.0×10^{-2}/分

解　説

問 i　反応開始前の H_2O_2（分子量34）の物質量は

$$\frac{500 \times 1.00 \times 0.0136}{34} = 0.200 \text{〔mol〕}$$

反応時間10分において，発生した O_2 の体積が1.00Lであるから，$2H_2O_2 \longrightarrow O_2 + 2H_2O$ より反応した H_2O_2 は

$$\frac{1.00}{25.0} \times 2 = 0.0800 \text{〔mol〕}$$

よって，溶液中には $0.200 - 0.0800 = 0.120$〔mol〕の H_2O_2 が残っているので，その濃度は

$$\frac{0.120}{0.500} = 0.240 \text{〔mol/L〕}$$

したがって，反応時間10分における反応速度は次のように表される。

$$v = k \times 0.240 \quad \cdots\cdots ①$$

次に，反応時間 32 分において，発生した O_2 の体積が 2.00L なので，反応した H_2O_2 は

$$\frac{2.00}{25.0} \times 2 = 0.160 \,(\text{mol})$$

よって，残っている H_2O_2 は $0.200 - 0.160 = 0.0400 \,(\text{mol})$ となるので，その濃度は

$$\frac{0.0400}{0.500} = 0.0800 \,(\text{mol/L})$$

したがって，反応時間 32 分における反応速度は次のように表される。

$$v = k \times 0.0800 \quad \cdots\cdots ②$$

①，②より

$$\frac{k \times 0.240}{k \times 0.0800} = 3.00 \fallingdotseq 3.0 \text{ 倍}$$

問ii　**問i** より $v_1 = 0.240k$，$v_2 = 0.0800k$，$t_1 = 10$，$t_2 = 32$ とすると

$$\log_e \frac{0.240k}{0.0800k} = -k(10 - 32)$$

これより　　　$\log_e 3.00 = 22k$

$$\therefore \quad k = 0.0500 \fallingdotseq 5.0 \times 10^{-2} \,(\text{/分})$$

---

126 解 答

問i　1・4	問ii　3	問iii　2・5

解 説

1〜5 の各反応を表の生成熱を用いて熱化学方程式で表すと次のようになる。ただし，1〜5 の反応熱を $Q_1 \sim Q_5 \,(\text{kJ})$ とする。

1．CO_2 (気) $= CO$ (気) $+ \dfrac{1}{2} O_2$ (気) $+ Q_1 \text{kJ}$

$$C \text{ (固)} + \frac{1}{2} O_2 \text{ (気)} = CO \text{ (気)} + 111 \text{kJ} \quad \cdots\cdots ①$$

$$C \text{ (固)} + O_2 \text{ (気)} = CO_2 \text{ (気)} + 394 \text{kJ} \quad \cdots\cdots ②$$

①－② より　　$Q_1 = -283 \,(\text{kJ})$

2．$2NO_2$ (気) $= N_2O_4$ (気) $+ Q_2 \text{kJ}$

$$\frac{1}{2} N_2 \text{ (気)} + O_2 \text{ (気)} = NO_2 \text{ (気)} - 34 \text{kJ} \quad \cdots\cdots ③$$

$$N_2 \text{ (気)} + 2O_2 \text{ (気)} = N_2O_4 \text{ (気)} - 10 \text{kJ} \quad \cdots\cdots ④$$

④－③×2 より　　$Q_2 = 58 \,(\text{kJ})$

3. $NO(気) = \frac{1}{2}N_2(気) + \frac{1}{2}O_2(気) + Q_3 kJ$

$\frac{1}{2}N_2(気) + \frac{1}{2}O_2(気) = NO(気) - 91 kJ$

∴ $Q_3 = 91 [kJ]$

4. $SO_3(気) = SO_2(気) + \frac{1}{2}O_2(気) + Q_4 kJ$

$S(固) + \frac{3}{2}O_2(気) = SO_3(気) + 396 kJ$ ……⑤

$S(固) + O_2(気) = SO_2(気) + 297 kJ$ ……⑥

⑥-⑤より $Q_4 = -99 [kJ]$

5. $N_2(気) + 3H_2(気) = 2NH_3(気) + Q_5 kJ$

$Q_5 = 46 \times 2 = 92 [kJ]$

以上の熱化学方程式をもとに，平衡移動の原理からア～エに対応する反応を考えると，次のようになる。

ア：1・4　　イ：該当するものなし　　ウ：1・4　　エ：3

攻略のポイント

1～5の熱化学方程式において，反応熱は次の関係式を用いて求めてもよい。

（反応熱）=（生成物の生成熱の和）-（反応物の生成熱の和）

また，反応速度定数 k と温度 T の間には，アレニウスの式とよばれる，次の関係式が成立する。

$$k = Ae^{-\frac{E_a}{RT}}$$

ここで，A は頻度因子，e は自然対数，E_a は活性化エネルギー，R は気体定数である。温度が高くなったり，触媒の存在により E_a が小さくなると，k は大きくなるので，反応速度も大きくなる。ところで，このアレニウスの式に対し，両辺の自然対数をとると

$$\log_e k = -\frac{E_a}{RT} + \log_e A$$

$\log_e k$ と $\frac{1}{T}$ の関係をグラフに表すと右図のようになり，実験からグラフの傾き $-\frac{E_a}{R}$ を求めることにより，活性化エネルギー E_a を求めることができる。

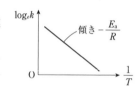

第 3 章 解答 321

127 解 答

2 · 6

解 説

1. （正文）反応熱は次のようにして求められる。

（反応熱）=（生成物の生成熱の和）-（反応物の生成熱の和）

2. （誤文）$H_2 + \dfrac{1}{2}O_2 = H_2O$（液）$+ Q\,kJ$ の場合は，燃焼熱と生成熱が等しいが，

$2Al + \dfrac{3}{2}O_2 = Al_2O_3 + Q\,kJ$ の場合は，生成熱は Q〔kJ〕であるが，Al の燃焼熱は $\dfrac{Q}{2}$

〔kJ〕となる。

3. （正文）水の蒸発速度と水蒸気の凝縮速度が等しくなった状態が平衡状態である。このときの水蒸気の圧力が飽和水蒸気圧である。

4. （正文）ショ糖水溶液が示す蒸気圧は純水の蒸気圧より低いため，ふたまた試験管中の純水側から水溶液側へ水蒸気が移動し，平衡状態に達する。

5. （正文）酢酸とエタノールの反応は，次の式で表される可逆反応である。

$$CH_3COOH + C_2H_5OH \rightleftharpoons CH_3COOC_2H_5 + H_2O$$

6. （誤文）$2CO + O_2 \rightleftharpoons 2CO_2$ で右向きの反応は CO の燃焼であるから発熱反応である。よって，一定圧力下で温度を高くすると，平衡は左に移動し CO_2 が減少する。

128 解 答

15 mL

解 説

酢酸濃度を c〔mol/L〕，電離度を α とする。

$CH_3COOH \rightleftharpoons CH_3COO^- + H^+$ の電離定数 K_a は

$$K_a = \frac{[CH_3COO^-][H^+]}{[CH_3COOH]} = \frac{c\alpha \cdot c\alpha}{c(1-\alpha)} = \frac{c\alpha^2}{1-\alpha}$$

$c = 2.25 \times 10^{-3}$〔mol/L〕，$\alpha = 1.00 \times 10^{-1}$ を代入すると

$$K_a = \frac{2.25 \times 10^{-3} \times 10^{-2}}{1 - 0.100} = 2.5 \times 10^{-5}\text{〔mol/L〕}$$

次に，$\alpha = 4.00 \times 10^{-2}$ となるときの濃度 c〔mol/L〕は

322 第3章 解答

$$\frac{c \times (4.00 \times 10^{-2})^2}{1 - 0.0400} = 2.5 \times 10^{-5} \qquad \therefore \quad c = 1.50 \times 10^{-2} \, [\text{mol/L}]$$

この酢酸水溶液 100 mL に 1.00×10^{-1} mol/L の酢酸を V [mL] 加えたとすると，次式が成り立つ。

$$\frac{2.25 \times 10^{-3} \times \dfrac{100}{1000} + 1.00 \times 10^{-1} \times \dfrac{V}{1000}}{\dfrac{100 + V}{1000}} = 1.50 \times 10^{-2}$$

$$\therefore \quad V = 15.0 \fallingdotseq 15 \, [\text{mL}]$$

攻略のポイント

酢酸のような弱酸の水溶液において，濃度が小さくなると電離度 α が大きくなるため $1 - \alpha \fallingdotseq 1$ とは近似できない。このような場合には，次のようにして水素イオン濃度 $[\text{H}^+]$ を求めればよい。

(i)電離定数を K_a [mol/L]，酢酸水溶液の濃度を c [mol/L] とすると

$$K_a = \frac{c\alpha \cdot c\alpha}{c(1-\alpha)} \qquad c\alpha^2 + K_a\alpha - K_a = 0$$

この2次方程式を解いて，得られた α から $[\text{H}^+]$ を求める。

(ii)水溶液中では，次の2つの関係が成立している（$[\text{CH}_3\text{COOH}]$，$[\text{CH}_3\text{COO}^-]$ は，それぞれ酢酸，酢酸イオンの濃度を表す）。

$$[\text{CH}_3\text{COOH}] + [\text{CH}_3\text{COO}^-] = c \quad \cdots\cdots①$$

$$[\text{H}^+] = [\text{CH}_3\text{COO}^-] + [\text{OH}^-]$$

ここで酢酸水溶液は酸性なので，$[\text{H}^+] \gg [\text{OH}^-]$ として

$$[\text{H}^+] \fallingdotseq [\text{CH}_3\text{COO}^-] \quad \cdots\cdots②$$

①，②より $\quad [\text{CH}_3\text{COOH}] = c - [\text{H}^+] \quad \cdots\cdots③$

②，③を $K_a = \dfrac{[\text{CH}_3\text{COO}^-][\text{H}^+]}{[\text{CH}_3\text{COOH}]}$ に代入すると

$$K_a = \frac{[\text{H}^+]^2}{c - [\text{H}^+]} \qquad [\text{H}^+]^2 + K_a[\text{H}^+] - cK_a = 0$$

この2次方程式を解いて $[\text{H}^+]$ を求める。

129 解 答

5

第3章　解答　323

解　説

1．（誤文）$H_2S \rightleftharpoons H^+ + HS^-$，$HS^- \rightleftharpoons H^+ + S^{2-}$ のように2段階で電離する弱酸である。

2．（誤文）フッ化水素酸がガラスを溶かす反応は次のようになる。

$$SiO_2 + 6HF \longrightarrow \underset{\text{ヘキサフルオロケイ酸}}{H_2SiF_6} + 2H_2O$$

この反応は酸化数の変化がなく，酸化還元反応ではない。

3．（誤文）それぞれの反応は，次のようになる。

$$Cu(OH)_2 + 4NH_3 \longrightarrow [Cu(NH_3)_4]^{2+} + 2OH^-$$

$$Zn(OH)_2 + 4NH_3 \longrightarrow [Zn(NH_3)_4]^{2+} + 2OH^-$$

テトラアンミン銅（Ⅱ）イオンは正方形，テトラアンミン亜鉛（Ⅱ）イオンは正四面体の構造となる。

4．（誤文）弱酸と弱酸の塩からなる緩衝溶液では

$$[H^+] = K_a \frac{[\text{酸の濃度}]}{[\text{塩の濃度}]} \quad (K_a；弱酸の電離定数)$$

弱塩基と弱塩基の塩からなる緩衝溶液では

$$[OH^-] = K_b \frac{[\text{塩基の濃度}]}{[\text{塩の濃度}]} \quad (K_b；弱塩基の電離定数)$$

それぞれ10倍，100倍と薄めても，[　　]内の濃度が同程度に薄まるので，pHはほぼ一定に保たれる。

5．（正文）水の電離は次の熱化学方程式で表される吸熱反応である。

$$H_2O = H^+ + OH^- - 57\,kJ$$

よって，温度を高くすると平衡は右へ移動し，電離度が大きくなる。したがって水素イオン濃度は増加する。

6．（誤文）$1 \times 10^{-4}\,mol/L$ の塩酸を 10^4 倍に薄めると，塩酸から生じる水素イオンは $1 \times 10^{-8}\,mol/L$ となる。しかし，非常に希薄になると，水の電離で生じる $[H^+]$ が影響を与えるようになるため，酸をどんなに薄めても塩基性になることはなく，限りなく中性に近づくだけである。

攻略のポイント

6．$10^{-4}\,mol/L$ の塩酸を純水で 10^4 倍に希釈した水溶液のpHは，次のようにして求める。水の電離によって生じる水素イオン，水酸化物イオンの濃度を x〔mol/L〕，水のイオン積を $1.0 \times 10^{-14}\,mol^2/L^2$ とすると

$$(x + 10^{-8})x = 1.0 \times 10^{-14} \qquad x^2 + 10^{-8}x - 1.0 \times 10^{-14} = 0$$

324　第3章　解答

$$\therefore \quad x = \frac{-10^{-8} + \sqrt{10^{-16} + 4.0 \times 10^{-14}}}{2} \fallingdotseq \frac{-10^{-8} + 2.0 \times 10^{-7}}{2} = 0.95 \times 10^{-7} \,(\text{mol/L})$$

よって，この水溶液の水素イオン濃度 $[\text{H}^+]$ は

$$[\text{H}^+] = 0.95 \times 10^{-7} + 10^{-8} = 1.05 \times 10^{-7} \,(\text{mol/L})$$

したがって，pH は，$\log_{10}2 = 0.30$，$\log_{10}3 = 0.48$，$\log_{10}7 = 0.85$ とすると

$$\text{pH} = -\log_{10}\frac{2.1 \times 10^{-7}}{2} = 8 - \log_{10}3 - \log_{10}7 + \log_{10}2 = 6.97$$

---

130 解 答

3・4

解 説

1．（正文）中和は，酸・塩基の種類に関係なく発熱反応であり，燃焼も物質が酸素と反応し，発熱反応となる。

2．（正文）アンモニアの燃焼熱と水（液体）の生成熱をそれぞれ $Q_1(\text{kJ})$，$Q_2(\text{kJ})$ とすると，次のようにして求めることができる。

$$\text{NH}_3 + \frac{3}{4}\text{O}_2 = \frac{1}{2}\text{N}_2 + \frac{3}{2}\text{H}_2\text{O} \,(\text{液}) + Q_1\text{kJ} \quad \cdots\cdots①$$

$$\text{H}_2 + \frac{1}{2}\text{O}_2 = \text{H}_2\text{O} \,(\text{液}) + Q_2\text{kJ} \qquad\qquad \cdots\cdots②$$

$\dfrac{3}{2} \times ② - ①$ より

$$\frac{1}{2}\text{N}_2 + \frac{3}{2}\text{H}_2 = \text{NH}_3 + \left(\frac{3}{2}Q_2 - Q_1\right)\text{kJ}$$

3．（誤文）固体の場合，中和熱だけでなく溶解熱も関係する。水酸化ナトリウムの溶解は発熱反応であるため，発生する熱量は中和熱より大きくなる。

4．（誤文）正反応の速さを大きくする触媒は，同時に逆反応の速さも大きくする。

5．（正文）$\text{CO}_2 + \text{C} \,(\text{黒鉛}) \rightleftarrows 2\text{CO}$ の平衡において，圧力を変化させると平衡が移動する。C（黒鉛）は固体で体積が無視できる。

6．（正文）発熱反応の場合，正反応の活性化エネルギーは，逆反応の活性化エネルギーよりも小さい。逆に，吸熱反応の場合，正反応の活性化エネルギーは，逆反応の活性化エネルギーよりも大きく，反応熱は負の値になる。

攻略のポイント

5．C（黒鉛）$+ \text{CO}_2 \,(\text{気}) \rightleftarrows 2\text{CO} \,(\text{気})$ のように固体と気体を含むような系につい

第3章 解答　325

て，次のような点に注意したい。

①C（黒鉛）の濃度は一定とみなし，平衡定数 K は次のようになる。

$$K = \frac{[CO]^2}{[CO_2]} \quad （[CO_2]，[CO] \text{ は } CO_2，CO \text{ のモル濃度を表す}）$$

②C（黒鉛）を加えても平衡は移動しない。しかし，^{13}C からなる黒鉛を加えると，右向きと左向きの反応は起こっているので，^{13}CO や $^{13}CO_2$ が生じる。

131 解 答

2・5

解 説

1．（正文）反応が速くなるのは，触媒を加えると活性化エネルギーが小さくなるからである。

2．（誤文）温度を高くすると，反応する粒子の熱運動が激しくなり活性化エネルギーよりも大きな運動エネルギーをもつ粒子の数が増加するためである。

3．（正文）濃度が低くなると，単位体積あたりに存在する粒子の数が減り，粒子どうしの衝突頻度が小さくなるため，反応は遅くなる。

4．（正文）反応熱は，反応物と生成物のもっているエネルギーの差であり，活性化エネルギーは，反応が起こるために必要なエネルギーである。

5．（誤文）H_2 が $2H$ に，I_2 が $2I$ に解離して HI が生成するのではなく，活性化状態を経て，HI が生成する。反応物が活性化状態になるときに必要なエネルギーを活性化エネルギーといい，原子状態に解離するのに必要なエネルギーより小さい。

6．（正文）反応物と生成物のもつエネルギーの差である反応熱は，発熱反応では反応物の方が，大きなエネルギーをもつ。よって，活性化状態のもつエネルギーは，正反応，逆反応とも同じなので，発熱反応では正反応の活性化エネルギーは，逆反応のそれより小さい。

132 解 答

1・5

解 説

1．（誤文）ルシャトリエの原理より，平衡状態にある反応系の温度を高くすると，吸熱反応の方向（水が電離する方向）に平衡が移動し，平衡定数は大きくなる。

2．（正文）水のイオン積は，電離定数と同様に温度が変わらなければ一定である。

3．（正文）ブレンステッドの定義では，酸は反応において水素イオンを放出する物質，塩基は水素イオンを受け取る物質である。よって，塩化水素の電離反応は

$$HCl + H_2O \longrightarrow H_3O^+ + Cl^-$$

アンモニアの電離反応は

$$NH_3 + H_2O \longrightarrow NH_4^+ + OH^-$$

よって，水はそれぞれの反応において塩基，酸としてはたらいている。

4．（正文）緩衝溶液は，その溶液に少量の酸や塩基を加えても，pH の変化が小さい溶液のことである。

5．（誤文）酢酸水溶液では，次の平衡が成り立っている。

$$CH_3COOH \rightleftharpoons CH_3COO^- + H^+$$

ここへ，酢酸ナトリウム水溶液を加えると，酢酸ナトリウムの電離によって生じた CH_3COO^- のため，上記の平衡は左へ移動し，H^+ の濃度が小さくなる。よって，pH の値は大きくなる。

6．（正文）電離定数は，温度が変わらなければ一定である。

第4章　無機物質

133 解答

2・5

解説

1．（誤文）炎色反応を示すものは，Ba^{2+}，Ca^{2+}，Cu^{2+}の3種類である．

2．（正文）水溶液中において，Cu^{2+}は青色，Fe^{2+}は淡緑色を呈する．

3．（誤文）黒色沈殿は，Ag_2S，CuS，PbSの3種類である．

4．（誤文）生じる沈殿は，$BaSO_4$，$CaSO_4$，$PbSO_4$の3種類で，いずれも白色である．

5．（正文）Ba^{2+}，Ca^{2+}は沈殿を生じず，Ag^+とCu^{2+}は沈殿を生じるが，過剰量のアンモニア水によって$[Ag(NH_3)_2]^+$，$[Cu(NH_3)_4]^{2+}$となって溶解する．一方，Fe^{2+}とPb^{2+}はそれぞれ緑白色の$Fe(OH)_2$，白色の$Pb(OH)_2$の沈殿を生じる．

6．（誤文）Ba^{2+}，Ca^{2+}は沈殿を生じず，Ag^+，Cu^{2+}，Fe^{2+}はそれぞれ褐色のAg_2O，青白色の$Cu(OH)_2$，緑白色の$Fe(OH)_2$の沈殿を生じる．Pb^{2+}は沈殿を生じるが，過剰量の水酸化ナトリウム水溶液によって$[Pb(OH)_4]^{2-}$となって溶解する．

7．（誤文）生じる沈殿は，赤褐色のAg_2CrO_4，黄色の$BaCrO_4$，$PbCrO_4$の3種類である．

134 解答

4・6

解説

記述ア〜カから，物質A〜Gは次のようになる．

ア．銅と熱濃硫酸は次のように反応し，SO_2を発生する．

$$Cu + 2H_2SO_4 \longrightarrow CuSO_4 + SO_2 + 2H_2O$$

よって，**A**はSO_2である．

イ．**B**は分子量が最も小さいH_2，**C**はその次に小さいHeである．

ウ．同族元素の単体のうち，1種類だけが標準状態で気体として存在するものは，15族のN_2，16族のO_2が考えられる．

328 第4章 解答

エ. 白金を用いた希硫酸の電気分解において，陽極，陰極ではそれぞれ次の反応が起こる。

$$陽極：2H_2O \longrightarrow O_2 + 4H^+ + 4e^-$$
$$陰極：2H^+ + 2e^- \longrightarrow H_2$$

よって，**B**は**イ**より H_2 であるから，**E**は O_2 となる。したがって，**D**は N_2 である。

オ. H_2 と N_2 を Fe_3O_4 を主成分とする触媒存在下で反応させると NH_3 が生じる。よって，**F**は NH_3 である。

カ. 塩化ナトリウムに濃硫酸を作用させると次の反応が起こる。

$$NaCl + H_2SO_4 \longrightarrow NaHSO_4 + HCl$$

よって，**G**は HCl である。

1. （正文）**A**～**G**の気体（標準状態）は次のとおり。

A：SO_2，**B**：H_2，**C**：He，**D**：N_2，**E**：O_2，**F**：NH_3，**G**：HCl

これらはすべて無色の気体である。

2. （正文）モル質量の大きい順に並べると，SO_2，HCl，O_2，N_2，NH_3，He，H_2 となる。

3. （正文）H_2S の S の酸化数は最も小さい -2 で還元剤としてはたらく。一方，SO_2 の S は酸化数 $+4$ で，酸化剤としても還元剤としてもはたらくことができる。よって，この場合 SO_2 は酸化剤として次のように H_2S と反応する。

$$SO_2 + 2H_2S \longrightarrow 3S + 2H_2O$$

4. （誤文）SO_2 は水に溶け，亜硫酸 H_2SO_3 となる。一般に H_2SO_3 は弱酸に分類される。

5. （正文）He は単原子分子，N_2 と O_2 は二原子分子で無極性分子であることから，分子量の増加とともに沸点は高くなると考えればよい。

6. （誤文）NH_3 は一価の塩基，HCl は一価の酸であるから，これらが反応して生じる NH_4Cl は正塩に分類される。

---

135 解 答

4・5

解 説

1. （誤文）遷移元素の最外殻電子数は，一般に1または2であるが，内殻の電子も一部化学結合などに関与する。そのため，MnO_4^-，MnO_2 では Mn の酸化数は $+7$ や $+4$ となるように，複数の酸化数をとるものもある。

2. （誤文）鉄鉱石の主成分は Fe_2O_3 で CO によって，Fe_2O_3，Fe_3O_4，FeO，Fe の

順に還元されていく。

3．（誤文）不純物を含む粗銅を陽極に，純銅を陰極に用いて電気分解をおこなう。

4．（正文）Ag^+，Cu^{2+} にまず NH_3 水を加えると次の反応が起こり，それぞれ褐色の Ag_2O，青白色の $Cu(OH)_2$ の沈殿が生じる。

$$2Ag^+ + 2NH_3 + H_2O \longrightarrow Ag_2O + 2NH_4^+$$
$$Cu^{2+} + 2NH_3 + 2H_2O \longrightarrow Cu(OH)_2 + 2NH_4^+$$

さらに NH_3 水を過剰に加えると，次の反応が起こり，沈殿は溶解する。

$$Ag_2O + 4NH_3 + H_2O \longrightarrow 2[Ag(NH_3)_2]^+ （無色） + 2OH^-$$
$$Cu(OH)_2 + 4NH_3 \longrightarrow [Cu(NH_3)_4]^{2+} （深青色） + 2OH^-$$

Fe^{2+} と Fe^{3+} は，NH_3 水を加えると $Fe(OH)_2$（緑白色），$Fe(OH)_3$（赤褐色）の沈殿が生じるが，NH_3 水を過剰に加えても，沈殿は溶けない。

5．（正文）Fe^{3+} を含む水溶液に $K_4[Fe(CN)_6]$ を加えると濃青色の沈殿（紺青）が生じる。また，Fe^{2+} を含む水溶液に $K_3[Fe(CN)_6]$ を加えると同様に濃青色の沈殿（ターンブル青）が生じる。

6．（誤文）Ag^+ は酸化物 Ag_2O の沈殿を生じるが，他はすべて水酸化物の沈殿が生じる。

7．（誤文）Ag は熱濃硫酸と次のように反応して溶けるが，Au，Pt は反応しない。

$$2Ag + 2H_2SO_4 \longrightarrow Ag_2SO_4 + SO_2 + 2H_2O$$

Au，Pt は濃硝酸と濃塩酸の体積比 1：3 の混合物で非常に酸化力の強い王水に溶解する。

攻略のポイント

銅の電解精錬では，次の2点に注意したい。

(1) 粗銅に含まれる不純物として，Cu よりイオン化傾向の大きな Zn，Fe，Ni，Pb などの金属は，水溶液中にイオンとして溶け出す。このため，陰極に析出する銅は，粗銅から溶け出した Cu^{2+} イオンだけでは不足するので，電解液中の Cu^{2+} イオンから補われるため，電解液中の Cu^{2+} イオン濃度が減少する。

(2) 粗銅に含まれる不純物として，Cu よりイオン化傾向の小さい Ag，Au などの金属は陽極の下に沈殿する。これを陽極泥というが，粗銅中に Pb が含まれていると，この沈殿物中には難溶性の $PbSO_4$ も含まれる。

過年度には，銅の電解精錬に関する設問が数題出題されているので，計算過程などにおいて上記内容を十分理解しておきたい。

330　第4章　解答

136　解 答

2

解 説

1．（誤文）HF の水溶液であるフッ化水素酸のみ，分子間に水素結合を形成するため弱酸である。

2．（正文）F_2（淡黄色），Cl_2（黄緑色），Br_2（赤褐色），I_2（黒紫色）ですべて有色である。

3．（誤文）$KClO_3$ に触媒として MnO_2 を作用させると，次の反応により O_2 が発生する。

$$2KClO_3 \longrightarrow 2KCl + 3O_2$$

湿ったヨウ化カリウムデンプン紙を青変させるのは，O_2 の同素体 O_3 であり，次の反応により生じる I_2 とデンプンが反応するため，青～青紫色に呈色する。

$$O_3 + 2KI + H_2O \longrightarrow O_2 + 2KOH + I_2$$

4．（誤文）酸化数の小さいものほど（酸素原子数の少ないものほど）弱酸で，酸化力とは次のように逆の関係になる。

$$\begin{array}{cccc} \underset{+1}{HClO} & \underset{+3}{HClO_2} & \underset{+5}{HClO_3} & \underset{+7}{HClO_4} \end{array}$$

酸　性　弱い　――――――――――――→　強い
酸化力　強い　←――――――――――――　弱い

5．（誤文）フッ化水素酸は，ガラスの成分 SiO_2 と反応するためポリエチレン製容器に保存する。

6．（誤文）低温，暗所で H_2 と反応するのは F_2 のみである。Cl_2 は常温で，Br_2，I_2 は高温かつ触媒存在下で H_2 と反応する。

7．（誤文）常温，常圧において，F_2，Cl_2 は気体，Br_2 は液体，I_2 は固体である。

137　解 答

3

解 説

1．（正文）第4周期の3～12族に属する元素 Sc～Zn において，Cr と Cu の最外殻電子の数は1つ，他は2つである。

2．（正文）黄色の K_2CrO_4 水溶液に希硫酸を加えると次の反応が起こり，赤橙色の $K_2Cr_2O_7$ 水溶液に変化する。

第4章 解答 331

$$2K_2CrO_4 + H_2SO_4 \longrightarrow K_2Cr_2O_7 + K_2SO_4 + H_2O$$

また，$K_2Cr_2O_7$ 水溶液に H_2O_2 を作用させると，次の反応により Cr^{3+} が生じ緑色になる。

$$Cr_2O_7{}^{2-} + 3H_2O_2 + 8H^+ \longrightarrow 2Cr^{3+} + 3O_2 + 7H_2O$$

3．（誤文）AgCl（白色），AgBr（淡黄色），AgI（黄色）は水にほとんど溶けないが，AgF は水によく溶ける。

4．（正文）Al 単体は，塩酸，水酸化ナトリウム水溶液と次のように反応して，H_2 を発生する。

$$2Al + 6HCl \longrightarrow 2AlCl_3 + 3H_2$$
$$2Al + 2NaOH + 6H_2O \longrightarrow 2Na[Al(OH)_4] + 3H_2$$

5．（正文）Cu^{2+}，Ag^+，Zn^{2+} をそれぞれ別々に含む水溶液に，少量のアンモニア水を加えると，次の反応により沈殿が生じる。

$$Cu^{2+} + 2NH_3 + 2H_2O \longrightarrow 2NH_4{}^+ + Cu(OH)_2 \text{（青白色沈殿）}$$
$$2Ag^+ + 2NH_3 + H_2O \longrightarrow 2NH_4{}^+ + Ag_2O \text{（暗褐色沈殿）}$$
$$Zn^{2+} + 2NH_3 + 2H_2O \longrightarrow 2NH_4{}^+ + Zn(OH)_2 \text{（白色沈殿）}$$

これらの沈殿を含む水溶液に，さらにアンモニア水を過剰に加えると次の反応により，これらの沈殿は溶解する。

$$Cu(OH)_2 + 4NH_3 \longrightarrow [Cu(NH_3)_4]^{2+} + 2OH^-$$
$$Ag_2O + 4NH_3 + H_2O \longrightarrow 2[Ag(NH_3)_2]^+ + 2OH^-$$
$$Zn(OH)_2 + 4NH_3 \longrightarrow [Zn(NH_3)_4]^{2+} + 2OH^-$$

6．（正文）H_2S を十分に通じると，Fe^{3+} は H_2S に還元され Fe^{2+} に変化する。このため，いずれも塩基性の水溶液中では FeS の黒色沈殿を生じる。

攻略のポイント

2．同じ 6 価クロム（酸化数 +6 の Cr）でも，$CrO_4{}^{2-}$ は H_2O_2 より酸化力が弱い。このため，$K_2Cr_2O_7$ を合成する場合，$(CH_3COO)_3Cr$ 水溶液に KOH 水溶液を加え $[Cr(OH)_4]^-$ とし，H_2O_2 水で酸化後 $CrO_4{}^{2-}$ とする。次に，未反応の H_2O_2 を水溶液中から追い出し，氷酢酸などで酸性にし $Cr_2O_7{}^{2-}$ とした後，溶液を濃縮して $K_2Cr_2O_7$ の結晶を得る。

$$Cr^{3+} \xrightarrow{KOH} Cr(OH)_3 \xrightarrow{KOH} [Cr(OH)_4]^- \xrightarrow{H_2O_2} CrO_4{}^{2-} \xrightarrow{H^+} Cr_2O_7{}^{2-}$$

Cr^{3+} は Al^{3+} と似たように反応し，過剰の KOH 水溶液に溶解し，$[Cr(OH)_4]^-$ の錯イオンを形成したり，$CrK(SO_4)_2 \cdot 12H_2O$ のようなクロムミョウバンなども存在する。

6．Fe^{3+} は還元されやすいため，Fe^{3+} を含む水溶液に Cu を入れると，次の反応に

332　第4章　解答

より，Cu が Cu^{2+} となって溶け出す。

$$2Fe^{3+} + Cu \longrightarrow 2Fe^{2+} + Cu^{2+}$$

138 解 答

5・6

解 説

ア〜カの反応によって，それぞれ生成する **A〜F** の気体は次のようになる。

ア． $\underset{\textbf{A}}{FeS + 2HCl \longrightarrow FeCl_2 + H_2S}$

イ． $\underset{\textbf{B}}{CaF_2 + H_2SO_4 \longrightarrow CaSO_4 + 2HF}$

ウ． $\underset{\textbf{C}}{Cu + 2H_2SO_4 \longrightarrow CuSO_4 + SO_2 + 2H_2O}$

エ． $\underset{\textbf{D}}{Cu + 4HNO_3 \longrightarrow Cu(NO_3)_2 + 2NO_2 + 2H_2O}$

オ． $\underset{\textbf{E}}{3Cu + 8HNO_3 \longrightarrow 3Cu(NO_3)_2 + 2NO + 4H_2O}$

カ． $\underset{\textbf{F}}{CaCl(ClO) \cdot H_2O + 2HCl \longrightarrow CaCl_2 + Cl_2 + 2H_2O}$

1．（誤文）NO_2（赤褐色），Cl_2（黄緑色）以外の4つの気体は無色である。

2．（誤文）Cl_2 は無極性分子で，他の気体は極性分子である。

3．（誤文）12族元素の Zn^{2+}，Cd^{2+} の塩基性水溶液に H_2S を通じると，それぞれ ZnS（白色），CdS（黄色）の沈殿を生じる。

4．（誤文）HF，SO_2 はいずれも水に溶け，弱酸性を示す。

5．（正文）SO_2 は還元剤としてはたらき，次の反応により I_2 が反応し，褐色の溶液が無色になる。

$$I_2 + 2e^- \longrightarrow 2I^- \quad \cdots\cdots ①$$

$$SO_2 + 2H_2O \longrightarrow SO_4^{2-} + 4H^+ + 2e^- \quad \cdots\cdots ②$$

①，②を辺々加えると

$$I_2 + SO_2 + 2H_2O \longrightarrow 2HI + H_2SO_4$$

6．（正文）NO は水に溶けにくい無色の気体であり，水上置換により捕集することができる。

7．（誤文）Cl_2 は水と次のように反応し，塩素の酸化数 −1 の HCl と塩素の酸化数 +1 の HClO に変化する。

第4章　解答　333

$$\underset{0}{Cl_2} + H_2O \longrightarrow \underset{-1}{H\underline{Cl}} + \underset{+1}{H\underline{Cl}O}$$

139 解答

3・6

解説

1．（誤文）金や白金は，塩酸，希硫酸だけでなく，硝酸や熱濃硫酸にも溶けないが，濃硝酸と濃塩酸の体積比1：3の混合物である王水には溶ける。

2．（誤文）二クロム酸カリウムは，硫酸酸性溶液中では強い酸化力をもち，還元剤としてははたらかない。

3．（正文）それぞれの化学反応式は次のようになる。

$$FeSO_4 + 2NaOH \longrightarrow Fe(OH)_2\downarrow + Na_2SO_4$$
$$\text{（緑白色）}$$

$$FeCl_3 + 3NaOH \longrightarrow Fe(OH)_3\downarrow + 3NaCl$$
$$\text{（赤褐色）}$$

4．（誤文）銀は金属中で熱伝導性，電気伝導性が最大であり，金に次いで展性，延性も大きい。

5．（誤文）過マンガン酸カリウムは，酸化剤としてはたらき，化学反応式は次のようになる。

$$2KMnO_4 + 5H_2O_2 + 3H_2SO_4 \longrightarrow 2MnSO_4 + K_2SO_4 + 5O_2 + 8H_2O$$

6．（正文）一般に，ハロゲン化銀には感光性があるため，光を当てると，分解して銀の微粒子を遊離する。塩化銀の反応は次のようになる。

$$2AgCl \longrightarrow 2Ag + Cl_2$$

140 解答

1・5

解説

ア～キより，金属元素は次のように考えられる。

ア．A～Dは典型金属元素で右のような金属元素が考えられる。

イ．常温・常圧で単体が液体の金属はHgであるから，Aは Zn である。

周期＼族	1	2	12	13	14
4	K	Ca	Zn	Ga	Ge
5	Rb	Sr	Cd	In	Sn
6	Cs	Ba	Hg	Tl	Pb

334 第4章 解答

ウ・オ. Bは第4周期元素であり，1族，13族，14族にはそれぞれH，B，Cなどの非金属元素が存在する。よって，同族元素がすべて金属であることからBはCaである。

エ・カ・キ. C，Dは第5または第6周期元素であり，第6周期までの同族元素に非金属元素を2つ含むことから，14族元素のSnまたはPbである。また，イオン化傾向はCがDより小さいことから，CはPb，DはSnである。

1．（誤文）AはZn，BはCaである。

2．（正文）両性元素はAのZn，CのPb，DのSnである。

3．（正文）CのPbとDのSnは，ともにPb^{2+}，Pb^{4+}，Sn^{2+}，Sn^{4+}となる化合物を生成する。

4．（正文）ZnOは，冷水にはほとんど溶けない。

5．（誤文）PbOは白色ではなく，黄色（または赤色）である。

6．（正文）A〜DとAlをイオン化傾向の順に並べると次のようになる。

Ca ＞Al＞ Zn ＞ Sn ＞ Pb
（B）　　　（A）　（D）　（C）

---

141 解 答

1・3

解 説

1．（正文）周期表の1族に属する水素以外の元素をアルカリ金属元素といい，その化合物や水溶液は炎色反応を示す。

2．（誤文）Be，Mg単体は，常温では水と反応しない。

3．（正文）ハロゲンは，原子番号が大きくなるほど原子半径も大きくなることから，イオン化エネルギーや電気陰性度が小さくなる。

4．（誤文）硫黄の同素体には，斜方硫黄，単斜硫黄，ゴム状硫黄の3つがある。

5．（誤文）ケイ素単体の結晶はダイヤモンドと同様の構造をもち，金属に似た光沢があり，導体と絶縁体の中間の電気伝導性をもつ半導体である。

6．（誤文）鉄やアルミニウムの単体は不動態をつくるが，銅の単体は不動態をつくらず，濃硝酸と次のように反応する。

$$Cu + 4HNO_3 \longrightarrow Cu(NO_3)_2 + 2NO_2 + 2H_2O$$

攻略のポイント

マリケンの電気陰性度は，イオン化エネルギーと電子親和力の相加平均として表され

第4章　解答　335

る。一般に，（イオン化エネルギー）＞（電子親和力）となることが多く，電気陰性度はイオン化エネルギーの値によって左右される。

下表にハロゲン原子の第一イオン化エネルギーと電子親和力の値を示す。

	第一イオン化エネルギー〔kJ/mol〕	電子親和力〔kJ/mol〕
F	1681	328
Cl	1251	349
Br	1140	325
I	1008	295

ハロゲン原子の原子半径は，F＜Cl＜Br＜Iの順に大きくなるので，原子半径の小さいものほど，イオン化エネルギーは大きく，電気陰性度の値も大きくなる傾向を示す。

142 解答

2

解説

ア～オの化学反応は，次のようになる。

$$\text{ア.} \quad \underset{\textbf{A}}{CaCO_3} \longrightarrow CaO + \underset{\textbf{a}}{CO_2}$$

$$\text{イ.} \quad SiO_2 + 2C \longrightarrow \underset{\textbf{B}}{Si} + \underset{\textbf{b}}{2CO}$$

$$\text{ウ.} \quad \underset{\textbf{C}}{NaCl} + H_2SO_4 \longrightarrow NaHSO_4 + \underset{\textbf{c}}{HCl}$$

$$\text{エ.} \quad \underset{\textbf{D}}{CaF_2} + H_2SO_4 \longrightarrow CaSO_4 + \underset{\textbf{d}}{2HF}$$

$$\text{オ.} \quad 4\underset{\textbf{E}}{FeS_2} + 11O_2 \longrightarrow 2Fe_2O_3 + 8\underset{\textbf{e}}{SO_2}$$

1．（正文）金属の酸化物である CaO と Fe_2O_3 が，塩基性酸化物である。

2．（誤文）無色で刺激臭がある気体は，HCl，HF，SO_2 の3つである。

3．（正文）水溶液中で強酸としてはたらくのは，HCl のみである。

4．（正文）黄鉄鉱の化学式は FeS_2 で，Fe の酸化数は ＋2，S の酸化数は －1 である。オの反応によって Fe は ＋3，S は ＋4 へ酸化数が増加する。

5．（正文）**B**の結晶である Si は，ダイヤモンドと同じ形の結晶をもつ。

6．（正文）セッコウの主成分は，$CaSO_4 \cdot 2H_2O$ である。

143 解 答

4・6

解 説

ア～エの操作により，各金属イオンは次のように系統的に分離される。

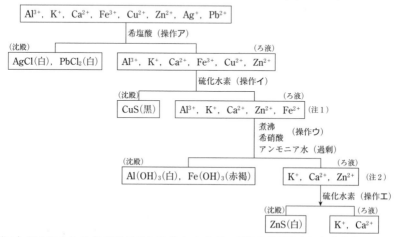

（注1） H_2S により Fe^{3+} は還元され Fe^{2+} になるが，煮沸後希硝酸を加え酸化することにより Fe^{3+} に戻る。

（注2） アンモニア水を過剰に加えると Zn^{2+} は $[Zn(NH_3)_4]^{2+}$ となって溶解する。

1．（正文）希硫酸を加えると，$CaSO_4$（白）と $PbSO_4$（白）の沈殿が生じる。
2．（正文）熱水を加えると $PbCl_2$ の沈殿は溶解し，ろ液に K_2CrO_4 溶液を加えると $PbCrO_4$（黄）の沈殿が生じる。
3．（正文）真ちゅうは Cu と Zn の合金であり，イで得た沈殿には Cu が含まれている。
4．（誤文）ウで得た沈殿である $Al(OH)_3$ は，希塩酸に溶解後，過剰の NaOH 水溶液を加えると次の反応により溶解するが，$Fe(OH)_3$ は希塩酸に溶解後，NaOH 水溶液を加えると $Fe(OH)_3$ の沈殿を生じる。

$$Al(OH)_3 + NaOH \longrightarrow Na^+ + [Al(OH)_4]^-$$

5．（正文）エで得た沈殿である ZnS を希塩酸に溶かし，煮沸後 NaOH 水溶液を過剰に加えると，次の反応により溶解する。

$$ZnS + 2HCl \longrightarrow ZnCl_2 + H_2S （煮沸により追い出す）$$
$$ZnCl_2 + 4NaOH \longrightarrow 4Na^+ + [Zn(OH)_4]^{2-} + 2Cl^-$$

6．（誤文）エで得たろ液には，K^+ と Ca^{2+} が存在するので，$(NH_4)_2CO_3$ 水溶液を

加えると，$CaCO_3$ の沈殿が生じる。

144 解 答

1・5

解 説

ア・イより，考えられる単体は，H_2，N_2，O_2，F_2，Cl_2 である。

ウより，**A**と**C**は同族元素で，単体**A**の沸点は単体**C**より高いので，単体**A**は Cl_2，単体**C**は F_2 である。

エより，空気は主に，N_2（分子量28），O_2（分子量32）の体積比 4：1 の混合気体であるから，その平均分子量は 28.8 である。また，理想気体の状態方程式 PV $=\dfrac{w}{M}RT$（P：圧力，V：体積，M：分子量，w：質量，R：気体定数，T：絶対温度）より

$$\frac{w}{V}=\frac{P}{RT}M$$

密度 $\dfrac{w}{V}$ は，同温・同圧下において，分子量に比例する。よって，密度（または分子量）は小さい方から，$H_2<N_2<$ 空気 $<O_2$ の順となるので，**D**と**E**の単体は H_2 と N_2 である。

オより，N_2 は三重結合を形成するから，H_2 より結合エネルギーは大きいと予測できる。（実際 $N\equiv N$，$H-H$ の結合エネルギーは，それぞれ 946 kJ/mol，436 kJ/mol である。）よって，**D**の単体は N_2，**E**の単体は H_2 である。

以上より，典型元素**A**〜**E**はそれぞれ次のようになる。

　　　A：塩素　**B**：酸素　**C**：フッ素　**D**：窒素　**E**：水素

1．（誤文）酸素には三原子分子の O_3 がある。

2．（正文）**A**とカルシウムからなる化合物は $CaCl_2$ で，無水物は水への溶解度が大きく，空気中で潮解する。

3．（正文）酸素は，地殻中・人体内に質量パーセントで最も多く存在する元素である。

4．（正文）分子量は小さい方から順に，H_2，N_2，O_2，F_2，Cl_2 となる。

5．（誤文）Li と Be の 2 つの金属元素がある。

6．（正文）アルカリ金属元素である。

338 第4章 解答

145 解 答

2・5

解 説

実験操作ア〜オの反応は，それぞれ次のようになる。

ア. $2K_2CrO_4 + H_2SO_4 \longrightarrow K_2Cr_2O_7 + K_2SO_4 + H_2O$

イ. $Cr_2O_7{}^{2-} + 6e^- + 14H^+ \longrightarrow 2Cr^{3+} + 7H_2O$ ……①

$H_2O_2 \longrightarrow O_2 + 2H^+ + 2e^-$ ……②

①+②×3 より

$Cr_2O_7{}^{2-} + 3H_2O_2 + 8H^+ \longrightarrow 2Cr^{3+} + 3O_2 + 7H_2O$

よって，化学反応式は

$K_2Cr_2O_7 + 3H_2O_2 + 4H_2SO_4 \longrightarrow Cr_2(SO_4)_3 + K_2SO_4 + 3O_2 + 7H_2O$

ウ. $MnO_2 + 4HCl \longrightarrow MnCl_2 + Cl_2 + 2H_2O$

エ. $MnO_4{}^- + 8H^+ + 5e^- \longrightarrow Mn^{2+} + 4H_2O$ ……③

$(COOH)_2 \longrightarrow 2CO_2 + 2H^+ + 2e^-$ ……④

③×2+④×5 より

$2MnO_4{}^- + 5(COOH)_2 + 6H^+ \longrightarrow 2Mn^{2+} + 10CO_2 + 8H_2O$

よって，化学反応式は

$2KMnO_4 + 5(COOH)_2 + 3H_2SO_4 \longrightarrow 2MnSO_4 + K_2SO_4 + 10CO_2 + 8H_2O$

オ. $Fe_2O_3 + 2Al \longrightarrow Al_2O_3 + 2Fe$

1. （正文）ア〜オの下線の原子の酸化数は，化学反応の前後で次のように変化する。

　ア. $+6 \longrightarrow +6$　　イ. $+6 \longrightarrow +3$　　ウ. $+4 \longrightarrow +2$

　エ. $+7 \longrightarrow +2$　　オ. $+3 \longrightarrow 0$

2. （誤文）触媒として作用した実験操作はない。

3. （正文）実験操作イ，ウ，エでそれぞれ O_2，Cl_2，CO_2 が発生している。

4. （正文）O_2 は水上置換が適しているが，Cl_2，CO_2 は空気よりも重く，水に少し溶けて次のように反応するので，下方置換で捕集する。

$Cl_2 + H_2O \rightleftharpoons HCl + HClO$

$CO_2 + H_2O \rightleftharpoons H^+ + HCO_3{}^-$

5. （誤文）水が生成した実験操作は，ア，イ，ウ，エの4つである。

146 解 答

5

第4章　解答　339

解　説

ア～カの記述より，次のことがわかる。

ア：A～D は Ca 以外の金属元素と考えられる。

イ：室温で希塩酸を加えると沈殿する金属イオンは Ag^+，Pb^{2+} である。

ウ：Ag^+ は OH^- と次のように反応し Ag_2O の褐色沈殿を生じる。

$$2Ag^+ + 2OH^- \longrightarrow Ag_2O + H_2O$$

よって，A は Ag である。

エ：B は Zn，Al，Pb のいずれかである。

オ：B は Zn，C は Cu で，それぞれの沈殿は過剰のアンモニア水と次のように反応し錯イオンを生じる。

$$Zn(OH)_2 + 4NH_3 \longrightarrow [Zn(NH_3)_4]^{2+} + 2OH^-$$
$$Cu(OH)_2 + 4NH_3 \longrightarrow [Cu(NH_3)_4]^{2+} + 2OH^-$$

カ：D は Fe で緑白色の沈殿は $Fe(OH)_2$ である。$Fe(OH)_2$ は，水溶液中に溶け込んだ酸素 O_2 と次のように反応して，$Fe(OH)_3$ の赤褐色の沈殿を生じる。

$$4Fe(OH)_2 + O_2 + 2H_2O \longrightarrow 4Fe(OH)_3$$

以上より，A は Ag，B は Zn，C は Cu，D は Fe である。

1．（誤文）アで生じた A を含む沈殿は Ag_2O である。Ag_2O は過剰のアンモニア水と次のように反応し，無色のジアンミン銀（I）イオンを生じる。

$$Ag_2O + 4NH_3 + H_2O \longrightarrow 2[Ag(NH_3)_2]^+ + 2OH^-$$

2．（誤文）ルビーの主成分は Al_2O_3 である。

3．（誤文）C の単体である Cu は希硫酸とは反応しない。

4．（誤文）C の単体である Cu は，熱や電気の伝導性は高いが，A～D の中では Ag が最も高い伝導性を示す。

5．（正文）イオン化傾向は大きい方から Zn，Fe，Cu，Ag の順になる。

147　解　答

2・5

解　説

ア～オの記述から，同族元素 A～D はハロゲンである。A の単体は標準状態で液体であることから Br_2，B，C の単体は標準状態において気体であり，C の単体は室温で水と激しく反応して酸素を発生させることから F_2，B の単体は Cl_2 である。また，D の単体は標準状態で黒紫色の固体で水に溶けにくいことから I_2 である。

340　第4章　解答

1．（正文）Cl_2 は Br_2 より酸化力が強いので，次の反応により Br_2 が遊離する。

$$2KBr + Cl_2 \longrightarrow 2KCl + Br_2$$

2．（誤文）O_3 は Br_2 より酸化力が強いので，次の反応により Br_2 が遊離する。

$$2KBr + O_3 + H_2O \longrightarrow O_2 + Br_2 + 2KOH$$

よって，Br_2 を含む溶液はデンプンにより青紫色に呈色しない。

3．（正文）次の反応により $AgCl$ の白色沈殿が生じる。

$$KCl + AgNO_3 \longrightarrow AgCl + KNO_3$$

4．（正文）すべて二原子分子である。

5．（誤文）I_2 と H_2 が反応し HI が生成するとき，分子が原子に解離して反応するのではなく，次のような活性化状態を経て HI が生成する。

$$H_2 + I_2 \longrightarrow \begin{matrix} H \cdots H \\ \vdots \quad \vdots \\ I \cdots I \end{matrix} \longrightarrow HI$$

148　解答

1・3

解説

ア・ウの記述より，化合物 **A** は CO_2，化合物 **C** は $Ca(OH)_2$，化合物 **D** は $CaCO_3$ である。また，**イ**の記述から化合物 **B** は NH_3 と考えられるので，**エ**の記述中の反応は次のようになる。

$$\underset{\textbf{C}}{Ca(OH)_2} + \underset{\textbf{E}}{(NH_4)_2SO_4} \longrightarrow \underset{\textbf{F}}{CaSO_4} + \underset{\textbf{B}}{2NH_3} + 2H_2O \quad \cdots\cdots①$$

よって，**オ**の記述から化合物 **F** の半水和物は焼きセッコウ $CaSO_4 \cdot \frac{1}{2}H_2O$ である。焼きセッコウに水を加えて練ると発熱しセッコウ $CaSO_4 \cdot 2H_2O$ が生じる。

$$CaSO_4 \cdot \frac{1}{2}H_2O + \frac{3}{2}H_2O \longrightarrow CaSO_4 \cdot 2H_2O$$

1．（誤文）分子の平均の速度 v は，気体分子の熱運動から，分子量が大きくなるほど小さくなる。よって，分子量は $CO_2 = 44$，$C_2H_6 = 30$ となるから，エタンの分子の平均の速さの方が大きい。

2．（正文）N_2 と H_2 を体積比 1：3 で混合し反応させると NH_3 が生じる。この工業的製法をハーバー法という。

3．（誤文）$Ca(OH)_2$ は水に溶解すると発熱するので，温度を下げると水への溶解度は大きくなる。

4．（正文）$CaCO_3$ と希塩酸との反応は次のようになる。

CaCO₃ + 2HCl ⟶ CaCl₂ + CO₂ + H₂O

5．(正文) ①の反応より 1.0 mol の (NH₄)₂SO₄ から 2.0 mol の NH₃ が生じる。

攻略のポイント

一般に，固体の溶解度と温度の関係を表したものを，溶解度曲線という。溶解度曲線には，右図のように KNO₃ や KCl のように右上がりの曲線と，NaOH や Ca(OH)₂ のように右下がりの曲線がある。例えば KNO₃ と Ca(OH)₂ の場合は

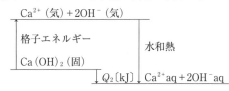

KNO₃(固) + aq = KNO₃aq − Q_1 [kJ]
Ca(OH)₂(固) + aq = Ca(OH)₂aq + Q_2 [kJ] ($Q_1 > 0$, $Q_2 > 0$)

よって，KNO₃ の場合は，吸熱反応なので温度を上げると溶解度は大きくなるが，Ca(OH)₂ の場合は，発熱反応なので温度を上げると溶解度は小さくなる。これらの溶解熱は，結晶格子をバラバラにする格子エネルギーと水和熱の関係で決まる。

```
K⁺(気) + NO₃⁻(気)                    Ca²⁺(気) + 2OH⁻(気)
┃        ┃水和熱                    ┃              ┃
┃格子エネルギー ┃ K⁺aq + NO₃⁻aq       ┃格子エネルギー  ┃水和熱
┃        ┃ $Q_1$ [kJ]              ┃              ┃
KNO₃(固)                            Ca(OH)₂(固)
                                    ↓ $Q_2$ [kJ] ↓ Ca²⁺aq + 2OH⁻aq
```

---

149 解答

問 i 実験番号：1　金属元素の番号：1
　　　 実験番号：5　金属元素の番号：6
問 ii 　実験番号：3　金属元素の番号：2
　　　 実験番号：5　金属元素の番号：6
問 iii　実験番号：2　金属元素の番号：5
　　　 実験番号：7　金属元素の番号：3

解 説

実験1　高級脂肪酸のナトリウム塩がセッケンである。よって，**a** は Na である。下線部の反応は，セッケンを RCOONa とすると

2RCOONa + CaCl₂ ⟶ (RCOO)₂Ca + 2NaCl

したがって，(RCOO)₂Ca の沈殿が生じる。

実験2　アンモニア性硝酸銀水溶液にアセトアルデヒドを加えて加温すると，銀鏡反

342　第4章　解答

応が生じる。よって，**b** は Ag である。下線部の反応では，単体の銀が生成する。

実験3　室温の水と反応し，炎色反応が黄緑色であるのは Ba である。また，硫酸バリウム $BaSO_4$ は水に溶けにくい白色物質である。よって，**c** は Ba である。下線部の操作では，$BaSO_4$ に濃塩酸を加えても変化は見られない。

実験4　金属イオンが酸性条件下で黒色の硫化物沈殿を生じ，水酸化物が青白色の沈殿を生じることから，**d** は Cu である。また，下線部の反応では，フェーリング液の還元によって，Cu_2O の赤色沈殿が生じる。

実験5　塩基性条件下で白色の硫化物沈殿を生じるので **e** は Zn である。また，Zn 単体を KOH 水溶液と反応させると次のようになる。

$$Zn + 2KOH + 2H_2O \longrightarrow K_2[Zn(OH)_4] + H_2$$

よって，短時間の電気分解では，Zn 単体は得られない。

実験6　塩酸に溶け，過剰のアンモニア水に溶解せず白色沈殿を生じるので，**f** は Al である。また，下線部の反応は次のようになり，白色ゲル状の水酸化アルミニウム $Al(OH)_3$ の沈殿を生じる。

$$AlCl_3 + 3NaOH \longrightarrow Al(OH)_3 + 3NaCl$$

実験7　塩酸に溶け，その水溶液を酸化すると黄褐色になるので，**g** は Fe である。また，下線部の反応はテルミット反応で，次のようになる。

$$2Al + Fe_2O_3 \longrightarrow Al_2O_3 + 2Fe$$

以上より，下線部の反応で単体が得られるのは，**実験2・7**であり，金属元素が固体の化合物として含まれるのは，**実験3・4・6**である。また，金属元素が2価の陽イオンとして存在するのは，**実験3・5**である。

150　解　答

問 i　**3**　　問 ii　**1・5**

解　説

記述**オ**より，あらゆる物質の中で最も硬い無色の結晶である固体**h**はダイヤモンドである。3.0 g のダイヤモンドを十分な量の酸素とともに加熱して反応させると二酸化炭素となり，その標準状態における体積は $\dfrac{3.0}{12} \times 22.4 = 5.6$〔L〕となる。

また，ソルベー法は炭酸ナトリウム Na_2CO_3 の工業的製法で，その第1段階の反応では，塩化ナトリウム NaCl の飽和水溶液にアンモニア NH_3 を吸収させた後 CO_2 を通じることにより，炭酸水素ナトリウム $NaHCO_3$ を沈殿させる。

$$NaCl + NH_3 + CO_2 + H_2O \longrightarrow NaHCO_3 + NH_4Cl$$

よって，固体 g は NaCl，液体 d に溶解させた無機化合物は NH_3，下線④の白色沈殿は $NaHCO_3$ となる。

　記述ウより，地殻を構成する元素のうち最も質量割合の大きい上位 2 種類の元素は酸素とケイ素であるから，固体 f は二酸化ケイ素 SiO_2 と考えられる。また，この固体 f は液体 a に溶解していることから，液体 a はフッ化水素酸（フッ化水素 HF の水溶液）である。

$$SiO_2 + 6HF \longrightarrow \underset{\text{ヘキサフルオロケイ酸}}{H_2SiF_6} + 2H_2O$$

SiO_2（式量 60）12 g と反応する HF の物質量は $\dfrac{12}{60} \times 6 = 1.2$〔mol〕となり，1 mol/L のフッ化水素酸 1.2 L に含まれる HF の物質量に等しい。

　記述エより，固体 g（NaCl）の水溶液を用いたイオン交換膜法によって製造される物質は水酸化ナトリウム NaOH である。

　　　陰極：$2H_2O + 2e^- \longrightarrow H_2 + 2OH^-$

　　　陽極：$2Cl^- \longrightarrow Cl_2 + 2e^-$

この反応をまとめると次のようになる。

　　　$2NaCl + 2H_2O \longrightarrow 2NaOH + H_2 + Cl_2$

このとき，H_2 と Cl_2 が得られ，塩化水素 HCl が合成できる。よって，液体 e は HCl であると考えられ，pH は小さく，固体 f（SiO_2）を溶かさず，硝酸銀 $AgNO_3$ 水溶液に加えると感光性をもつ塩化銀 AgCl の白色沈殿を生じる。

また，AgCl はチオ硫酸ナトリウム $Na_2S_2O_3$ 水溶液を加えると，次のように反応し溶解する。

$$AgCl + 2Na_2S_2O_3 \longrightarrow \underset{\substack{\text{ビス（チオスルファト）銀（I）酸}\\\text{ナトリウム}}}{Na_3[Ag(S_2O_3)_2]} + NaCl$$

$AgNO_3$ 水溶液に液体 d（NH_3 水溶液）を加えたときに生じる暗褐色の沈殿（下線②）は酸化銀 Ag_2O である。

　　　$2AgNO_3 + 2NH_3 + H_2O \longrightarrow Ag_2O + 2NH_4NO_3$

　記述力より，動物の骨に含まれ，生命活動に欠かすことのできない元素の単体で自然発火する固体 i は黄リン P_4 である。燃焼後に生じる白色粉末は十酸化四リン P_4O_{10} であり，P_4O_{10} は水に溶けて（加熱されると）リン酸を生じるため酸性を示す。

　　　$P_4 + 5O_2 \longrightarrow P_4O_{10}$

　　　$P_4O_{10} + 6H_2O \longrightarrow 4H_3PO_4$

0.1 mol の P_4 から生じるリン酸は 0.4 mol であるから，このリン酸を中和するのに必要な NaOH は $0.4 \times 3 = 1.2$〔mol〕となり，1 mol/L の NaOH 水溶液 1.20 L に含まれる NaOH の物質量に等しい。

344 第4章 解答

以上から，各物質は次のようになる。

- **a**．HF 水溶液
- **b**．H_2O
- **c**．NaOH 水溶液
- **d**．NH_3 水溶液
- **e**．HCl 水溶液
- **f**．SiO_2
- **g**．NaCl
- **h**．ダイヤモンド
- **i**．P_4

問 i　1．（誤文）**a**～**e** に 2 価の酸または 2 価の塩基は含まれていない。

2．（誤文）加えた無機化合物の分子量または式量は次のようになる。

　　a：20　　**c**：40　　**d**：17　　**e**：36.5

よって，水の分子量 18 より大きいものは 3 つある。

3．（正文）下線①の沈殿物は AgCl（式量 143.5），下線②の沈殿物は Ag_2O（式量 232）である。

4．（誤文）下線③の反応は，酸化還元反応ではない。

5．（誤文）下線④の白色沈殿は $NaHCO_3$ である。その水溶液は塩基性を示す。

問 ii　**f**～**i** の無機物の分子量または式量の大小関係は次のようになる。

　　h（12）＜**g**（58.5）＜**f**（60）＜**i**（124）

---

151 解答

2・5

解説

化合物 **A** は NH_3，化合物 **B** は CO_2，化合物 **C** は HCl，化合物 **D** は SO_2，化合物 **E** は H_2S である。

1．（正文）記述**イ**で生成する結晶は NH_4Cl である。

$$NH_3 \ + \ HCl \ \longrightarrow \ NH_4Cl$$
　　化合物 **A**　　化合物 **C**

化合物 **A**（NH_3）の電離定数 K_b は

$$K_b = \frac{[NH_4^+][OH^-]}{[NH_3]} = 2.3 \times 10^{-5} \,(mol/L)$$

水のイオン積 K_w は

$$K_w = [H^+][OH^-] = 1.0 \times 10^{-14} \,(mol/L)^2$$

NH_4Cl の加水分解における平衡定数（加水分解定数）を K_h とすると

$$K_h = \frac{[NH_3][H^+]}{[NH_4^+]} = \frac{[NH_3][H^+]}{[NH_4^+]} \times \frac{[OH^-]}{[OH^-]} = \frac{K_w}{K_b}$$

$$= \frac{1.0 \times 10^{-14}}{2.3 \times 10^{-5}} = 4.34 \times 10^{-10} \fallingdotseq 4.3 \times 10^{-10} \,(mol/L)$$

となり，4.5×10^{-10} mol/L より小さい。

2. （誤文）石灰水に化合物 **B**（CO_2）を通すことで生成する沈殿は $CaCO_3$ である。また，化合物 **B** が水に溶けて生じる陰イオンは HCO_3^-，CO_3^{2-} である。

3. （正文）硝酸銀水溶液に化合物 **C**（HCl）を加えることで生じる沈殿は AgCl（式量 143）である。生じた AgCl の物質量は

$$\frac{8.58 \times 10^{-3}}{143} = 6.00 \times 10^{-5} \,[\mathrm{mol}]$$

この沈殿生成に関する物質の増減は，次のようになる（沈殿生成前の硝酸銀水溶液の濃度を $x\,[\mathrm{mol/L}]$ とする）。

$$Ag^+ \quad + \quad Cl^- \quad \longrightarrow \quad AgCl$$

	Ag^+	Cl^-	$AgCl$	
沈殿生成前	$x \times 1.00$	$1.00 \times 10^{-4} \times 1.00$	0	$[\mathrm{mol}]$
変 化 量	-6.00×10^{-5}	-6.00×10^{-5}	$+6.00 \times 10^{-5}$	$[\mathrm{mol}]$
沈殿生成後	$x - 6.00 \times 10^{-5}$	4.00×10^{-5}	6.00×10^{-5}	$[\mathrm{mol}]$

よって，沈殿生成後の Ag^+ および Cl^- のモル濃度 $[Ag^+]$ および $[Cl^-]$ は，それぞれ次のようになる。

$$[Ag^+] = \frac{x - 6.00 \times 10^{-5}}{2.00} \,[\mathrm{mol/L}]$$

$$[Cl^-] = \frac{4.00 \times 10^{-5}}{2.00} = 2.00 \times 10^{-5} \,[\mathrm{mol/L}]$$

AgCl の溶解度積が $1.80 \times 10^{-10} \,(\mathrm{mol/L})^2$ であるから

$$\frac{x - 6.00 \times 10^{-5}}{2.00} \times 2.00 \times 10^{-5} = 1.80 \times 10^{-10}$$

∴ $x = 7.80 \times 10^{-5} \,[\mathrm{mol/L}]$

したがって，はじめに用いた硝酸銀水溶液の濃度は，$6.5 \times 10^{-5}\,\mathrm{mol/L}$ より大きい。

4. （正文）化合物 **D**（SO_2）は，硫酸酸性の過マンガン酸カリウム水溶液と反応するとき，還元剤として次のようにはたらく。

$$SO_2 + 2H_2O \longrightarrow SO_4^{2-} + 4H^+ + 2e^-$$

また，過マンガン酸カリウムは，酸化剤として次のようにはたらく。

$$MnO_4^- + 8H^+ + 5e^- \longrightarrow Mn^{2+} + 4H_2O$$

よって，1 mol の化合物 **D** と過不足なく反応する過マンガン酸カリウムの物質量は

$1 \times \dfrac{2}{5} = 0.4\,[\mathrm{mol}]$ であり，$0.3\,\mathrm{mol}$ より多い。

5. （誤文）化合物 **E** は H_2S（分子量 34）であるから，0℃の水に対する溶解度は

$$22.4 \times \frac{6.8}{34} = 4.48\,[\mathrm{L/水\,1\,L}]$$

よって，3.5 より大きい。

346 第4章 解答

152 解 答

問i　ア：3番目　ウ：2番目

問ii　1

問iii　最も大きいもの：3　最も小さいもの：2

解 説

ア～キの反応式および反応物と気体の物質量は次のとおりになる（下線の下の数字が物質量〔mol〕を示す）。

ア．　$\underset{0.100}{2Ag} + 2H_2SO_4 \longrightarrow Ag_2SO_4 + 2H_2O + {}_A\underset{0.0500}{SO_2}$

イ．　$\underset{0.270}{3Cu} + 8HNO_3 \longrightarrow 3Cu(NO_3)_2 + 4H_2O + {}_B\underset{0.180}{2NO}$

ウ．　$\underset{0.0750}{5H_2O_2} + 2KMnO_4 + 3H_2SO_4 \longrightarrow K_2SO_4 + 2MnSO_4 + 8H_2O + {}_C\underset{0.0750}{5O_2}$

エ．　$\underset{0.100}{NaCl} + H_2SO_4 \longrightarrow NaHSO_4 + {}_D\underset{0.100}{HCl}$

オ．　$\underset{0.220}{2Al} + 2NaOH + 6H_2O \longrightarrow 2Na[Al(OH)_4] + {}_E\underset{0.330}{3H_2}$

カ．　$\underset{0.0200}{2NH_4Cl} + Ca(OH)_2 \longrightarrow CaCl_2 + 2H_2O + {}_F\underset{0.0200}{2NH_3}$

キ．　$\underset{0.0100}{CaC_2} + 2H_2O \longrightarrow Ca(OH)_2 + {}_G\underset{0.0100}{C_2H_2}$

問i　正の反応はア・イ・ウ・カであり，これらの大小関係を調べると次のようになる。

　　ア：$0.100 \times 1 = +0.100$〔mol〕

　　イ：$0.270 \times \dfrac{4}{3} = +0.360$〔mol〕

　　ウ：$0.0750 \times \dfrac{8}{5} = +0.120$〔mol〕

　　カ：$0.0200 \times 1 = +0.0200$〔mol〕

よって，大きい方から**イ＞ウ＞ア＞カ**の順となり，アは3番目，ウは2番目となる。

問ii　1．（誤文）室温で空気中のO_2によって速やかに酸化されるのは，**B**のNOのみである。

2．（正文）分子量はそれぞれ，$SO_2 = 64$，$NO = 30$，$O_2 = 32$，$HCl = 36.5$，$H_2 = 2$，$NH_3 = 17$，$C_2H_2 = 26$であるから，空気（$N_2 : O_2 = 4 : 1$）の平均分子量の28.8よ

り小さいのは，H_2，NH_3，C_2H_2 の 3 つである。

3．（正文）二原子分子は，NO，O_2，HCl，H_2 の 4 つである。

4．（正文）気体 **A**（SO_2）と気体 **C**（O_2）を V_2O_5 を触媒として反応させ，得られる気体を水に溶解させると，強酸である硫酸が得られる。

$$2SO_2 + O_2 \xrightarrow{V_2O_5} 2SO_3, \quad SO_3 + H_2O \longrightarrow H_2SO_4$$

一方，SO_2 を水に溶かすと次の反応により，弱酸の亜硫酸が生じる。

$$SO_2 + H_2O \longrightarrow H_2SO_3$$

5．（正文）NaCl（固）$\rightleftharpoons$ Na^+（aq）$+ Cl^-$（aq）において，HCl を加えると，

HCl $\longrightarrow$ $H^+ + Cl^-$ の電離により，Cl^-（aq）が生じるため，共通イオン効果により，平衡は左に移動し，NaCl（固）が析出する。

問iii 操作 1～5 の反応式と物質量の関係を示すと，次のようになる（下線の下の数字が物質量〔mol〕を示す）。

	反　応　式	未反応気体	気体の合計	液体または固体
1	$\underline{2SO_2}_{0.0500} + \underline{O_2}_{0.0750} \longrightarrow \underline{2SO_3}_{0.0500}$	$\underline{O_2}_{0.0500}$	$\underline{O_2}_{0.0500}$	$\underline{SO_3}_{0.0500}$
2	$\underline{2NO}_{0.180} + \underline{O_2}_{0.0750} \longrightarrow \underline{2NO_2}_{0.150}$	$\underline{NO}_{0.030}$	$\underline{NO}_{0.030}$	$\underline{N_2O_4}_{0.0750}$
3	$\underline{O_2}_{0.0750} + \underline{2H_2}_{0.330} \longrightarrow \underline{2H_2O}_{0.150}$	$\underline{H_2}_{0.180}$	$\underline{H_2}_{0.180}$	$\underline{H_2O}_{0.150}$
4	$\underline{5O_2}_{0.0750} + \underline{2C_2H_2}_{0.0100} \longrightarrow \underline{4CO_2}_{0.0200} + \underline{2H_2O}_{0.0100}$	$\underline{O_2}_{0.0500}$	$\underline{CO_2, O_2}_{0.0700}$	$\underline{H_2O}_{0.0100}$
5	$\underline{HCl}_{0.100} + \underline{NH_3}_{0.0200} \longrightarrow \underline{NH_4Cl}_{0.0200}$	$\underline{HCl}_{0.080}$	$\underline{HCl}_{0.080}$	$\underline{NH_4Cl}_{0.0200}$

よって，気体の体積は，3＞5＞4＞1＞2 の順となり，最も大きいものは 3，最も小さいものは 2 となる。

ただし，以下の物質は，標準状態では次のような状態にある。

1．SO_3 は固体。2．N_2O_4 は液体。3・4．H_2O は液体または固体。5．NH_4Cl は固体。

攻略のポイント

問iii 操作 1 で生じている三酸化硫黄 SO_3 には，一般に，単量体の SO_3 分子（融点 16.9℃，沸点 45℃）以外に，α 型（融点 62.3℃），β 型（融点 32.5℃），γ 型（融点 16.8℃）とよばれる 3 種類の異なる構造がある。β 型は，O 原子と S 原子が交互に結合し，長い鎖状となるが，α 型は，β 型と同様の長い鎖状構造が，部分的に結合して網状になっている。一方，γ 型は三量体分子で，六員環の構造を形成して

348　第4章　解答

いる。

β 型　　　　　　　　　　　　　　　　γ 型

$$\cdots-O-\overset{\overset{\displaystyle O}{\|}}{\underset{\underset{\displaystyle O}{\|}}{S}}-O-\overset{\overset{\displaystyle O}{\|}}{\underset{\underset{\displaystyle O}{\|}}{S}}-O-\cdots$$

153　解　答

問 i　　①4種類　　②3種類
問 ii　　1　　　問 iii　　2・5

解　説

ア～オの化学反応式は，次のようになる。

　　ア．$NH_4NO_2 \longrightarrow N_2 + 2H_2O$

　　イ．$2NH_4Cl + Ca(OH)_2 \longrightarrow CaCl_2 + 2H_2O + 2NH_3$

　　ウ．$CaCO_3 + 2HCl \longrightarrow CaCl_2 + H_2O + CO_2$

　　エ．$FeS + 2HCl \longrightarrow FeCl_2 + H_2S$

　　オ．$MnO_2 + 4HCl \longrightarrow MnCl_2 + 2H_2O + Cl_2$

問 i　①有色気体は黄緑色の Cl_2 のみで，他は無色である。

　②特有の臭いをもつのは，NH_3，H_2S，Cl_2 の3種類である。

問 ii　1．（誤文）酸化作用を示すのは，Cl_2 のみである。

2．（正文）N_2 と Cl_2 の2種類である。

3．（正文）CO_2，H_2S，Cl_2 の3種類である。

4．（正文）NH_3 のみである。

5．（正文）下方置換で捕集できるのは，水に溶け，分子量が空気の平均分子量 29 より大きい気体の CO_2，H_2S，Cl_2 の3種類である。

問 iii　気体 A は N_2，気体 B は H_2，気体 C は NH_3 である。

1．（誤文）H_2O_2 の分解では O_2 が得られる。

2．（正文）H_2 は還元性を示す。

3．（誤文）$N_2 + 3H_2 \rightleftharpoons 2NH_3$ の反応の平衡定数 K は

$$K = \frac{[NH_3]^2}{[N_2][H_2]^3} \quad \cdots\cdots(i)$$

と表される。気体の状態方程式 $pV = nRT$ より

$$\frac{n}{V} = \frac{p}{RT}$$

よって，H_2 のモル濃度は

$$[H_2] = \frac{n_{H_2}}{V} = \frac{p_{H_2}}{RT}$$

同様に，N_2，NH_3 のモル濃度は $[N_2] = \dfrac{p_{N_2}}{RT}$，$[NH_3] = \dfrac{p_{NH_3}}{RT}$ と表される。これらを
(i)に代入すると

$$K = \frac{p_{NH_3}{}^2}{p_{N_2} \cdot p_{H_2}{}^3}(RT)^2 = K_p(RT)^2 \qquad \therefore \quad \frac{K}{K_p} = (RT)^2$$

したがって，絶対温度の 2 乗に比例する。

4．（誤文）N_2 が x〔mol〕反応し，平衡に達したとする。

$$N_2 \ + \ 3H_2 \ \rightleftharpoons 2NH_3$$

| 反 応 前 | a | $2a$ | 0 | 〔mol〕 |
| 平衡状態 | $a-x$ | $2a-3x$ | $2x$ | 〔mol〕 |

平衡時の全物質量は $3a-2x$〔mol〕となるから，気体 **C** の分圧と全圧より

$$\frac{2x}{3a-2x} = \frac{1.0 \times 10^5}{4.0 \times 10^5} \qquad \therefore \quad x = \frac{3}{10}a\,〔mol〕$$

よって，H_2 の物質量は

$$2a - 3 \times \frac{3}{10}a = \frac{11}{10}a\,〔mol〕$$

したがって，反応開始時の **B** の物質量 $2a$〔mol〕の $\dfrac{1}{2}$ より大きい。

5．（正文）平衡時の全物質量は

$$3a - 2x = 3a - 2 \times \frac{3}{10}a = 2.4a\,〔mol〕$$

反応開始時の混合気体の圧力を y〔hPa〕とすると

$$2.4a : 4.0 \times 10^5 = 3a : y \qquad \therefore \quad y = 5.0 \times 10^5\,〔hPa〕$$

---

154 解 答

問 i　a：5 番目　e：3 番目　　問 ii　1

解 説

問 i　①～⑤の各物質の化学式は，次のようになる。

　　①SiO_2　　②$CaCO_3$　　③CaF_2　　④Al_2O_3　　⑤$Na_3[AlF_6]$

　　よって，**a**～**f** の元素と原子番号は，次のようになる。

　　a．$_{14}Si$　　**b**．$_8O$　　**c**．$_{20}Ca$　　**d**．$_6C$　　**e**．$_9F$　　**f**．$_{13}Al$

したがって，原子番号の小さなものから順に並べると，**d** → **b** → **e** → **f** → **a** → **c** と

350 第4章 解答

なるので，**a**は5番目，**e**は3番目である。

問ii　1．（誤文）O＞Si＞Al＞… の順である。

2．（正文）$CaO + H_2O \longrightarrow Ca(OH)_2$ の反応で，大きな発熱を示す。

3．（正文）CO（一酸化炭素）である。

4．（正文）$2F_2 + 2H_2O \longrightarrow 4HF + O_2$ の反応で，水を酸化してしまう。

5．（正文）Alは両性元素であるので，塩酸とも水酸化ナトリウム水溶液とも次のように反応し，H_2 を発生する。

$$2Al + 6HCl \longrightarrow 2AlCl_3 + 3H_2$$

$$2Al + 2NaOH + 6H_2O \longrightarrow 2Na[Al(OH)_4] + 3H_2$$

---

155 解 答

問i　5.4×10^2 g　　**問ii**　A：3番目　B：2番目

解 説

問i　反応は次のようになる。

$$S + O_2 \longrightarrow SO_2$$

$$2SO_2 + O_2 \longrightarrow 2SO_3$$

$$SO_3 + H_2O \longrightarrow H_2SO_4$$

工業的製法では，SO_3 を濃硫酸に吸収させて発煙硫酸とし，これを希硫酸と混合し，濃硫酸を得る。ここで，用いた硫黄（原子量 32）は

$$\frac{160}{32} = 5.00 \,[mol]$$

よって，得られる SO_3（分子量 80）も同じ物質量であるから，$5.00 \times 80 = 400 \,[g]$ 生成する。また，15.0％希硫酸を $Z [g]$ とすると次式が成り立つ。

$$X + 400 + Z = Y \quad \cdots\cdots ①$$

$Z [g]$ 中の水は，$0.850Z [g]$ である。このうち，$A [g]$ が SO_3 と反応し，H_2SO_4 になったとする。さらに，$X [g]$ 中の水 $0.0500X [g]$ も SO_3 と反応し，H_2SO_4 になるので，次式が成り立つ。

$$\frac{0.0500X + A}{18} = 5.00 \,[mol] \quad \therefore \quad A = 90.0 - 0.0500X \quad \cdots\cdots ②$$

濃硫酸 $Y [g]$ 中の水は $0.0500Y [g]$ であるから

$$0.850Z - A = 0.0500Y \quad\quad\quad \cdots\cdots ③$$

②を③に代入すると

$$0.850Z - (90.0 - 0.0500X) = 0.0500Y \quad \cdots\cdots ④$$

①と④から Z を消去し，整理すると

第 4 章　解答　**351**

$$0.800(Y-X)=430 \qquad \therefore \quad Y-X=537.5 \fallingdotseq 5.4\times10^2\,(\text{g})$$

問 ii　**A**．鉄のみが次のように反応する。

$$\mathrm{Fe+H_2SO_4\longrightarrow FeSO_4+H_2}$$

鉄（原子量 56）の物質量は　$\dfrac{5.6}{56}=0.10\,(\text{mol})$

よって，$\mathrm{H_2SO_4}$ も 0.10 mol 消費される。

B．放電のとき起こる反応は，次のようになる。

負極：$\mathrm{Pb+SO_4^{2-}\longrightarrow PbSO_4+2e^-}$

正極：$\mathrm{PbO_2+SO_4^{2-}+4H^++2e^-\longrightarrow PbSO_4+2H_2O}$

これらの式を 1 つにまとめると

$$\mathrm{Pb+PbO_2+2H_2SO_4\longrightarrow 2PbSO_4+2H_2O}$$

ここで，2 mol の電子が流れると，2 mol の $\mathrm{H_2SO_4}$ が消費される。

よって，流れた電子は　$\dfrac{1.4\times9650\,(\text{C})}{9.65\times10^4\,(\text{C/mol})}=0.14\,(\text{mol})$

となるので，0.14 mol の $\mathrm{H_2SO_4}$ が消費される。

C．水の電気分解が起こるから，$\mathrm{H_2SO_4}$ 自身は変化しない。

D．それぞれの半反応式は次のようになる。

$$\mathrm{MnO_4^-+8H^++5e^-\longrightarrow Mn^{2+}+4H_2O}$$

$$\mathrm{H_2O_2\longrightarrow 2H^++O_2+2e^-}$$

よって，$\mathrm{e^-}$ を消去し，整理すると

$$\mathrm{2MnO_4^-+6H^++5H_2O_2\longrightarrow 2Mn^{2+}+8H_2O+5O_2}$$

$$\mathrm{2KMnO_4+3H_2SO_4+5H_2O_2\longrightarrow K_2SO_4+2MnSO_4+8H_2O+5O_2}$$

ここで，過マンガン酸カリウム（式量 158）の物質量は　$\dfrac{15.8}{158}=0.100\,(\text{mol})$

となるので，反応した $\mathrm{H_2SO_4}$ は

$$0.100\times\frac{3}{2}=0.150\,(\text{mol})$$

したがって，消費される $\mathrm{H_2SO_4}$ の物質量の大小は次のようになる。

$$\mathbf{D>B>A>C}$$

以上より，**A** は 3 番目，**B** は 2 番目となる。

攻略のポイント

問 i　次のように考えてもよい。

生じた $\mathrm{SO_3}$ は 5.00 mol であるから，これより生じる $\mathrm{H_2SO_4}$ も 5.00 mol である。加えた濃硫酸，希硫酸と，生成した濃硫酸の質量の関係をまとめると，次のようになる（ただし，加える希硫酸を $x\,(\text{g})$ とする）。

352　第4章　解答

SO_3	400 g	SO_3 より生じる H_2SO_4	490 g
加えた濃硫酸	X〔g〕	含まれる H_2SO_4	$0.950X$〔g〕
加えた希硫酸	x〔g〕	含まれる H_2SO_4	$0.150x$〔g〕
生成した濃硫酸	Y〔g〕	含まれる H_2SO_4	$0.950Y$〔g〕

よって，次の2つの関係式が成立する。

$400 + X + x = Y$ ……①

$490 + 0.950X + 0.150x = 0.950Y$ ……②

①，②より　　$Y - X = 537.5 \doteqdot 5.4 \times 10^2$〔g〕

156　解　答

問 i　3　　問 ii　50 g

解　説

問 i　それぞれの反応を化学反応式で表すと次のようになる。

1．$2CrO_4{}^{2-} + 2H^+ \longrightarrow Cr_2O_7{}^{2-} + H_2O$

Cr の酸化数は，+6→+6 で変化しない。

2．$Cr_2O_7{}^{2-} + 2OH^- \longrightarrow 2CrO_4{}^{2-} + H_2O$

Cr の酸化数は，+6→+6 で変化しない。

3．$MnO_2 + 4HCl \longrightarrow MnCl_2 + 2H_2O + Cl_2$

Mn の酸化数は，+4→+2 で減少する。

4．$2H_2O_2 \longrightarrow 2H_2O + O_2$

酸化マンガン(Ⅳ)は触媒として作用するので変化しない。

5．$2Fe^{2+} + H_2O_2 + 2H^+ \longrightarrow 2Fe^{3+} + 2H_2O$

Fe の酸化数は，+2→+3 で増加する。

6．イオン化傾向が Fe＞Ni であるから，反応しない。

問 ii　このときの変化は次のようになる。

$Fe_2O_3 + 3C \longrightarrow 2Fe + 3CO$ ……①

$2Fe_2O_3 + 3C \longrightarrow 4Fe + 3CO_2$ ……②

得られた鉄は　　$200 \times 0.980 = 196$〔g〕

①の反応で得られた鉄を x〔g〕，②の反応で得られた鉄を y〔g〕とする。

$x + y = 196$ ……③

①の反応で生じた CO は

$$\frac{x}{56} \times \frac{3}{2} \text{〔mol〕}$$

第4章 解答 353

②の反応で生じた CO_2 は

$$\frac{y}{56} \times \frac{3}{4} \text{[mol]}$$

これらの物質量比は

$$\frac{x}{56} \times \frac{3}{2} : \frac{y}{56} \times \frac{3}{4} = 37 : 13 \qquad \therefore \quad y = \frac{26}{37}x \quad \cdots\cdots ④$$

③, ④より $\quad x = 115.1 \text{[g]}, \quad y = 80.9 \text{[g]}$

したがって, $Fe = 56$ より反応した黒鉛(原子量12)は

$$\frac{115.1}{56} \times \frac{3}{2} \times 12 + \frac{80.9}{56} \times \frac{3}{4} \times 12 = 36.9 + 13.0 = 49.9 \fallingdotseq 50 \text{[g]}$$

---

157 解 答

問 i　A:2番目　C:4番目

問 ii　Dの物質量:2.6 mol　酸素の物質量:4.6 mol

解 説

問 i　A〜Eの物質を化学式で示すと次のようになる。

A. N_2　　B. NO　　C. NO_2　　D. NH_3　　E. HNO_3

また, それぞれの N の酸化数は次のようになる。

A. 0　　B. +2　　C. +4　　D. −3　　E. +5

よって, Aは2番目, Cは4番目となる。

問 ii　反応で得られた硝酸の濃度を x [mol/L] とすると

$$1 \times x \times \frac{10.0}{1000} = 2 \times 0.100 \times \frac{87.0}{1000} \qquad \therefore \quad x = 1.74 \text{[mol/L]}$$

よって, 硝酸 1.00L 中に 1.74 mol の HNO_3 が含まれている。

ここで, 硝酸生成の反応式は次のようになる。

$$4NH_3 + 5O_2 \longrightarrow 4NO + 6H_2O \qquad \cdots\cdots ①$$
$$2NO + O_2 \longrightarrow 2NO_2 \qquad\qquad \cdots\cdots ②$$
$$3NO_2 + H_2O \longrightarrow 2HNO_3 + NO \quad \cdots\cdots ③$$

③より, 消費した NO_2 は

$$1.74 \times \frac{3}{2} = 2.61 \text{[mol]}$$

原料として用いた D(NH_3)の物質量は, NO_2 と等しいので

$$2.61 \fallingdotseq 2.6 \text{[mol]}$$

また, ①, ②の反応で消費した O_2 は

354　第4章　解答

$$2.61 \times \frac{5}{4} + 2.61 \times \frac{1}{2} = 4.56 \doteqdot 4.6 \,(\text{mol})$$

---

158 解 答

7

解 説

ア. 該当する物質は，ナトリウム，アルミニウム，カリウム，リチウムで，1族および13族に属する元素である。

イ. 該当するのは，イオン結合性物質で，酸化マグネシウム（MgO），酸化カルシウム（CaO），塩化カリウム（KCl），塩化ナトリウム（NaCl）の4種類である。

ウ. 該当する物質は，炭酸カルシウム，酸化アルミニウム，硫酸バリウム，塩化銀の4種類である。

エ. 該当する物質は，窒素（N_2），塩素（Cl_2），塩化水素（HCl）の3種類である。なお，臭素は常温常圧で液体，ヨウ素は常温常圧で固体である。

オ. 該当する物質は，二酸化炭素，メタン，水素，フッ素の4種類である。

以上より，**ア〜オ**すべてを満たすのは7である。

---

159 解 答

1 ・ 5

解 説

1. （正文）ホウ素は13族であるから価電子の数は3である。これより価電子の数が多い元素はCとSiの2つで，少ない元素はCa，H，K，Mg，Naの5つである。

2. （誤文）KCl，NaCl，HClの3種類ある。

3. （誤文）非金属元素C，H，Siの単体のうち，H_2は気体である。

4. （誤文）該当するのは，Al，Ca，K，Mg，Naの5つ。

5. （正文）KとNaが該当し，反応は次のようになる。

　　　$2K + 2H_2O \longrightarrow 2KOH + H_2$

　　　$2Na + 2H_2O \longrightarrow 2NaOH + H_2$

第 4 章　解答　355

160　解 答

2・4

解 説

1．（正文）それぞれ水と次のように反応する。

$$Na_2O + H_2O \longrightarrow 2NaOH, \quad CaO + H_2O \longrightarrow Ca(OH)_2$$

よって，アルカリ性を示す。

2．（誤文）$Al(OH)_3$ は NaOH 水溶液には溶けるが，NH_3 水には溶けない。一方，$Zn(OH)_2$ は NH_3 水にも溶解し，それぞれ次のように反応する。

　　塩酸との反応：$Zn(OH)_2 + 2HCl \longrightarrow ZnCl_2 + 2H_2O$

　　NaOH 水溶液との反応：$Zn(OH)_2 + 2NaOH \longrightarrow 2Na^+ + [Zn(OH)_4]^{2-}$

　　NH_3 水との反応：$Zn(OH)_2 + 4NH_3 \longrightarrow [Zn(NH_3)_4]^{2+} + 2OH^-$

3．（正文）HF は水溶液中でいくつかの分子が水素結合により会合するため，電離度が小さくなる。

4．（誤文）$NaHSO_4$ は酸性を示す。一方，$NaHCO_3$ は加水分解により弱塩基性を示す。

5．（正文）硫酸も硫化水素も，第 1 段階の電離度に比べて第 2 段階の電離度は小さくなる。

攻略のポイント

5．一般に，多段階で電離する場合，第 1 段階，第 2 段階と段階が進むにつれて，電離定数が小さくなる。つまり電離度が小さくなる。例として，マレイン酸とフマル酸の場合，K_1〔mol/L〕を第 1 段階の電離定数，K_2〔mol/L〕を第 2 段階の電離定数とすると次のようになる。

	K_1〔mol/L〕	K_2〔mol/L〕
マレイン酸	1.8×10^{-2}	1.5×10^{-6}
フマル酸	1.4×10^{-3}	7.9×10^{-5}

このように，第 1 段階の電離定数が，第 2 段階の電離定数より大きくなるのは，いくつかの理由が考えられるが，マレイン酸の場合，次のような理由による。

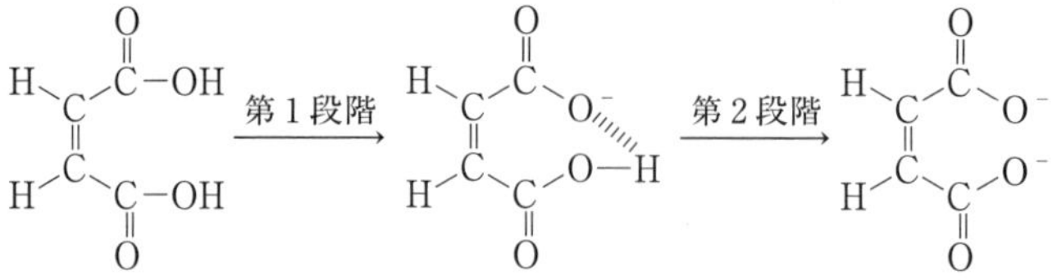

356　第4章　解答

マレイン酸　　　　（水素結合による安定な
構造を形成する）

このように，マレイン酸が第1段階の電離により安定な構造をとることが，一つの原因と考えられる。また，マレイン酸は，フマル酸の第1段階の電離によるイオン構造と比較して，より安定な構造をとるため，マレイン酸の K_1 がフマル酸の K_1 より大きい理由と考えられる。

161　解　答

4

解　説

1．（誤文）$CaCO_3$ を熱分解すると CaO が得られる。

$$CaCO_3 \longrightarrow CaO + CO_2$$

Ca 単体は $CaCl_2$ の溶融塩電解で得られる。

2．（誤文）アルミニウムは，イオン化傾向が大きいので水溶液の電気分解では得られない。Al 単体は Al_2O_3 の溶融塩電解で得られる。

3．（誤文）溶鉱炉内では，コークス（C）や CO により鉄鉱石中の Fe_2O_3 などが還元される。

$$2Fe_2O_3 + 3C \longrightarrow 4Fe + 3CO_2, \quad Fe_2O_3 + 3CO \longrightarrow 2Fe + 3CO_2$$

よって，水素は使われない。

4．（正文）銑鉄には炭素が約4%含まれ，もろい。転炉で酸素により炭素を燃焼し，炭素含有量を 0.04～1.7% に調製すると鋼が得られる。

5．（誤文）粗銅を陽極に，純銅を陰極に用いて電気分解することで Cu 単体が得られる。このとき，陽極では，$Cu \longrightarrow Cu^{2+} + 2e^-$ と反応して溶け出す。不純物の Pt や Au は陽極泥として落ち，Zn や Ni はイオンとして溶け出すが，陰極で析出しないように調製される。よって，陰極では，$Cu^{2+} + 2e^- \longrightarrow Cu$ の反応により，Cu が析出する。

第4章　解答　357

162　解　答

3・4

解　説

ア〜オの変化を化学反応式で表すと次のようになる。

ア． $CaCl(ClO) \cdot H_2O + 2HCl \longrightarrow CaCl_2 + 2H_2O + Cl_2$

イ． $NaHCO_3 + HCl \longrightarrow NaCl + H_2O + CO_2$

ウ． $2NH_4Cl + Ca(OH)_2 \longrightarrow CaCl_2 + 2NH_3 + 2H_2O$

エ． $Cu + 2H_2SO_4 \longrightarrow CuSO_4 + 2H_2O + SO_2$

オ． $NaCl + H_2SO_4 \longrightarrow NaHSO_4 + HCl$

1．（正文）**エ**（SO_2）である。この SO_2 による漂白を還元漂白という。

2．（正文）**イ**のみである。

3．（誤文）**ウ**（NH_3）のみである。

4．（誤文）**ア**および**エ**の2つが酸化還元反応である。

5．（正文）無色で刺激臭のある気体は**ウ**（NH_3），**エ**（SO_2），**オ**（HCl）である。

163　解　答

1

解　説

1．（誤文）ZnS の粉末は白色である。他の硫化物として，PbS（黒），CdS（黄）などがある。

2．（正文）$AgBr$ は淡黄色，AgI は黄色である。

3．（正文）硫酸銅(Ⅱ)・五水和物は青色，無水物は白色である。

4．（正文）それぞれの炎色反応による発光色は，Ca が橙赤，Sr が赤，Ba が黄緑である。

5．（正文）NO_2 のみ赤褐色である。

攻略のポイント

$CuSO_4 \cdot 5H_2O$ や Cu^{2+} を含む水溶液が青色である理由は，Cu^{2+} は水が存在すると青色の $[Cu(H_2O)_4]^{2+}$ を生じるためである。この $[Cu(H_2O)_4]^{2+}$ は，水溶液中では，次のように加水分解するため，$CuSO_4$ 水溶液などが弱酸性を示す原因となっている。

$$[Cu(H_2O)_4]^{2+} + H_2O \rightleftharpoons [Cu(OH)(H_2O)_3]^+ + H_3O^+$$

358　第4章　解答

164　解　答

7

解　説

1．（誤文）反応は次のようになる。

$$NaCl + H_2SO_4 \longrightarrow NaHSO_4 + HCl$$

よって，NaCl 1 mol あたり HCl 1 mol が発生する。

2．（誤文）次の反応により H_2 が発生する。

$$Mg + 2HCl \longrightarrow MgCl_2 + H_2$$

3．（誤文）次の反応により HF が発生する。

$$CaF_2 + H_2SO_4 \longrightarrow CaSO_4 + 2HF$$

4．（誤文）塩素を水に溶かすと，その一部が次のように水と反応して HCl と HClO を生じる。

$$Cl_2 + H_2O \rightleftharpoons HCl + HClO$$

5．（誤文）さらし粉の主成分は $CaCl(ClO)$ である。この中に含まれる次亜塩素酸イオン ClO^- が強い酸化作用を示す。

$$ClO^- + 2H^+ + 2e^- \longrightarrow H_2O + Cl^-$$

6．（誤文）AgF のみ溶解する。

7．（正文）次の反応により I_2 が生じる。

$$2KI + Cl_2 \longrightarrow 2KCl + I_2$$

このためヨウ素デンプン反応により青紫色（濃青色）に呈色する。

165　解　答

問 i　CoO の物質量：Co_3O_4 の物質量＝2.0：1

問 ii　2.0×10^2 g

解　説

問 i　混合物 **A** は，Co_3O_4（式量 241）x〔mol〕と CoO（式量 75）y〔mol〕からなるものとすると

$$241x + 75y = 3.910 \quad \cdots\cdots ①$$

また，Co_3O_4 を熱分解すると，$Co_3O_4 \longrightarrow 3CoO + \dfrac{1}{2}O_2$ と変化する。混合物 **A** の加熱により質量が 0.160 g 減少するので

$16x = 0.160$ ……②

①，②より　　$x = 0.0100$〔mol〕，$y = 0.0200$〔mol〕

よって　　　$y : x = 0.0200 : 0.0100 = 2.0 : 1$

問 ii　与えられた化学反応式から，CoO 1 mol から LiCoO₂ 1 mol，Co₃O₄ 1 mol から LiCoO₂ 3 mol がそれぞれ生じるので，Co₃O₄ を x'〔mol〕，CoO を y'〔mol〕とすると，次の式が成り立つ。

$$y' + 3x' = \frac{245}{98} = 2.50 \quad \cdots\cdots ③$$

$$y' : x' = 2 : 1 \quad \cdots\cdots ④$$

よって，③，④より

$x' = 0.500$〔mol〕，$y' = 1.00$〔mol〕

したがって，必要な混合物 **A** の質量は

$0.500 \times 241 + 1.00 \times 75 = 195.5 \fallingdotseq 2.0 \times 10^2$〔g〕

---

166 解 答

$2 \cdot 3$

解 説

ア．塩酸を加えると生じる沈殿は AgCl のみである。

イ．アンモニア水を加えると生じる白色沈殿は，Al(OH)₃，Zn(OH)₂ である。また，過剰のアンモニア水を加えると Zn(OH)₂ は，次のように反応し溶解する。

$$Zn(OH)_2 + 4NH_3 \longrightarrow [Zn(NH_3)_4]^{2+} + 2OH^-$$

ウ．ろ液 **C** は塩基性であるから，硫化水素を通じると ZnS の白色沈殿が生成する。

よって，水溶液 **A** に含まれる金属イオンは，Ag^+，Al^{3+}，Zn^{2+} である。

1．（誤文）溶液にアンモニア水を加えると沈殿し，過剰に加えると深青色の溶液ができるのは，Cu^{2+} が存在する場合である。

2．（正文）水溶液 **A** に過剰のアンモニア水を加えてろ過すると，ろ液には $[Ag(NH_3)_2]^+$ と $[Zn(NH_3)_4]^{2+}$ が含まれる。これに硝酸を加え硫化水素を通じると黒色の Ag₂S が沈殿するが，白色の ZnS は塩基性または中性条件で沈殿するため析出しない。

3．（正文）ろ液 **B** には，Al^{3+}，Zn^{2+} が存在するため水酸化ナトリウム水溶液を少量加えると Al(OH)₃，Zn(OH)₂ が生成する。また，過剰に加えると，それぞれ $[Al(OH)_4]^-$，$[Zn(OH)_4]^{2-}$ となって溶解する。

4．（誤文）ろ液 **B** には，Al^{3+}，Zn^{2+} が存在するので，塩基性条件下で硫化水素を通

360　第4章　解答

じると ZnS の沈殿が生じる。

5．（誤文）ろ液Bには，Zn^{2+} が存在するが，黒色の沈殿は生じない。

6．（誤文）Ag^+，Al^{3+}，Zn^{2+} は，いずれも硫酸イオンと反応して沈殿を生じない。

167 解 答

2・4

解 説

1．（正文）マグネシウムは空気中で多量の熱と光を放出しながら $2Mg + O_2 \longrightarrow$ $2MgO$ のように反応する。

2．（誤文）Al，Fe ともに濃硝酸には不動態となって内部を保護し，反応しない。

3．（正文）銅製品の表面にできる緑色の物質は，緑青（ろくしょう）といい，$CuCO_3 \cdot Cu(OH)_2$ または $Cu_2CO_3(OH)_2$ のような組成式をもつ。

4．（誤文）鉄板の表面にスズをメッキしたブリキは，傷がついて鉄が露出すると，イオン化傾向の大きな鉄が先に酸化される。

5．（正文）ブリキに対して，鉄の表面に鉄よりイオン化傾向の大きな亜鉛をつけると，亜鉛が先に酸化され鉄が酸化されるのをおさえる。

攻略のポイント

マグネシウムは空気中で多量の熱と光を放出し，酸化マグネシウム MgO へ変化する。一方，マグネシウムは二酸化炭素中では次のように燃焼し，酸化マグネシウム MgO とともに炭素Cを生成する。

$$2Mg + CO_2 \longrightarrow 2MgO + C$$

168 解 答

4・6

解 説

1．（誤文）溶鉱炉から得られる銑鉄には，炭素や硫黄やリンが不純物として含まれている。これに酸素を吹き込んで不純物を酸化して除くと鋼ができる。

2．（誤文）融解塩電解によるアルミニウムの精錬では，氷晶石は融点降下作用をもつ電解液として使われている。

3．（誤文）銅の電解精錬で，陽極に使う粗銅には，不純物として，Fe や Ni のほか，

Ag や Au も含まれている。電気分解をすると銅よりもイオン化傾向の大きな Fe や Ni は，Fe^{2+} や Ni^{2+} として電解液中に溶け出し，イオン化傾向の小さな Ag や Au は陽極の下に陽極泥として沈殿する。よって，陰極の質量増加量の方が陽極の質量減少量よりも小さい。

4．（正文）隔膜法やイオン交換膜法による水酸化ナトリウムの製造において，各極の反応は次のようになる。

$$\text{陽極：} 2Cl^- \longrightarrow Cl_2 + 2e^- \qquad \text{陰極：} 2H_2O + 2e^- \longrightarrow H_2 + 2OH^-$$

5．（誤文）オストワルト法では，まず NH_3 を酸化して NO を生成する。

$$4NH_3 + 5O_2 \longrightarrow 4NO + 6H_2O$$

次に，NO を O_2 と反応させて NO_2 とし，生成した NO_2 を温水と反応させて硝酸を合成する。

$$3NO_2 + H_2O \longrightarrow 2HNO_3 + NO$$

6．（正文）三酸化硫黄は，水と直接反応させると多量の熱を発生する。このため接触法では，濃硫酸に三酸化硫黄を吸収させ発煙硫酸とし，これに希硫酸を加えて濃硫酸を合成する。

169 解 答

5・6

解 説

1．（正文）鉄を含む触媒により N_2 と H_2 から NH_3 を合成する方法をハーバー・ボッシュ法という。

2．（正文）硫化水素には還元性があり，ヨウ素には酸化力があるため，次のように反応する。

$$H_2S + I_2 \longrightarrow 2HI + S$$

3．（正文）塩素は水と次のように反応する。

$$Cl_2 + H_2O \rightleftharpoons HCl + HClO$$

4．（正文）硫化鉄（Ⅱ）は希硫酸と次のように反応し，硫化水素が生成する。

$$FeS + H_2SO_4 \longrightarrow FeSO_4 + H_2S$$

5．（誤文）塩化ナトリウムは濃硫酸と次のように反応して塩化水素を生成する。

$$NaCl + H_2SO_4 \longrightarrow NaHSO_4 + HCl$$

この反応は，硫酸が不揮発性，塩酸が揮発性であるために起こる。

6．（誤文）塩素酸カリウムと酸化マンガン（Ⅳ）の反応では，酸化マンガン（Ⅳ）が触媒になり，塩素酸カリウムが分解して次のように酸素が発生する。

362 第4章 解答

$$2KClO_3 \longrightarrow 2KCl + 3O_2$$

170 解 答

1 · 5

解 説

1．（誤文）ジアンミン銀（Ⅰ）イオンは遷移金属の錯イオンであるが，無色である。

2．（正文）温度変化により，次のように反応する。

青色結晶　　　　　　　　　　　　　　　淡青色粉末　　　白色粉末

$$CuSO_4 \cdot 5H_2O \underset{102℃}{\rightleftarrows} CuSO_4 \cdot 3H_2O \underset{113℃}{\rightleftarrows} CuSO_4 \cdot H_2O \underset{250℃}{\rightleftarrows} CuSO_4$$

3．（正文）鉄（Ⅲ）イオンの検出反応に用いられる。

4．（正文）過剰の NH_3 水とは次のように反応する。

$$AgCl + 2NH_3 \longrightarrow [Ag(NH_3)_2]^+ + Cl^-$$

$$Ag_2O + 4NH_3 + H_2O \longrightarrow 2[Ag(NH_3)_2]^+ + 2OH^-$$

5．（誤文）テトラアンミン銅（Ⅱ）イオン $[Cu(NH_3)_4]^{2+}$ は，正方形の構造をとり，銅（Ⅱ）イオンが正方形の中心に位置し，アンモニア分子を各頂点に配置した構造をしている。

攻略のポイント

有機化学で異性体について学んだように，錯イオンにも異性体が存在する。テトラアンミン銅（Ⅱ）イオンは，次のような平面4配位の構造をとる錯イオンである。この4つの配位子のうち2つを Cl^- に置き換えると，次のような2つの異性体が存在する。

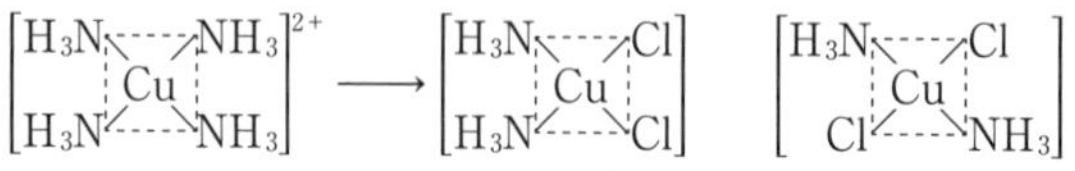

$$\begin{bmatrix} H_3N & NH_3 \\ & Cu & \\ H_3N & NH_3 \end{bmatrix}^{2+} \longrightarrow \begin{bmatrix} H_3N & Cl \\ & Cu & \\ H_3N & Cl \end{bmatrix} \quad \begin{bmatrix} H_3N & Cl \\ & Cu & \\ Cl & NH_3 \end{bmatrix}$$

シス形　　　　　トランス形

一方，四面体形の構造をもつテトラアンミン亜鉛（Ⅱ）イオンの，4つの配位子のうち2つを Cl^- に置き換えても，上記のような異性体は存在しない。よって，ある金属イオンが，平面4配位の構造をとるか，四面体形をとるかは，上記のように異性体の有無を調べればよい。

また，Ni^{2+}，Co^{2+}，Fe^{2+} などのイオンは八面体形の錯イオンをつくるが，エチレンジアミンなどが配位した錯イオンでは，光学異性体も考えることができる。エチレンジアミン $H_2N-CH_2-CH_2-NH_2$ と Ni^{2+} の錯イオンは，構造式中に対称面をもたないので，次図のように一対の光学異性体が存在する。

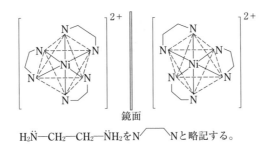

$H_2\ddot{N}-CH_2-CH_2-\ddot{N}H_2$をN͡Nと略記する。

171 解 答

問A 1.9×10^7 C   **問B** $CO_2 : CO = 1 : 18$

解 説

問A 陰極では $Al^{3+} + 3e^- \longrightarrow Al$ により反応が進むので

$$\frac{1800}{27} \times 3 \times 96500 = 1.93 \times 10^7 \fallingdotseq 1.9 \times 10^7 \text{[C]}$$

問B 陽極では次の反応が起こる。

$$C + 2O^{2-} \longrightarrow CO_2 + 4e^- \quad C + O^{2-} \longrightarrow CO + 2e^-$$

ここで，発生する CO_2 と CO の物質量をそれぞれ x [mol]，y [mol] とすると

$$12x + 12y = 1140 \quad \cdots\cdots ①$$

$$4x + 2y = \frac{1800}{27} \times 3 \quad \cdots\cdots ②$$

①，②より $x = 5$, $y = 90$

よって $CO_2 : CO = 5 : 90 = 1 : 18$

364 第5章 解答

第5章 有機化合物

172 解答

1

解 説

記述ア〜カの反応によって生じる有機化合物**A**〜**F**は，次のようになる。

ア．$CaC_2 + 2H_2O \longrightarrow Ca(OH)_2 + \quad C_2H_2$
A（アセチレン）

イ．$CH \equiv CH + HCl \longrightarrow \quad CH_2 = CHCl$
B（塩化ビニル）

ウ．$3CH \equiv CH \xrightarrow{\text{赤熱鉄}}$ ⬡
C（ベンゼン）

エ．⬡ $+ Cl_2 \longrightarrow HCl +$ ⬡$-Cl$
D（クロロベンゼン）

オ．⬡$-Cl \xrightarrow[\text{高温・高圧}]{\text{NaOH 水溶液}}$ ⬡$-ONa \xrightarrow{H^+}$ ⬡$-OH$
E（フェノール）

カ．H_3C-⬡$-CH_3 \xrightarrow{\text{酸化}} HOOC-$⬡$-COOH$
F（p-キシレン）　　　テレフタル酸

1．（誤文）炭素-炭素結合を短い順に並べると次のようになる。

$$-C \equiv C- \ < \ \diagup C = C \diagdown \ < \ \genfrac{}{}{0pt}{}{\text{ベンゼン環の}}{\text{炭素-炭素結合}} \ < \ -\overset{|}{\underset{|}{C}}-\overset{|}{\underset{|}{C}}-$$

2．（正文）**B**は塩化ビニルで，幾何異性体は存在しない。

3．（正文）**E**はフェノールで，**A**〜**F**の中では最も強い酸である。

4．（正文）次の反応により，2,4,6-トリブロモフェノールの白色沈殿が生じる。

⬡$-OH + 3Br_2 \longrightarrow$ （2,4,6-トリブロモフェノール構造）$+ 3HBr$
2,4,6-トリブロモ
フェノール

5．（正文）無極性分子は，**A**のアセチレン，**C**のベンゼン，**F**のp-キシレンの3つである。

第5章 解答 365

6．（正文）**A** ～ **F** のすべての分子において，水素以外の原子は同一平面上に存在する。

173 解 答

C：**095** **H**：**168**

解 説

一般に，ヨードホルム反応，および銀鏡反応は，それぞれ次のようになる。

$$CH_3-\underset{\underset{O}{\|}}{C}-R + 4NaOH + 3I_2 \longrightarrow \underset{\text{ヨードホルム}}{CHI_3} + RCOONa + 3NaI + 3H_2O$$

$$R-\underset{\underset{O}{\|}}{C}-H + 2[Ag(NH_3)_2]^+ + 3OH^- \longrightarrow 2Ag + RCOO^- + 4NH_3 + 2H_2O$$

（Rは炭化水素基などを表す）

ここで，カルボニル化合物 **B**（分子量 72），**C**（分子量 58），**D**（分子量 142）をそれぞれ x〔mol〕，y〔mol〕，z〔mol〕とすると，銀鏡反応を示すのは **C** のみであるから

$$y = \frac{1.08}{108} \times \frac{1}{2} = 5.00 \times 10^{-3} \text{〔mol〕}$$

よって，混合物 8.46 g を反応させるので，次の関係が成立する。

$$72x + 58 \times 5.00 \times 10^{-3} + 142z = 8.46 \qquad 72x + 142z = 8.17 \quad \cdots\cdots①$$

また，ヨードホルム反応を示すのは **B** と **D** であり，**D** はメチレン基 $-CH_2-$ 4 つをはさんで左右両側に $CH_3-\underset{\underset{O}{\|}}{C}-$ を有するので，**D** 1 分子からヨードホルム CHI_3 2 分子が生成する。よって，生成するヨードホルム（分子量 394）45.31 g より

$$x + 2z = \frac{45.31}{394} \qquad x + 2z = 0.115 \quad \cdots\cdots②$$

①，②より

$$x = 5.00 \times 10^{-3}, \quad z = 5.50 \times 10^{-2}$$

したがって，生成する **B**，**C**，**D** の物質量比は

$$\mathbf{B}:\mathbf{C}:\mathbf{D} = 5.00 \times 10^{-3}:5.00 \times 10^{-3}:5.50 \times 10^{-2}$$
$$= 1:1:11$$

以上より炭化水素 **A** の構造式は次のようになる。

$$CH_3CH_2 \underset{CH_3}{\overset{CH_3}{\underset{|}{\overset{|}{C}}}} = C - (CH_2)_2 - \underset{\underset{CH_3}{|}}{C} = C \underset{CH_2CH_3}{\overset{H}{\diagup}}_{11} \quad （分子式：C_{95}H_{168}）$$

366　第5章　解答

174　解 答

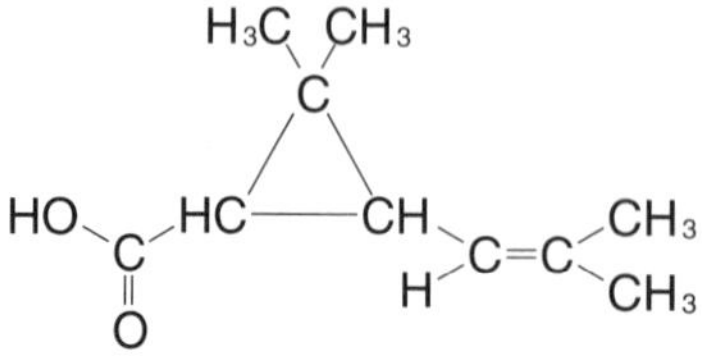

解 説

分子式 $C_{10}H_{16}O_2$ より，不飽和度は $\dfrac{10 \times 2 + 2 - 16}{2} = 3$ である。記述**ア**〜**オ**より，考えられる条件を整理すると次のようになる。

アより，**A**は分子中に炭素-炭素二重結合を1つと環状構造を1つ，また，カルボキシ基を1つもつので，これが不飽和度3に一致する。ここで，次の2つの場合に分けて考える。

(i)　環状構造中に炭素-炭素二重結合をもつ場合

炭素-炭素二重結合を形成する炭素原子にそれぞれ水素原子が結合しているとき，水素を付加すると

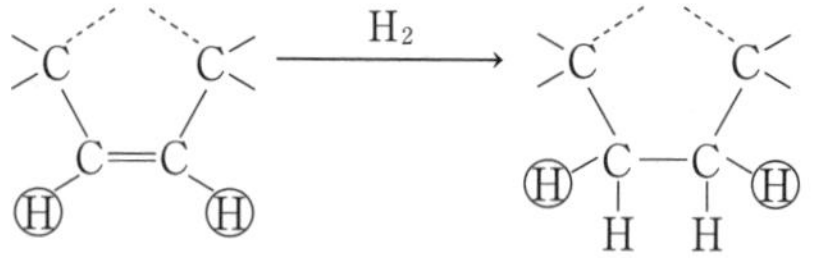

このとき，生成物中の不斉炭素原子数は変化しない。

一方，臭素を付加すると

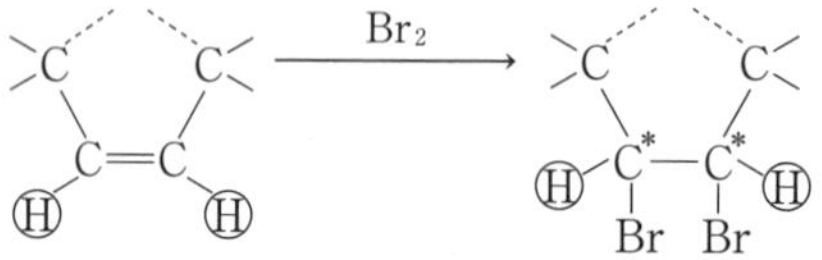

Brが結合した2つの炭素原子はともに不斉炭素原子 C^* となる。これは，環状構造を形成するC原子数にかかわらず同様に考えることができるので，記述**ウ**に反する。

(ii)　環状構造中に炭素-炭素二重結合をもたない場合

最も炭素原子数の少ない三員環を考えた場合，記述**エ**，**オ**をみたし，最も炭素原子数が少ないものは

第5章　解答　367

$$\underset{CH_3}{\overset{CH_3}{>}}C=C\overset{<}{,} \quad \underset{C}{\overset{\underset{C}{\overset{H_3C\quad CH_3}{\diagup\diagdown}}}{\diagup\diagdown}} , \quad -COOH$$

（記述エより）　（記述エ，オより）

これらの部分構造の炭素原子数は10である。よって，与えられた記述の条件をみたす構造式はそれぞれ次のようになると考えられる。

$$\underset{CH_3}{\overset{CH_3}{>}}C=C\overset{H}{\underset{H}{\diagdown}}\overset{*}{C}\underset{\overset{C}{\overset{H_3C\quad CH_3}{\diagup\diagdown}}}{\diagdown}\overset{*}{C}\overset{H}{\underset{COOH}{}}$$

$\Big\downarrow H_2$ 　　　　　　　　$\searrow Br_2$

$$CH_3-CH-CH_2 \quad \overset{H}{\underset{\overset{C}{\overset{H_3C\ CH_3}{\diagup\diagdown}}}{}}\overset{*}{C}\overset{*}{C}\overset{H}{\underset{COOH}{}}$$
（不斉炭素原子の数は変わらない）

$$CH_3-\overset{CH_3}{\underset{Br}{C}}-\overset{}{\underset{Br}{CH}}\ \overset{H}{\underset{\overset{C}{\overset{H_3C\ CH_3}{\diagup\diagdown}}}{}}\overset{*}{C}\overset{*}{C}\overset{H}{\underset{COOH}{}}$$
（不斉炭素原子が1つ増える）

175 解　答

4・5

解　説

炭素-酸素二重結合をもつ8種類の化合物は，次のようになる。

① ⬡-CH₂-C(-NH₂)=O → $\text{⬡}-CH_2-\underset{O}{\overset{\|}{C}}-NH_2$

② $\text{⬡}-CH_2-NH-\underset{O}{\overset{\|}{C}}-H$

③ $\text{⬡}-\overset{*}{C}H-\underset{O}{\overset{\|}{C}}-H$ 　（C* は不斉炭素原子）　　④ $\text{⬡}-\underset{O}{\overset{\|}{C}}-CH_2-NH_2$
$\quad\ \underset{NH_2}{}$

⑤ $\text{⬡}-\underset{O}{\overset{\|}{C}}-NH-CH_3$ 　　⑥ $\text{⬡}-NH-\underset{O}{\overset{\|}{C}}-CH_3$

⑦ $\text{⬡}-NH-CH_2-\underset{O}{\overset{\|}{C}}-H$ 　　⑧ $\text{⬡}-\underset{CH_3}{\overset{}{N}}-\underset{O}{\overset{\|}{C}}-H$

368　第5章　解答

1．（正文）メチル基をもつものは，⑤，⑥，⑧の3種類である。

2．（正文）ケトンに分類できるものは④のみである。

3．（正文）不斉炭素原子をもつものは③のみである。

☆4．（誤文）⑦は芳香族アミンであり，塩酸を加えて酸性にすると塩をつくるが，塩基性は，脂肪族アミンに比べるとはるかに弱いため，その溶液を中性にすると元の化合物である分子に戻る。一方，③，④のアミノ基は塩酸を加えて酸性にすると塩をつくるが，中性にしてもほぼ $-NH_3^+$ のままで元の化合物である分子には戻りにくい。また，アミド結合 $-NH-$ は塩基性を示さない。

5．（誤文）①，⑤を加水分解すると，次のように反応し，炭酸より強い芳香族カルボン酸が生じる。

①　⟨benzene⟩$-CH_2-\underset{O}{C}-NH_2 + H_2O \longrightarrow$ ⟨benzene⟩$-CH_2-\underset{O}{C}-OH + NH_3$

⑤　⟨benzene⟩$-\underset{O}{C}-NH-CH_3 + H_2O \longrightarrow$ ⟨benzene⟩$-\underset{O}{C}-OH + H_2N-CH_3$

6．（正文）①を加水分解すると

⟨benzene⟩$-CH_2-\underset{O}{C}-NH_2 + H_2O \longrightarrow$ ⟨benzene⟩$-CH_2-\underset{O}{C}-OH + NH_3$

となり，元の化合物より大きな分子量をもつ化合物が生じる。

攻略のポイント

☆一般に，$R-NH_2$（Rは水素原子，メチル基，フェニル基などを表す）は塩酸と次のように反応する。

$$R-NH_2 + HCl \longrightarrow R-NH_3^+ + Cl^-$$

また，$R-NH_2$ の電離定数を K_b〔mol/L〕とすると

$$R-NH_2 + H_2O \longrightarrow R-NH_3^+ + OH^-$$

より　　$K_b = \dfrac{[R-NH_3^+][OH^-]}{[R-NH_2]}$

ここで，Rが水素原子やメチル基の場合，$K_b \fallingdotseq 10^{-5}$〔mol/L〕程度であるが，アニリンのような芳香族アミンの場合，$K_b \fallingdotseq 10^{-10}$〔mol/L〕程度になる。よって，③，④のような第一級アミンの場合，$K_b \fallingdotseq 10^{-5}$〔mol/L〕，中性付近では $[OH^-] \fallingdotseq 10^{-7}$〔mol/L〕とすると

(1)　Rが水素原子やメチル基の場合

$$10^{-5} = \dfrac{[R-NH_3^+] \times 10^{-7}}{[R-NH_2]} \qquad \therefore \quad 10^2 = \dfrac{[R-NH_3^+]}{[R-NH_2]}$$

よって，$[R-NH_3^+]$ は $[R-NH_2]$ の約100倍となるから，中性付近では $-NH_3^+$

のままで，元の化合物には戻らないと考えてよい。

(2) Rがアニリンのような芳香族アミンの場合

$$10^{-10} = \frac{[R-NH_3{}^+] \times 10^{-7}}{[R-NH_2]} \quad \therefore \quad 10^{-3} = \frac{[R-NH_3{}^+]}{[R-NH_2]}$$

よって，$[R-NH_3{}^+]$ は $[R-NH_2]$ の約 $\dfrac{1}{1000}$ 倍となるから，中性付近では元の化合物に戻ると考えてよい。

このように，NH_3 や CH_3NH_2 などの場合は，中性付近ではほとんど $-NH_3{}^+$ の状態にあるが，アニリンなどの場合は，中性付近ではほとんどが元の分子の状態にあることを理解しておきたい。

176 解答

$C_{17}H_{34}O_2$

解説

記述ウより油脂Aを加水分解して生成する3種類の脂肪酸の1つは，$C_{23}H_{47}COOH$ で表される飽和脂肪酸である。

記述アより油脂Aを構成する脂肪酸の炭化水素基の部分を R_1, R_2, R_3 と表すと

$$\begin{array}{l} CH_2-O-CO-R_1 \\ \overset{*}{C}H-O-CO-R_2 \\ CH_2-O-CO-R_3 \end{array}$$

油脂A（C^* は不斉炭素原子を表す）

記述イよりAに H_2 を付加すると，不斉炭素原子をもたない油脂が得られることから，R_1 と R_3 は同じC原子数を有する炭化水素基である。

また，Aの分子式より R_1, R_2, R_3 の合計のC原子数は62，H原子数は125である。

(i) R_2 を $-C_{23}H_{47}$ とすると R_1 と R_3 のC原子数の合計は39となり，R_1 と R_3 のC原子数は同じにならない。よって，H_2 を付加しても R_1 と R_3 は同じ炭化水素基にはならず，不斉炭素原子が存在することになるので不適である。

(ii) R_1, または R_3 を $-C_{23}H_{47}$ とすると，記述イを満たすためには，R_1, R_3 ともにC原子数が23でなければならないので，R_2 のC原子数は16となる。そこで R_2 を飽和炭化水素基 $-C_{16}H_{33}$ とすると，R_1, R_3 は $-C_{23}H_{47}$ と $-C_{23}H_{45}$ で条件に一致する。一方，R_2 を不飽和炭化水素基 $-C_{16}H_{31}$ とすると，R_1, R_3 はともに $-C_{23}H_{47}$ となる。さらに，R_2 を $-C_{16}H_{29}$，R_1 を $-C_{23}H_{47}$ とすると，R_3 は $-C_{23}H_{49}$ となり，このような炭化水素基は存在しない。したがって，これらは不適である。

以上より3種類の脂肪酸のうち，分子量が最も小さい脂肪酸は $C_{16}H_{33}COOH$ であり，

370　第5章　解答

分子式は $C_{17}H_{34}O_2$ となる。

---

177 解 答

$$CH_3-CH_2-\overset{\displaystyle O}{\underset{\displaystyle \|}{C}}-\underset{\displaystyle CH_3}{CH}-\overset{\displaystyle O}{\underset{\displaystyle \|}{C}}-OH$$

解 説

記述アより化合物Aに含まれる各原子の質量は次のようになる。

$$Cの質量：39.6 \times \frac{12}{44} = 10.8 \,[mg]$$

$$Hの質量：13.5 \times \frac{2}{18} = 1.5 \,[mg]$$

$$Oの質量：21.9 - 10.8 - 1.5 = 9.6 \,[mg]$$

したがって，各原子数の比は

$$C : H : O = \frac{10.8}{12} : \frac{1.5}{1} : \frac{9.6}{16} = 3 : 5 : 2$$

よって，組成式は $C_3H_5O_2$（式量73）となる。Aの分子量はC，H，O原子から構成されているので偶数であり，記述イより分子量は150以下であるから，分子式は $C_6H_{10}O_4$（分子量146）で不飽和度 $\dfrac{6 \times 2 + 2 - 10}{2} = 2$ となる。

記述イ，ウよりAは分子中に，エステル結合とカルボキシ基を有する化合物である。記述エ，オより，エステル結合を加水分解すると化合物B，Cになる。

$$A + H_2O \longrightarrow \underset{カルボン酸}{B} + \underset{アルコール}{C}$$

ここで，Aは不斉炭素原子 C^* を1つもち，B，Cはもたず，Cはヨードホルム反応を示すアルコールであることを考慮すると，A，B，Cの構造式は次のようになる。

$$CH_3-CH_2-O-\overset{\displaystyle O}{\underset{\displaystyle \|}{C}}-\underset{\displaystyle CH_3}{\overset{\displaystyle *}{C}}H-\overset{\displaystyle O}{\underset{\displaystyle \|}{C}}-OH + H_2O$$

化合物A

$$\longrightarrow \underset{化合物C}{CH_3-CH_2-OH} + \underset{化合物B}{HO-\overset{\displaystyle O}{\underset{\displaystyle \|}{C}}-\underset{\displaystyle CH_3}{CH}-\overset{\displaystyle O}{\underset{\displaystyle \|}{C}}-OH}$$

第5章 解答 371

178 解 答

4

解 説

記述ア〜オを整理すると，芳香族化合物 **A**〜**G** は次のようになる。

ア. **A** はクメンで，次のように変化し，フェノール **B** となる。

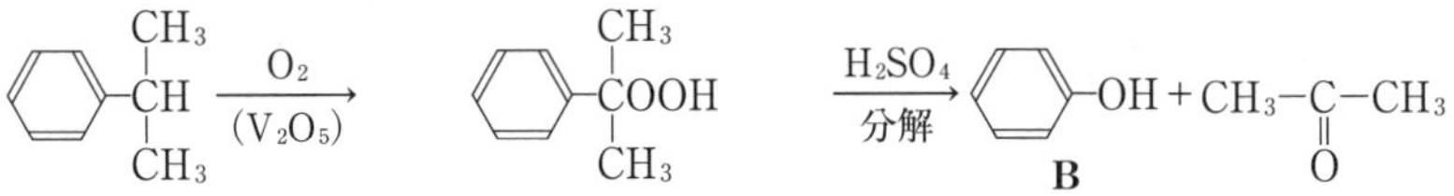

クメンヒドロペルオキシド　　　　　　**B**　　　　　アセトン

イ・ウ. **C** はトルエンのパラ位にエチル基をもつ化合物であり，次のように変化し，テレフタル酸 **D** となる。また，**D** はエチレングリコールと縮合重合し，ポリエチレンテレフタラートを生じる。

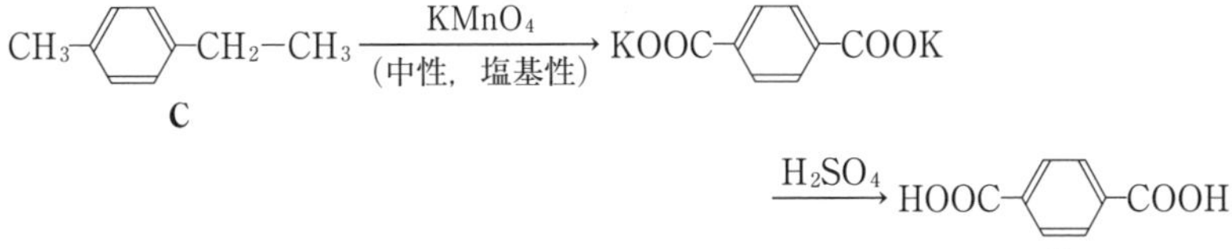

D

nHOOC—⟨benzene⟩—COOH + nHO-CH$_2$-CH$_2$-OH

$$\longrightarrow \left[CO-⟨benzene⟩-COO-CH_2-CH_2-O \right]_n + 2nH_2O$$

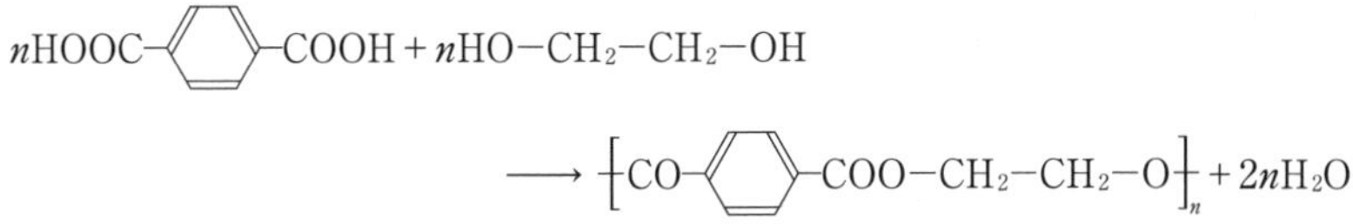

ポリエチレンテレフタラート

エ. **E** はフタル酸であり，加熱すると染料や合成樹脂の原料となる無水フタル酸 **F** が生じる。

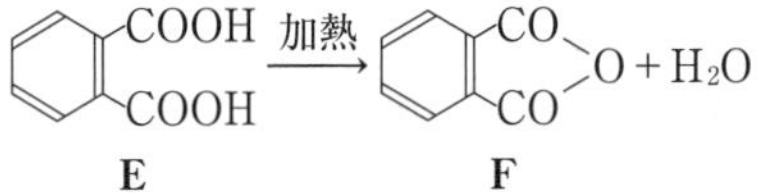

E　　　　　　　**F**

オ. 生じる化合物 **G** はサリチル酸であり，**B** から次のように反応し，**G** が生成する。

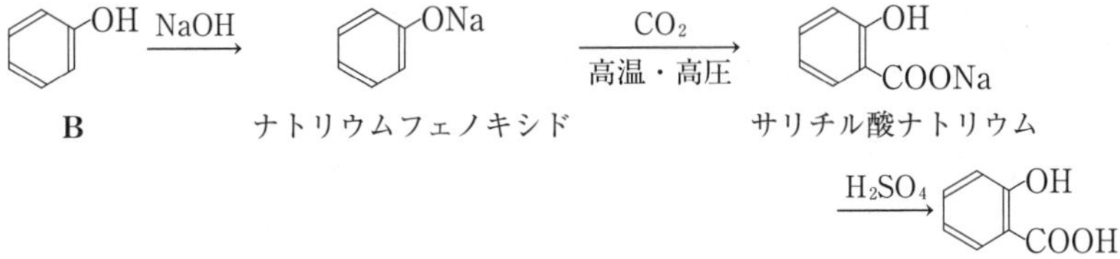

B　　　　ナトリウムフェノキシド　　　　サリチル酸ナトリウム

G

1．（正文）フェノールに Br_2 を作用させると，2,4,6-トリブロモフェノールの白色沈殿が生じる。

2．（正文）次のように反応し，**B** であるフェノールが生じる。

3．（正文）**F** は V_2O_5 などの触媒を用いて，o-キシレンやナフタレンを高温で酸化しても得られる。

4．（誤文）**G** に $(CH_3CO)_2O$ を作用させると，アセチルサリチル酸が生じる。アセチルサリチル酸は，ヒドロキシ基がアセチル化されるため，$FeCl_3$ 水溶液では呈色しない。

5．（正文）**A**，**C** 以外は，NaOH 水溶液を作用させると次のように反応し，ナトリウム塩を生じる。

G :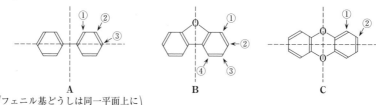

6．(正文) **B**と HCHO を付加縮合させることによって，熱硬化性樹脂のフェノール樹脂ができる。

179 解答

3・7

解 説

1．(正文) **A**〜**C**の化合物において，下図のようにそれぞれ対称な線（破線）を引いて考えるとよい。

A
（フェニル基どうしは同一平面上にあるものと仮定している。）

B

C

よって，**A**は3種類，**B**は4種類，**C**は2種類の構造異性体が存在する。

2．(正文) **A**〜**C**の化合物において，次のように番号をつけて考える。

A．置換位置の組合せは，(①, ②), (①, ③), (①, ②′), (①, ①′), (②, ③), (②, ②′) の6通りである（①と①′, ②と②′は対称な位置にあることに注意する）。

B．置換位置の組合せは，(①, ②), (①, ③), (①, ④), (②, ③), (②, ④), (③, ④) の6通りである。

C．置換位置の組合せは，(①, ②), (①, ②′), (①, ①′), (②, ②′) の4通りである。

3．(誤文) 1，2と同様に，番号をつけて考える。
A．置換位置の組合せは，(①, ①̄)，(①, ②̄)，(①, ③̄)，(①, ②̄′)，(①, ①̄′)，(②, ②̄)，(②, ③̄)，(②, ②̄′)，(③, ③̄) の9通りである (①, ①′, ①̄, ①̄′ の4つと，②, ②′, ②̄, ②̄′ の4つはそれぞれ対称な位置にあることに注意する)。

B．置換位置の組合せは，(①, ①′)，(①, ②′)，(①, ③′)，(①, ④′)，(②, ②′)，(②, ③′)，(②, ④′)，(③, ③′)，(③, ④′)，(④, ④′) の10通りである。

C．置換位置の組合せは，(①, ①̄)，(①, ②̄)，(①, ②̄′)，(①, ①̄′)，(②, ②̄)，(②, ②̄′) の6通りである (①, ①′, ①̄, ①̄′ の4つと，②, ②′, ②̄, ②̄′ の4つはそれぞれ対称な位置にあることに注意する)。

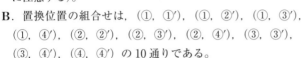

4．(正文) A〜Cの燃焼反応は，それぞれ次のようになる。

$A: C_{12}H_{10} + \dfrac{29}{2}O_2 \longrightarrow 12CO_2 + 5H_2O \quad (C_{12}H_{10} = 154)$

$B: C_{12}H_8O + \dfrac{27}{2}O_2 \longrightarrow 12CO_2 + 4H_2O \quad (C_{12}H_8O = 168)$

$C: C_{12}H_8O_2 + 13O_2 \longrightarrow 12CO_2 + 4H_2O \quad (C_{12}H_8O_2 = 184)$

よって，それぞれの化合物100 gが完全燃焼したとき，生成するCO_2の物質量は，それぞれ次のようになる。

$A: \dfrac{100}{154} \times 12\,mol, \quad B: \dfrac{100}{168} \times 12\,mol, \quad C: \dfrac{100}{184} \times 12\,mol$

したがって，分子量が最も小さいAが最も多い。

5．(正文) A〜Cの燃焼反応より，それぞれの化合物100 gを完全燃焼させるのに必要なO_2の物質量は，それぞれ次のようになる。

$A: \dfrac{100}{154} \times \dfrac{29}{2}\,mol, \quad B: \dfrac{100}{168} \times \dfrac{27}{2}\,mol, \quad C: \dfrac{100}{184} \times \dfrac{26}{2}\,mol$

よって，Cが最も少ない。

6．(正文) A〜Cの炭素の質量百分率はそれぞれ次のようになる。

$A: \dfrac{12 \times 12}{154} \times 100\,\%, \quad B: \dfrac{12 \times 12}{168} \times 100\,\%, \quad C: \dfrac{12 \times 12}{184} \times 100\,\%$

よって，最も小さいのはCである。

7．(誤文) A〜Cの置換後の分子式および分子量はそれぞれ次のようになる。

$A: C_{12}Br_{10} = 944, \quad B: C_{12}Br_8O = 800, \quad C: C_{12}Br_8O_2 = 816$

第5章 解答 375

よって，置換後の**A**〜**C**の炭素の質量百分率は，**6**と同様に考えると，分子量が最も大きい**A**が最も小さくなる。

180 解 答

$C_{29}H_{46}O_{22}$

解 説

実験1より，化合物**B**はヒドロキシ酸であるから，その構造を $HO-\blacksquare-COOH$（$\blacksquare$はC，H，Oからなる原子団）と考える。また，化合物**A** 1 mol の加水分解により**B** 7 mol と CH_3OH 1 mol が生成する。**A**は構造中に，エステル結合を除いて2つ以上の酸素原子と結合した炭素原子はないので，次のような構造をもつ化合物と考えられる。

$$HO-\blacksquare-\underset{O}{\overset{\|}{C}}\left[O-\blacksquare-\underset{O}{\overset{\|}{C}}\right]_6 O-CH_3$$

次に，実験2より，化合物**A** 1分子あたり $-OH$ を x 個もつと仮定すると，アセチル化により $-OH$ が $-O-\underset{O}{\overset{\|}{C}}-CH_3$ へと変化するので，**A**の分子量は 746 からアセチル化により $746+42x$ へと変化する。よって，アセチル化しても生じる化合物の物質量は**A**と変わらないので，次の関係が成立する。

$$\frac{14.92}{746}=\frac{21.64}{746+42x}$$

$$x=8$$

よって，**A** 1分子中に $-OH$ は 8 個存在する。

また，**A**は環状構造や炭素原子間の不飽和結合を含まないので，次のように表すことができる。

$$HO-\underset{OH}{C_nH_{2n-1}}-\underset{O}{\overset{\|}{C}}\left[O-\underset{OH}{C_nH_{2n-1}}-\underset{O}{\overset{\|}{C}}\right]_6 O-CH_3$$

よって，分子式は $C_{7n+8}H_{14n+4}O_{22}$ と表されるので

$$12(7n+8)+14n+4+16\times22=746$$

$$n=3$$

したがって，求める**A**の分子式は $C_{29}H_{46}O_{22}$ である。

攻略のポイント

分子式のみを求めればよいが，問題文中の条件より，**B**は不斉炭素原子をもたないヒ

376 第5章 解答

ドロキシ酸で，炭素原子数が3であることなどから，構造式は次のようになる。

B. HO−CH$_2$−CH−C−OH
   | ‖
   CH$_2$ O
   |
   OH

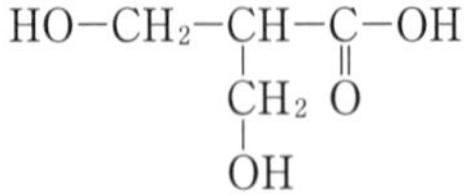

よって，**A**の構造式は，**B** 7 個がエステル化反応によって結合し，末端のカルボキシ基はメタノールがエステル化反応により結合したものとなる。

A. H$\left[\text{O−CH}_2\text{−CH−C}\right.$O−CH$_3$
      | ‖
      CH$_2$ O
      |
      OH$\left.\right]_7$

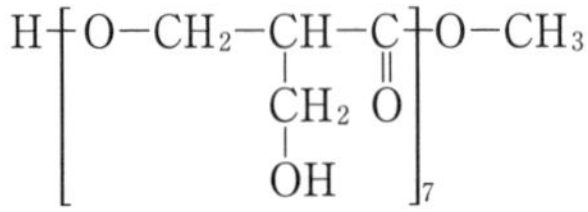

181 解 答

CH$_3$−CH$_2$−CH−CH$_2$−O−C−C−N−〔phenyl〕
         | ‖ ‖ |
         CH$_3$ O O H

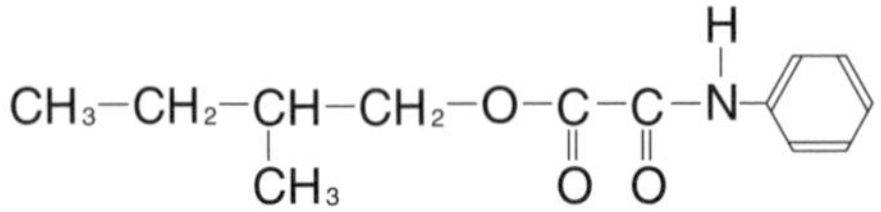

解 説

記述ア〜オを整理すると，次のようになる。

ア．**A** 4.70 g 中の成分元素の質量は

   Cの質量：$11.44 \times \dfrac{12}{44} = 3.12$〔g〕

   Hの質量：$3.06 \times \dfrac{2}{18} = 0.34$〔g〕

   Nの質量：0.28 g

   Oの質量：$4.70 - (3.12 + 0.34 + 0.28) = 0.96$〔g〕

   よって，各元素の物質量比は

   $$C : H : N : O = \dfrac{3.12}{12} : \dfrac{0.34}{1} : \dfrac{0.28}{14} : \dfrac{0.96}{16}$$

   $$= 13 : 17 : 1 : 3$$

   したがって，組成式は C$_{13}$H$_{17}$NO$_3$（式量 235）となり，分子量 250 以下であるから，分子式は C$_{13}$H$_{17}$NO$_3$ となる。

イ〜エ．**A**を加水分解すると化合物**B**，**C**，**D**が得られる。これらの化合物の抽出過程を図示すると次のようになる。

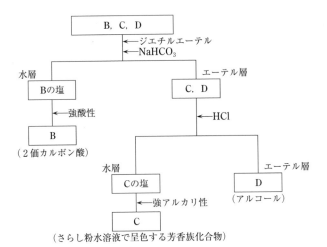

オ．Dは不斉炭素原子を1つもち，ヨードホルム反応を示さないアルコールであるから，次のような構造をもつものが考えられる。

■-C*H-CH$_2$-OH　　（■は炭素原子を2個以上もつ炭化水素基，
　　|　　　　　　　　　C*は不斉炭素原子を表す）
　CH$_3$

よって，Dは炭素原子を5個以上もつと考えられるので，炭素原子数に着目すると，Bはシュウ酸，Cはアニリンとなる。したがって，Aの分子式から考えて，■は−CH$_2$−CH$_3$のエチル基となる。以上より，Aの構造は次のように表される。

CH$_3$−CH$_2$−C*H−CH$_2$−O−C−C−N−C$_6$H$_5$
　　　　　　|　　　　　　‖　‖　|
　　　　　CH$_3$　　　　O　O　H

攻略のポイント

記述ア中の，生成したN$_2$（分子量28）の質量0.28gより，N原子の物質量は

$$\frac{0.28}{28} \times 2 = 0.020 \text{[mol]}$$

となり，N$_2$分子の物質量0.010molと間違わないように注意する。

182 解 答

4・6

解 説

記述ア〜カより，A〜Dの構造は次のようになる。

ア・イ. **A**は炭素原子数6のアルケンで，不斉炭素原子をもつので，構造は次のようになる。

$$CH_3-CH_2-\overset{*}{C}H-CH=CH_2 \quad (\text{*C：不斉炭素原子})$$
$$\underset{\underset{CH_3}{|}}{}$$

ウ・オ. **B**は，**A**の構造と二重結合の位置が異なり，二重結合をつくる一方の炭素原子には水素原子が1個結合し，他方の炭素原子には水素原子が結合していないので，構造は次のようになる。

$$CH_3-CH_2-C=CH-CH_3$$
$$\underset{\underset{CH_3}{|}}{}$$

ウ・カ. **C**の構造は次のようになる。

$$CH_3-CH_2-CH=C-CH_3$$
$$\underset{\underset{CH_3}{|}}{}$$

エ. **D**は二重結合をつくる炭素原子には水素原子が結合していないので，構造は次のようになる。

$$CH_3-C=C-CH_3$$
$$\underset{\underset{CH_3\,CH_3}{|\quad|}}{}$$

1. （正文）**A**にH_2を付加させると，不斉炭素原子をもたない3-メチルペンタンが得られる。

$$CH_3-CH_2-\overset{*}{C}H-CH=CH_2 + H_2 \longrightarrow CH_3-CH_2-CH-CH_2-CH_3$$
$$\underset{\underset{CH_3}{|}}{} \qquad\qquad\qquad\quad \underset{\underset{CH_3}{|}}{}$$

2. （正文）**A**には幾何異性体は存在しない。

3. （正文）**B**には次の幾何異性体が存在する。

$$\underset{CH_3-CH_2}{\overset{CH_3}{\diagdown}}C=C\underset{CH_3}{\overset{H}{\diagup}} \qquad \underset{CH_3-CH_2}{\overset{CH_3}{\diagdown}}C=C\underset{H}{\overset{CH_3}{\diagup}}$$

4. （誤文）**C**には幾何異性体は存在しない。

5. （正文）**B**にCl_2を付加させると，不斉炭素原子を2個もつ化合物が得られる。

$$CH_3-CH_2-C=CH-CH_3 + Cl_2 \longrightarrow CH_3-CH_2-\overset{\overset{Cl}{|}}{\underset{\underset{CH_3\ Cl}{|\ \ |}}{\overset{*}{C}}}{\overset{*}{C}}H-CH_3$$

6. （誤文）**D**にCl_2を付加させても，不斉炭素原子をもつ化合物は得られない。

$$CH_3-C=C-CH_3 + Cl_2 \longrightarrow CH_3-\overset{\overset{Cl}{|}}{\underset{\underset{CH_3}{|}}{C}}-\overset{\overset{Cl}{|}}{\underset{\underset{CH_3}{|}}{C}}-CH_3$$

7. （正文）**A**〜**D**はすべて枝分かれ構造をもつアルケンであるから，H_2を付加させてもヘキサンになるものはない。

第5章　解答　379

183　解　答

2・3

解　説

記述ア〜カを整理すると次のようになる。

ア． **A**の生成反応は次のようになる。

$$2\ \langle\!\!\!\bigcirc\!\!\!\rangle\text{-NO}_2 + 3\text{Sn} + 14\text{HCl} \longrightarrow 2\ \langle\!\!\!\bigcirc\!\!\!\rangle\text{-NH}_3\text{Cl} + 3\text{SnCl}_4 + 4\text{H}_2\text{O}$$

$$\langle\!\!\!\bigcirc\!\!\!\rangle\text{-NH}_3\text{Cl} + \text{NaOH} \longrightarrow \langle\!\!\!\bigcirc\!\!\!\rangle\text{-NH}_2 + \text{NaCl} + \text{H}_2\text{O}$$

A（アニリン）

イ． **B**の生成反応は次のようになる。

$$\langle\!\!\!\bigcirc\!\!\!\rangle\text{-NH}_2 + \text{NaNO}_2 + 2\text{HCl} \longrightarrow \langle\!\!\!\bigcirc\!\!\!\rangle\text{-N}_2\text{Cl} + \text{NaCl} + 2\text{H}_2\text{O}$$

$$\langle\!\!\!\bigcirc\!\!\!\rangle\text{-N}_2\text{Cl} + \text{H}_2\text{O} \longrightarrow \langle\!\!\!\bigcirc\!\!\!\rangle\text{-OH} + \text{N}_2 + \text{HCl}$$

B（フェノール）

ウ． **C**の生成反応は次のようになる。

$$\langle\!\!\!\bigcirc\!\!\!\rangle\text{-OH} + \text{NaOH} \longrightarrow \langle\!\!\!\bigcirc\!\!\!\rangle\text{-ONa} + \text{H}_2\text{O}$$

C（ナトリウムフェノキシド）

エ． **D**の生成過程および反応は次のようになる。

$$\langle\!\!\!\bigcirc\!\!\!\rangle\text{-ONa} \xrightarrow[\text{高温・高圧}]{\text{CO}_2} \langle\!\!\!\bigcirc\!\!\!\rangle\!\!\begin{smallmatrix}\text{OH}\\\text{-COONa}\end{smallmatrix} \xrightarrow{\text{H}^+} \langle\!\!\!\bigcirc\!\!\!\rangle\!\!\begin{smallmatrix}\text{OH}\\\text{-COOH}\end{smallmatrix}$$

サリチル酸

$$\langle\!\!\!\bigcirc\!\!\!\rangle\!\!\begin{smallmatrix}\text{OH}\\\text{-COOH}\end{smallmatrix} + \text{CH}_3\text{OH} \longrightarrow \langle\!\!\!\bigcirc\!\!\!\rangle\!\!\begin{smallmatrix}\text{OH}\\\text{-COOCH}_3\end{smallmatrix} + \text{H}_2\text{O}$$

D（サリチル酸メチル）

オ． **E**の生成反応は次のようになる。

$$\langle\!\!\!\bigcirc\!\!\!\rangle\text{-NH}_2 + (\text{CH}_3\text{CO})_2\text{O} \longrightarrow \langle\!\!\!\bigcirc\!\!\!\rangle\text{-NHCOCH}_3 + \text{CH}_3\text{COOH}$$

E（アセトアニリド）

カ． **F**の生成反応は次のようになる。

$$\langle\!\!\!\bigcirc\!\!\!\rangle\text{-NH}_2 + \text{NaNO}_2 + 2\text{HCl} \longrightarrow \langle\!\!\!\bigcirc\!\!\!\rangle\text{-N}_2\text{Cl} + \text{NaCl} + 2\text{H}_2\text{O}$$

$$\langle\!\!\!\bigcirc\!\!\!\rangle\text{-N}_2\text{Cl} + \langle\!\!\!\bigcirc\!\!\!\rangle\text{-ONa} \longrightarrow \langle\!\!\!\bigcirc\!\!\!\rangle\text{-N=N-}\langle\!\!\!\bigcirc\!\!\!\rangle\text{-OH} + \text{NaCl}$$

F（p-フェニルアゾフェノール）

380 第5章 解答

1．（正文）水に溶けるとアルカリ性を示すものは，**A**のアニリンと**C**のナトリウムフェノキシドである。ナトリウムフェノキシドは，加水分解反応により弱アルカリ性を示す。

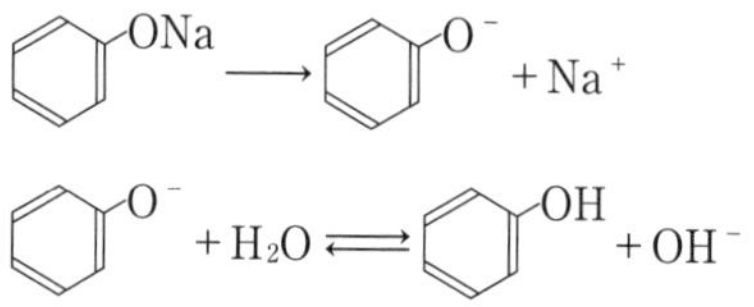

2．（誤文）フェノール性の $-OH$ をもつ酸しかないので，炭酸より強い酸はない。

3．（誤文）**A**，**B**，**C**，**E**はベンゼンの一置換体なので，ベンゼン環に直接結合したH原子をCl原子に置換すると，$o-$，$m-$，$p-$の3種類の異性体が存在する。一方，**D**はCl原子の置換位置として → で示した4種類の異性体が存在し，**F**はCl原子の置換位置として → で示した5種類の異性体が存在する。

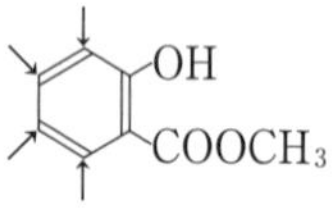

化合物**D** 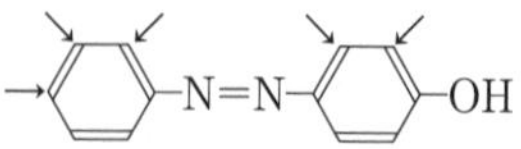　　　　　化合物**F**

4．（正文）**A**のアニリンに，硫酸酸性のニクロム酸カリウム水溶液を作用させると，黒色のアニリンブラックが生じる。

5．（正文）**D**のサリチル酸メチルは常温で液体，**E**のアセトアニリドは常温で固体である。よって，**D**の融点は**E**の融点より低い。

6．（正文）**F**の$p-$フェニルアゾフェノール（$p-$ヒドロキシアゾベンゼン）は，アゾ基をもち，橙色～赤橙色の化合物である。

184 解答

54個

解説

Aに O_3 を反応させ亜鉛で還元すると，n が同じまたは異なる $C_nH_{2n-2}O_2$ で表される複数のカルボニル化合物のみが生成している。この複数のカルボニル化合物の不飽和度は2であり，カルボニル基 $\diagup C=O$ 2個がこの2つに相当するので，炭素間結合はすべて単結合と考えてよい。よって，**A**の構造は，1つの環状構造中に複数の炭素–炭素二重結合をもつ化合物である。

第5章　解答　**381**

$$（>C=O \text{ 以外には不飽和結合は存在しない）}$$

ここで，**A** 1 分子中に x 個の炭素-炭素二重結合が存在すると仮定すると，化合物 **A** 中の H 原子数は，炭素原子数 33 のアルカンがもつ水素原子数 $33 \times 2 + 2 = 68$ より，炭素原子間の二重結合の数 x 個と環状構造 1 個に相当する水素原子数 $2(x+1)$ を引いた $68 - 2(x+1) = 66 - 2x$ となるので，**A** の分子式は，$C_{33}H_{66-2x}$（分子量 $462-2x$）と表される。また，反応によって増加した質量 $107.0 - 75.0 = 32.0〔g〕$ は O 原子分に相当するので，次の関係が成立する。

$$\underbrace{\frac{75.0}{462-2x}}_{（\text{A の物質量}）} : \underbrace{\frac{32.0}{16}}_{\left(\begin{array}{c} \text{O 原子の} \\ \text{物質量} \end{array}\right)} = 1 : 2x \qquad x = 6$$

よって，求める H 原子の数は　　$66 - 2 \times 6 = 54$ 個

---

185 解答

$$\begin{array}{c} CH_3-CH-O-C-CH_2-CH-C-O-CH-CH_3 \\ \quad\quad | \quad\quad \| \quad\quad\quad | \quad \| \quad\quad\quad | \\ \quad\quad CH_3 \quad O \quad\quad NH_2 \ O \quad\quad\quad CH_3 \end{array}$$

解　説

記述ア～オを整理すると次のようになる。

ア・イ. **A** 43.4 mg 中の各元素の質量は次のようになる。

$$C \text{ の質量}：88.0 \times \frac{12}{44} = 24.0〔mg〕$$

$$H \text{ の質量}：34.2 \times \frac{2}{18} = 3.80〔mg〕$$

$$N \text{ の質量}：2.80〔mg〕$$

$$O \text{ の質量}：43.4 - 24.0 - 3.80 - 2.80 = 12.8〔mg〕$$

よって，構成元素の原子数の比は

$$C : H : N : O = \frac{24.0}{12} : \frac{3.80}{1} : \frac{2.80}{14} : \frac{12.8}{16}$$

$$= 10 : 19 : 1 : 4$$

382　第5章　解答

したがって，組成式は $C_{10}H_{19}NO_4$（式量 217）となり，記述**ア**より分子量 250 以下であることから，分子式は $C_{10}H_{19}NO_4$ となる。

ウ・エ．**A** はニンヒドリン反応により呈色することから遊離のアミノ基をもつ。また 1 mol の **A** を加水分解することにより 2 mol のアルコール **C** を生成することから，**A** はエステル結合を 2 つもち，**B** は 1 分子中にカルボキシ基を 2 つもつ酸性アミノ酸と考えられる。

オ．酢酸カルシウムを乾留すると次の反応によりアセトンが生成する。

$$(CH_3COO)_2Ca \xrightarrow[(乾留)]{} \underset{\mathbf{D}(アセトン)}{CH_3COCH_3} + CaCO_3$$

よって，アルコール **C** は 2-プロパノールである。したがって，アミノ酸 **B** の炭素原子は 4 個となり，**A** が不斉炭素原子をもつことから，次の構造で表されるアスパラギン酸となる。

$$\underset{O}{HO-\overset{\|}{C}}-CH_2-\overset{*}{\underset{NH_2}{CH}}-\overset{\|}{\underset{O}{C}}-OH$$

以上の結果より **A** の構造は次のようになる。

$$CH_3-\underset{CH_3}{\overset{}{CH}}-O-\overset{\|}{\underset{O}{C}}-CH_2-\overset{*}{\underset{NH_2}{CH}}-\overset{\|}{\underset{O}{C}}-O-\underset{CH_3}{\overset{}{CH}}-CH_3 \quad (\overset{*}{C}:不斉炭素原子)$$

186 解 答

5

解 説

1．（正文）25℃，1.0×10^5 Pa において，気体である炭化水素は，エタン，エチレン，アセチレン，プロパン，シクロプロパン，ブタンの 6 種類で，他は液体である。

2．（正文）エチレン C_2H_4，シクロプロパン C_3H_6，シクロヘキサン C_6H_{12} の 3 種類である。

3．（正文）アルカン，アルケン（シクロアルカン），アルキン（シクロアルケン）の燃焼反応は，一般に次のようになる。

$$C_nH_{2n+2} + \frac{3n+1}{2}O_2 \longrightarrow nCO_2 + (n+1)H_2O$$

$$C_nH_{2n} + \frac{3n}{2}O_2 \longrightarrow nCO_2 + nH_2O$$

$$C_nH_{2n-2} + \frac{3n-1}{2}O_2 \longrightarrow nCO_2 + (n-1)H_2O$$

よって，C 原子 1 個あたり完全燃焼に必要な O_2 が最も多いのはアルカンであり，

その数 x は次のように表される。

$$x = \frac{3n+1}{2} \times \frac{1}{n} = \frac{3}{2} + \frac{1}{2n}$$

したがって，n が小さいものほど x は大きいので，該当するのはエタンである。

4．（正文）分子中の H 原子のいずれか1個を Cl 原子で置換すると，プロパン，ブタン，ヘキサン，シクロヘキセンは，それぞれ次の構造異性体が存在する。

　　　プロパン：CH₃-CH₂-CH₂Cl　　　CH₃-CHCl-CH₃

　　　ブタン：CH₃-CH₂-CH₂-CH₂Cl　　　CH₃-CH₂-CHCl-CH₃

　　　ヘキサン：CH₃-CH₂-CH₂-CH₂-CH₂-CH₂Cl

　　　　　　　　CH₃-CH₂-CH₂-CH₂-CHCl-CH₃

　　　　　　　　CH₃-CH₂-CH₂-CHCl-CH₂-CH₃

　　　シクロヘキセン：（3種の構造式）

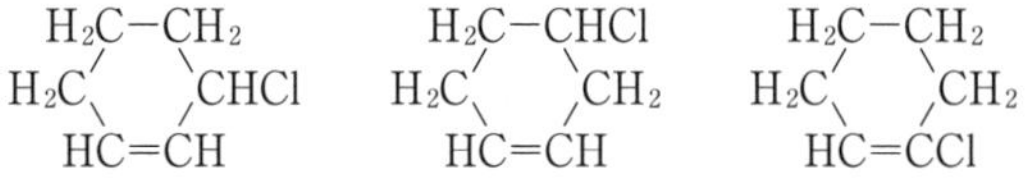

5．（誤文）最も短い炭素-炭素結合をもつ化合物は，三重結合をもつアセチレンである。

6．（正文）エチレン，アセチレン，ベンゼンは，分子を構成するすべての原子が同一平面上に存在する。

187　解　答

3・5

解　説

$C_5H_{12}O$ の分子式をもつアルコールには，次の①～⑧で表される8種類の構造異性体がある（それぞれの異性体は，炭素骨格とヒドロキシ基のみを示す）。

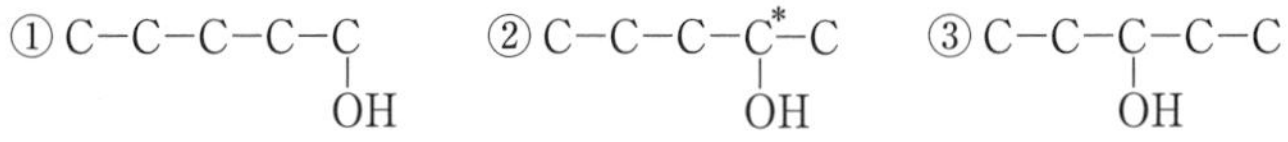

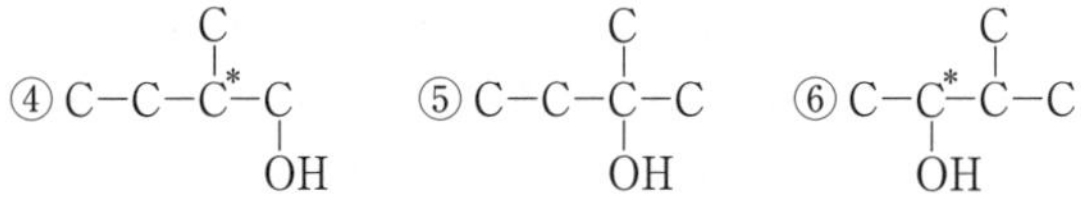

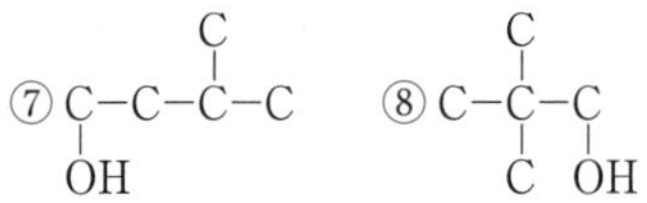

① C-C-C-C-C 　② C-C-C-C*-C 　③ C-C-C-C-C
　　　　　OH　　　　　　　OH　　　　　　　OH

④ C-C-C*-C 　⑤ C-C-C-C 　⑥ C-C*-C-C
　　　　OH　　　　　OH　　　　　OH

⑦ C-C-C-C 　⑧ C-C-C　　　　　（C* は不斉炭素原子を表す）
　　　OH　　　　　C OH

1．（正文）CH₃CH₂- をもたないのは，⑥，⑦，⑧のアルコールである。

2．（正文）②と③のアルコールは次のように脱水し，幾何異性体を生じる。

$$CH_3-CH_2-CH_2-\underset{\underset{OH}{|}}{CH}-CH_3$$

$$CH_3-CH_2-\underset{\underset{OH}{|}}{CH}-CH_2-CH_3$$

$\xrightarrow{-H_2O}$
$\xrightarrow{-H_2O}$

$$\begin{cases} \underset{H}{CH_3-CH_2}{>}C=C{<}\underset{H}{CH_3} \\ \underset{H}{CH_3-CH_2}{>}C=C{<}\overset{H}{\underset{CH_3}{}} \end{cases}$$

3．（誤文）④のアルコールは $CH_3-CH(OH)-$ をもたないので，ヨードホルム反応を示さない。

4．（正文）沸点は，第1級アルコール＞第2級アルコール＞第3級アルコールの順に低くなる。また，枝分かれ構造の多いものほど沸点は低くなる。よって，沸点が最も低いアルコールは⑤の2-メチル-2-ブタノールである。

5．（誤文）中性，塩基性条件下で $KMnO_4$ 水溶液を用いて酸化すると，黒色の MnO_2 沈殿を生じる。よって，酸化されにくい⑤の第3級アルコールを除く，第1級アルコールまたは第2級アルコールの7つである。

6．（正文）⑧のアルコールは，アルケンに対する H_2O の付加反応によって得ることはできない。

188 解答

解 説

記述アより，Aは $-NH-CO-$ と $-CO-O-$ 結合をもち，中性の分子であるから，遊離のアミノ基やカルボキシ基はもたない。

記述イより，B，C，Dはアミノ基，カルボキシ基，ヒドロキシ基をもつ化合物である。

記述ウより，BはC原子数6で，フェノール性のヒドロキシ基をもつ化合物である。

記述エより，Cはグリシン H_2N-CH_2-COOH である。

記述オより，等電点3.2の天然の α-アミノ酸として考えられるのは，次のグルタミン酸やアスパラギン酸などの酸性アミノ酸である（C^* は不斉炭素原子を表す）。

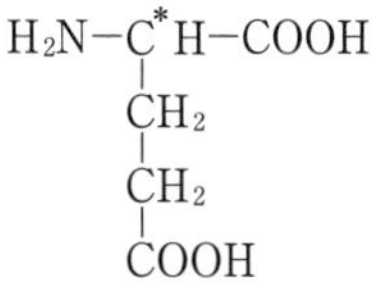

$$H_2N-\overset{*}{C}H-COOH \qquad H_2N-\overset{*}{C}H-COOH$$
$$\underset{\underset{\underset{COOH}{|}}{\underset{CH_2}{|}}}{CH_2} \qquad \underset{\underset{COOH}{|}}{CH_2}$$

グルタミン酸 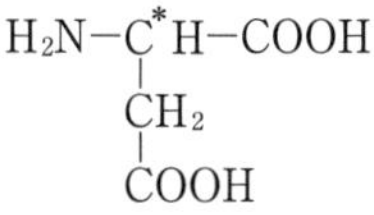　　　　　　　アスパラギン酸

また，**D**は不斉炭素原子を1つもつ五員環構造を有する化合物であることから，次の構造式をもつと考えられる。

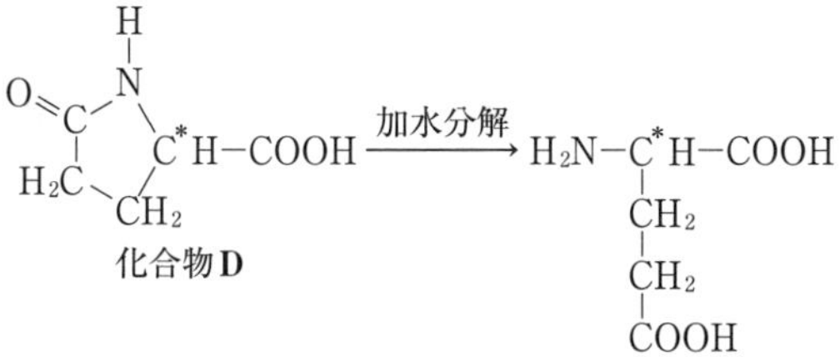

$$\text{化合物 D} \xrightarrow{\text{加水分解}} H_2N-\overset{*}{C}H-COOH$$

グルタミン酸

以上の条件より，**A**の加水分解によって得られる**B**は次の反応からフェノールである。

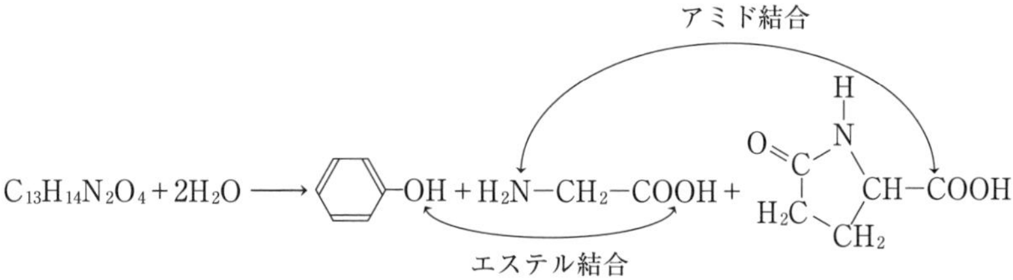

アミド結合

エステル結合

$$C_{13}H_{14}N_2O_4 + 2H_2O \longrightarrow \text{（フェノール）}-OH + H_2N-CH_2-COOH + \text{（化合物 D）}$$

化合物**B**　　　　化合物**C**　　　　化合物**D**

よって，化合物**A**の構造式は次のようになる。

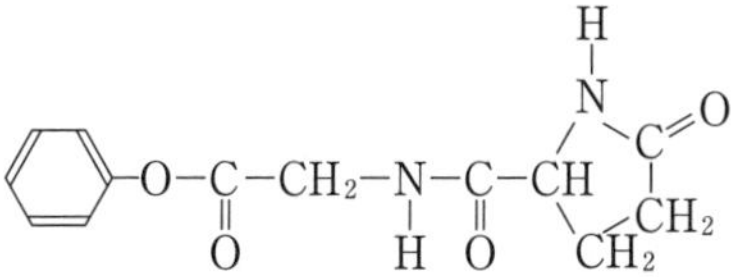

189　解　答

3・6

解　説

1〜6の炭化水素の構造を，紙面の手前に出ている結合を◀，紙面の反対側に出ている結合を⫯で表す。また，○で囲んだ原子が同一平面上，または同一直線上にあるとする。

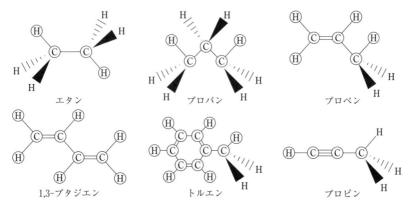

1．（正文）エタンの構造は図のようになるので，同一平面上に存在する原子は最大4個である。
2．（正文）プロパンの構造は図のようになるので，同一平面上に存在する原子は最大5個である。
3．（誤文）プロペンの構造は図のようになるので，同一平面上に存在する原子は最大7個である。
4．（正文）1,3-ブタジエンの構造は図のようになるので，すべての原子が同一平面上にある。
5．（正文）トルエンの構造は図のようになるので，同一平面上に存在する原子は最大13個である。
6．（誤文）プロピンの構造は図のようになるので，同一直線上に存在する原子は最大4個である。

190 解答

3.3 mol

解説

0.0100 mol の不飽和炭化水素 **A** の完全燃焼によって生じる CO_2（分子量 44），H_2O（分子量 18）の物質量は

$$CO_2 : \frac{13.2}{44} = 0.300 \text{ [mol]}$$

$$H_2O : \frac{4.50}{18} = 0.250 \text{ [mol]}$$

よって，**A** 0.0100 mol 中にある炭素原子は 0.300 mol，水素原子は 0.500 mol である

第5章 解答 387

から，**A**の分子式は$C_{30}H_{50}$となる。よって，飽和炭化水素**B**はアルカンであるから，その分子式は$C_{30}H_{62}$（分子量 422）となるので，**A** 1分子中にある二重結合数は

$$\frac{62-50}{2}=6$$

となる。

したがって，求める水素の物質量は

$$\frac{233}{422}\times6=3.31≒3.3〔mol〕$$

---

191 解 答

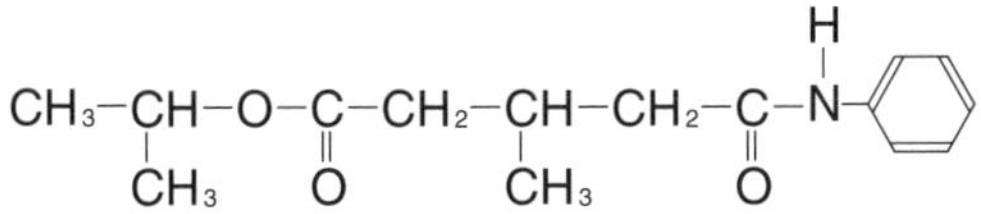

$$CH_3-\underset{CH_3}{\overset{}{CH}}-O-\underset{O}{\overset{}{C}}-CH_2-\underset{CH_3}{\overset{}{CH}}-CH_2-\underset{O}{\overset{}{C}}-\overset{H}{N}-C_6H_5$$

解 説

ア．化合物**A**は次の構造式で表される酸無水物である。

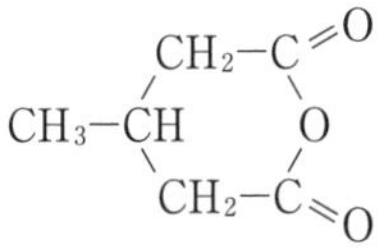

$$CH_3-CH\underset{CH_2-C\diagdown_O^{\diagup O}}{\overset{CH_2-C\diagup^{\diagup O}}{\diagup}}$$

イ．化合物**A**とアニリンは次のように反応し，カルボン酸**B**が生成する。

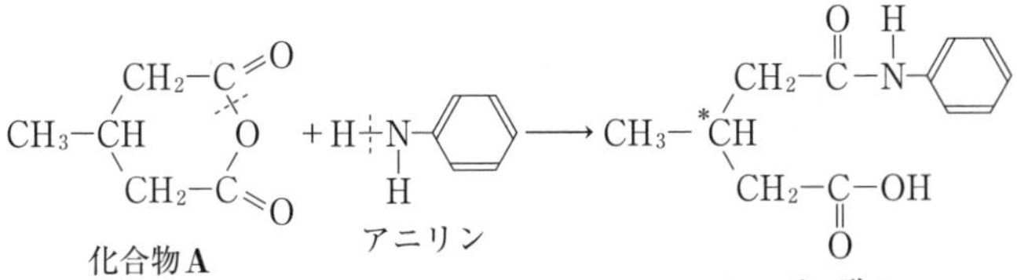

化合物**A** ＋ アニリン → カルボン酸**B**
（${}^{*}C$は不斉炭素原子を表す）

ウ．ヨードホルム反応を示す化合物**C**を $CH_3-\underset{OH}{\overset{}{CH}}-R$（Rは炭化水素基）とすると，

カルボン酸**B**との脱水縮合により，次の構造式で表されるエステル**D**が得られる。

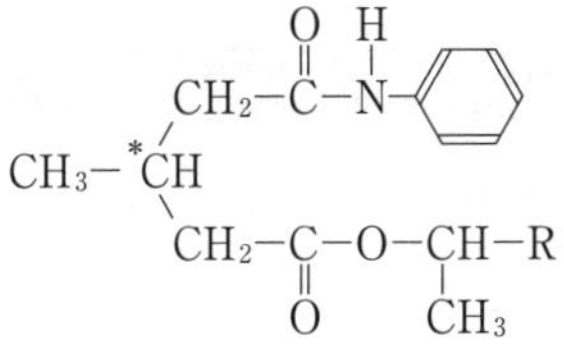

ここで，エステル**D**の分子式が$C_{15}H_{21}NO_3$であるから，$-R$は$-CH_3$となる。

388　第5章　解答

192 解 答

6

解 説

1．（正文）炭化カルシウム（カーバイド）と水との反応により**A**であるアセチレン
C_2H_2 が生成する。

$$CaC_2 + 2H_2O \longrightarrow C_2H_2 + Ca(OH)_2$$

2．（正文）アセチレン3分子からベンゼンが生じる。

$$3C_2H_2 \longrightarrow C_6H_6$$

3．（正文）**B**は C_2H_4 エチレン，**C**は C_2H_6 エタンである。**B**，**C**を得るための**A**と
H_2 との反応は，それぞれ次のようになる。

$$C_2H_2 + H_2 \longrightarrow C_2H_4$$
$$C_2H_2 + 2H_2 \longrightarrow C_2H_6$$

よって，**A**から**B**，**C**を1molずつ得るために，H_2 は3mol必要である。

4．（正文）**B**に水を付加させると**D**であるエタノール C_2H_5OH が生じる。エタノー
ルを濃硫酸の存在下170℃付近で加熱すると，主にエチレンが生じる。

$$C_2H_5OH \longrightarrow C_2H_4 + H_2O$$

5．（正文）アセチレンに酢酸を付加反応させると，酢酸ビニルが生じる。

$$C_2H_2 + CH_3COOH \longrightarrow CH_2=CHOCOCH_3$$

生じた酢酸ビニルを加水分解すると，ビニルアルコール $CH_2=CHOH$ と**G**である
酢酸が得られるが，ビニルアルコールは不安定であるためアセトアルデヒド**F**に変
化する。よって，**F**を酸化すると酢酸である**G**に変化する。したがって，**D**と**G**を
縮合させると酢酸エチルが得られる。

$$CH_3COOH + CH_3CH_2OH \longrightarrow CH_3COOCH_2CH_3 + H_2O$$

酢酸エチル $CH_3COOCH_2CH_3$ の組成式は C_2H_4O で，**F**と同じになる。

6．（誤文）**F**であるアセトアルデヒドに I_2 と $NaOH$ を作用させ，ヨードホルム反
応を行うと，次の反応によりギ酸ナトリウムが生じる。

$$CH_3CHO + 3I_2 + 4NaOH \longrightarrow CHI_3 + HCOONa + 3NaI + 3H_2O$$

よって，反応後の溶液を酸性にすると，酢酸ではなくギ酸 $HCOOH$ が得られる。

攻略のポイント

2．アセチレンのかわりに，メチルアセチレン（プロピン）を反応させると次の異性
体が生じる。

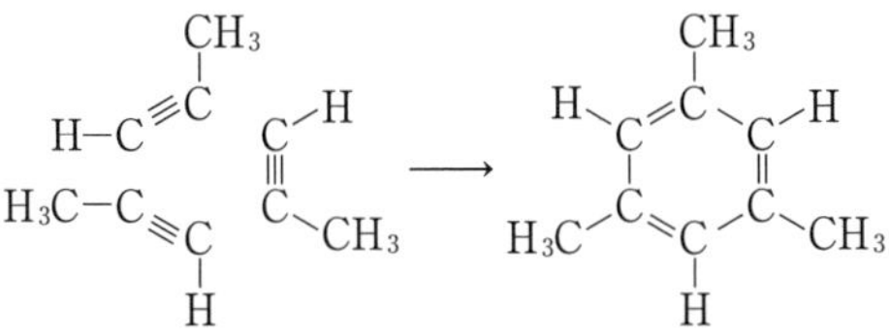

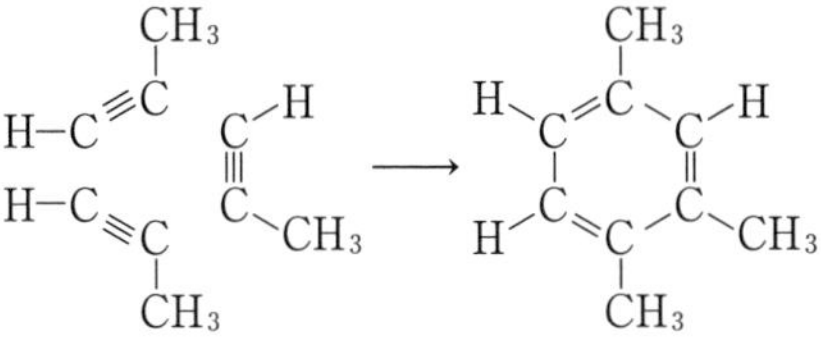

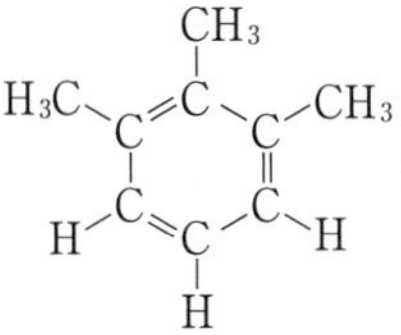

第5章 解答 389

$$H_3C-\overset{\displaystyle CH_3}{\underset{\displaystyle H}{\overset{\displaystyle |}{C}}}=\overset{\displaystyle |}{C}-\overset{\displaystyle CH_3}{\underset{\displaystyle H}{C}}$$

は構造異性体としては考えられるが，生じるのは上記2つの

異性体のみである。

6．ヨードホルム反応は，次のように考えるとよい（RはHまたは炭化水素基）。

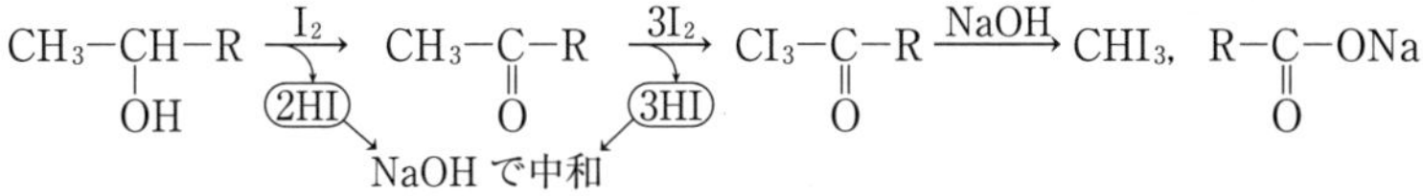

$$CH_3-\underset{OH}{\overset{|}{C}H}-R \xrightarrow[\text{②HI}]{I_2} CH_3-\underset{O}{\overset{\|}{C}}-R \xrightarrow[\text{③HI}]{3I_2} CI_3-\underset{O}{\overset{\|}{C}}-R \xrightarrow{NaOH} CHI_3, \ R-\underset{O}{\overset{\|}{C}}-ONa$$

NaOH で中和

$$CH_3CH(OH)R + 4I_2 + 6NaOH \longrightarrow CHI_3 + RCOONa + 5NaI + 5H_2O$$

$$CH_3COR + 3I_2 + 4NaOH \longrightarrow CHI_3 + RCOONa + 3NaI + 3H_2O$$

193 解 答

2・5

解 説

1．（誤文）スルホ基 $-SO_3H$，カルボキシ基 $-COOH$ などの官能基は，炭酸 H_2CO_3 より強い酸である。よって，次の2つの化合物が炭酸より強い酸である。

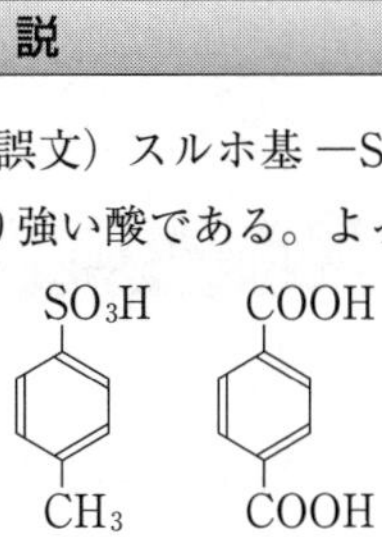

2．（正文）アミノ基 $-NH_2$ は塩化水素 HCl と反応し塩酸塩となる。

$$-NH_2 + HCl \longrightarrow -NH_3Cl$$

よって，次の化合物のみである。

3．（誤文）ヨードホルム反応を示すものは，CH_3-CO-R または $CH_3-CH(OH)-R$ の構造部分をもつものである。このとき，Rは水素原子または炭化水素基であり，アミド結合やエステル結合はヨードホルム反応を示さない。よって，次の化合物のみである。

4．（誤文）銀鏡反応を示すものは，アルデヒド基 —CHO などの官能基をもつものである。よって，この中には存在しない。

5．（正文）それぞれの化合物について，塩素と置き換えたベンゼン環の水素原子の位置を → で示すと次のようになる。

よって，生じる化合物が2種類であるものは3つある。

攻略のポイント

安息香酸，炭酸，フェノールの電離定数の値は次のようになる。

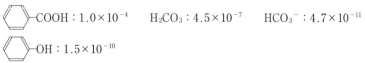

電離定数が大きいものほどより強い酸となる。よって，フェノールは炭酸水素イオンよりも強い酸であるから，弱酸性を示すフェノールと，弱塩基性を示す炭酸水素ナトリウムは反応しない。

強　酸　　　　　　塩　基

$\bigcirc$—COOH $\rightleftharpoons$ $\bigcirc$—COO$^-$

H_2CO_3 $\rightleftharpoons$ HCO_3^-

$\bigcirc$—OH $\rightleftharpoons$ $\bigcirc$—O$^-$

HCO_3^- $\rightleftharpoons$ CO_3^{2-} 　強

$\underset{\text{弱い酸}}{\bigcirc\text{—OH}}$ + $\underset{\text{弱い塩基}}{\text{NaHCO}_3}$ $\overset{\times}{\rightleftharpoons}$ $\underset{\text{強い塩基}}{\bigcirc\text{—ONa}}$ + $\underset{\text{強い酸}}{\text{H}_2\text{CO}_3}$

194 解 答

5・6

解 説

考えられるアルケンは，幾何異性体を含めて次の6種類である。

$\underset{\text{1-ペンテン}}{\overset{H}{\underset{H}{}}C=C\overset{CH_2-CH_2-CH_3}{\underset{H}{}}}$ 　　$\underset{\text{シス-2-ペンテン}}{\overset{CH_3}{\underset{H}{}}C=C\overset{CH_2-CH_3}{\underset{H}{}}}$

$\underset{\text{トランス-2-ペンテン}}{\overset{H}{\underset{CH_3}{}}C=C\overset{CH_2-CH_3}{\underset{H}{}}}$ 　　$\underset{\text{2-メチル-1-ブテン}}{\overset{H}{\underset{H}{}}C=C\overset{CH_2-CH_3}{\underset{CH_3}{}}}$

$\underset{\text{2-メチル-2-ブテン}}{\overset{CH_3}{\underset{H}{}}C=C\overset{CH_3}{\underset{CH_3}{}}}$ 　　$\overset{H}{\underset{H}{}}C=C\overset{H}{\underset{\underset{CH_3}{|}{CH-CH_3}}{}}$

3-メチル-1-ブテン

1. （誤文）考えられるアルケンは上記の6種類である。

2. （誤文）幾何異性体の関係にあるアルケンは，2-ペンテンの1組だけである。

3. （誤文）メチル基を3つもつアルケンは，2-メチル-2-ブテンのみである。

4. （誤文）上記6種類のアルケンにH_2を付加反応させると，次のペンタンと2-メチルブタンの2種類のアルカンが生じる。

$$CH_3-CH_2-CH_2-CH_2-CH_3 \quad CH_3-CH_2-\underset{\underset{CH_3}{|}}{CH}-CH_3$$

5. （正文）それぞれのアルケンにBr_2を付加反応させると，すべて不斉炭素原子をもつ化合物が生じる。

6. （正文）次の2,2-ジメチルプロパンは，上記6種類のアルケンにH_2を付加反応させても得られない。

392　第5章　解答

$$
\begin{array}{c}
\ \mathrm{CH_3} \\
\ | \\
\mathrm{H_3C-\underset{|}{C}-CH_3} \\
\ \mathrm{CH_3}
\end{array}
$$

195　解　答

問 i 　$C_{17}H_{17}N_1O_3$

問 ii 　

$$
\text{〇}-\underset{\underset{\mathrm{O}}{\|}}{\mathrm{C}}-\underset{\underset{\mathrm{H}}{|}}{\mathrm{N}}-\underset{\underset{\mathrm{CH_3}}{|}}{\mathrm{CH}}-\underset{\underset{\mathrm{O}}{\|}}{\mathrm{C}}-\mathrm{O}-\mathrm{CH_2}-\text{〇}
$$

解　説

問 i 　化合物 A 中の C と H の質量は

$$
C : 74.8 \times \frac{12}{44} = 20.4 \,(\mathrm{mg})
$$

$$
H : 15.3 \times \frac{2}{18} = 1.70 \,(\mathrm{mg})
$$

また，N_2 の分子量は 28 より，化合物 A 中の N の物質量は

$$
\frac{1.40}{28} \times 2 = 0.100 \,(\mathrm{mol})
$$

よって，化合物 A 中の O の質量は

$$
28.3 - (20.4 + 1.70 + 1.40) = 4.80 \,(\mathrm{g})
$$

となるので

$$
\begin{aligned}
C : H : N : O &= \frac{20.4}{12} : \frac{1.70}{1} : 0.100 : \frac{4.80}{16} \\
&= 1.70 : 1.70 : 0.100 : 0.300 \\
&= 17 : 17 : 1 : 3
\end{aligned}
$$

したがって，組成式は $C_{17}H_{17}NO_3$（式量 283）となり，分子量 400 以下であるから分子式も $C_{17}H_{17}NO_3$ となる。

問 ii 　B は不斉炭素原子をもつ天然の α-アミノ酸中で，最も分子量が小さいのでアラニン $\mathrm{H_2N-\underset{\underset{CH_3}{|}}{CH}-\underset{\underset{O}{\|}}{C}-OH}$ である。また，C と D は芳香族化合物であるから，ベンゼン環の置換基の炭素原子数は $17-(3+6+6)=2$ となるので，C，D の置換基の部分の C 原子数はそれぞれ 1 となる。よって，化合物 A 中の原子数を考慮し，C を酸化すると D が得られることから，C はベンジルアルコール，D は安息香酸となる。

$$
C : \text{〇}-\mathrm{CH_2-OH} \qquad D : \text{〇}-\underset{\underset{O}{\|}}{C}-OH
$$

したがって，アラニン，ベンジルアルコール，安息香酸の縮合によって生じる化合物**A**の構造式は次のようになる。

$$\text{C6H5-C(=O)-OH} + \text{H}_2\text{N-CH(CH}_3\text{)-C(=O)-OH} + \text{C6H5-CH}_2\text{-OH}$$

$$\longrightarrow \text{C6H5-C(=O)-N(H)-CH(CH}_3\text{)-C(=O)-O-CH}_2\text{-C6H5} + 2\text{H}_2\text{O}$$

196 解 答

3

解 説

ア〜カの記述から有機化合物**A**〜**F**は次のようになる。

A. C_2H_2 **B**. CH_3CH_2OH **C**. CH_3COOH **D**. CH_3CHO

E. C6H5-COOH **F**. C6H5-OH

1．（正文）イソプロピルベンゼン（クメン）を触媒を用いて酸化するとクメンヒドロペルオキシドが生成し，続いて希硫酸を用いて分解するとフェノールとアセトンが生成する。よって，相当する物質は**F**のフェノールである。

$$\text{C6H5-CH(CH}_3)_2 \xrightarrow[\text{(V}_2\text{O}_5)]{\text{O}_2} \text{C6H5-C(CH}_3)_2\text{-O-OH} \xrightarrow{\text{H}_2\text{SO}_4} \text{C6H5-OH} + \text{CH}_3\text{COCH}_3$$

2．（正文）カルボン酸である**C**の酢酸と**E**の安息香酸が相当する。

3．（誤文）ヨードホルム反応を示すものは**B**のエタノールと**D**のアセトアルデヒドの2つである。

4．（正文）**A**〜**D**は炭素数2個である。

5．（正文）**A**に H_2O を付加させると，次の反応により**D**であるアセトアルデヒド CH_3CHO が生じる。

$$C_2H_2 + H_2O \longrightarrow \text{CH}_2\text{=CH-OH} \longrightarrow CH_3CHO$$

攻略のポイント

オ．トルエンを中性〜塩基性条件下で過マンガン酸カリウムと反応させた場合，反応式は次のようになる。

394 第5章 解答

$$\text{〈ベンゼン環〉}-CH_3 + 2H_2O \longrightarrow \text{〈ベンゼン環〉}-COOH + \boxed{6H^+} + 6e^- \quad \cdots\cdots ①$$

酸性条件ではなく，中性～塩基性条件にすることで
H^+ を取り除き，反応を進みやすくする。

$$MnO_4^- + 4H^+ + 3e^- \longrightarrow MnO_2 + 2H_2O$$
$$\underline{\hspace{1.5cm} 4H_2O \hspace{1.5cm} \longrightarrow 4H^+ + 4OH^-}$$
$$MnO_4^- + 2H_2O + 3e^- \longrightarrow MnO_2 + 4OH^- \quad \cdots\cdots ②$$

① + ② × 2 より

$$\text{〈ベンゼン環〉}-CH_3 + 2MnO_4^- + 6H_2O \longrightarrow \text{〈ベンゼン環〉}-COOH + 2MnO_2 + 6H^+ + 8OH^-$$

よって，整理すると

$$\text{〈ベンゼン環〉}-CH_3 + 2MnO_4^- \longrightarrow \text{〈ベンゼン環〉}-COO^- + 2MnO_2 + H_2O + OH^-$$

---

197 解 答

2

解 説

化合物 **A** は 1 分子中に酸素原子を 2 個もつので，エステル結合が 1 つある。ここで，加水分解による生成物 **B** は，ヨードホルム反応を示すことから，R－を炭化水素基とすると，次のように反応する。

$$R-\underset{\underset{CH_3}{|}}{CH}-OH + 4I_2 + 6NaOH \longrightarrow CHI_3 + R-\underset{\underset{O}{\|}}{C}-ONa + 5NaI + 5H_2O$$

さらに，生じたカルボン酸のナトリウム塩を塩酸で処理すると，カルボン酸 **C** が生じる。

$$R-\underset{\underset{O}{\|}}{C}-ONa + HCl \longrightarrow R-\underset{\underset{O}{\|}}{C}-OH + NaCl$$

よって，**A** は分子式が $C_{17}H_{18}O_2$ であることから，次のような構造をもつ。

$$C_7H_7-\underset{\underset{CH_3}{|}}{CH}-O-\underset{\underset{O}{\|}}{C}-C_7H_7$$

1. （誤文）**A** として考えられる構造式には次の 4 種類がある。

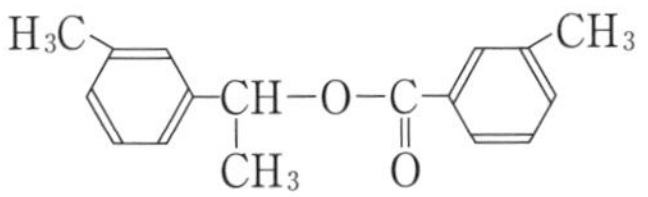

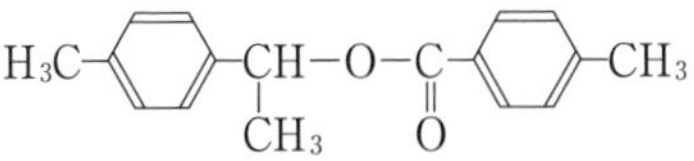

第5章　解答　395

2．（正文）たとえば**A**として次の構造をもつものを加水分解すると

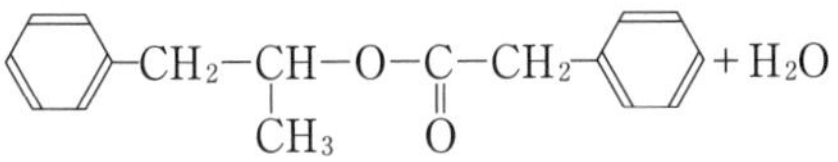

化合物**A**

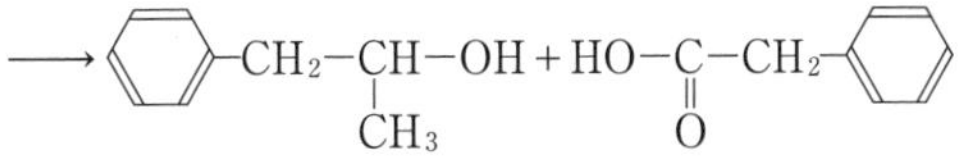

化合物**B**　　　　　　　化合物**C**

よって，**B**を脱水反応すると，3種類のアルケンが生じる。

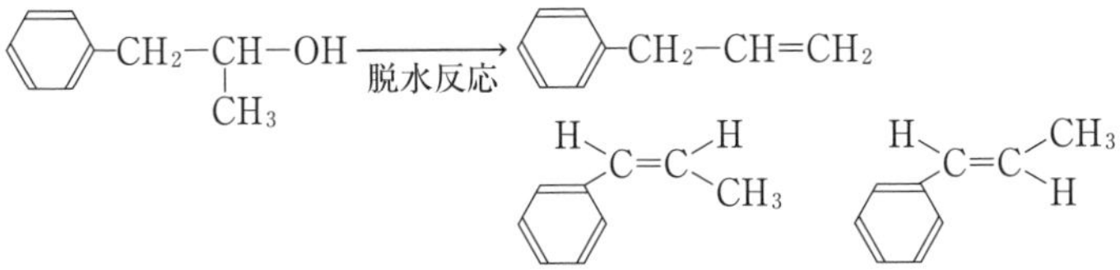

3．（誤文）**B**は $C_7H_7-CH(CH_3)-OH$ であるから，分子量は136である。一方，ナトリウムフェノキシドから得られる化合物はサリチル酸で分子量は138となる。

4．（誤文）**C**はカルボン酸なので，炭酸よりも強い酸である。

5．（誤文）**B**はアルコールで中性，**C**はカルボン酸で酸性であるから，ともに希塩酸とは反応しないので分離することはできない。

198　解答

問i　最大：1　最小：3　　　問ii　3.1

解　説

問i　それぞれの製法における x の値は次のようになる。

製法1の反応

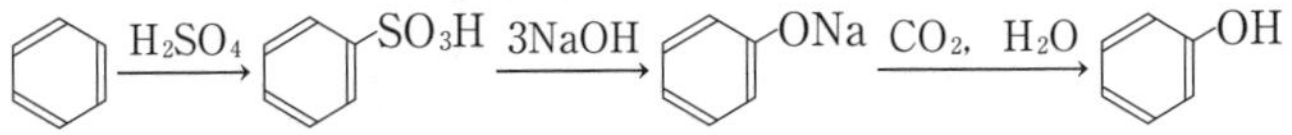

分子量はそれぞれ $C_6H_6=78$, $H_2SO_4=98$, $NaOH=40$, $CO_2=44$, $H_2O=18$, $C_6H_5OH=94$ より

$$x=\frac{78\times1+98\times1+40\times3+44\times1+18\times1}{94}=3.80\fallingdotseq3.8$$

396 第5章 解答

製法2の反応

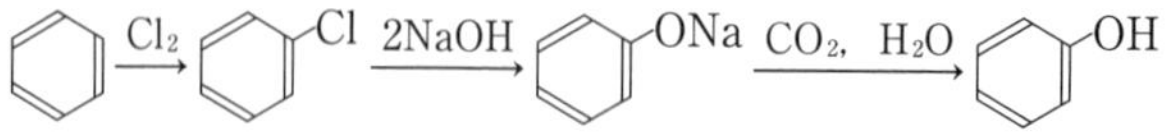

分子量はそれぞれ $C_6H_6=78$, $Cl_2=71$, $NaOH=40$, $CO_2=44$, $H_2O=18$, $C_6H_5OH=94$ より

$$x=\frac{78\times1+71\times1+40\times2+44\times1+18\times1}{94}=3.09\fallingdotseq3.1$$

製法3の反応

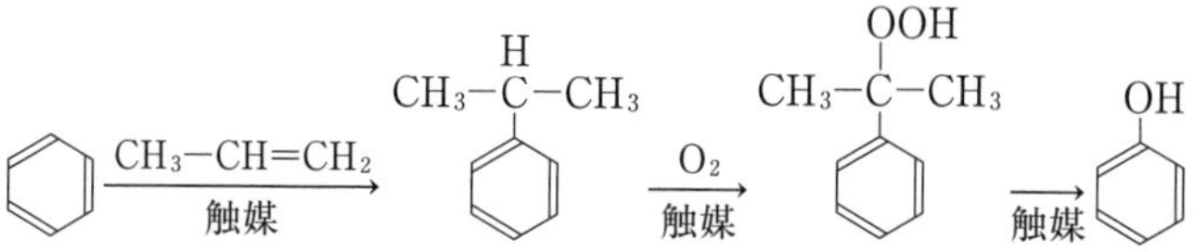

分子量はそれぞれ $C_6H_6=78$, $CH_3-CH=CH_2=42$, $O_2=32$, $C_6H_5OH=94$ より

$$x=\frac{78\times1+42\times1+32\times1}{94}=1.61\fallingdotseq1.6$$

問ii 製法2が2番目に大きい値を示すので，3.1である。

---

199 解 答

問i 2・6　　**問ii** 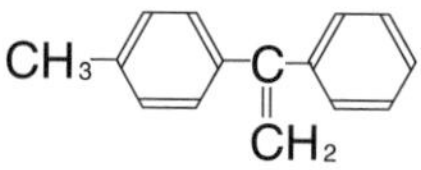 　　**問iii** 4

解 説

問i　1．(正文) 炭素原子，窒素原子，酸素原子の価電子の数は4，5，6であるが，原子価は4，3，2である。

2．(誤文) メタン分子中の炭素原子のK殻の電子は共有結合に用いられていない。

3．(正文) メタン分子，アンモニア分子，水分子の共有電子対と非共有電子対の数は次のようになる。

	CH_4	NH_3	H_2O
共有電子対	4	3	2
非共有電子対	0	1	2
合計	4	4	4

4．(正文) アセチレン $H-C\equiv C-H$ と窒素 $N\equiv N$ を比べると，アセチレンは共有電子対が5，非共有電子対が0であり，合計5となる。一方，窒素では共有電子対が3，非共有電子対が2であり，合計5である。

第5章 解答 397

5．（正文）トルエン $C_6H_5CH_3$，フェノール C_6H_5OH の構成原子の原子番号の和は総電子数に等しく，次のようになる。

$C_6H_5CH_3$：$6 \times 7 + 1 \times 8 = 50$

C_6H_5OH：$6 \times 6 + 1 \times 6 + 8 \times 1 = 50$

6．（誤文）トルエン $C_6H_5CH_3$，フェノール C_6H_5OH の構成原子の原子価の和は，C：4，H：1，O：2 となるので，次のようになる。

$C_6H_5CH_3$：$4 \times 7 + 1 \times 8 = 36$

C_6H_5OH：$4 \times 6 + 1 \times 6 + 2 \times 1 = 32$

問 ii　ア．化合物 **B** の分子式は，$C_{12}H_{10}N_2O$ だから，総電子数は

$6 \times 12 + 1 \times 10 + 7 \times 2 + 8 \times 1 = 104$

また，化合物 **A** は炭化水素なので，化合物 **B** の N_2O を **C** と **H** に置き換える必要がある。N_2O の電子数は 22 なので，C_3H_4 にかえればよい。したがって **A** の分子式は $C_{15}H_{14}$ となる。

イ．ベンゼン環の数は 2 である。

ウ．ベンゼン環に直接結合した水素原子は 9 である。

エ．異性体が生じる置換の位置は→で示した 5 カ所であるので，異性体の数は 5 種類である。

HO—〈ベンゼン環〉—N=N—〈ベンゼン環〉—

また，化合物 **A** の水素付加反応から，**A** はベンゼン環のほかに不飽和結合をもつことがわかる。さらに，この生成物は不斉炭素原子をもつことから，**A** および，その水素付加反応は次のように考えられる（C^* は不斉炭素原子を表す）。

CH_3—〈ベンゼン環〉—C〈ベンゼン環〉+H_2 ⟶ CH_3—〈ベンゼン環〉—$\overset{\text{H}}{\underset{\text{CH}_3}{C^*}}$〈ベンゼン環〉

$\parallel CH_2$

問 iii　化合物 **C** は，**問 ii** と同様にして，**B** の分子式 $C_{12}H_{10}N_2O$ の N_2 を C，H，O に置き換えればよい。つまり，N_2 の電子数は 14 であるから，C_2H_2，CO などをもち，

〈ベンゼン環〉…〈ベンゼン環〉 の構造をもつものを考えればよい。

1．（正文）例えば，次の化合物はフェノール性ヒドロキシ基をもつので塩化鉄（Ⅲ）水溶液で呈色し，他の条件を満たす化合物である。

HO—〈ベンゼン環〉—CH=CH—〈ベンゼン環〉

2．（正文）例えば，次の化合物はヨードホルム反応を示し，他の条件を満たす化合物である。

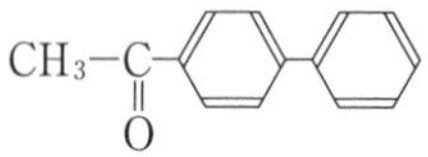

398　第5章　解答

（構造式：CH₃-C(=O)- がビフェニル基に結合した図）

3．（正文）例えば，次の化合物はカルボキシ基をもつので，炭酸水素ナトリウムと反応して CO_2 を発生し，他の条件を満たす化合物である。

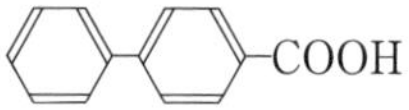

（構造式：ビフェニルに -COOH が結合した図）

4．（誤文）エステル結合をもち，加水分解によって酢酸を生じるためには，ベンゼン環の外側に $CH_3-CO-O-$ の構造をもつ必要がある。この構造と2個のベンゼン環をもつ分子は，総電子数が化合物**B**よりも多くなる。

5．（正文）例えば，次の化合物の原子価の総和は66であり，化合物**B**と等しい。

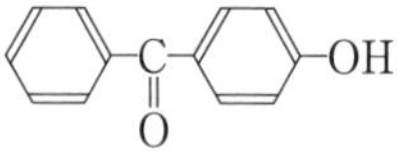

（構造式：ベンゾフェノンに -OH が結合した図）

6．（正文）化合物**C**は酸素原子を含むが，化合物**A**は含まない。また，酸素原子の電子数は8，原子価が2であり，炭素原子の電子数は6，原子価が4である。このため，化合物**A**と**C**で総電子数が等しいとき，化合物**C**の原子価の総和は，化合物**A**の原子価の総和より必ず小さくなる。

200　解答

問 i　**39％**

問 ii　**3.5g**

問 iii　**HOOC-CH₂-CH₂-CH-CH₂-CH₂-COOH**
　　　　　　　　　　　　　　　 |
　　　　　　　　　　　　　　 OH

問 iv　**2**

解説

問 i　33.1mg の化合物**A**に含まれる炭素と水素の質量は，分子量が $CO_2=44$，$H_2O=18$ より次のようになる。

$$Cの質量：61.6×\frac{12}{44}=16.8〔mg〕$$

$$Hの質量：18.9×\frac{2}{18}=2.10〔mg〕$$

窒素は1.40mgであるから，酸素の質量は

$$33.1-(16.8+2.10+1.40)=12.8〔mg〕$$

よって，酸素の質量パーセントは

第5章　解答　**399**

$$\frac{12.8}{33.1} \times 100 = 38.6 \fallingdotseq 39 〔\%〕$$

問ⅱ　問ⅰの結果より，化合物**A**の組成式は

$$C : H : N : O = \frac{16.8}{12} : \frac{2.10}{1} : \frac{1.40}{14} : \frac{12.8}{16} = 1.4 : 2.1 : 0.1 : 0.8$$
$$= 14 : 21 : 1 : 8$$

よって，分子量331より，分子式は$C_{14}H_{21}NO_8$となる。

また，問題文より，**A**およびその加水分解生成物についてまとめると，次のようになる。

(1)　**A**は分子量331でα-アミノ酸の構造をもつ。

(2)　$\mathbf{A} \xrightarrow{\mathrm{H_2O}} \mathbf{B} + \mathbf{C} + \mathbf{D}$

(3)　$\mathbf{E} + \mathrm{H_2O} \longrightarrow \mathbf{B} + \mathbf{C}$　　　**E**はエステル結合を1つもち分子量191

(4)　$\mathbf{F} + 2\mathrm{H_2O} \longrightarrow \mathbf{C} + \mathbf{D}$　　　**F**はエステル結合を2つもち分子量202

(5)　**G**はシュウ酸と推測されるので，**C**はエチレングリコール（分子量62）である。

(6)　**B**はグルタミン酸（分子量147）と推測される。

ここで，(4)の加水分解に要する水の分子数から，化合物**D**は分子内エステル結合をもつと考えられる。

よって，**D**の分子量Mは次のようになる。

$$331 + 18 \times 3 = 147 + 62 + M \quad \therefore \quad M = 176$$

したがって，求める質量は

$$\frac{6.62}{331} \times 176 = 3.52 \fallingdotseq 3.5 〔g〕$$

問ⅲ　問ⅱの結果，および化合物**D**が不斉炭素原子をもたないことから，**D**の構造式は次のように推測される。

$$\underset{\underset{\textstyle OH}{|}}{HOOC-CH_2-CH_2-CH-CH_2-CH_2-COOH}$$

問ⅳ　問ⅲより，化合物**A**の構造式は次のように推測される（C^*は不斉炭素原子を表す）。

$$H_2N-\overset{\textstyle H}{\underset{\textstyle COOH}{C^*}}-CH_2-CH_2-\overset{\textstyle}{\underset{\textstyle O}{C}}-O-CH_2-CH_2-O-\overset{\textstyle}{\underset{\textstyle O}{C}}-CH_2-CH_2-\overset{\textstyle H}{C^*}-CH_2$$

1．（正文）化合物**A**には，不斉炭素原子が2つある。

2．（誤文）グリシンは，中性アミノ酸であるから等電点は中性付近にある。一方，

400　第5章　解答

グルタミン酸は，酸性アミノ酸であるから等電点は酸性側にある。よって，グリシンの等電点の値より小さい。

3．（正文）得られる高分子化合物はポリエチレンテレフタラート（PET）である。

4．（正文）化合物**F**は次の構造式で表され，ヒドロキシ基が1個存在するので，ナトリウムと反応して水素を発生する。

$$HO-CH_2-CH_2-O-\underset{O}{C}-CH_2-CH_2-\overset{*}{C}H-CH_2$$

5．（正文）化合物**G**はシュウ酸であるから還元性があり，酸化剤である過マンガン酸カリウムと次のように反応して二酸化炭素を発生する。

$$5(COOH)_2 + 2KMnO_4 + 3H_2SO_4 \longrightarrow K_2SO_4 + 2MnSO_4 + 8H_2O + 10CO_2$$

201　解　答

問 i　C_3H_6　　問 ii　**1・6**

解　説

問 i　アルコール**B**に含まれる各原子数の比は

$$C : H : O = \frac{60.0}{12} : \frac{13.3}{1} : \frac{26.7}{16} = 5.00 : 13.3 : 1.668$$

$$= 2.99 : 7.97 : 1 \fallingdotseq 3 : 8 : 1$$

よって，アルコール**B**の組成式はC_3H_8O（式量 60）となり，分子量が 70 以下であることから，分子式はC_3H_8O（分子量 60）となる。アルコール**B**を酸化させるとケトン**C**が生じることから，アルコール**B**は第二級アルコール，すなわち 2-プロパノールである。

　一方，化合物**A**に水を付加させることによってアルコール**B**（2-プロパノール）が生じることから，化合物**A**はプロピレンC_3H_6である。

化合物**A**	アルコール**B**	ケトン**C**
プロピレン	2-プロパノール	アセトン

問 ii　1．（誤文）化合物**A**であるプロピレンは，付加重合反応によって，ポリプロピレンを生成する。

2．（正文）次の変化によって，水酸化ナトリウム水溶液に溶解するフェノールが生成する。

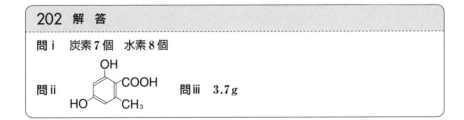

3. （正文）一般に，炭素数3以下の1価アルコールは，水によく溶ける。
4. （正文）2-プロパノールは，還元性を示さない。
5. （正文）次の反応により，アセトンが生成する。

$$(CH_3COO)_2Ca \longrightarrow CH_3COCH_3 + CaCO_3$$

6. （誤文）アセトンは，還元性を示さない。

攻略のポイント

プロピレンのような非対称なアルケンにHX型分子を付加反応させると，マルコフニコフ則に従い，酸触媒存在下において次のような中間体を経て，主生成物と副生成物が得られる。

$$CH_3-CH=CH_2 \xrightarrow{H^+} \begin{matrix} CH_3-\overset{+}{CH}-CH_3 \longrightarrow CH_3-\underset{X}{CH}-CH_3 \text{（主生成物）} \\ CH_3-CH_2-\overset{+}{CH_2} \longrightarrow CH_3-CH_2-\underset{X}{CH_2} \text{（副生成物）} \\ \text{中間体} \end{matrix}$$

ここで，中間体をカルボカチオンといい，安定な中間体から順に次のようになる（$R_1 \sim R_3$ は炭化水素基）。

$$\underset{\text{第三級カルボカチオン}}{R_1-\overset{+}{\underset{R_2}{C}}-R_3} > \underset{\text{第二級カルボカチオン}}{R_1-\overset{+}{CH}-R_2} > \underset{\text{第一級カルボカチオン}}{R_1-\overset{+}{CH_2}}$$

よって，より安定な中間体より生成する化合物が主生成物となる。

202 解答

問 i 　炭素7個　水素8個

問 ii 　[構造式：2位にCOOH、3位にCH₃、4位にOH、6位にOHを持つベンゼン環]

問 iii 　3.7 g

402　第5章　解答

解　説

問 i　化合物 **A** が脱炭酸反応して化合物 **B** を生じる際に質量が 26.2% 減少している。化合物 **A** 1 分子にカルボキシ基が n 個含まれているとすると，化合物 **A** の分子量は，CO_2 の分子量が 44 より次のようになる。

$$44 \times n \times \frac{100}{26.2} = 167.9n \fallingdotseq 168n$$

　　化合物 **A** の分子量は 200 以下であることから，$n=1$ となり，化合物 **A** の分子量は 168，化合物 **B** の分子量は $168-44=124$ となる。

　　また，化合物 **B** とナトリウムとの反応から，化合物 **B** にはナトリウムと反応する官能基が 2 つあると考えられ，さらに，化合物 **B** のベンゼン環に直接結合した水素原子 1 つを塩素原子に置換したときに生成する異性体の数は 2 であるので，化合物 **B** として次の 2 つの構造が考えられる。

よって，化合物 **B** の分子式は $C_7H_8O_2$ となる。

問 ii　化合物 **A** と過マンガン酸カリウムとの反応（とその後の酸処理）で生じた化合物を加熱すると酸無水物が生じたことから，化合物 **A** に存在するカルボキシ基は，メチル基または $-CH_2OH$ に対してオルト位に存在したと考えられるので，化合物 **A** は次の 2 つの構造式が考えられる。

化合物 **A** のベンゼン環に直接結合した H を Cl に置換したときに生成しうる異性体の数は 2 となるので，構造 II となる。

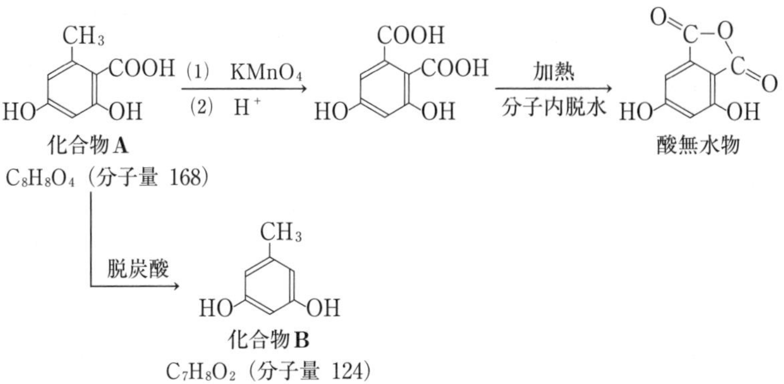

(1) KMnO$_4$　(2) H$^+$

加熱　分子内脱水

化合物 A
C$_8$H$_8$O$_4$（分子量 168）

酸無水物

脱炭酸

化合物 B
C$_7$H$_8$O$_2$（分子量 124）

問 iii 化合物 A が縮合してギロホリン酸が生じるので，化合物 A 2 分子が縮合してギロホリン酸になると考えると，ギロホリン酸の分子量が 318 となり，11.7 g では

$$\frac{11.7}{318} = 0.03679 \fallingdotseq 0.0368 \,(\text{mol})$$

また，得られる化合物 B は

$$\frac{9.30}{124} = 0.0750 \,(\text{mol})$$

よって，$0.0368 \times 2 = 0.0736 < 0.0750$ となり，適さない。

ここで，ギロホリン酸を 3 分子の化合物 A が縮合した化合物であると考えると，ギロホリン酸の分子量は 468 となり，11.7 g では

$$\frac{11.7}{468} = 0.0250 \,(\text{mol})$$

よって，得られる化合物 B は

$$0.0250 \times 3 = 0.0750 \,(\text{mol})$$

したがって，ギロホリン酸は 3 分子の化合物 A が縮合したエステルとなる。

以上より，0.0100 mol のギロホリン酸から得られる化合物 B の質量は

$$0.0100 \times 3 \times 124 = 3.72 \fallingdotseq 3.7 \,(\text{g})$$

203 解 答

問 i 96 g　　**問 ii** 1・5

問 iii

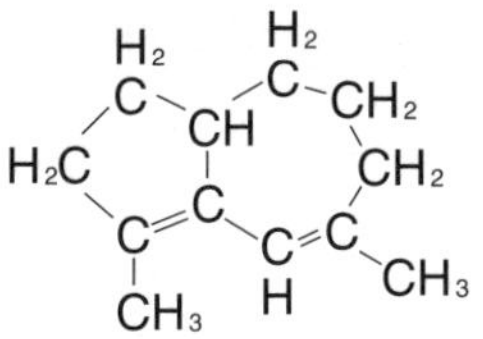

解 説

問i 12個の炭素に対して水素が18個であるから、アルカンに比べて水素が

$$(12 \times 2 + 2) - 18 = 8 \text{ 個}$$

不足している。化合物**A**には環状構造が2つあるので、二重結合による水素の減少分は4個である。したがって、化合物**A**には炭素－炭素二重結合が2つある。よって、48.6 g の化合物**A**（分子量 162）と反応する臭素（分子量 160）の質量は

$$\frac{48.6}{162} \times 2 \times 160 = 96.0 \fallingdotseq 96 \, (\text{g})$$

問ii 化合物**A**と化合物**B**の炭素数が等しいことから、反応した化合物**A**の物質量と生じた化合物**B**の物質量が等しいと考えると、化合物**B**の分子量 M_B は

$$\frac{48.6}{162} = \frac{72.6}{M_B} \quad \therefore \quad M_B = 242$$

よって、化合物**A**から化合物**B**が生じる際、分子量が $242 - 162 = 80$ 増加したことになり、酸素原子5個分に相当する。このことから、化合物**A**に含まれる2つの二重結合のうち1つは、次のように反応し

$$\begin{matrix} R^1 \\ R^2 \end{matrix} C = C \begin{matrix} R^3 \\ R^4 \end{matrix} \xrightarrow{\text{KMnO}_4} \begin{matrix} R^1 \\ R^2 \end{matrix} C = O + O = C \begin{matrix} R^3 \\ R^4 \end{matrix}$$

もう1つは、次のように反応したと考えられる。

$$\begin{matrix} R^1 \\ R^2 \end{matrix} C = C \begin{matrix} R^3 \\ H \end{matrix} \xrightarrow{\text{KMnO}_4} \begin{matrix} R^1 \\ R^2 \end{matrix} C = O + O = C \begin{matrix} R^3 \\ OH \end{matrix}$$

一方、記述**エ**より、72.6 g の化合物**B**（0.300 mol）から生じるヨードホルム CHI_3（分子量 394）が

$$\frac{236}{394} = 0.5989 \fallingdotseq 0.599 \, (\text{mol})$$

であるから、化合物**B**にはヨードホルム反応を示す構造 $\left(\begin{matrix} -C-CH_3 \\ \parallel \\ O \end{matrix} \right)$ が分子中に2

つある。

これらの条件を満たすためには、二重結合はC①－C②間に1つ存在しなければならない。また、記述**ウ**の条件を満たすためには、もう1つの二重結合はC④－C⑤間、あるいはC⑤－C⑥間、あるいはC⑨－C⑩間に存在しなければならないが、記述**オ**の条件より化合物**B**の最も長い炭素鎖の炭素数は10でなければならないので、C⑤－C⑥間に二重結合が存在する。

第5章 解答 405

$$化合物\ A\text{-}1 \quad \xrightarrow{\text{KMnO}_4} \quad 化合物\ B$$

化合物 **A-1**　　　　　　　　　　化合物 **B**

問iii　化合物 **A-1** から生じる化合物 **B** について，次のように考えると

$$\underset{10}{\text{HO}}-\underset{9}{\text{C}}-\underset{8}{\text{C}}-\underset{7}{\text{C}}-\underset{6}{\text{C}}-\underset{5}{\text{C}}-\underset{4}{\text{C}}-\underset{3}{\text{C}}-\underset{2}{\text{C}}-\underset{1}{\text{C}}$$

環はこの C–C 結合を共有している

（炭素原子に結合している水素原子は省略）

●印を付した C=O と▲印を付した C=O，および★印を付した C=O と×印を付した C=O が結合しているものが **A-1** である（6 員環が 2 つ生じる）。1 辺を共有するように，別な方法で環化させると，●―★および▲―×を結合させることによって 9 員環と 3 員環が生じる（●―×および▲―★の組合せでは辺を共有しない環となってしまう）。

記述**ウ**，記述**エ**の条件から，化合物 **B** には $-\underset{O}{\overset{\|}{\text{C}}}-\text{CH}_3$ が 2 つと $-\underset{O}{\overset{\|}{\text{C}}}-\text{OH}$ が 1 つ

存在することから，下の構造の場合

ここを共有

●―▲および★―×を結合させることにより 5 員環と 7 員環が生じ，●―★および▲―×を結合させることにより 8 員環と 4 員環が生じる。このように，主鎖（炭素数が 10 の炭素鎖）の C–C 結合を環化させたときに共有するような化合物 **B** の構造では題意を満たすことができない。

よって，側鎖の C–C 結合を（化合物 **A** にしたとき）「共有する」ような化合物 **B** の構造を考えることで，次のようになる。

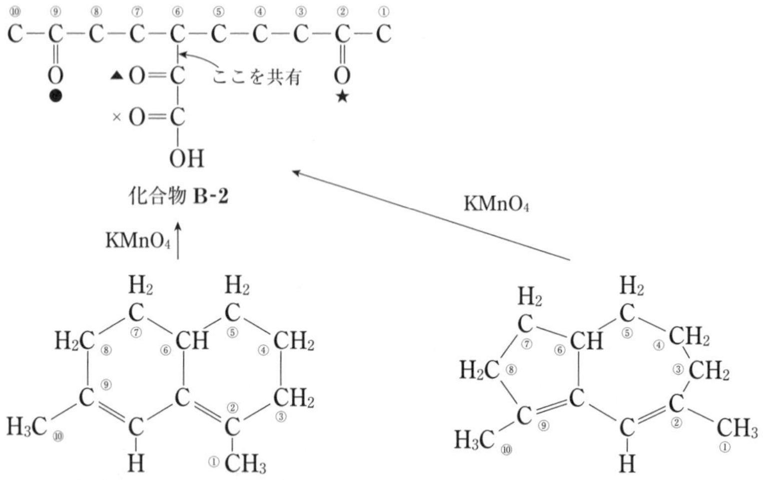

406 第5章 解答

化合物 B-2

$$C^{⑩}-C^{⑨}-C^{⑧}-C^{⑦}-C^{⑥}-C^{⑤}-C^{④}-C^{③}-C^{②}-C^{①}$$

▲O=C ここを共有

×O=C
OH
●
★

化合物 B-2

KMnO₄

KMnO₄

化合物 A-2
(●−×, ▲−★ を結合させたもの)

化合物 A-3
(●−▲, ×−★ を結合させたもの)

攻略のポイント

問ⅲ 次のように考えてもよい。化合物 **A-2**, **A-3** はともに次の部分構造をもつ。

$$H_3C\diagdown C=C\diagup H$$
部分構造⑦

$$\diagdown C=C\diagup CH_3$$
部分構造⑦

イの条件より, **A-2** は 6 員環構造を 2 つもち, **A-3** は 5 員環構造と 7 員環構造をもつと考えると, 部分構造⑦は次のような位置にくる。

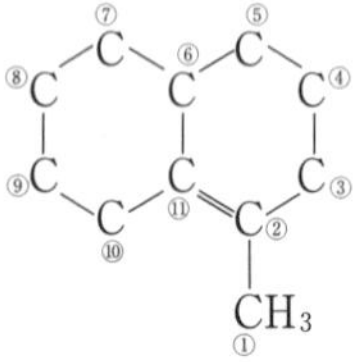

A-2 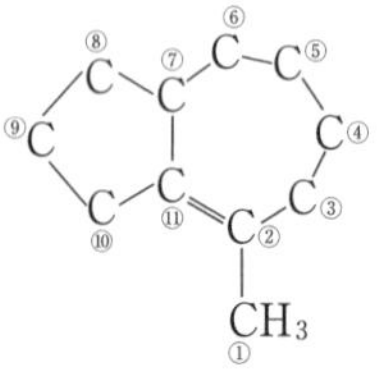   A-3-1   または   A-3-2

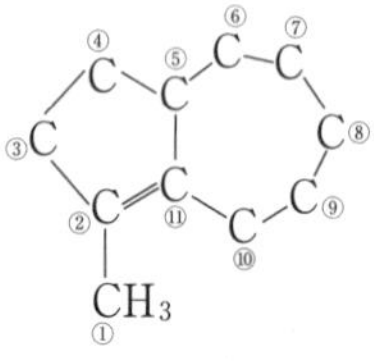

また, オの条件より部分構造⑦は, **A-2**, **A-3** ともに C⑨−C⑩の位置にくると考えられるので, それぞれ次のようになる。

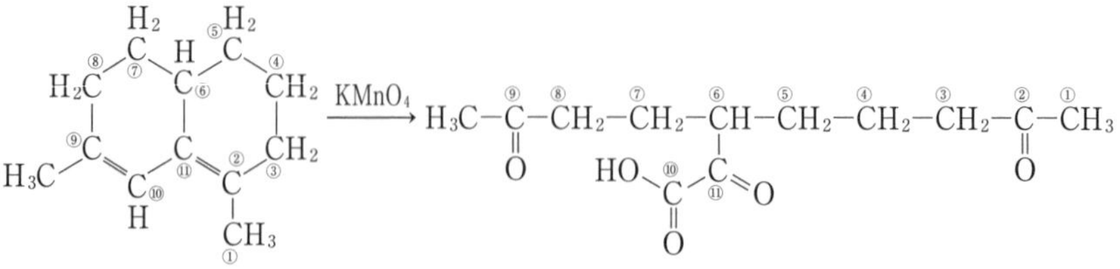

$$\xrightarrow{KMnO_4} H_3C-C^{⑨}-CH_2^{⑧}-CH_2^{⑦}-CH^{⑥}-CH_2^{⑤}-CH_2^{④}-CH_2^{③}-C^{②}-CH_3^{①}$$

A-2

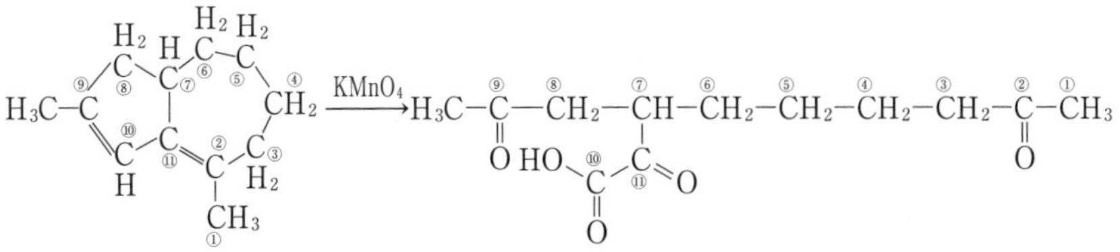

第5章 解答 407

A-3-1

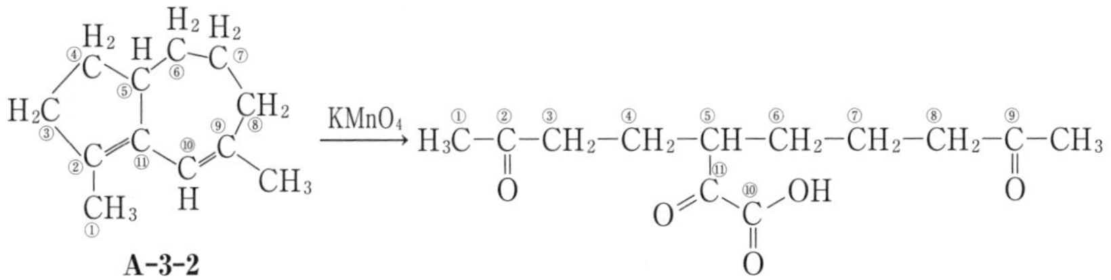

A-3-2

よって，同じ化合物 **B-2** を得るのは **A-3-2** の構造となり，**A-2**，**A-3** の構造が決まる。

---

204 解答

問 i 化合物 **C**：

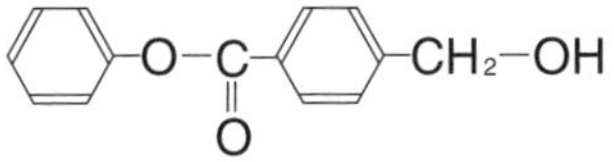

化合物 **E**：

問 ii 2

解 説

問 i 実験操作から次のことが推測される。

① のエーテル層に含まれる物質は，NaOH 水溶液中で塩にならないことから，酸性物質ではなく，アルコールである。

③ のエーテル層に含まれる物質は，二酸化炭素を十分に通じたところエーテルに溶けるようになったことから，フェノール類である。

⑤ のエーテル層に含まれる物質は，塩酸を加えたところエーテルに溶けるようになったことから，カルボン酸である。

よって，化合物 **D** はアルコール，化合物 **E**，**F** はフェノール類，化合物 **G**，**H** はカルボン酸と考えられる。

また，記述**イ**より，化合物 **H** が化合物 **C** に由来する化合物であること，記述**ウ**より，化合物 **D** が化合物 **A** に由来する化合物であることがわかる。

さらに記述**エ**からは，塩素原子で置換した際，ベンゼンの一置換体では3つの異性体が，オルト二置換体・メタ二置換体ではそれぞれ4つの異性体が存在することから，化合物**G**および化合物**H**はいずれもベンゼンのパラ二置換体であることがわかる。

以上より，化合物**A**〜**C**は以下のように推定できる。

化合物**D**（化合物**A**由来）がベンジルアルコールであり，化合物**A**に由来するもう1つの化合物**G**がp-ヒドロキシ安息香酸であることがわかるので，**A**は次の構造をもつ化合物である。

記述**オ**より，化合物**C**由来の化合物**H**はフェノール性のヒドロキシ基をもたないベンゼンのパラ二置換体のカルボン酸であるから，考えられる構造は次のようになる。

よって，化合物**C**に由来するもう1つの化合物はフェノールとなり，これが化合物**F**となる。したがって，**C**は次の構造をもつ化合物である。

記述**カ**より，化合物**E**を$KMnO_4$で酸化後，塩酸で処理すると化合物**G**が得られることから，化合物**E**はp-メチルフェノールであると考えられる。

よって，化合物Bは次の構造をもつ。

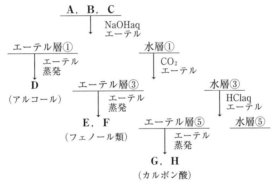
化合物E　化合物G　　　　　　化合物B

問ⅱ　1．（正文）化合物D〜Hはすべてヒドロキシ基またはカルボキシ基をもつため，ナトリウムと反応して水素を発生する。
2．（誤文）エーテル結合をもつものはない。
3．（正文）化合物DとHの2つである。
4．（正文）酸化によりポリエチレンテレフタラートの原料（テレフタル酸）を生成しうるものは化合物Hである。
5．（正文）化合物E，F，Gの3つである。

攻略のポイント

問ⅰ　与えられた条件を，次のように整理する。

```
            A, B, C
              │ NaOHaq
              │ エーテル
        ┌─────┴─────┐
     エーテル層①      水層①
        │ エーテル      │ CO₂
        │ 蒸発          │ エーテル
        D          ┌────┴────┐
      (アルコール) エーテル層③   水層③
                    │ エーテル    │ HClaq
                    │ 蒸発        │ エーテル
                    E, F      ┌───┴───┐
                  (フェノール類) エーテル層⑤ 水層⑤
                                │ エーテル
                                │ 蒸発
                                G, H
                              (カルボン酸)
```

また，D〜Hはいずれもベンゼン環をもち，A，B，Cの炭素原子数14から，$-CH_3$，$-OH$，$-COOH$，$-CH_2OH$などの置換基をもつ，ベンゼンの一置換体あるいは二置換体が考えられる。これらのことから，記述ア〜カの条件を整理することで，各化合物の構造式を推定できる。

410 第5章 解答

205 解 答

問i $C_{15}H_{25}O_{02}$　　問ii　6

問iii

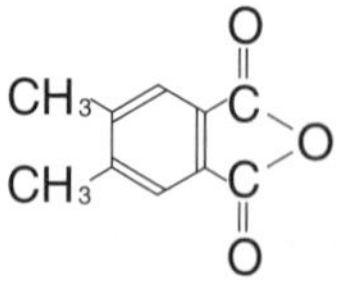

CH3 を含むフタル酸無水物の構造式 または CH3 を含む別の異性体構造式

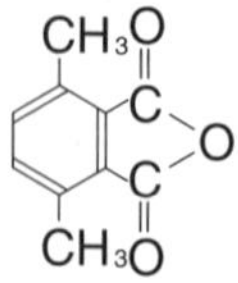

解 説

問i 化合物 A の各元素の原子数の比は次のようになる。

$$C : H : O = \frac{75.95}{12} : \frac{10.55}{1} : \frac{13.50}{16}$$

$$= 6.329 : 10.55 : 0.8437 \fallingdotseq 15 : 25 : 2$$

よって，組成式は $C_{15}H_{25}O_2$ となる。

問ii 化合物 C は $-CH_3$ を 2 個もち，$NaHCO_3$ と反応して CO_2 を発生し，さらに分子内脱水をすることから，オルト位に 2 個の $-COOH$ をもつので

$$(CH_3)_2C_6H_2(COOH)_2 \quad (分子式\ C_{10}H_{10}O_4)$$

と表される。

また，C はカルボン酸であるから，化合物 B はアルコールとなり，B と C はともに炭素数が同じであるから，B の分子式は $C_{10}H_xOH$ とおける。

さらに，C の $-COOH$ の数から，A は，B 2 分子と C 1 分子から成るジエステルで，A は次のように表される。

$$(CH_3)_2C_6H_2(COOC_{10}H_x)_2$$

よって，A の分子式は $C_{30}H_{50}O_4$ となり，$x=21$ である。したがって，B は分岐構造をもたず，酸化によりカルボン酸 D を生じるから，次のように表される。

$$CH_3(CH_2)_9OH$$

以上より，A を次のような構造式で表される化合物とした場合，それぞれの反応によって得られる化合物は次のようになる。

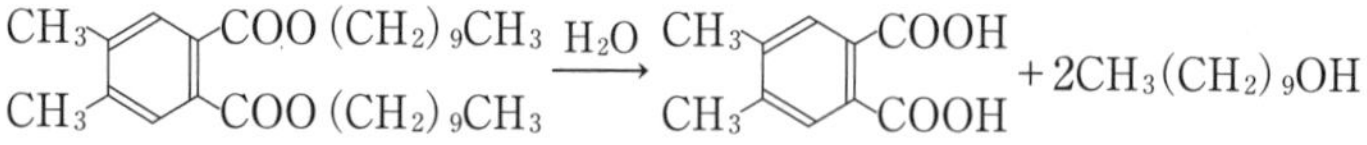

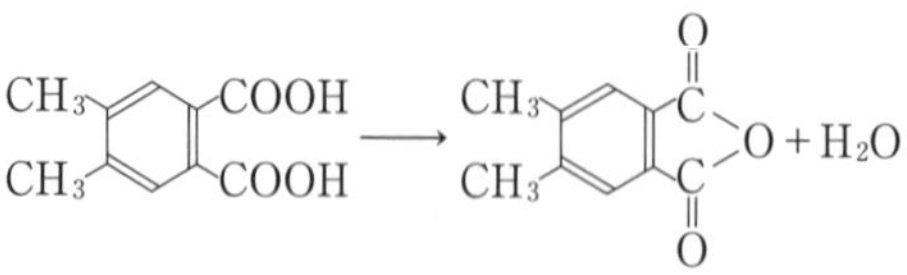

$$CH_3(CH_2)_9OH \xrightarrow{(O)} CH_3(CH_2)_8COOH$$

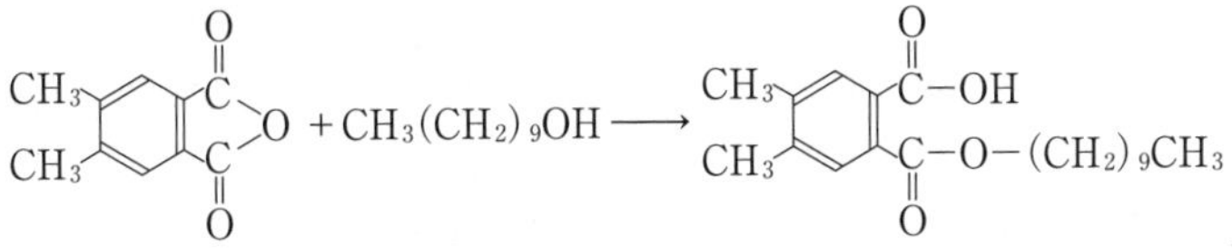

B   **D**

E   **B**   **F**（分子量 334）

ここで化合物 **F** の，2個の $-CH_3$ のつく位置の違いによる異性体を考えると次のようになる。

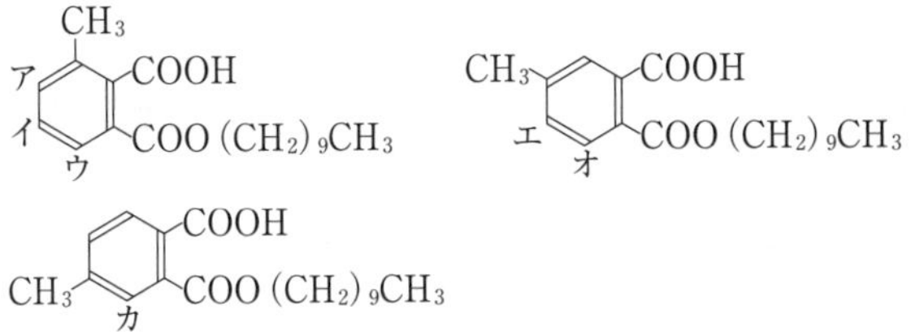

ア～カの位置に 2 個目の $-CH_3$ が結合すると，6 種類の異性体が存在する。

問 iii 化合物 **E** の対称性より，次の場合は生成物は異性体を含まない。

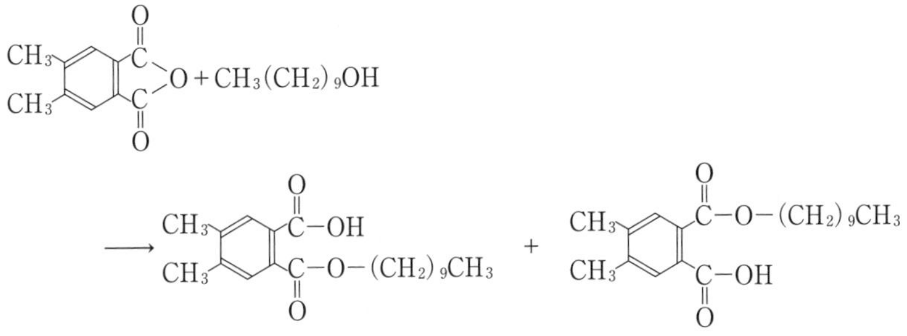

生成物は同じ分子

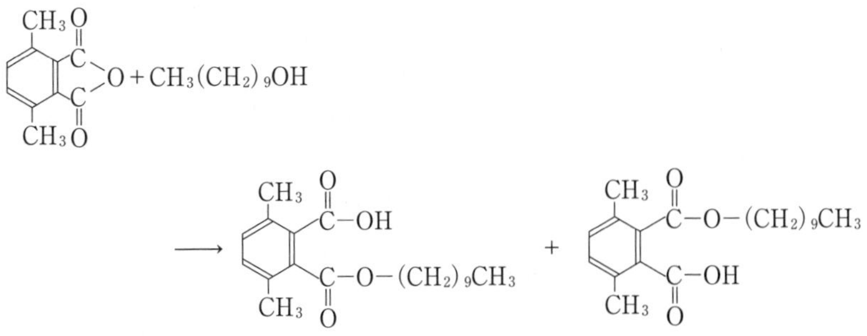

生成物は同じ分子

412　第5章　解答

206　解　答

問i　7

問ii　B. HO―⟨benzene⟩―NH―C―CH₃　　C. HO―C―⟨benzene⟩―NH―C―CH₃
　　　　　　　　　　　　　‖　　　　　　　　　‖　　　　　　　　　　‖
　　　　　　　　　　　　　O　　　　　　　　　O　　　　　　　　　O

問iii　化合物Aの合成：出発原料＝1，反応操作の順＝8
　　　　化合物Bの合成：出発原料＝1，反応操作の順＝5

解　説

記述ア～オから次のことがわかる。

- 化合物A，Bは，いずれもベンゼンのp-二置換体であり，互いに構造異性体の関係にある。
- A，Bは，いずれも $-CH_3$ をもち，炭素原子数は8である。
- A，Bの構成元素は，C，Hのほかに，NまたはO，あるいはその両方である。

問i　Aの化学式を CH_3―⟨benzene⟩―C $(H_xN_yO_z)$ とすると，CH_3―⟨benzene⟩―C の部分で103なので，$47 \leqq (H_xN_yO_z) \leqq 52$ となる。

この範囲の式量において可能な $y+z$ の値は3のみと考えられる。この y と z の組合せ（下表の①～④）に応じた側鎖が飽和または不飽和であるときの x の可能な値および分子量は次のようになる。

	y	z	可能な x	側鎖が飽和のとき		側鎖が不飽和のとき	
				x	Aの分子量	x	Aの分子量
①	3	0	5～10	㋐6	151	4	149
②	2	1	3～8	㋑5	152	㋔3	150
③	1	2	1～6	㋒4	153	㋕2	151
④	0	3	0～4	㋓3	154	㋖1	152

これより，㋐～㋖の7種類の分子式が可能である。

〔注〕　側鎖に C=N，C=O 等の二重結合が存在すると，飽和の場合と比べてHの数が2個減少する。

㋐は，例えば，CH_3―⟨benzene⟩―$CH_2-NH-NH-NH_2$ である。

㋔は，例えば，CH_3―⟨benzene⟩―C―$NH-NH_2$ である。
　　　　　　　　　　　　　　　　　‖
　　　　　　　　　　　　　　　　　O

問ii　Aはエステルであるので ―C―O― をもち，分子量が151であることから，**問**
　　　　　　　　　　　　　　　　　‖
　　　　　　　　　　　　　　　　　O

第5章　解答　**413**

ⅰの表の㋕と考えられる。よって，分子式は $C_8H_9NO_2$ である。

A が p-二置換体であること，加水分解後に $(CH_3CO)_2O$ との反応で分子量が 28 増加していることを考えると，**A** およびその反応は次のように考えられる。

$$H_2N\text{—}\underset{\textstyle \textbf{A}}{\bigcirc}\text{—}COOCH_3 \xrightarrow{\ H_2O\ } H_2N\text{—}\bigcirc\text{—}COOH$$

$C_8H_9NO_2$（分子量 151）

$$\xrightarrow{\ (CH_3CO)_2O\ } CH_3CONH\text{—}\underset{\textstyle \textbf{C}}{\bigcirc}\text{—}COOH$$

（分子量 179）

B は $FeCl_3$(aq) と反応するから，フェノール性ヒドロキシ基 −OH をもつ。**B** の分子式も $C_8H_9NO_2$ であること，題意より −CH_3 はあるが −NH−CH_3 構造はないことから，**B** の構造は次のようになる。

$$HO\text{—}\bigcirc\text{—}NH\text{—}\underset{\textstyle \underset{O}{\|}}{C}\text{—}CH_3$$

問ⅲ　**A**，**B** の合成経路はそれぞれ次のようになる（**a** 〜 **j** は反応操作を表す）。

A :

$$\bigcirc \xrightarrow[\textbf{d}]{\ CH_2=CH_2\ } \bigcirc\text{—}CH_2\text{-}CH_3 \xrightarrow[\textbf{b}]{\ ニトロ化\ } O_2N\text{—}\bigcirc\text{—}CH_2\text{-}CH_3$$

$$\xrightarrow[\textbf{e}]{\ 酸化\ } O_2N\text{—}\bigcirc\text{—}COOH \xrightarrow[\textbf{a}]{\ 還元\ } H_2N\text{—}\bigcirc\text{—}COOH$$

$$\xrightarrow[\textbf{h}]{\ \overset{CH_3OH}{エステル化}\ } H_2N\text{—}\bigcirc\text{—}COOCH_3$$

B :

$$\bigcirc \xrightarrow[\textbf{b}]{\ ニトロ化\ } \bigcirc\text{—}NO_2 \xrightarrow[\textbf{c}]{\ 還元\ } \bigcirc\text{—}NH_2$$

$$\xrightarrow[\textbf{i}]{\ アセチル化\ } \bigcirc\text{—}NHCOCH_3 \xrightarrow[\textbf{b}]{\ ニトロ化\ } O_2N\text{—}\bigcirc\text{—}NHCOCH_3$$

$$\xrightarrow[\textbf{a}]{\ 還元\ } H_2N\text{—}\bigcirc\text{—}NHCOCH_3 \xrightarrow[\textbf{j}]{\ ジアゾ化\ } ClN_2\text{—}\bigcirc\text{—}NHCOCH_3$$

$$\xrightarrow[\textbf{j}]{\ 加水分解\ } HO\text{—}\bigcirc\text{—}NHCOCH_3$$

攻略のポイント

問ⅰ　C_pH_q または $C_pH_qO_r$ で表される分子の分子量は偶数，言いかえれば，H 原子数は偶数となる。これは，C の原子価 4，H の原子価 1，O の原子価 2 より，

414 第5章 解答

$C_pH_qO_r$ 分子中の結合数が次のように表されるためである。

$$(結合数) = \frac{4p + q + 2r}{2}$$

結合数は正の整数であるから，q は偶数となる。よって，Cの原子量12，Hの原子量1，Oの原子量16より分子量は偶数となる。

一方，$C_pH_qO_rN_s$ で表される分子の場合，Nの原子価は3であるから，結合数は次のように表される。

$$(結合数) = \frac{4p + q + 2r + 3s}{2}$$

よって，s が奇数のとき q も奇数，s が偶数のとき q も偶数となる。したがって，N原子数が1なら，H原子数は奇数個で，分子量は奇数，N原子数が2なら，H原子数は偶数個で，分子量は偶数となる。

問iii ①ベンゼン環に1つめの置換基が導入されると，2つめの置換基は1つめの置換基の種類によって，オルト位またはパラ位に導入されるか，メタ位に導入されるかの2通りとなる。

	1つめの置換基の種類
オルト，パラ配向性	$-\ddot{O}H, -\ddot{N}H_2, -CH_3, -\ddot{N}HCOCH_3$ など
メタ配向性	$-NO_2, -COOH$

オルト，パラ配向性をとるものは，ベンゼン環に直結した原子が非共有電子対をもつ場合か，炭化水素基と覚えておくとよい。

②一般に芳香族化合物の合成の問題において，酸化や還元を行う場合は，酸化，還元の順に行うと覚えておきたい。これは，最初にニトロ基を還元しアミノ基にすると，次の過マンガン酸カリウムによる炭化水素基の酸化と同時に，アミノ基も酸化されてしまうためである。

207 解答

問i　1・5　　問ii　23g

問iii　$\underset{\underset{O}{\|}}{HO-C}-CH_2-CH_2-\underset{H_3C}{\overset{}{C}}=CH-CH_2-CH_2-OH$

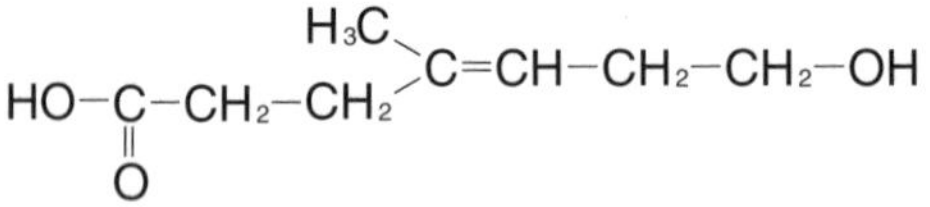

解説

化合物Aは，分子式よりエステル結合を1つもち，Aを加水分解すると1種類の化合物Bが得られたことから，環状エステルであると推定できる。オゾンを作用させ，還

第5章　解答　**415**

元剤で処理して生じた物質**C**，**D**について

C：酸性化合物で，ヨードホルム反応を示すことから，$CH_3-\overset{\overset{\displaystyle O}{\|}}{C}-$，$-COOH$ をもつと推定できる。

D：銀鏡反応を示すアルコールであるから，$-CHO$，$-OH$ をもつと推定できる。

よって，化合物**B**は $\overset{\displaystyle CH_3}{}\!\!>\!C=C\!<\!\overset{\displaystyle H}{}$ の構造をもつ。

化合物**B**に H_2 を付加させた**E**を酸化すると，2価カルボン酸**F**を生じ，**F**は不斉炭素原子をもたないことから，**B**，**F**は次の構造であると考えられる。

$$CH_3\!\!\diagdown\!\!\underset{\displaystyle H}{\overset{\displaystyle C}{\underset{\|}{}}}\!\!\diagup\!\!\overset{\displaystyle CH_2-CH_2-COOH}{\underset{\displaystyle CH_2-CH_2-OH}{}}$$

化合物**B**　　　　　　　　　　化合物**F**

$$CH_3-CH\!<\!\overset{\displaystyle CH_2-CH_2-COOH}{\underset{\displaystyle CH_2-CH_2-COOH}{}}$$

問 i 化合物**D**は，$H-\overset{\overset{\displaystyle O}{\|}}{C}-CH_2-CH_2-OH$ の構造をもつ化合物である。

1．（正文）CH_3-CH_2-COOH の1種類である。

2．（誤文）$HO-\overset{\overset{\displaystyle CH_3}{|}}{\underset{\underset{\displaystyle H}{|}}{C}}-CHO$ の1種類である。

3．（誤文）$H-\overset{\overset{\displaystyle O}{\|}}{C}-O-C_2H_5$，$CH_3-\overset{\overset{\displaystyle O}{\|}}{C}-O-CH_3$ の2種類である。

4．（誤文）$CH_3-\underset{\underset{\displaystyle OH}{|}}{CH}-CHO$，$CH_3-\overset{\overset{\displaystyle O}{\|}}{C}-CH_2-OH$ の2種類である。

5．（正文）次の5種類の化合物がある。

$$HO-CH_2-CH_2-CHO \qquad H-\overset{\overset{\displaystyle O}{\|}}{C}-O-C_2H_5 \qquad CH_3-\overset{\overset{\displaystyle H}{|}}{\underset{\underset{\displaystyle OH}{|}}{C}}-CHO$$

$$CH_3-O-CH_2-CHO \qquad CH_3-\overset{\overset{\displaystyle O}{\|}}{C}-CH_2-OH$$

ここで CH_3COCH_2OH は，単糖類のひとつ，フルクトースに含まれる官能基と同じであり，$-CHO$ をもっていないが還元性を示す。

問 ii $\underset{\text{化合物}\mathbf{A}}{C_8H_{12}O_2} \longrightarrow \underset{\text{化合物}\mathbf{C}}{C_5H_8O_3}$

のように変化するので，化合物**C**の生成量を x〔g〕とすると

$$28.0 : x = 140 : 116$$

$$\therefore\quad x = 23.2 \fallingdotseq 23〔g〕$$

416 第5章 解答

攻略のポイント

問i 5．フルクトースは，銀鏡反応を示し，フェーリング液を還元する性質を示す。

これは，フルクトースの $-\underset{\underset{O}{\|}}{C}-CH_2-OH$ の構造部分が，塩基性水溶液中で，次の

ようにエンジオール構造と平衡状態になるためである。

$$-\underset{\underset{O}{\|}}{C}-CH_2-OH \underset{塩基性}{\rightleftarrows} \underset{HO}{\overset{H}{>}}C=C\overset{<}{OH} \xrightarrow[\left(\begin{array}{c}相手を還元し\\自身は酸化さ\\れる\end{array}\right)]{-2H} \underset{O}{\overset{H}{>}}C-C\overset{<}{O}$$

還元性を示す官能基は $-CHO$ であるが，$-\underset{\underset{O}{\|}}{C}-CH_2-OH$ やシュウ酸

$HO-\underset{\underset{O}{\|}}{C}-\underset{\underset{O}{\|}}{C}-OH$ も還元性を示すことを忘れないようにしたい。

---

208 解答

問i **6** **問ii** **4** **問iii** **97 g**

解説

反応は，次のようになる。

$$CH_2=CH_2 + H_2O \longrightarrow C_2H_5OH（化合物\mathbf{A}）$$

$$C_2H_5OH \xrightarrow{(O)} CH_3CHO \xrightarrow{(O)} CH_3COOH（化合物\mathbf{B}）$$

$$Ca(OH)_2 + 2CH_3COOH \longrightarrow (CH_3COO)_2Ca + 2H_2O$$

$$(CH_3COO)_2Ca \longrightarrow CaCO_3 + CH_3COCH_3（化合物\mathbf{C}）$$

化合物 **A** はエタノール，化合物 **B** は酢酸，化合物 **C** はアセトンである。

問i 1．（誤文）$2C_2H_5OH + 2Na \longrightarrow 2C_2H_5ONa + H_2$ より，Na が 2 mol 反応する
とき，H_2 は 1 mol 得られる。

2．（誤文）170℃ では $C_2H_5OH \longrightarrow CH_2=CH_2 + H_2O$ より，分子内脱水が起こる。
140℃ 程度で反応させると，ジエチルエーテルが得られる。

3．（誤文）化合物 **B** は酢酸であるから還元性はない。

4．（誤文）$2CH_2=CH_2 + O_2 \longrightarrow 2CH_3CHO$ の反応で，アセトアルデヒドが得られる。
酢酸にするには，さらに酸素が必要である。

5．（誤文）$CH\equiv CH + H_2O \longrightarrow CH_3CHO$ より，アセトアルデヒドを生成する。

6．（正文）酢酸水溶液は弱酸性で，炭酸より強い酸である。したがって，次の反応
が起こる。

第5章 解答 **417**

$$NaHCO_3 + CH_3COOH \longrightarrow CH_3COONa + H_2O + CO_2$$

ベンゼンスルホン酸は強酸に分類され，次の反応が起こる。

$$\text{⟨⟩-SO}_3\text{H} + CH_3COONa \longrightarrow \text{⟨⟩-SO}_3\text{Na} + CH_3COOH$$

問ii 化合物 **C** およびその異性体を構造式で示すと次のようになる。

$$\underset{\text{化合物 C}}{CH_3-\overset{\overset{\displaystyle O}{\|}}{C}-CH_3}$$
$$CH_3-CH_2-\overset{\nearrow O}{\underset{\searrow H}{C}}$$
$$CH_2=CH-CH_2-OH$$

$$CH_3-CH=CH-OH \qquad \underset{OH}{CH_3-C=CH_2} \qquad CH_2=CH-O-CH_3$$

$$\underset{\underset{H}{|}}{\overset{\overset{H}{|}}{H-\overset{|}{C}-\overset{|}{C}-OH}} \qquad H-\overset{O}{\underset{H}{C}}-\overset{*}{\underset{H}{C}}\overset{CH_3}{\underset{H}{|}} \qquad \underset{CH_2-O}{\overset{CH_2-O}{|\quad\;\,|}}$$

(C* は不斉炭素原子を表す)

1．（誤文）1組である。

2．（誤文）アセトンとプロピオンアルデヒドの2つである。

3．（誤文）6つである。

4．（正文）光学異性体を含め4つである。

5．（誤文）1つである。

問iii 次のように変化する。

$$\underset{1\,mol}{CH_2=CH_2} \longrightarrow \underset{1\,mol}{CH_3COOH} \longrightarrow \underset{\frac{1}{2}mol}{(CH_3COO)_2Ca} \longrightarrow \underset{\frac{1}{2}mol}{CH_3COCH_3}$$

よって，アセトン1molをつくるには，エチレン2molが必要になる。CH_3COCH_3 の分子量は58，$CH_2=CH_2$ の分子量は28であるので

$$\frac{100}{58} \times 2 \times 28 = 96.55 \fallingdotseq 97 \text{〔g〕}$$

---

209 解答

問i 3   **問ii** 37g   **問iii** 10個

解 説

化合物 **B** が還元性を示す2価カルボン酸であることを考慮すると，**B** はシュウ酸と容易に推定できる。化合物 **A** に炭酸水素ナトリウム水溶液を加えても二酸化炭素を発生しないので，2つのカルボキシ基はともにエステル結合であり，得られるアルコール

418　第5章　解答

はC1種類であることから，Aの加水分解は，次のようになる。

$$\begin{matrix} \mathrm{COOC_2H_5} \\ | \\ \mathrm{COOC_2H_5} \end{matrix} + 2H_2O \longrightarrow \begin{matrix} \mathrm{COOH} \\ | \\ \mathrm{COOH} \end{matrix} + 2C_2H_5OH$$

　　　　A　　　　　　　　　B　　　　　C

また，化合物Dの加水分解で得られるアルコールEは酸化するとケトンFになるので，Eは第二級アルコールである。よって，得られるアルコールは1種であるから，Dはカルボキシ基1個が2-ブタノールとエステル結合した次のような構造をもつエステルである。

$$\begin{matrix} \mathrm{COOCH} \\ | \\ \mathrm{COOH} \end{matrix}\!\!\begin{matrix} \mathrm{CH_3} \\ \diagdown \\ \mathrm{C_2H_5} \end{matrix} + H_2O \longrightarrow \begin{matrix} \mathrm{COOH} \\ | \\ \mathrm{COOH} \end{matrix} + \begin{matrix} \mathrm{CH_3-CH-C_2H_5} \\ | \\ \mathrm{OH} \end{matrix}$$

　　　　D　　　　　　　　　　　B　　　　　　E

$$\begin{matrix} \mathrm{CH_3-CH-C_2H_5} \\ | \\ \mathrm{OH} \end{matrix} \xrightarrow{(O)} \begin{matrix} \mathrm{CH_3-C-C_2H_5} \\ \| \\ \mathrm{O} \end{matrix}$$

　　　　　　E　　　　　　　　　　F

問i　1．（正文）−OH はもたない。

2．（正文）Cはエタノールであるから，酸化するとアセトアルデヒドになる。

3．（誤文）C_2H_5OH と $CH_3CH(OH)C_2H_5$ は，異性体の関係にない。

4．（正文）Dは $NaHCO_3$ と次のように反応する。

$$\begin{matrix} \mathrm{COOCH} \\ | \\ \mathrm{COOH} \end{matrix}\!\!\begin{matrix} \mathrm{CH_3} \\ \diagdown \\ \mathrm{C_2H_5} \end{matrix} + NaHCO_3 \longrightarrow \begin{matrix} \mathrm{COOCH} \\ | \\ \mathrm{COONa} \end{matrix}\!\!\begin{matrix} \mathrm{CH_3} \\ \diagdown \\ \mathrm{C_2H_5} \end{matrix} + H_2O + CO_2$$

5．（正文）Eは $\mathrm{CH_3-\overset{*}{C}H-C_2H_5}$ の構造式で表され，＊印をつけた炭素が不斉炭素
　　　　　　　　　　　　　　|
　　　　　　　　　　　　　OH

原子である。

6．（正文）Eは $-\underset{\underset{\mathrm{OH}}{|}}{\mathrm{CH}}-\mathrm{CH_3}$，Fは $-\underset{\underset{\mathrm{O}}{\|}}{\mathrm{C}}-\mathrm{CH_3}$ の構造をもつので，ヨードホルム反応を示す。

問ii　$C_6H_{10}O_4 + 2H_2O \longrightarrow (COOH)_2 + 2C_2H_5OH$ より，Aの分子量は146，C_2H_5OH の分子量は46であるから

$$\frac{58.4}{146} \times 2 \times 46 = 36.8 \fallingdotseq 37 〔g〕$$

問iii　Aの異性体で条件を満たす化合物の構造式は次のようになる（C^* は不斉炭素原子を表す）。

$$
\begin{array}{c}
\underset{\displaystyle \|}{\overset{\displaystyle O}{}} \\
\mathrm{C-O-}\overset{\displaystyle \overset{CH_3}{|}}{\underset{\displaystyle \underset{H}{|}}{C^*}}\mathrm{-CH_2-CH_3}\quad(\text{化合物}\,\mathbf{D}) \\
\mathrm{C-O-H} \\
\underset{\displaystyle \|}{\overset{\displaystyle }{}}O
\end{array}
$$

他に以下の 4 つの構造異性体がある。

$$
\begin{array}{c}
\overset{\displaystyle O}{\|} \\
\mathrm{C-O-CH_2-CH_3} \\
\mathrm{CH_3-}C^*\mathrm{-H} \\
\mathrm{C-O-H} \\
\underset{\displaystyle O}{\|}
\end{array}
\qquad\qquad
\begin{array}{c}
\overset{\displaystyle O}{\|} \\
\mathrm{C-O-CH_3} \\
\mathrm{CH_3-CH_2-}C^*\mathrm{-H} \\
\mathrm{C-O-H} \\
\underset{\displaystyle O}{\|}
\end{array}
$$

$$
\begin{array}{c}
\overset{\displaystyle O}{\|} \\
\mathrm{C-O-CH_3} \\
\mathrm{CH_3-}C^*\mathrm{-H} \\
\mathrm{CH_2} \\
\mathrm{C-O-H} \\
\underset{\displaystyle O}{\|}
\end{array}
\qquad\qquad
\begin{array}{c}
\overset{\displaystyle O}{\|} \\
\mathrm{C-O-H} \\
\mathrm{CH_3-}C^*\mathrm{-H} \\
\mathrm{CH_2} \\
\mathrm{C-O-CH_3} \\
\underset{\displaystyle O}{\|}
\end{array}
$$

よって，互いに光学異性体の関係にある化合物は合計 5×2＝10 個になる。

---

210 解 答

問 i 　炭素：8 個　水素：10 個　　問 ii 　5 個

問 iii 　原料 I － 2 　原料 II － 7

　　　　反応 1 － 3 　反応 2 － 9 　反応 3 － 8 　反応 4 － 2

解 説

問 i 　記述⑨より，化合物 D，E 中の各元素の質量は次のようになる。

$$C\text{の質量}；55.0\times\frac{12}{44}=15.0\,[\mathrm{mg}]$$

$$H\text{の質量}；13.5\times\frac{1\times2}{18}=1.5\,[\mathrm{mg}]$$

$$O\text{の質量}；20.5-(15.0+1.5)=4.0\,[\mathrm{mg}]$$

よって，各原子数の比は

$$C:H:O=\frac{15.0}{12}:\frac{1.5}{1}:\frac{4.0}{16}=1.25:1.5:0.25=5:6:1$$

したがって，組成式は C_5H_6O となる。

420　第5章　解答

また出発物質の化合物**A**，**B**がベンゼン環をもち，分子量が160以下という条件から，化合物**D**，**E**の分子式は$C_{10}H_{12}O_2$となり，記述⑧より化合物**D**，**E**は酢酸エステルでアセチル基を含むので，$C_8H_9OCOCH_3$と表される。

以上より，化合物**A**，**B**はC_8H_9OHで表され，**A**は記述①〜③より，フェノール性の−OHをもつと考えられる。

問ii　化合物**B**は，記述①〜⑤から，水酸化ナトリウム水溶液および希塩酸のどちらにも溶けないことがわかるので，アルコール性の−OHをもつと推定できる。よって，化合物**B**の分子式は$C_8H_{10}O$であるから，次の5種類の構造が考えられる。

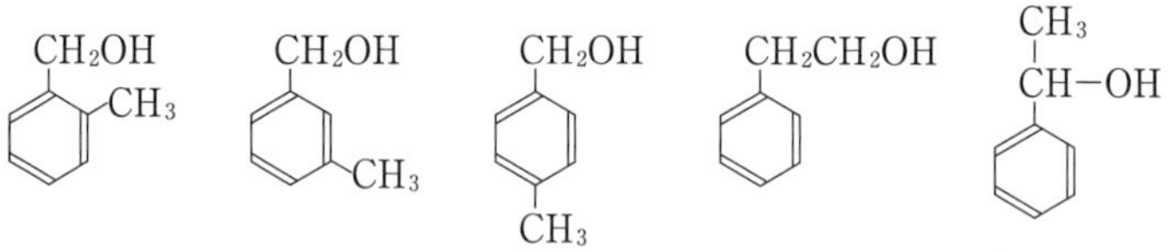

問iii　化合物**C**は−NH_2をもつと考えられるので，記述⑩の結果から，化合物**C**の分子量をM，アセチル化した数をnとすると，次式が成立する。

$$108 : 192 = M : (M - n + 43n) \quad \therefore \quad M = 54n$$

与えられた条件より$n = 2$となり，化合物**C**は，ベンゼン環とアミノ基を2つもつ右のような化合物が例として考えられる。

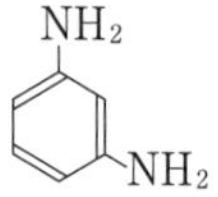

化合物**A**はフェノール性の−OHをもち，化合物**C**は2つの−NH_2をもつことから，原料と反応の組み合わせは以下のようになる。

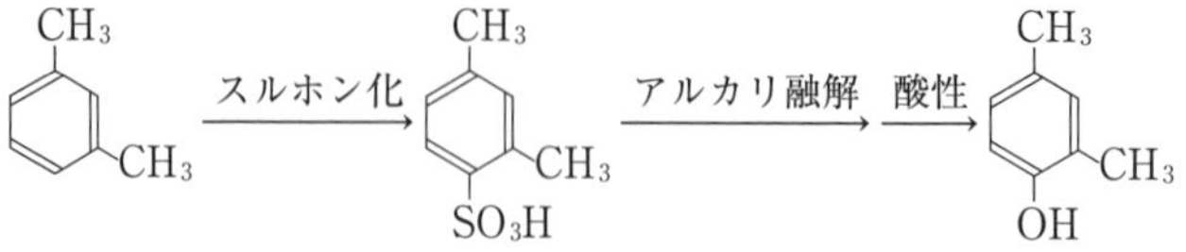

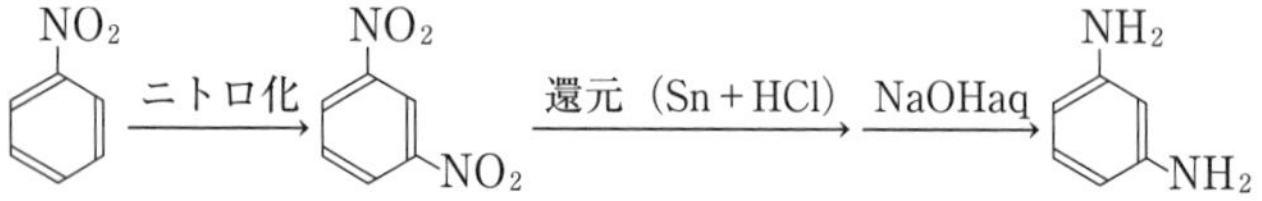

211　解　答

問i　24mol　　**問ii**　2mol　　**問iii**　炭素：16個　水素：30個	
問iv　23個　　**問v**　2	

解　説

問i　生成物**A** 1.21mg 中の各成分元素の質量は次のようになる。

第 5 章　解答　421

$$C の質量 ; 3.52 \times \frac{12}{44} = 0.96 \, (mg)$$

$$H の質量 ; 1.53 \times \frac{1 \times 2}{18} = 0.17 \, (mg)$$

$$O の質量 ; 1.21 - (0.96 + 0.17) = 0.08 \, (mg)$$

よって，各原子数の比は

$$C : H : O = \frac{0.96}{12} : \frac{0.17}{1} : \frac{0.08}{16} = 0.08 : 0.17 : 0.005 = 16 : 34 : 1$$

したがって，組成式は $C_{16}H_{34}O$（式量 242）となる。

ここで，組成式 $C_{16}H_{34}O$ の不飽和度は 0 となるので，組成式が分子式となる。

さらに，ボンビコール分子内の >C=C< の数を n とすると，分子量は $242 - 2n$ となるので

$$242 - 2n : 242 = 1.19 \times 10^{-3} : 1.21 \times 10^{-3} \qquad \therefore \quad n = 2$$

以上より，ボンビコールの分子式は $C_{16}H_{30}O$ となり，生成物 **A** の燃焼反応は次のようになる。

$$C_{16}H_{34}O + 24O_2 \longrightarrow 16CO_2 + 17H_2O$$

問 ii　ボンビコール 1 分子中には炭素一炭素二重結合が 2 つあるので，反応する H_2 は 2 mol である。

問 iv　ボンビコールの *p*-ニトロフェニルアゾ安息香酸エステルは次のように表される。

$$O_2N-\text{〈　〉}-N=N-\text{〈　〉}-\overset{\overset{\textstyle O}{\|}}{C}-O-C_{16}H_{29} \quad （分子量 491）$$

このエステルを過マンガン酸カリウム水溶液と反応させると，次のカルボン酸 **B**，**C**，**D** が得られる。

$$\mathbf{B} : O_2N-\text{〈　〉}-N=N-\text{〈　〉}-\overset{\overset{\textstyle O}{\|}}{C}-O-(CH_2)_x-COOH$$

$$\mathbf{C} : HOOC-(CH_2)_y-COOH$$

$$\mathbf{D} : C_nH_{2n+1}COOH$$

ここで，過マンガン酸カリウム水溶液と反応させる前のエステルの物質量は

$$\frac{4.91 \times 10^{-3}}{491} = 1.00 \times 10^{-5} \, (mol)$$

よって，生じた **B**，**C**，**D** の物質量も同じになるから

$$\mathbf{B} : \frac{4.41 \times 10^{-3}}{14x + 315} = 1.00 \times 10^{-5} \qquad \therefore \quad x = 9$$

$$\mathbf{C} : \frac{0.90 \times 10^{-3}}{14y + 90} = 1.00 \times 10^{-5} \qquad \therefore \quad y = 0$$

422 第5章 解答

$$\mathbf{D} : \frac{0.88 \times 10^{-3}}{14n + 46} = 1.00 \times 10^{-5} \qquad \therefore \quad n = 3$$

したがって，カルボン酸 **B** は次のように表され，炭素の数は 23 個となる。

$$O_2N-\!\!\!\!\bigcirc\!\!\!\!-N=N-\!\!\!\!\bigcirc\!\!\!\!-\overset{O}{\underset{}{\underset{\|}{C}}}-O-(CH_2)_9-COOH$$

また，各反応を整理すると次のようになる。

$$O_2N-\!\!\!\!\bigcirc\!\!\!\!-N=N-\!\!\!\!\bigcirc\!\!\!\!-\underset{\|}{C}-\underline{OH} \qquad \underline{HO}-(CH_2)_9-CH=CH-CH=CH-C_3H_7$$

p-ニトロフェニルアゾ安息香酸 　　　　　　　　　　　　ボンビコール

$$\downarrow 2H_2$$

$$+H_2O \updownarrow -H_2O \qquad\qquad CH_3-(CH_2)_{15}-OH$$
$$\mathbf{A}$$

$$O_2N-\!\!\!\!\bigcirc\!\!\!\!-N=N-\!\!\!\!\bigcirc\!\!\!\!-\overset{}{\underset{O}{\underset{\|}{C}}}-O-(CH_2)_9-CH\!\!=\!\!CH-CH\!\!=\!\!CH-C_3H_7$$

ボンビコールの p-ニトロフェニルアゾ安息香酸エステル

$$\downarrow KMnO_4 で酸化$$

$$O_2N-\!\!\!\!\bigcirc\!\!\!\!-N=N-\!\!\!\!\bigcirc\!\!\!\!-\overset{}{\underset{O}{\underset{\|}{C}}}-O-(CH_2)_9-COOH \qquad \overset{COOH}{\underset{COOH}{|}} \qquad C_3H_7-COOH$$
$$\mathbf{B} \qquad\qquad\qquad\qquad\qquad \mathbf{C} \qquad\qquad \mathbf{D}$$

問ⅴ 1．（誤文）$>\!\!C\!\!=\!\!C\!\!<$ を 2 つもつので環構造はない。

2．（正文）メチル基は末端に 1 つあり，1 種類の構造が考えられる。

3．（誤文）2 つ以上考えられる。

4．（誤文）3 つ以上考えられる。

5．（誤文）1 つではない。

6．（誤文）3 つではない。

---

212 解 答

問ⅰ　5　　問ⅱ　0.56 mol

解 説

問ⅰ 1．（誤文）還元性のある脂肪酸はギ酸 HCOOH のみであるが，炭素数 5 のアルコール **C** を酸化してもギ酸が生じることはない。

2．（誤文）$C_5H_{12}O$ で表されるアルコールは，光学異性体を考慮しないと 8 種類あり，そのうちアルコール **C** は第一級アルコールで 4 種類ある。

第一級アルコール：

$$CH_3-CH_2-CH_2-CH_2-CH_2-OH \qquad CH_3-\overset{\overset{\displaystyle CH_3}{|}}{CH}-CH_2-CH_2-OH$$

$$CH_3-CH_2-\overset{\overset{\displaystyle CH_3}{|}}{CH}-CH_2-OH \qquad CH_3-\overset{\overset{\displaystyle CH_3}{|}}{\underset{\underset{\displaystyle CH_3}{|}}{C}}-CH_2-OH$$

第二級アルコール：

$$CH_3-\underset{\underset{\displaystyle OH}{|}}{CH}-CH_2-CH_2-CH_3 \qquad CH_3-CH_2-\underset{\underset{\displaystyle OH}{|}}{CH}-CH_2-CH_3$$

$$CH_3-\underset{\underset{\displaystyle OH}{|}}{CH}-\overset{\overset{\displaystyle CH_3}{|}}{CH}-CH_3$$

第三級アルコール：

$$CH_3-\overset{\overset{\displaystyle CH_3}{|}}{\underset{\underset{\displaystyle OH}{|}}{C}}-CH_2-CH_3$$

3．（誤文）アルコール **C** は第一級アルコールであり，2 で示した第一級アルコール 4 種類のうち 3 種類は脱水反応によりアルケンを生じるが，いずれも幾何異性体を 生じない。

4．（誤文）2 で示した第一級アルコール 4 種類のうち，不斉炭素原子を含む化合物 は次の 1 種類である（${}^*C$ は不斉炭素原子を表す）。

$$CH_3-CH_2-\overset{\overset{\displaystyle CH_3}{|}}{{}^*CH}-CH_2-OH$$

5．（正文）アルコール **C** のすべての異性体とあるので，第二級，第三級アルコール も含み，次の 2 種類のアルコールがヨードホルム反応を示す。

$$CH_3-\underset{\underset{\displaystyle OH}{|}}{CH}-CH_2-CH_2-CH_3 \qquad CH_3-\underset{\underset{\displaystyle OH}{|}}{CH}-\overset{\overset{\displaystyle CH_3}{|}}{CH}-CH_3$$

6．（誤文）**C** の異性体にはエーテルも含まれ，エーテルはナトリウムと反応しない。

問ii アルコール **C** を酸化して得られる化合物 **B** は C_4H_9COOH と表される。

よって，エステル **A** の示性式は $C_4H_9COOC_5H_{11}$ となり，完全燃焼の反応式は次の ようになる。

$$C_4H_9COOC_5H_{11} + 14O_2 \longrightarrow 10CO_2 + 10H_2O$$

エステル **A** の物質量は $\dfrac{6.88}{172} = 0.0400$〔mol〕であるから，必要な O_2 の物質量は

$$0.0400 \times 14 = 0.560 \fallingdotseq 0.56 \text{〔mol〕}$$

424 第5章 解答

213 解 答

問i **9**　問ii **4**　問iii **2.2×10³kg**

解 説

化学変化をまとめると，次のようになる。

$$3CH{\equiv}CH \longrightarrow C_6H_6$$
化合物A　　　ベンゼン

$$CH{\equiv}CH + H_2 \longrightarrow CH_2{=}CH_2, \quad CH_2{=}CH_2 + H_2O \longrightarrow C_2H_5OH$$
化合物A　　　　　化合物B　　化合物B　　　　　　化合物C

$$C_2H_5OH \longrightarrow CH_2{=}CH_2 + H_2O$$
化合物C　　　化合物B

$$C_2H_5OH \xrightarrow{(O)} CH_3CHO \xrightarrow{(O)} CH_3COOH$$
化合物C　　　化合物D　　　化合物E

$$CH{\equiv}CH + H_2O \longrightarrow CH_3CHO$$
化合物A　　　　　化合物D

$$2CH_3COOH \longrightarrow (CH_3CO)_2O + H_2O$$
化合物E　　　　無水酢酸

$$C_2H_5OH + CH_3COOH \longrightarrow CH_3COOC_2H_5 + H_2O$$
化合物C　　化合物E　　　化合物F

問i　リン酸を触媒としてエチレンに水を付加させるとエタノールが生成する。エタノールの工業的製法の１つである。

問ii　この反応はヘキスト・ワッカー法といわれ，アセトアルデヒドの工業的製法である。

$$CH_2{=}CH_2 + \frac{1}{2}O_2 \longrightarrow CH_3CHO$$

問iii　化合物A（アセチレン）の物質量は

$$\frac{1300{\times}10^3}{78}{\times}3 = 5.00{\times}10^4 \,(\text{mol})$$

アセチレン2molからエタノール1molと酢酸1molを得ることができる。よって，アセチレン$5.00{\times}10^4$molを出発物質として考えると，得られる化合物Fである酢酸エチル（分子量88）の物質量は，次の反応より$5.00{\times}10^4{\times}\dfrac{1}{2} = 2.50{\times}10^4 \,(\text{mol})$となる。

$$CH_3COOH + C_2H_5OH \longrightarrow CH_3COOC_2H_5 + H_2O$$

したがって，求める質量は

$$2.50{\times}10^4{\times}88 = 2.20{\times}10^3{\times}10^3 \,(\text{g}) \fallingdotseq 2.2{\times}10^3 \,(\text{kg})$$

第5章 解答　425

214 解 答

最大となる反応： **3**　最小となる反応： **2**

解 説

1〜4の反応は次のようになる。

1. 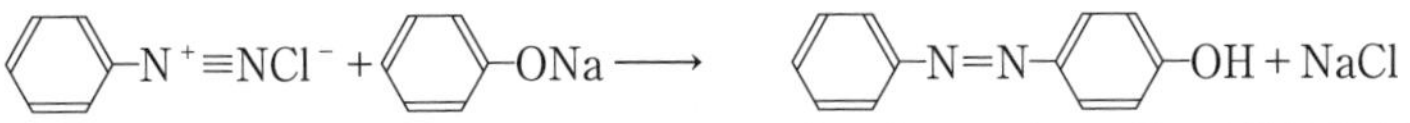 ⟨⟩−N$^+$≡NCl$^-$ + ⟨⟩−ONa ⟶　⟨⟩−N=N−⟨⟩−OH + NaCl

   p-ヒドロキシアゾベンゼン（分子量 198）

2. 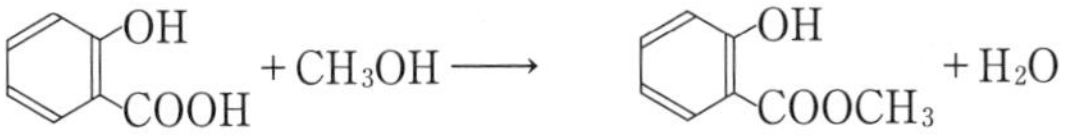 (OH)(COOH) + CH$_3$OH ⟶　(OH)(COOCH$_3$) + H$_2$O

   サリチル酸メチル（分子量 152）

3. 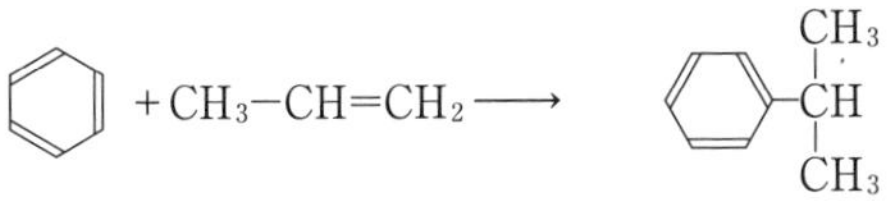 ⟨⟩ + CH$_3$−CH=CH$_2$ ⟶　⟨⟩CH(CH$_3$)(CH$_3$)

   クメン（分子量 120）

4.  ⟨⟩−CH$_3$ $\xrightarrow{\text{KMnO}_4}$ ⟨⟩−COOK $\xrightarrow{\text{H}^+}$ ⟨⟩−COOH

   安息香酸（分子量 122）

ここで，下線部の物質をそれぞれ m〔g〕用いたとすると，化合物 **A**〜**D** の質量は次のようになる。

化合物 **A**（p-ヒドロキシアゾベンゼン）：$\dfrac{m}{140.5}×198 ≒ 1.41m$〔g〕

化合物 **B**（サリチル酸メチル）：$\dfrac{m}{138}×152 ≒ 1.10m$〔g〕

化合物 **C**（クメン）：$\dfrac{m}{78}×120 ≒ 1.54m$〔g〕

化合物 **D**（安息香酸）：$\dfrac{m}{92}×122 ≒ 1.33m$〔g〕

これらの値を比較すると，化合物 **C** が最大，化合物 **B** が最小となる。

215 解 答

問 i　**49 %**　　問 ii　**27 %**

解 説

記述ア〜オから，炭素数4の炭化水素は C$_4$H$_8$，炭素数6の炭化水素は C$_6$H$_{14}$ と推定

される。ここで，C_4H_8 が x〔mol〕，C_6H_{14} が y〔mol〕あるとする。完全燃焼式は次のように表される。

$$C_4H_8 + 6O_2 \longrightarrow 4CO_2 + 4H_2O$$

$$C_6H_{14} + \frac{19}{2}O_2 \longrightarrow 6CO_2 + 7H_2O$$

記述**カ**より

$$(4x + 6y) : (4x + 7y) = 12 : 13 \quad \therefore \quad y = \frac{2}{3}x \quad \cdots\cdots①$$

記述**キ**から混合物 7.00 g 中の C_4H_8（アルケン，分子量 56）の物質量は，Br_2 の物質量と等しいので，$\dfrac{4.40}{160} = 0.0275$〔mol〕となる。よって，アルケンの質量は

$$0.0275 \times 56 = 1.54 〔g〕$$

したがって，C_4H_8（シクロアルカン）と C_6H_{14}（分子量 86）の質量は

$$(x - 0.0275) \times 56 + y \times 86 = 7.00 - 1.54 \quad \cdots\cdots②$$

①，②より

$$x = 0.0618〔mol〕, \quad y = 0.0412〔mol〕$$

問 i $\dfrac{0.0618 \times 56}{7.00} \times 100 = 49.4 ≒ 49〔\%〕$

または，次のようにして，求めてもよい。

$y = \dfrac{2}{3}x$ だから，$x = 1$〔mol〕，$y = \dfrac{2}{3}$〔mol〕とおくと

$$\frac{56}{56 + \dfrac{2}{3} \times 86} \times 100 = 49.4 ≒ 49〔\%〕$$

問 ii シクロアルカンの物質量は

$$0.0618 - 0.0275 = 0.0343〔mol〕$$

よって，求める質量パーセントは

$$\frac{0.0343 \times 56}{7.00} \times 100 = 27.4 ≒ 27〔\%〕$$

216 解答

実験ア～キの順で行うと：**6番目**
実験キ～アの順で行うと：**3番目**

解 説

▶実験ア～キの順で行った場合：

実験アで変化が起こるのは，次のアルデヒド基をもつ化合物である。

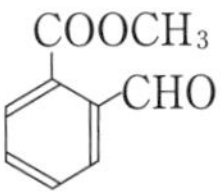

COOCH₃ / CHO（ベンゼン環，オルト位）

実験イで希塩酸によく溶けるのは，アミノ基をもつ次の化合物である。

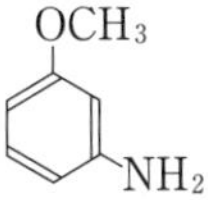

OCH₃ / NH₂（ベンゼン環，メタ位）

実験ウで変化が起こるものはない。

実験エで変化が起こるのは，次の3種類が考えられ，$-NH_2$や$-OH$のHがCH_3CO-で置換される。

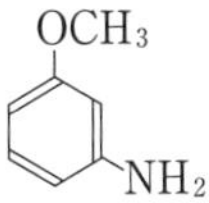

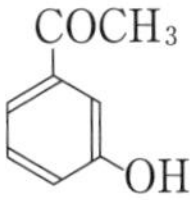

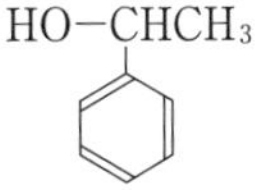

OCH₃ / NH₂ ， COCH₃ / OH ， HO−CHCH₃（ベンゼン環）

実験オでは，次の $-NH_2$ をもつ化合物のみが反応する。

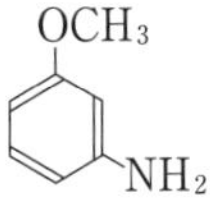

OCH₃ / NH₂（ベンゼン環，メタ位）

実験力では，フェノール類のみ呈色するので，次の物質が区別される。

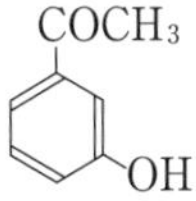

COCH₃ / OH（ベンゼン環，メタ位）

よって，**実験力**（6番目）まで行えば，すべての物質を区別できる。

▶**実験キ～アの順で行った場合：**

実験キの変化は次のようになる。

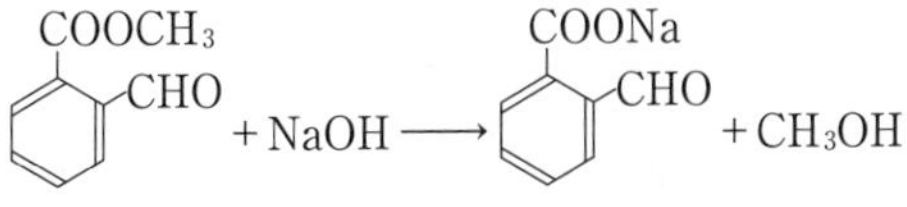

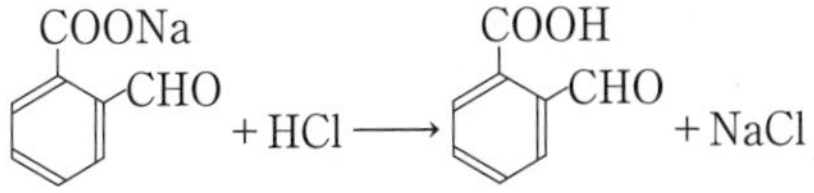

COOCH₃ / CHO $+ \text{NaOH} \longrightarrow$ COONa / CHO $+ CH_3OH$

COONa / CHO $+ \text{HCl} \longrightarrow$ COOH / CHO $+ \text{NaCl}$

ここで生成した物質がエーテル層に移る。

実験力では COCH₃ / OH が区別され，**実験オ**では OCH₃ / NH₂ が区別される。

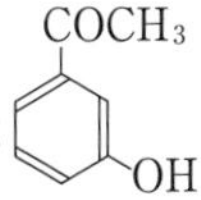

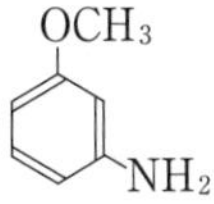

よって，**実験オ**の段階（3番目）で4つの区別ができる。

428　第5章　解答

なお，**実験キ**において，水酸化ナトリウム水溶液を加えて加熱し，次に塩酸を加え

て溶液を酸性にする際に溶解の様子を判定に用いれば，（構造式：ベンゼン環にOCH₃とNH₂）も区別できるの

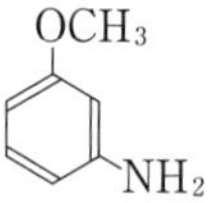

で，この場合は，2番目で4つの物質を区別できる。

---

217 解 答

問 i 　炭素：5個　水素：12個
問 ii 　8個　　問 iii 　2　　問 iv 　11

解 説

問 i 　エステル**A**の分子式 $C_nH_{2n}O_2$ より，エステル結合の C=O 以外に不飽和結合を
もたないので，アルコール**B**の示性式を $C_xH_{2x+1}OH$ と表すと

$$\frac{16}{12\times x+(2x+2)\times 1+16}\times 100 = 18.2 \quad \therefore \quad x = 4.99 \fallingdotseq 5$$

よって，アルコール**B**の分子式は，$C_5H_{12}O$ となる。

問 ii 　次の8種類のアルコールがある。

第一級アルコール：

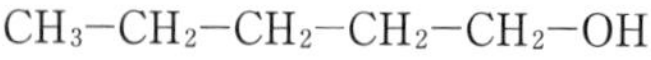

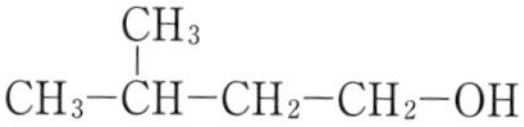

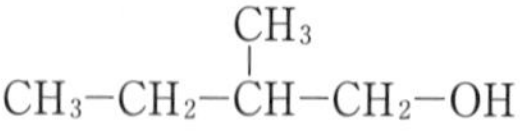

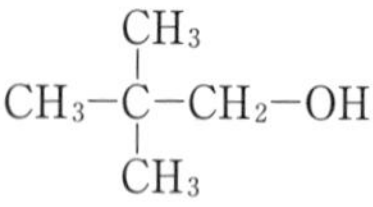

$$CH_3-CH_2-CH_2-CH_2-CH_2-OH \qquad CH_3-\underset{}{\overset{CH_3}{CH}}-CH_2-CH_2-OH$$

$$CH_3-CH_2-\underset{}{\overset{CH_3}{CH}}-CH_2-OH \qquad CH_3-\underset{CH_3}{\overset{CH_3}{C}}-CH_2-OH$$

第二級アルコール：

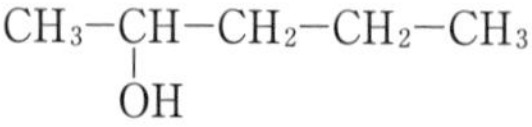

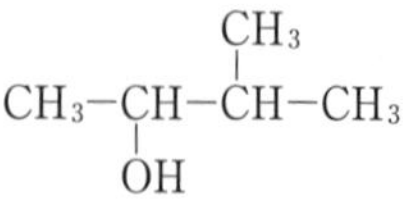

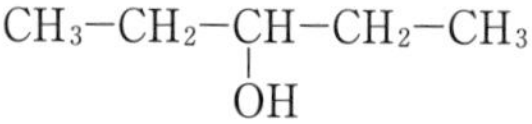

$$CH_3-\underset{OH}{CH}-CH_2-CH_2-CH_3 \qquad CH_3-\underset{OH}{CH}-\overset{CH_3}{CH}-CH_3$$

$$CH_3-CH_2-\underset{OH}{CH}-CH_2-CH_3$$

第三級アルコール：

$$CH_3-CH_2-\underset{OH}{\overset{CH_3}{C}}-CH_3$$

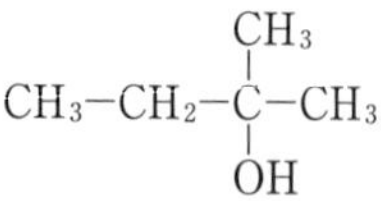

問 iii 　1について検討すると次のようになる。

・**ア**の実験結果から第一級アルコールとわかる。

第5章 解答 429

- 4種類の第一級アルコールの中には，**イ**のヨードホルム反応を示すものはない。

- 第一級アルコールで不斉炭素原子をもつものは $CH_3-CH_2-^*CH-CH_2-OH$ の1
$\overset{\displaystyle CH_3}{|}$
種類のみである（$^*C$ は不斉炭素原子を表す）。

- 脱水反応でシス-トランス異性体を生じるものはない。

これらの結果から，1つの構造異性体に決めることができる。

2についても同様に検討すると，**ウ**で不斉炭素原子をもたないという条件から，3
種類の第一級アルコールが考えられ，1つの構造異性体に決めることはできない。

3について検討すると，$CH_3-\underset{\underset{\textstyle OH}{|}}{CH}-CH_2-CH_2-CH_3$ と決定できる。

4については，$CH_3-\underset{\underset{\textstyle OH}{|}}{CH}-\overset{\overset{\textstyle CH_3}{|}}{CH}-CH_3$ と決定できる。

5については，$CH_3-CH_2-\underset{\underset{\textstyle OH}{|}}{CH}-CH_2-CH_3$ と決定できる。

6については，第三級アルコールと決定できる。

問iv 脂肪酸 C の示性式を $C_mH_{2m+1}COOH$ とおくと，燃焼式は

$$C_mH_{2m+1}COOH + \frac{3m+1}{2}O_2 \longrightarrow (m+1)CO_2 + (m+1)H_2O$$

脂肪酸 C の分子量は $14m+46$ であるから，$1.16\,g$ の脂肪酸 C を完全燃焼させるの
に必要な酸素の物質量は

$$\frac{1.16}{14m+46} \times \frac{3m+1}{2} = 0.0800 \qquad \therefore \quad m=5$$

以上から，エステル A は，$C_5H_{11}COOC_5H_{11}$ と表されるので，$n=11$ となる。

---

218 解 答

5

解 説

1．（正文）次の反応により酢酸エチルが生成する。

$$CH_3COOH + C_2H_5OH \underset{}{\overset{H^+}{\rightleftharpoons}} CH_3COOC_2H_5 + H_2O$$

2．（正文）アルコールとオキソ酸である硝酸は次のように反応する。

$$C_3H_5(OH)_3 + 3HNO_3 \longrightarrow C_3H_5(ONO_2)_3 + 3H_2O$$

濃硫酸は触媒であり，得られたニトログリセリンは硝酸エステルである。

3. （正文）酢酸エチルは水酸化ナトリウムと次のように反応する。
   $CH_3COOC_2H_5 + NaOH \longrightarrow CH_3COONa + C_2H_5OH$
4. （正文）セッケン分子は右図のように表される。
5. （誤文）脂肪油に H_2 を付加すると，

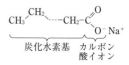

   $\diagdown C=C \diagup$ が $-\overset{|}{\underset{|}{C}}-\overset{|}{\underset{|}{C}}-$ に変化し，融点が上がる。このよ

   うにして得られる油脂は硬化油といわれる。
6. （正文）脂肪酸塩は，水溶液中で次のように反応し，塩基性を示す。
   $RCOO^- + H_2O \rightleftharpoons RCOOH + OH^-$

219 解答

問 i　73 %　　問 ii　79 g

解説

ベンゼンを出発物質として化合物 A〜G が生成する反応を示すと次のようになる。

[反応式図：ベンゼン →(Cl_2/鉄粉)→ 化合物 A（Cl, 分子量 112.5）→(NaOH 高温・高圧)→ 化合物 B（ONa）]

[反応式図：ベンゼン →($HNO_3 + H_2SO_4$)→ 化合物 C（NO_2, 分子量 123）→(Sn + HCl)→ 化合物 D（NH_3Cl）→(NaOH)→ 化合物 E（NH_2）]

[反応式図：アニリン（NH_2）→($NaNO_2 + HCl$)→ 化合物 F（N_2Cl）→(◯-ONa)→ 化合物 G（◯-N=N-◯-OH）]

問 i 化合物 G の分子量は，198 である。したがって，炭素の質量パーセントは

$\dfrac{12 \times 12}{198} \times 100 = 72.7 \fallingdotseq 73$ 〔%〕

問 ii ベンゼンの物質量は

$\dfrac{46.8}{78} = 0.600$ 〔mol〕

また，化合物 E（アニリン）の物質量は

第5章　解答　431

$$\frac{18.6}{93} = 0.200 \,〔\text{mol}〕$$

よって，ベンゼン 0.600 mol のうち 0.400 mol から 0.400 mol の化合物 B をつくり，残りの 0.200 mol よりアニリンを合成すると，化合物 B が 0.400 mol，アニリンが 0.200 + 0.200 = 0.400〔mol〕あるので，化合物 F は 0.400 mol つくられる。したがって，化合物 G は最大 0.400 mol 合成できるので，求める質量は

　　　$0.400 \times 198 = 79.2 \fallingdotseq 79〔\text{g}〕$

---

220 解　答

問A　5　　　問B　6・8

解　説

問A　ア～カの記述にあてはまる化合物はそれぞれ次のようになる。

　　　ア－1・4・6・8　　　イ－2・7・8　　　ウ－2

　　　エ－6　　　　　　　　オ－3・8　　　　カ－6

　　よって，5 はいずれにもあてはまらない。

問B　グルコースは，ア・エ・カ にあてはまる。

　　グリシンは，ア・イ・オ にあてはまる。

　　グリシンの反応（イとオ）は次のようになる。

　　　イ．$CH_2(NH_2)COOH + NaOH \longrightarrow CH_2(NH_2)COONa + H_2O$

　　　オ．$CH_2(NH_2)COOH + (CH_3CO)_2O \longrightarrow CH_2(NHCOCH_3)COOH + CH_3COOH$

---

221 解　答

5

解　説

1．（正文）次のような構造をもつものがある。

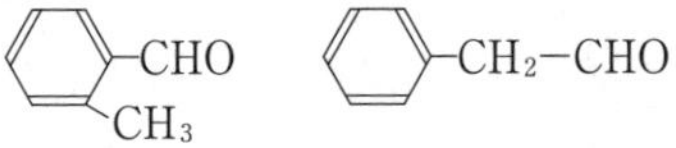

2．（正文）次のような構造をもつものがある。

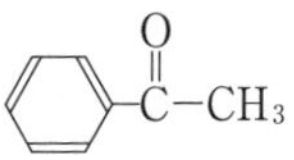

3．（正文）次のような構造をもつものがある。

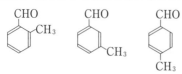

4．(正文) 次のような構造をもつものがある。

5．(誤文) 不斉炭素原子をもつ化合物はない。
6．(正文) 次のような構造をもつものがある。

222 解 答

3・6

解 説

与えられた条件からエステル**A**の構造式とその構造異性体の例を示す (*C は不斉炭素原子を表す)。

$$CH_3-{}^*CH-COO-CH_2-CH_2-CH_3 \\ \quad\quad\quad\quad\quad CH_2-COO-CH_3 \\ \quad\quad\quad\quad\quad\quad\quad\quad CH_3$$

エステル**A**

$$CH_3-{}^*CH-COO-CH_3 \\ CH_2-COO-CH-CH_2-CH_3 \\ \quad\quad\quad\quad\quad CH_3$$

エステル**A**の構造異性体

エステル**A**を加水分解すると，アルコール**B**のメタノール，アルコール**C**の2-ブタノールが生成する。2-ブタノールと2価のカルボン酸は不斉炭素原子をもつ。

$$CH_3-{}^*CH-COOH \\ \quad\quad CH_2-COOH$$

1．(誤文) アルコール**B**としてエタノールを考えると，アルコール**C**は，C_3H_7OH となり，不斉炭素原子が存在しない。
2．(誤文) アルコール**B**としてプロパノールを考えると，アルコール**C**はエタノールになり，条件に合わない。
3．(正文) 2-ブタノールが条件に合致する。
4．(誤文) アルコール**C**に炭素数5の $C_5H_{11}OH$ を考えると，アルコール**B**が存在し

なくなり，条件に合わない。

5．（誤文）炭素数6のカルボン酸**D**を考えると，アルコールの最大炭素数が3になり，不斉炭素原子をもつものが存在しなくなる。

6．（正文）

223 解答

問 i　6個　　問 ii　2　　問 iii　8個

解　説

問 i　　不飽和度＝炭素数 $-\dfrac{水素数}{2}+1$

に代入すると，水素原子の数が8となるので，この化合物の分子式は C_4H_8 となる。これらを構造式で示すと次のような6種類の異性体が存在する。

$CH_2=CH-CH_2-CH_3$　　　$CH_2=\underset{CH_3}{\overset{|}{C}}-CH_3$　　　$\underset{H}{\overset{CH_3}{\diagdown}}C=C\underset{H}{\overset{CH_3}{\diagup}}$

シス-2-ブテン

$\underset{H}{\overset{CH_3}{\diagdown}}C=C\underset{CH_3}{\overset{H}{\diagup}}$　　　$\underset{H_2C-CH_2}{\overset{H_2C-CH_2}{|\quad\quad|}}$　　　$\underset{H_2C}{\overset{H_2C}{\diagdown}}CH-CH_3$

トランス-2-ブテン

問 ii　エチレンとアセトアルデヒドを比較してみると

エチレン：$(不飽和度)=2-\dfrac{4}{2}+1=1$

アセトアルデヒド：$(不飽和度)=2-\dfrac{4}{2}+1=1$

このように酸素を含む化合物も炭化水素と同じように計算できる。これは酸素の原子価が2であるからである。

問 iii　エステル**A**の加水分解は次のように表される。

$$\underset{2.60\,g}{A}\ +\underset{x(g)}{H_2O}\ \longrightarrow\ \underset{1.76\,g}{B}\ +\ \underset{1.20\,g}{C}$$

ここで反応した水は

$x=1.76+1.20-2.60=0.36 (g)$

これより反応した水の物質量は

$\dfrac{0.36}{18}=0.020 (mol)$

よって，**A**，**B**，**C**の分子量は

434 第5章 解答

$$A : \frac{2.60}{0.020} = 130 \qquad B : \frac{1.76}{0.020} = 88 \qquad C : \frac{1.20}{0.020} = 60$$

また，アルコール **B** の元素分析から，**B** 17.6mg 中に含まれる元素の質量は次のようになる。

Cの質量：$44.0 \times \dfrac{12}{44} = 12.0$ 〔mg〕

Hの質量：$21.6 \times \dfrac{2 \times 1}{18} = 2.4$ 〔mg〕

Oの質量：$17.6 - (12.0 + 2.4) = 3.2$ 〔mg〕

よって，各原子数の比は

$$C : H : O = \frac{12.0}{12} : \frac{2.4}{1} : \frac{3.2}{16} = 1 : 2.4 : 0.2 = 5 : 12 : 1$$

したがって，組成式は $C_5H_{12}O$ となり，分子量が 88 であるから，アルコール **B** は $C_5H_{11}OH$ となる。

また，1価のカルボン酸 **C** は分子量が 60 であるから，酢酸 CH_3COOH とわかる。

以上から，エステル **A** の構造式は以下の8種類が考えられる。

$$CH_3-\overset{\displaystyle O}{\overset{\|}{C}}-O-CH_2-CH_2-CH_2-CH_2-CH_3$$

$$CH_3-\overset{\displaystyle O}{\overset{\|}{C}}-O-CH_2-CH_2-\overset{\displaystyle CH_3}{\overset{|}{C}H}-CH_3$$

$$CH_3-\overset{\displaystyle O}{\overset{\|}{C}}-O-CH_2-\overset{\displaystyle CH_3}{\overset{|}{C}H}-CH_2-CH_3 \qquad CH_3-\overset{\displaystyle O}{\overset{\|}{C}}-O-\overset{\displaystyle CH_3}{\overset{|}{C}H}-CH_2-CH_2-CH_3$$

$$CH_3-\overset{\displaystyle O}{\overset{\|}{C}}-O-CH_2-\overset{\displaystyle CH_3}{\underset{\displaystyle CH_3}{\overset{|}{\underset{|}{C}}}}-CH_3 \qquad CH_3-\overset{\displaystyle O}{\overset{\|}{C}}-O-\overset{\displaystyle CH_3}{\overset{|}{C}H}-\overset{\displaystyle CH_3}{\overset{|}{C}H}-CH_3$$

$$CH_3-\overset{\displaystyle O}{\overset{\|}{C}}-O-\overset{\displaystyle CH_3}{\underset{\displaystyle CH_3}{\overset{|}{\underset{|}{C}}}}-CH_2-CH_3 \qquad CH_3-\overset{\displaystyle O}{\overset{\|}{C}}-O-\overset{\displaystyle CH_3}{\overset{|}{\underset{|}{C}H}}-CH_2-CH_3$$

攻略のポイント

炭素と水素以外に，酸素，窒素，ハロゲン（X＝F，Cl，Br，I）を含む有機化合物 $C_mH_hO_oN_nX_x$ 分子の不飽和結合と環の数を算出することができる。

$$（不飽和結合と環の数）= \frac{\{(2m+2)-(h+x-n)\}}{2}$$

ここで，o，n，x が0のとき，相当するアルカン C_mH_{2m+2} に比べ水素原子がいくつ少ないかを調べればよいが，o，n，x が0でない場合，上式のように考えられる理由は

第5章 解答　435

次のようになる。

①酸素原子の原子価は2であるから，C，Hなどの数を変えずに酸素原子を加えることができるので，数 o は式に含まれていない。

②窒素原子の原子価が3であるから，窒素原子が1つ増えると水素原子が1つ増えるため，水素原子の数 h から窒素原子の数 n を引く。

③ハロゲン原子の原子価が1であるから，水素原子の数 h にハロゲン原子の数 x を加える。

224 解答

4

解 説

1．（正文）C_nH_{2n+2} は，アルカンの一般式で，アルカンの末端には必ずメチル基があり，最も少ないものでも，メチル基は2個ある。

2．（正文）$n=5$ のとき，メチル基の最も多い化合物は，2,2-ジメチルプロパン（下左図）である。炭素数が大きくなっても，下右図のような構造が必ずある。

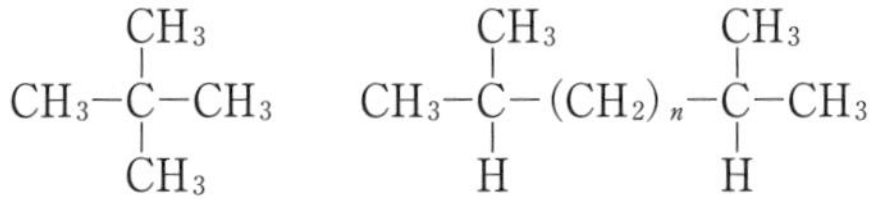

$$
\begin{array}{cc}
\quad CH_3 & \quad CH_3 \quad\quad CH_3 \\
\mid & \quad\mid\quad\quad\quad\mid \\
CH_3-C-CH_3 & CH_3-C-(CH_2)_n-C-CH_3 \\
\mid & \quad\mid\quad\quad\quad\mid \\
\quad CH_3 & \quad H\quad\quad\quad\quad H
\end{array}
$$

3．（正文）C_nH_{2n} は，二重結合を1つ含むアルケンか，シクロアルカンである。よって，次に示す構造式のようにメチル基を1つだけもつものは必ず存在する。

$$CH_3-CH_2-CH_2-CH=CH_2$$

4．（誤文）次のような構造式で表されるギ酸のエステルでは，メチル基が1つのものがある。

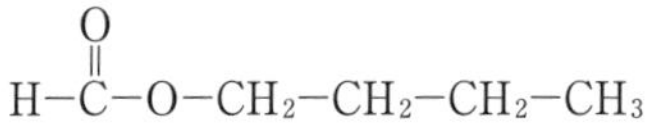

$$
\begin{array}{l}
\quad O \\
\quad \| \\
H-C-O-CH_2-CH_2-CH_2-CH_3
\end{array}
$$

5．（正文）エーテルでは，酸素をはさんで炭化水素基が結合するのでメチル基が少なくとも2つある。

225 解答

1・2

解説

化合物A〜化合物Fの関係は，次のようになる。

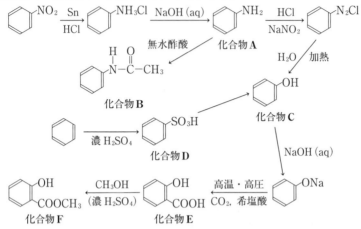

1．(正文) ニトロベンゼンをスズと塩酸で還元するときの反応式は

$2C_6H_5NO_2 + 3Sn + 14HCl \longrightarrow 2C_6H_5NH_3Cl + 3SnCl_4 + 4H_2O$

よって，スズはニトロベンゼンの少なくとも1.5倍の物質量が必要である。

2．(正文) 酸としての強さは，強い方から$-SO_3H$, $-COOH$, $-OH$の順になる。よって，酸性の強い化合物は強い方から順に

化合物D＞化合物E＞化合物C，化合物F

3．(誤文) 炭酸水素ナトリウムと反応するのは，炭酸より強い，$-SO_3H$, $-COOH$の官能基をもつ酸であり，化合物Dと化合物Eが該当する。

4．(誤文) 塩酸と反応して，塩を形成するのは化合物Aのアニリンだけである。

5．(誤文) アニリンはアンモニアより電離定数が小さいので弱い塩基である。

$NH_3 + H_2O \rightleftharpoons NH_4^+ + OH^-$　　　電離定数：1.8×10^{-5} mol/L

$C_6H_5NH_2 + H_2O \rightleftharpoons C_6H_5NH_3^+ + OH^-$　　　電離定数：4.0×10^{-10} mol/L

6．(誤文) 無水酢酸と反応してエステルを生成するのは，化合物C，化合物E，化合物Fの3つである。生成するエステルの構造式は，次のようになる。

化合物C ⟶ 〈⟩-O-C(=O)-CH_3

化合物E ⟶ 〈-COOH〉-O-C(=O)-CH_3

第5章 解答　437

$$化合物F \longrightarrow$$
（ベンゼン環に）$O-\overset{\overset{\displaystyle O}{\|}}{C}-CH_3$ と $COOCH_3$

226 解 答

5・6

解 説

$C_5H_{10}O$ の分子式をもつカルボニル化合物の構造式は，次に示した **A〜G** の 7 種類が可能である（*C は不斉炭素原子を表す）。

$$CH_3-CH_2-CH_2-CH_2-\overset{\overset{\displaystyle O}{\|}}{C}-H$$
A

$$CH_3-CH_2-\overset{*}{\underset{\underset{\displaystyle CH_3}{|}}{C}}H-\overset{\overset{\displaystyle O}{\|}}{C}-H$$
B

$$CH_3-\underset{\underset{\displaystyle CH_3}{|}}{C}H-CH_2-\overset{\overset{\displaystyle O}{\|}}{C}-H$$
C

$$CH_3-\overset{\overset{\displaystyle CH_3}{|}}{\underset{\underset{\displaystyle CH_3}{|}}{C}}-\overset{\overset{\displaystyle O}{\|}}{C}-H$$
D

$$CH_3-\overset{\overset{\displaystyle O}{\|}}{C}-CH_2-CH_2-CH_3$$
E

$$CH_3-\overset{\overset{\displaystyle O}{\|}}{C}-\underset{\underset{\displaystyle CH_3}{|}}{C}H-CH_3$$
F

$$CH_3-CH_2-\overset{\overset{\displaystyle O}{\|}}{C}-CH_2-CH_3$$
G

1．（正文）銀鏡反応を示すのは，アルデヒド基をもつもので，**A**，**B**，**C**，**D** が該当する。

2．（正文）この中でヨードホルム反応を示すのは，$CH_3-\overset{\overset{\displaystyle O}{\|}}{C}-$ の構造をもつ化合物で，**E**，**F** が該当する。

3．（正文）**B** が該当する。

4．（正文）**E**，**F** を還元すると，次の化合物が生成する。

$$E \longrightarrow CH_3-\overset{*}{\underset{\underset{\displaystyle OH}{|}}{C}}H-CH_2-CH_2-CH_3$$

438　第5章　解答

$$F \longrightarrow CH_3-\overset{OH}{\underset{\underset{CH_3}{|}}{\overset{|}{C}^*H}}-CH-CH_3$$

5．（誤文）該当するのは，**E**，**G**の2つであり，次のように反応する。

$$\mathbf{E} \xrightarrow[H_2]{} CH_3-\overset{OH}{\overset{|}{C}H}-CH_2-CH_2-CH_3 \qquad \mathbf{G} \xrightarrow[H_2]{} CH_3-CH_2-\overset{OH}{\overset{|}{C}H}-CH_2-CH_3$$

$$\underset{H}{\overset{CH_3}{}}C=C\underset{H}{\overset{CH_2-CH_3}{}} \qquad \underset{CH_3}{\overset{H}{}}C=C\underset{H}{\overset{CH_2-CH_3}{}}$$

6．（誤文）該当するのは，**E**のみである。

7．（正文）

227　解　答

問 i　炭素：**43個**　水素：**76個**　　問 ii　**7個**

解　説

問 i　ジアシルグリセロールの構造式を X，分子量を M とすると，加水分解反応は次のように表され，生成する化合物 **A** の分子量は $\dfrac{M+36-92}{2}$ となる。

$$\begin{matrix} CH_2-O-\overset{O}{\overset{\|}{C}}-R \\ CH-OH \\ CH_2-O-\underset{C}{\overset{O}{\overset{\|}{C}}}-R \\ X \\ (\text{分子量 } M) \end{matrix} +2H_2O \longrightarrow \begin{matrix} CH_2-OH \\ CH-OH \\ CH_2-OH \\ \text{化合物 } \mathbf{A} \\ \left(\text{分子量 } \dfrac{M-56}{2}\right) \end{matrix} + 2R-COOH$$

よって，次の関係式より M は

$$\frac{16.80}{M}\times 2 = \frac{15.40}{\dfrac{M-56}{2}} \qquad \therefore \quad M=672$$

したがって，化合物 **A** の分子量は 308 となる。

また，化合物 **A** 1分子に付加した水素分子数を x とすると

$$\frac{7.70}{308}=\frac{7.80}{308+2x} \qquad \therefore \quad x=2$$

このことから化合物 **B** を $C_nH_{2n+1}COOH$（分子量 $14n+46$）とすると，分子量が 312 となるから

$$14n+46=312 \quad \therefore \quad n=19$$

以上より，ジアシルグリセロールの構造式 **X** において **R** の部分は $C_{19}H_{35}$ となる。
よって，炭素 43 個，水素 76 個である。

問ii **A** を O_3 と反応させ，続いて H_2O_2 と反応させると次のようになる。

$$R_1-CH=CH-R_2-CH=CH-R_3-COOH$$

化合物 **A**（分子量 308）

$$\xrightarrow{O_3} \xrightarrow{H_2O_2} R_1-COOH, \quad HOOC-R_2-COOH, \quad HOOC-R_3-COOH$$

ここで，生じるのは 1 価カルボン酸 **C** と 2 価カルボン酸 **D** の 2 種なので，R_2 と R_3 は同じものとなる。よって，2 価カルボン酸の分子量を M' とすると

$$\frac{7.70}{308} : \frac{8.00}{M'} = 1 : 2 \quad \therefore \quad M'=160$$

したがって，R_2 の部分を $-(CH_2)_n-$ と考えると

$$14n=160-45\times2 \quad \therefore \quad n=5$$

以上から，**D** は $HOOC-C_5H_{10}-COOH$ と表され，炭素の数は 7 個となる。

---

228 解 答

4

解 説

1．（誤文）C_nH_{2n-2} はアルキンの一般式であるが，C_nH_{2n-2} で表される化合物には二重結合 2 個，環状構造と二重結合 1 個ずつ，環状構造 2 個のものもある。

2．（誤文）二重結合に直接結合している原子は同一平面上に配置している。エチレンはすべての原子が同一平面上に配置しているが，プロペン（プロピレン）では，二重結合に直接結合している原子は同一平面上に配置しているが，それ以外の 3 個の水素原子は同一平面上にない。

3．（誤文）アセトアルデヒドは，エチレンに触媒（塩化パラジウムと塩化銅を含む）の存在下で酸素を反応させることで生成する。

4．（正文）次の 4 つがある。

5．（誤文）塩化ビニルは，アセチレンに塩化水素を付加反応させることによって生成する。

440 第5章 解答

6. （誤文）二重結合が空気中の O_2 などにより酸化されて切断されると，食用油やゴムの劣化が起こる。

229 解 答

1・3

解 説

1. 分離できない。ベンゼンと生成するニトロベンゼンはともに中性物質なので，抽出によっては分離できない。分離は沸点の違いによる分留が適当である。
2. アにより分離できる。生成するアニリンは塩基性物質であるので，塩酸と反応して，アニリン塩酸塩として水層に移る。ニトロベンゼンは中性物質なのでエーテル層に移動して分離できる。アニリンを回収するには，塩酸の入った水層に水酸化ナトリウムを加えて塩基性にし，エーテルで抽出すればよい。
3. 分離できない。アセチルサリチル酸を水酸化ナトリウムでけん化すると，サリチル酸のナトリウム塩が生成する。けん化されなかったものは中和反応によって生じるアセチルサリチル酸のナトリウム塩と原料であるアセチルサリチル酸である。いずれにしてもカルボン酸のナトリウム塩またはカルボキシ基をもつので分離できない。
4. イまたはウにより分離できる。生成するベンゼンスルホン酸は強い酸性の物質である。よって，塩基性の物質と反応してベンゼンスルホン酸の塩になり水層に移る。ここへベンゼンスルホン酸より強い酸を加えベンゼンスルホン酸を遊離させ，エーテルで抽出すればよい。
5. アにより分離できる。生成するアセトアニリドは，中性の物質であるが，アニリンは塩基であるから，酸性の物質を加えると水層に移動する。
6. イかウにより分離できる。生成する安息香酸エチルは中性の物質だから，未反応の安息香酸を $NaHCO_3$ などと反応させて塩にし，水層に移動させれば分離できる。

230 解 答

2

解 説

$C_5H_{12}O$ のアルコールの構造式はア～クの8種類が可能である。記述1～5について，該当する構造式に1～5の番号をつけると次のようになる（*C は不斉炭素原子を表

す)。

$$CH_3-CH_2-CH_2-CH_2-CH_2-OH$$

ア(4)

$$CH_3-CH_2-CH_2-\overset{*}{C}H-CH_3$$
$$\underset{\displaystyle OH}{\big|}$$

イ(1, 2, 3)

$$CH_3-CH_2-\underset{\displaystyle \overset{\big|}{OH}}{CH}-CH_2-CH_3$$

ウ(3)

$$CH_3-CH_2-\overset{\displaystyle \overset{CH_3}{\big|}}{\overset{*}{C}H}-CH_2-OH$$

エ(1, 4)

$$CH_3-CH_2-\overset{\displaystyle \overset{CH_3}{\big|}}{\underset{\displaystyle \overset{\big|}{OH}}{C}}-CH_3$$

オ(5)

$$CH_3-\overset{\displaystyle \overset{CH_3}{\big|}}{\underset{\displaystyle \overset{\big|}{OH}}{\overset{*}{C}H}}-CH-CH_3$$

カ(1, 2)

$$HO-CH_2-CH_2-\overset{\displaystyle \overset{CH_3}{\big|}}{CH}-CH_3$$

キ(4)

$$CH_3-\overset{\displaystyle \overset{CH_3}{\big|}}{\underset{\displaystyle \overset{\big|}{CH_3}}{C}}-CH_2-OH$$

ク(4)

1．（正文）

2．（誤文）ヨードホルム反応を示す構造は，アルコールでは $CH_3CH(OH)-$ である。この構造をもつものは2種類である。

3．（正文）**イ**から生じるアルケンは

$$CH_3-CH_2 \underset{H}{\overset{}{\diagdown}} C=C \underset{CH_3}{\overset{H}{\diagup}} \qquad CH_3-CH_2 \underset{}{\overset{H}{\diagdown}} C=C \underset{CH_3}{\overset{H}{\diagup}}$$

$$CH_3-CH_2-CH_2 \underset{H}{\overset{}{\diagdown}} C=C \underset{H}{\overset{H}{\diagup}}$$

ウから生じるアルケンは

$$CH_3-CH_2 \underset{H}{\overset{}{\diagdown}} C=C \underset{CH_3}{\overset{H}{\diagup}} \qquad CH_3-CH_2 \underset{}{\overset{H}{\diagdown}} C=C \underset{CH_3}{\overset{H}{\diagup}}$$

4．（正文）酸化すると銀鏡反応を示す化合物を生じるアルコールは第一級アルコールである。

5．（正文）酸化されにくいアルコールは第三級アルコールである。

231 解 答

$m = 30 \quad n = 54$

解 説

二重結合の数を x とすると，アルコールの分子式は $C_mH_{2m+2-2x}O$（分子量

442　第5章　解答

$14m - 2x + 18$）と表される。また，燃焼反応と臭素の付加反応を化学反応式で示すと次のようになる。

$$C_mH_{2m+2-2x}O + \frac{3m-x}{2}O_2 \longrightarrow mCO_2 + (m+1-x)H_2O$$

$$C_mH_{2m+2-2x}O + xBr_2 \longrightarrow C_mH_{2m+2-2x}OBr_{2x}$$

燃焼反応より

$$1 : \frac{3m-x}{2} = \frac{8.60}{14m-2x+18} : 0.860 \quad \cdots\cdots①$$

臭素付加反応より

$$1 : 1 = \frac{8.60}{14m-2x+18} : \frac{21.40}{14m+158x+18} \quad \cdots\cdots②$$

①，②より

$$x = 4, \quad m = 30$$

よって　　$n = 2 \times 30 + 2 - 2 \times 4 = 54$

第6章　天然有機化合物,合成高分子化合物

232　解　答

3

解　説

記述ア～エより,高分子化合物 **A**～**D** は次のようになる。

ア. $n\mathrm{CH_2{=}CH} \longrightarrow$ $\begin{array}{c}\\ \mathrm{CH_3}\end{array}$ $\left[\mathrm{CH_2{-}CH}\right]_n$ $\begin{array}{c}\\ \mathrm{CH_3}\end{array}$

　　　　　　　　　　A (ポリプロピレン)

イ. $n\mathrm{CH{=}CH_2} \longrightarrow$ $\left[\mathrm{CH{-}CH_2}\right]_n$

　　　　　　　　B (ポリスチレン)

ウ. $n\mathrm{H_2N{-}(CH_2)_6{-}NH_2} + n\mathrm{HO{-}\underset{O}{C}{-}(CH_2)_4{-}\underset{O}{C}{-}OH}$

$\longrightarrow \mathrm{H}{-}\!\left[\mathrm{N{-}(CH_2)_6{-}\underset{H}{N}{-}\underset{O}{C}{-}(CH_2)_4{-}\underset{O}{C}}\right]_n\!{-}\mathrm{OH} + (2n-1)\mathrm{H_2O}$

　　　　　　　　　　　　　　　　C (ナイロン 66)

エ. $n\mathrm{H_2C}\!\begin{array}{c}\mathrm{CH_2{-}CH_2{-}N{-}H}\\ \mathrm{CH_2{-}CH_2{-}C{=}O}\end{array} \longrightarrow \left[\mathrm{N{-}(CH_2)_5{-}\underset{O}{C}}\right]_n$

　　　　　　　　　　D (ナイロン 6)

1. (正文) 結晶部分では分子間力が大きくはたらき,同じ質量あたりの体積が小さくなるため,密度は大きくなる。

2. (正文) ポリスチレンは,包装材料や断熱材 (発泡ポリスチレン) などに用いられる。

3. (誤文) 合成された高分子化合物はいろいろな分子量の分子の集まりであり,平均分子量 $1.04{\times}10^4$ であっても,すべての分子において重合度 100 以上とは限らない。

4. (正文) **C** のナイロン 66 の末端部分はアミノ基とカルボキシ基であるから,アミノ基とカルボキシ基がすべてなくなるまで反応させると,得られる高分子化合物は環状構造になる。

5. (正文) **C** の繰り返し単位の組成式は $C_{12}H_{22}N_2O_2$,**D** の繰り返し単位の組成式は $C_6H_{11}NO$ となるので,繰り返し単位中の窒素の含有率は同じである。

444 第6章 解答

6．（正文）A ～ D はすべて鎖状構造であり，熱を加えると粒子の熱運動により軟らかくなり，冷えると硬くなる熱可塑性の化合物である。

---

233 解 答

6

解 説

記述ア～ウより，単糖 A ～ C は次のようになる。

ア． マルトース（麦芽糖）を加水分解すると，グルコース 2 分子が生成する。よって，A はグルコースである。

イ． スクロース（ショ糖）を加水分解すると，グルコースとフルクトースが得られる。よって，B はフルクトースである。

ウ． ラクトース（乳糖）を加水分解すると，グルコースとガラクトースに分解される。よって，C はガラクトースである。

1．（正文）A ～ C の単糖の分子式は $C_6H_{12}O_6$ であり，A，B は構造異性体の関係にある。

2．（正文）ヨウ素分子が，デンプンやグリコーゲン中のらせん構造内に取り込まれ，らせん構造の長さに応じて呈色する。らせん構造が長いアミロースは濃青色，枝分かれ構造をもつアミロペクチンは赤紫色，らせん構造が短く，多くの枝分かれ構造をもつグリコーゲンは赤褐色を呈する。

3．（正文）α-グルコースの 1 位のヒドロキシ基どうしで脱水縮合した二糖を，トレハロースという。トレハロースは，次の構造式で表され，ヘミアセタール構造をもたず還元性を示さない。

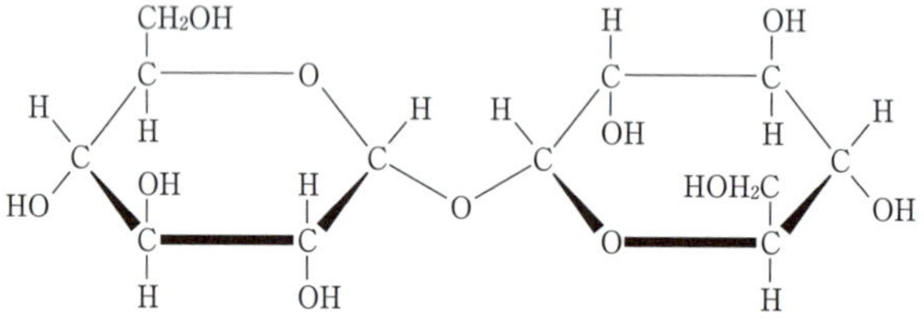

4．（正文）α-グルコースが脱水縮合してできるアミロースとアミロペクチン，β-グルコースが脱水縮合してできるセルロース，セルロースを加水分解してできる二糖類であるセロビオースをそれぞれ加水分解すると，すべてグルコースになる。

5．（正文）グルコースは，水溶液中では，α-グルコース，β-グルコース，鎖状構造のグルコースの平衡混合物となっている。このうち還元性を示すのは，ホルミル基をもつ鎖状構造のグルコースである。

第6章 解答 **445**

6. （誤文）**B**であるフルクトースの鎖状構造中のカルボニル基は，次の平衡反応により，ホルミル基をもつ構造に変化する。

$$\underset{O\ \ OH}{-C-C-H} \rightleftharpoons \underset{OH\ OH}{-C=C-H} \rightleftharpoons \underset{OH \vdots O}{-\overset{H}{\underset{|}{C}}-\boxed{\underset{\vdots}{C}-H}}$$

（エンジオール構造）　　　　　ホルミル基

また，ホルミル基はフェーリング液中の Cu^{2+} と次のように反応し，Cu_2O（式量 144）の赤色沈殿を生じる。

$$\left[\ \underset{(\text{フルクトース})}{-CHO}\ +2Cu^{2+}+5OH^- \longrightarrow -COO^-+Cu_2O\downarrow+3H_2O\ \right]$$

フルクトースの分子量は180なので，生成する Cu_2O の質量〔g〕は

$$\frac{1.80}{180}\times144=1.44\ \text{〔g〕}$$

7. （正文）マルトース x〔mol〕，スクロース y〔mol〕，ラクトース z〔mol〕とすると，加水分解により，生じる**A**，**B**，**C**の物質量は次のようになる。

マルトース $+H_2O \longrightarrow$　　　 $2\textbf{A}$
x〔mol〕　　　　　　　　　 $2x$〔mol〕

スクロース $+H_2O \longrightarrow$　 $\textbf{A}\ +\ \textbf{B}$
y〔mol〕　　　　　　　　 y〔mol〕　y〔mol〕

ラクトース $+H_2O \longrightarrow$　 $\textbf{A}\ +\ \textbf{C}$
z〔mol〕　　　　　　　　 z〔mol〕　z〔mol〕

よって　　　**A**：$2x+y+z$〔mol〕，**B**：y〔mol〕，**C**：z〔mol〕

これらの物質量比が，7：3：2であるから

$$2x+y+z=7k,\ y=3k,\ z=2k \quad (k>0)$$

とすると，$x=k$ となるので，混合物中のスクロースのモル分率は

$$\frac{y}{x+y+z}=\frac{3k}{k+3k+2k}=0.5$$

攻略のポイント

ラクトースは，β-ガラクトースの1位のヒドロキシ基と，β-グルコースの4位のヒドロキシ基間で脱水縮合し，グリコシド結合を形成した二糖であり，甘味はショ糖の約0.4倍である。

また，グルコースとラクトースは，4位の水素原子とヒドロキシ基の立体配置が異なっている点を覚えておきたい。以下に β-ガラクトースの環状構造，鎖状構造および鎖状構造におけるくさび形表記を示す。特に $\boxed{}$ で囲んだくさび形表記における各原子や原子団の立体配置なども十分理解しておきたい。

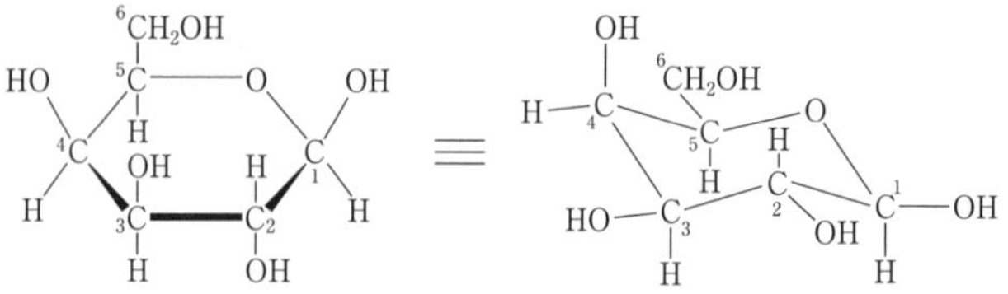

446 第6章 解答

β-ガラクトース

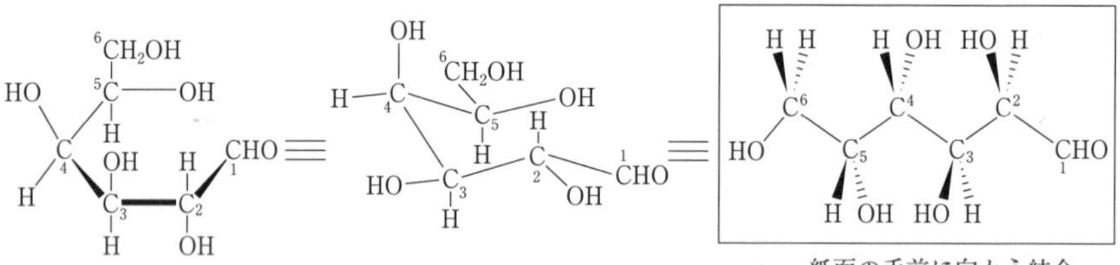

ガラクトース（鎖状構造）

► 紙面の手前に向かう結合
⊦⊦⊦⊦ 紙面の奥に向かう結合

---

234 解 答

3・5

解 説

A～Gの高分子化合物の化学式と名称は次のようになる。

A.

$$\left[\!\!\begin{array}{c} \underset{\parallel}{C}-(CH_2)_4-\underset{\parallel}{C}-\underset{\mid}{N}-(CH_2)_6-\underset{\mid}{N} \\ O \quad\quad\quad O \;\; H \quad\quad\quad\quad H \end{array}\!\!\right]_n$$

ナイロン 66

B.

$$\left[\!\!\begin{array}{c} CH_2-C(CH_3) \\ \mid \\ COOCH_3 \end{array}\!\!\right]_n$$

ポリメタクリル酸メチル（メタクリル樹脂）

C.

$$\left[\!\!\begin{array}{c} CH_2-CH \\ \mid \\ OCOCH_3 \end{array}\!\!\right]_n$$

ポリ酢酸ビニル

D.

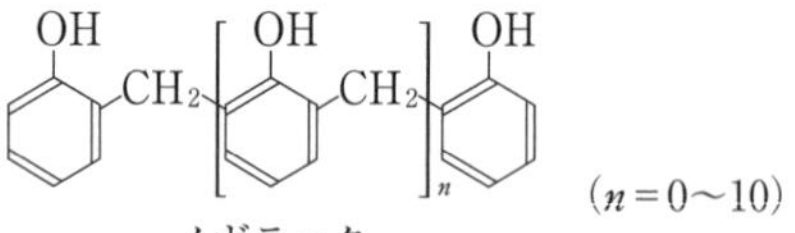

ノボラック　　　($n = 0 \sim 10$)

E.

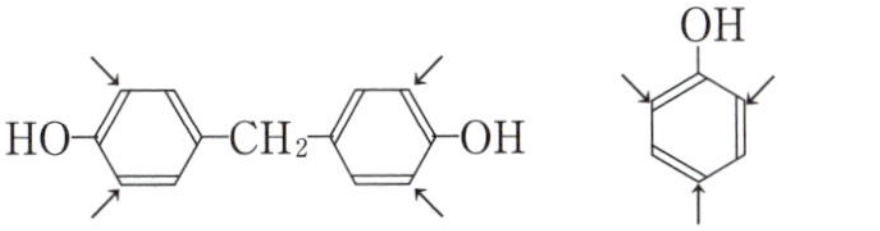

（→の位置に −CH₂OH が数カ所置換されている）
レゾール

F. $-CH_2-N-CH_2-N-CO-NH-CH_2-$

$\qquad\quad CO\qquad\quad CH_2\qquad\quad CH_2-$

$-CH_2-N-CH_2-N-CO-N-CH_2-$

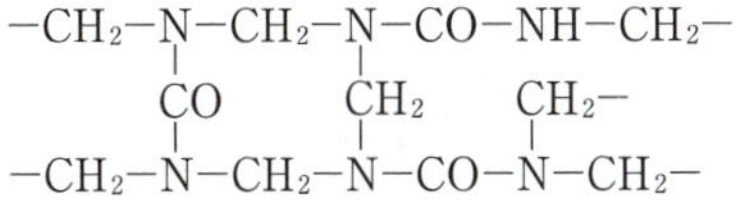

尿素樹脂

G.

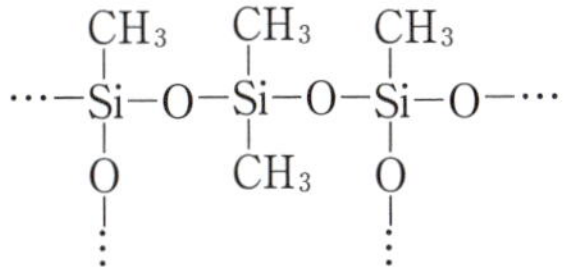

シリコーン樹脂（ケイ素樹脂）

1．（正文）カプロラクタムに少量の水を加えて加熱すると，環のアミド結合の部分が開いて結合し，得られる高分子化合物をナイロン 6 といい，このような重合を開環重合という。

2．（正文）**B** はアクリル樹脂ともいわれ，風防ガラス，プラスチックレンズなどにも用いられる。

3．（誤文）ポリ酢酸ビニルは水に不溶で，塗料，接着剤などに用いられる。ポリ酢酸ビニルをけん化して得られるポリビニルアルコールは水溶性の高分子化合物である。

4．（正文）酸触媒を用いて得られる生成物 **D** をノボラックといい，硬化剤を加えて加熱するとフェノール樹脂が得られる。一方，塩基触媒を用いて得られる生成物 **E** をレゾールといい，硬化剤を加えなくても加熱することでフェノール樹脂が得られる。

5．（誤文）**F** の尿素樹脂は熱硬化性樹脂である。尿素樹脂やメラミン樹脂を総称してアミノ樹脂という。

★6．（正文）トリクロロメチルシラン CH_3SiCl_3，ジクロロジメチルシラン $(CH_3)_2SiCl_2$ などを水と反応させて加水分解すると，$CH_3Si(OH)_3$，$(CH_3)_2Si(OH)_2$ などのシラノール類となり，そのシラノール分子どうしの −OH 間で H_2O がとれて縮合重合し，生成した立体網目状の高分子化合物をシリコーン樹脂（ケイ素樹脂）という。

448　第6章　解答

235　解　答

6

解　説

記述ア〜ウより化合物 **A** 〜 **D** は次のようになる。

ア．**A** の側鎖を R_A とすると，**A** は CH_3OH と次のように反応する。

$$H_2N-\underset{\underset{R_A}{|}}{CH}-\underset{\underset{O}{\|}}{C}-OH + CH_3OH \longrightarrow H_2N-\underset{\underset{R_A}{|}}{CH}-\underset{\underset{O}{\|}}{C}-O-CH_3 + H_2O$$

α-アミノ酸 **A**　　　　　　　　　　　化合物 **C**

ここで **C** の分子量 103 より R_A は $-CH_3(=15)$ となり，**A** はアラニンである。

イ．**A**（アラニン）は，無水酢酸と次のように反応する。

$$H_2N-\underset{\underset{CH_3}{|}}{CH}-\underset{\underset{O}{\|}}{C}-OH + \begin{array}{c} CH_3-\underset{\underset{O}{\|}}{C}\diagdown \\ CH_3-\underset{\underset{O}{\|}}{C}\diagup \end{array}O$$

$$\longrightarrow CH_3-\underset{\underset{O}{\|}}{C}-NH-\underset{\underset{CH_3}{|}}{CH}-\underset{\underset{O}{\|}}{C}-OH + CH_3-\underset{\underset{O}{\|}}{C}-OH$$

化合物 **D**

ウ．**B** はメチル基をもたず，濃い NaOH 水溶液を加えて加熱後，$Pb(CH_3COO)_2$ で黒色の沈殿 PbS を生じることから S を含むとわかり，システインと考えられる。

1．（誤文）**A** であるアラニンより分子量の小さいアミノ酸はグリシンである。

2．（誤文）**B** であるシステイン間の酸化により生成するジスルフィド結合はタンパク質の三次構造の形成に重要である。一方，α-ヘリックス構造や β-シート構造などの二次構造はペプチド結合間の水素結合によるものである。

3．（誤文）トリペプチドの配列を **A**−**A**−**B** のように表し，左側をアミノ末端，右側をカルボキシ末端とすると，その種類は **A**−**A**−**B**，**A**−**B**−**A**，**B**−**A**−**A** の3種類である。

4．（誤文）塩基性条件下での **C** は $H_2N-\underset{\underset{CH_3}{|}}{CH}-\underset{\underset{O}{\|}}{C}-O-CH_3$ と中性の状態にあるので陽極，陰極どちらへも移動しない。

5．（誤文）**D** はアミノ基の部分でアセチル化しているため，ニンヒドリン水溶液を加えて加熱しても，赤〜青紫色を呈しない。

6．（正文）**A** であるアラニンの分子量は 89 であるから，**A** のみからなる鎖状のトリペプチドの分子量は，$89 \times 3 - 18 \times 2 = 231$ である。

7．（誤文）**A** は双性イオンとなり，イオン結合性の結晶を形成するため，**C**，**D** に比べ最も融点が高くなる。

第6章 解答 449

236 解答

6・7

解 説

記述ア〜オより，高分子化合物 **A** 〜 **G** は次のようになる。

ア． $nCH{\equiv}CH \longrightarrow \quad \{CH{=}CH\}_n$
　　　　　　　　　　　　　A（ポリアセチレン）

イ． $nCH_2{=}CH(OCOCH_3) \longrightarrow \{CH_2{-}CH(OCOCH_3)\}_n$
　　　　　　　　　　　　　　　　　　　　B（ポリ酢酸ビニル）

ウ． $\{CH_2{-}CH(OCOCH_3)\}_n + nNaOH$

　　　　　$\xrightarrow[\text{けん化}]{}$ $\{CH_2{-}CH(OH)\}_n \quad + nCH_3COONa$
　　　　　　　　　　　C（ポリビニルアルコール）

繊維化された **C** を，HCHO を用いてアセタール化すると，ビニロン（**D**）が得られる。ビニロンの部分構造は次のようになる。

$$\cdots{-}CH_2{-}\underset{OH}{CH}{-}CH_2{-}\underset{O}{CH}{-}CH_2{-}\underset{\underset{CH_2}{}}{CH}{-}CH_2{-}\underset{OH}{CH}{-}\cdots$$

エ． **E** は次のような構造部分をもつ。

$$\cdots{-}CH_2{-}CH{-}CH_2{-}CH{-}\cdots$$

$$\cdots{-}CH_2{-}CH{-}\cdots$$

p-ジビニルベンゼンが架橋構造を形成し，立体網目状構造をもつ **E** が生成する。**E** に濃硫酸を作用させると，スチレンのパラ位などがスルホン化され，陽イオン交換樹脂 **F** が得られる。

オ． アクリル酸ナトリウム $CH_2{=}CH(COONa)$ を，架橋構造が形成されるように重合した **G** は，吸水によって $-COONa$ が電離するため，多量の水分子を保持することができる。このような高分子化合物を吸水性高分子という。

1．（正文）**A** のポリアセチレンに少量の I_2 を加えると，電気伝導性の高い高分子化合物が得られる。このように，金属に近い電気伝導性をもつ高分子は導電性高分子とよばれる。

2．（正文）**B** のポリ酢酸ビニルをけん化することによって，**C** のポリビニルアルコールが得られる。

3．（正文）**D** のビニロンはアセタール化により，上記**ウ**で示したように六員環構造を含む。

4．（正文）陽イオン交換樹脂である **F** の部分構造を $R{-}SO_3H$ と表すと

450　第6章　解答

$$R-SO_3H + NaCl \rightleftarrows R-SO_3Na + HCl$$

よって，水溶液は酸性になる。

5．（正文）水を吸収することで分子内にある $-COONa$ が $-COO^-$ と Na^+ に電離する。このため $-COO^-$ 間の反発によって網目が拡大し，そのすき間に多量の水を吸収することができる。

6．（誤文）A～Fのうち，水に溶けるのは，分子中に多くの $-OH$ をもつCのポリビニルアルコールのみである。ポリビニルアルコールを，水に溶けず，適度な吸湿性をもった化合物とするためにアセタール化が行われる。

7．（誤文）A～Gはすべて付加重合によって得られる高分子化合物である。

---

237 解 答

4

解 説

与えられたA～Eに関する記述より，Aは水に不溶で，水素結合により繊維を形成することからセルロース，また，Bは熱水に可溶でヨウ素デンプン反応をすることからデンプンである。一方，C，Dは次の反応によりAから合成される。

$$[C_6H_7O_2(OH)_3]_n + 3n\,(CH_3CO)_2O$$
A（セルロース）

$$\longrightarrow \quad [C_6H_7O_2(OCOCH_3)_3]_n \quad + 3nCH_3COOH$$
C（トリアセチルセルロース）

$$[C_6H_7O_2(OH)_3]_n + 3nHNO_3 \longrightarrow \quad [C_6H_7O_2(ONO_2)_3]_n \quad + 3nH_2O$$
A（セルロース）　　　　　　　　　D（トリニトロセルロース）

Eは，ゴムの木から得られる乳液を有機酸などで処理し乾燥させたもので天然ゴム（生ゴム）という。Eの主成分はポリイソプレンで，次に示すシス形の構造をしている。

$$\cdots-CH_2 \underset{CH_3}{\overset{}{\diagdown}}C=C\underset{H}{\overset{CH_2-\cdots}{\diagup}}$$

（シス形）

1．（誤文）Aをセルラーゼで加水分解するとセロビオース，Bをアミラーゼで加水分解するとマルトースが得られる。

2．（誤文）デンプンやセルロースは銀鏡反応などの還元性を示さない。

3．（誤文）Cであるトリアセチルセルロースは溶媒に溶解しにくいので，一部加水分解により，ジアセチルセルロース $[C_6H_7O_2(OH)(OCOCH_3)_2]_n$ とし，アセトンに溶解後，細孔から押し出し，温風で溶媒を蒸発させたものをアセテートという。

このようにして得られた繊維は半合成繊維という。また，トリニトロセルロースは硝化綿（強綿薬）といい，無煙火薬の原料となる。一方，再生繊維としては，銅アンモニアレーヨンやビスコースレーヨンなどがある。

4．（正文）A の分子量は $162n$ であり，A $162n$〔g〕から生じる C は $288n$〔g〕，D は $297n$〔g〕であるから，D の質量の方が大きい。

5．（誤文）加硫により架橋構造が形成され弾性力は増加する。

6．（誤文）空気を遮断して加熱分解することを乾留という。乾留によってポリイソプレンは，沸点 34℃ の無色の液体であるイソプレン $CH_2=C(CH_3)-CH=CH_2$ を生成する。

---

238 解 答

2・5

解 説

記述ア〜エによって生成する化合物は，次のようになる。

ア．$CH\equiv CH + HCN \longrightarrow CH_2=\underset{\underset{CN}{|}}{CH}$

アクリロニトリル
（化合物 a ）

$n CH_2=\underset{\underset{CN}{|}}{CH} \xrightarrow{\text{付加重合}} \left[\!\!\begin{array}{c} CH_2-CH \\ {}| \\ {}CN \end{array}\!\!\right]_n$

ポリアクリロニトリル
（高分子 A）

イ．$CH\equiv CH + HCl \longrightarrow CH_2=\underset{\underset{Cl}{|}}{CH}$

塩化ビニル
（化合物 b ）

$n CH_2=\underset{\underset{Cl}{|}}{CH} \xrightarrow{\text{付加重合}} \left[\!\!\begin{array}{c} CH_2-CH \\ {}| \\ {}Cl \end{array}\!\!\right]_n$

ポリ塩化ビニル
（高分子 B）

ウ．$n\begin{array}{l} CH_2-NH-CO-CH_2 \\ {}| \qquad\qquad | \\ CH_2\!-\!\!-CH_2\!-\!\!-CH_2 \end{array} \xrightarrow{\text{開環重合}} \left[NH\!\!+\!\!CH_2\!\!+_5\!CO\right]_n$

カプロラクタム
（化合物 c ）

ナイロン6
（高分子 C）

エ． $CH_2=CH_2$ $\xrightarrow[\text{(60℃，低圧下)}]{\text{付加重合}}$ 高密度ポリエチレン（高分子 D）

エチレン
（化合物 d） $\xrightarrow[\text{(200℃，高圧下)}]{}$ 低密度ポリエチレン（高分子 E）

高密度ポリエチレンはほとんど枝分かれがなく，比較的硬くて不透明であるのに対し，低密度ポリエチレンは枝分かれが多く，やわらかく透明である。

1．（正文）ポリアクリロニトリルを主成分とする合成繊維をアクリル繊維といい，肌触りが羊毛に似て保温力がある。

2．（誤文）ポリ塩化ビニルは，電線の被覆やシートや管などに用いられ，適度な吸湿性は示さない。

3．（正文）ポリ塩化ビニルなどの塩素を含む物質は，燃焼温度が低いと毒性の強いダイオキシン類を生じる場合がある。

4．（正文）ヘキサメチレンジアミンとアジピン酸の縮合重合によって生じるナイロン66は，ナイロン6と同様，分子内に多数のアミド結合をもち，ポリアミドと呼ばれる。

5．（誤文）高分子 D の方が高分子 E より結晶化しやすくて密度が高く，不透明である。

6．（正文）フェノール樹脂，尿素樹脂，メラミン樹脂などは，付加縮合によって得られる熱硬化性樹脂であり，高分子 A～E は熱可塑性樹脂である。

239 解 答

$C_{51}H_{092}O_6$

解 説

記述アより，油脂 A の分子量を M とすると，KOH（式量56）によって完全に加水分解されるので

$$\frac{20.0}{M} : \frac{4.20}{56} = 1 : 3 \quad \therefore \quad M = 800$$

記述イより，脂肪酸 B は飽和脂肪酸，脂肪酸 C，D は不飽和脂肪酸である。

記述ウより，油脂 A に Br_2（分子量160）を完全に付加させるので，油脂 A と Br_2 の物質量比は

$$\frac{20.0}{800} : 7.50 \times 10^{-2} = 2.50 \times 10^{-2} : 7.50 \times 10^{-2}$$

$$= 1 : 3$$

よって，炭素間二重結合が油脂 A に3つあるから，脂肪酸 B を $C_nH_{2n+1}COOH$（分子

量 $14n+46$）と 表 す と，脂 肪 酸 C，D は $C_nH_{2n-1}COOH$（分 子 量 $14n+44$），$C_nH_{2n-3}COOH$（分子量 $14n+42$）で表される。グリセリン $C_3H_8O_3$（分子量 92）と脂肪酸 B，C，D から 3 分子の H_2O（分子量 18）がとれて，分子量 800 の油脂 A が生成するので，n は次のようになる。

$$92+(14n+46)+(14n+44)+(14n+42)-18\times3=800$$

$$42n=630$$

$$\therefore\quad n=15$$

したがって，油脂 A の分子式は次のようになる。

$$C_3H_8O_3+C_{15}H_{31}COOH+C_{15}H_{29}COOH+C_{15}H_{27}COOH \longrightarrow C_{51}H_{92}O_6+3H_2O$$
$$\text{（油脂 A）}$$

攻略のポイント

不飽和度を利用して分子式を求めてもよい。不飽和度とは，分子中の不飽和結合や環の数のことである。例えば，アルケンであればアルカンに比べ水素原子が 2 個少ないので不飽和度 1，アルキンであれば水素原子が 4 個少ないので不飽和度 2 とする。また，エステル結合やカルボニル基のような $\text{\textgreater}C=O$ も不飽和度 1 とする。（詳しくは p. 427 の 220 番〈攻略のポイント〉参照。）よって，油脂 A 1 分子中に，エステル結合 3 個，炭素間二重結合も 3 個あるので，不飽和度は 6 である。したがって，アルカンに対し水素原子が 12 個少ないので，油脂 A の分子式は $C_nH_{2n-10}O_6$ となる（脂肪酸は鎖式 1 価カルボン酸であるから，環状構造は含まず，酸素原子数は 6 個である）。

以上より油脂 A の分子量 800 から

$$12n+(2n-10)+16\times6=800 \quad \therefore \quad n=51$$

油脂 A の分子式は　　　$C_{51}H_{92}O_6$

240　解　答

1・5

解　説

ア〜エの反応は次のようになる。

ア．メタノールを触媒を用いて空気中で酸化すると，ホルムアルデヒドが得られる。

$$2CH_3OH+O_2 \longrightarrow \underset{\substack{\text{ホルムアルデヒド}\\ \text{（化合物 a）}}}{2HCHO} +2H_2O$$

また，イソプロピルベンゼン（クメン）を酸化後，希硫酸で処理すると，フェノールとアセトンが得られる。よって，芳香族化合物 b はフェノールである。

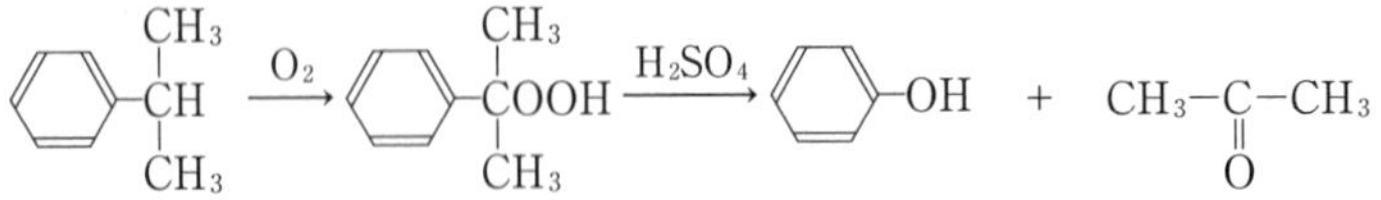

454　第6章　解答

イソプロピル　　　クメンヒドロ　　　フェノール　　　　アセトン
ベンゼン　　　　ペルオキシド　　　（化合物 b）

したがって，ホルムアルデヒドとフェノールを塩基触媒を用いて加熱すると，レゾールを経て，熱硬化性樹脂であるフェノール樹脂が得られる。

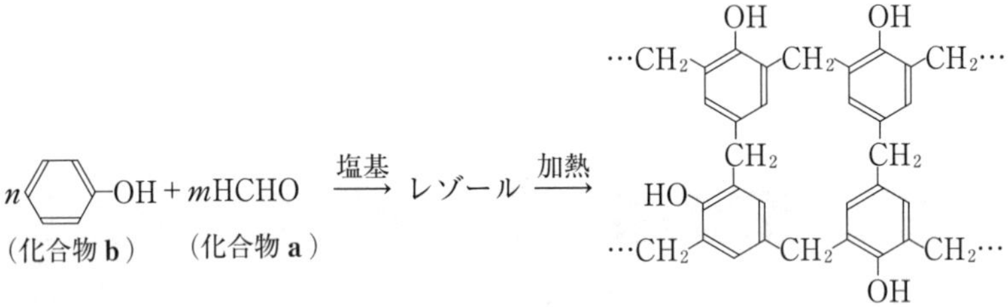

フェノール樹脂
（高分子 A）

イ．アセチレンに酢酸を付加させると酢酸ビニルが得られ，付加重合すると高分子 B のポリ酢酸ビニル，さらにけん化することで高分子 C であるポリビニルアルコールが得られる。

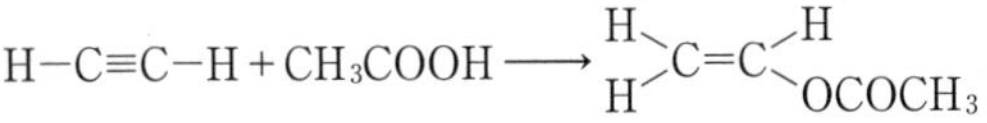

酢酸ビニル
（化合物 c）

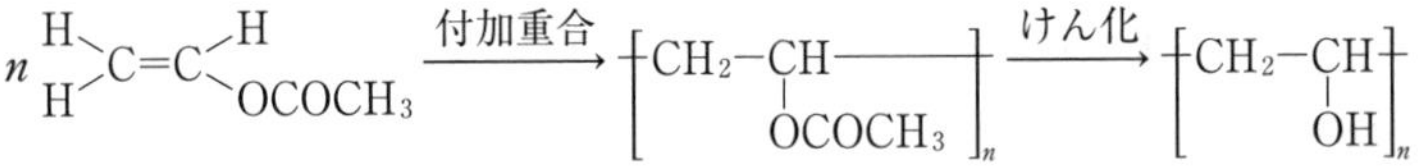

ポリ酢酸ビニル　　　　　ポリビニルアルコール
（高分子 B）　　　　　　（高分子 C）

ウ．化合物 d はスチレン，化合物 e は p-ジビニルベンゼンである。これらの化合物を共重合させると高分子 D が得られる。

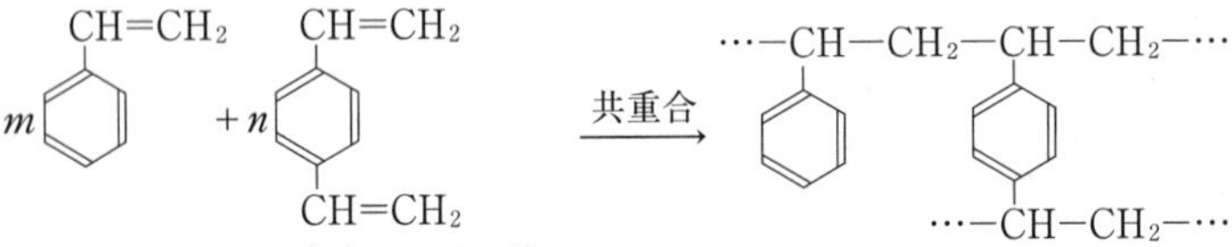

スチレン　　　p-ジビニルベンゼン　　　　（高分子 D）
（化合物 d）　（化合物 e）

さらに，高分子 D を濃硫酸とスルホン化させると，陽イオン交換樹脂の一種である高分子 E が得られる。

$$\cdots-\overset{\displaystyle |}{\underset{\displaystyle \bigcirc}{CH}}-CH_2-\overset{\displaystyle |}{\underset{\displaystyle \bigcirc}{CH}}-CH_2-\cdots$$

SO₃H

$\cdots-CH-CH_2-\cdots$

（高分子 E）

エ．化合物 f は 1,3-ブタジエンで，付加重合させるとポリブタジエン（ブタジエンゴム）が得られる。

$$n\,CH_2{=}CH{-}CH{=}CH_2 \longrightarrow \{CH_2{-}CH{=}CH{-}CH_2\}_n$$
1,3-ブタジエン　　　　　　　　　　　ポリブタジエン
（化合物 f）　　　　　　　　　　　　（高分子 F）

また，スチレンと 1,3-ブタジエンを共重合させると，スチレン-ブタジエンゴム（SBR）が得られる。

$$n\,CH_2{=}CH{-}CH{=}CH_2 + m\ \underset{\text{（化合物 d）}}{\overset{\displaystyle CH{=}CH_2}{\bigcirc}}$$
（化合物 f）

$$\longrightarrow\ \cdots-CH_2-CH{=}CH-CH_2-\overset{\displaystyle |}{\underset{\displaystyle \bigcirc}{CH}}-CH_2-\cdots$$

スチレン-ブタジエンゴム
（高分子 G）

1．（誤文）三次元の網目状構造をもつものは，高分子 **A**，**D**，**E** の 3 つである。

2．（正文）ポリビニルアルコールをホルムアルデヒドでアセタール化すると，ポリビニルアルコール中のヒドロキシ基の一部が，$-O-CH_2-O-$ の構造に変化したビニロンが得られる。

$$\cdots-CH_2-\underset{\displaystyle OH}{CH}-CH_2-\underset{\displaystyle OH}{CH}-CH_2-\underset{\displaystyle OH}{CH}-\cdots$$

$$\xrightarrow[\text{アセタール化}]{HCHO}\ \cdots-CH_2-\underset{\displaystyle O-CH_2-O}{\underbrace{CH-CH_2-CH}}-CH_2-\underset{\displaystyle OH}{CH}-\cdots$$
ビニロン

3．（正文）水酸化ナトリウム水溶液に高分子 **E** である陽イオン交換樹脂を作用させると，NaOH が反応するため pH は小さくなる。

$$R{-}SO_3H + NaOH \longrightarrow R{-}SO_3Na + H_2O \quad \text{（R は高分子 E の部分構造を表す）}$$

4．（正文）高分子 **F** や高分子 **G** 中には炭素-炭素二重結合があるため，空気中の酸素と結合しゴムの弾性が失われる。

5．（誤文）高分子 **B**，高分子 **F** の平均重合度をそれぞれ m，n とすると，高分子 **B** の分子量は $86m$，高分子 **F** の分子量は $54n$ となる。よって，同じ平均分子量をも

456　第6章　解答

つので $m < n$ となり，平均重合度は F の方が大きい。

6．（正文）水溶性を示すのは，分子中に多くのヒドロキシ基をもつ高分子 C のポリ
　ビニルアルコールである。

241　解　答

問 i　2・6　　問 ii　4

解　説

多数の β-グルコースが直鎖状に結合したセルロースを希硫酸で処理すると，単糖 X
であるグルコースまで加水分解される。また，セルロースにセルラーゼを作用させる
と，二糖 Y であるセロビオースになる。

問 i　1．（正文）アミロース，アミロペクチンも，単糖まで加水分解すると，グル
　コースになる。

2．（誤文）それぞれの二糖を加水分解すると，スクロースからはグルコースとフル
　クトース，マルトースからはグルコース，ラクトースからはグルコースとガラクト
　ースが得られる。

3．（正文）セロビオースの構造は次のとおり。ヘミアセタール構造（破線で囲んだ
　部分）をもつので，水溶液中では一部がアルデヒド基をもつ鎖状構造へ変化する。

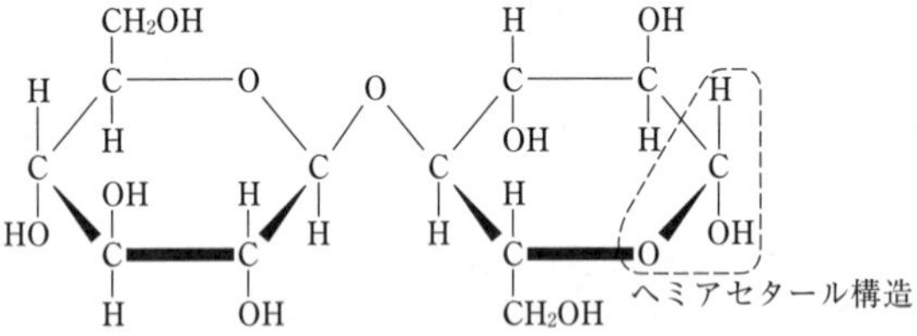

4．（正文）セロビオース，スクロース，マルトース，ラクトースは，いずれも分子
　式が $C_{12}H_{22}O_{11}$ で表される。

5．（正文）グルコースは水溶液中では次のような平衡状態で存在するが，主に六員
　環の構造をとり，鎖状構造のグルコースは非常に少ない。

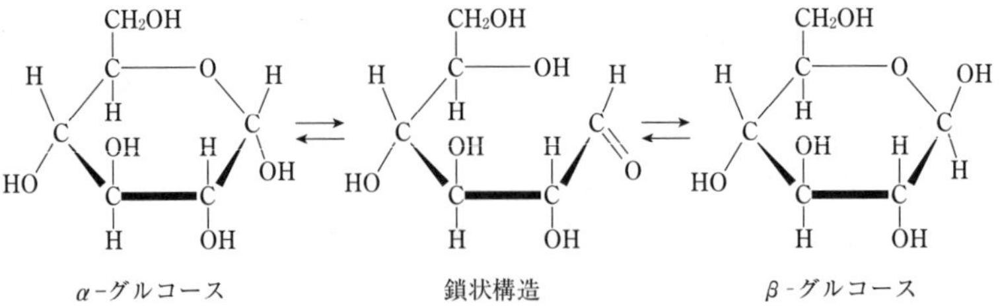

α-グルコース　　　　　鎖状構造　　　　　β-グルコース

6．（誤文）グルコースなどの単糖類は，アルコール発酵によって，エタノールと二酸化炭素に分解される。

$$C_6H_{12}O_6 \longrightarrow 2C_2H_5OH + 2CO_2$$

問 ii 1．（正文）アセテート繊維は，セルロースを化学的に加工して得られるもので，半合成繊維に分類される。

2．（正文）セルロースから生じるアセテート繊維は，主にジアセチルセルロース $[C_6H_7O_2(OH)(OCOCH_3)_2]_n$ であり，油脂中にも存在するエステル結合がある。

3．（正文）銅アンモニアレーヨンやビスコースレーヨンなどは，セルロースなどそのままでは繊維として使えない物質を，化学的に処理し，繊維状高分子化合物に再生したもので，再生繊維といわれる。

4．（誤文）ビスコースを膜状に凝固させ，セルロースを再生させたものをセロハンという。

5．（正文）セルロースに濃硝酸と濃硫酸の混酸を作用させると，次の反応によりトリニトロセルロースが得られる。

$$[C_6H_7O_2(OH)_3]_n + 3nHNO_3 \longrightarrow [C_6H_7O_2(ONO_2)_3]_n + 3nH_2O$$

242 解 答

問 i 0.20 mol　　**問 ii** 15 個

解 説

問 i ヒドロキシ酸を HO–R–COOH（R は炭化水素基）とすると，分子間で H_2O が取れて繰り返し単位が –O–R–CO–（式量 72）となる。

よって，求める化合物 **A** の物質量は，繰り返し単位の物質量に等しいから

$$\frac{14.40}{72} = 0.200 \fallingdotseq 0.20 \,[\text{mol}]$$

問 ii 平均 x 個の化合物 **A** が縮合重合したとすると，両末端はヒドロキシ基とカルボキシ基となるので，鎖状化合物の分子量は次のように表される。

$$90x - 18(x-1) = 72x + 18$$

また，鎖状化合物の生成に使われた化合物 **A** の質量は，180.00 g から環状化合物の生成に使われた質量を引けばよいので

$$180.00 - 0.200 \times 90 = 162.00 \,[\text{g}]$$

よって，鎖状化合物の生成に使われた化合物 **A** の物質量と，鎖状化合物中の両末端も含めた繰り返し単位の物質量は等しいので，求める x は次のようになる。

$$\frac{162.00}{90} = \frac{131.76}{72x+18} \times x \qquad \therefore \quad x = 15 \text{ 個}$$

458　第6章　解答

243 解 答

問i　3・5　　問ii　26個

解 説

問i 1．（誤文）フルクトースもグルコースも分子式は $C_6H_{12}O_6$ であり，構造異性体の関係にある。

2．（誤文）マルトースは α-グルコースが2分子脱水縮合したもので，水溶液中ではアルデヒド基を1つもつ構造体が存在する。鎖状構造のマルトースを R-CHO とすると

$$R-CHO + 3OH^- \longrightarrow R-COO^- + 2e^- + 2H_2O \quad \cdots\cdots①$$

$$2Cu^{2+} + 2e^- + 2OH^- \longrightarrow Cu_2O + H_2O \quad\quad\quad \cdots\cdots②$$

①+② より

$$R-CHO + 2Cu^{2+} + 5OH^- \longrightarrow R-COO^- + Cu_2O + 3H_2O$$

よって，1mol のマルトースから Cu_2O が 1mol 生じる。

3．（正文）スクロースを加水分解すると，グルコースとフルクトースの混合物である転化糖が得られ，ともに還元性を示す。

4．（誤文）アミロースはらせん構造をとるが，セルロースはらせん構造をとらない。

5．（正文）デンプンを部分的に加水分解した糖類をデキストリンという。

問ii 化合物Aを n 個のグルコース分子が縮合したものとし，過剰の無水酢酸と反応させると，次の構造式で表される化合物になる。

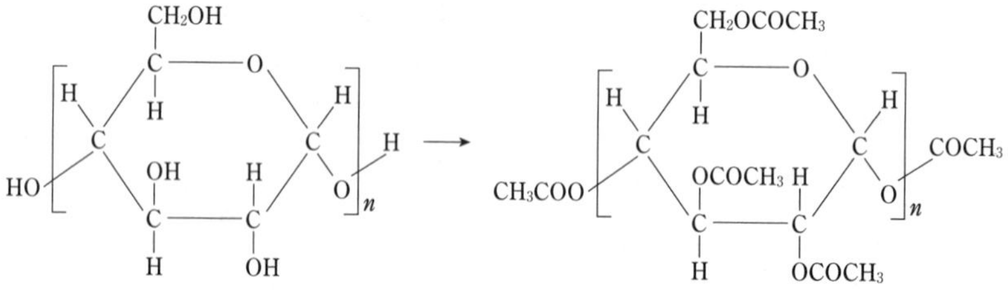

化合物A

Aの分子量は $162n + 18$，Aを無水酢酸と反応させて生じる化合物の分子量は $288n + 102$ であるから

$$0.0100 \times (162n + 18) = 0.0100 \times (288n + 102) - 33.6 \quad \therefore \quad n = 26 \text{ 個}$$

第6章 解答 459

244 解 答

問 i　51 個　　問 ii
$$
\begin{array}{l}
CH_2-OH \\
CH-O-\overset{\displaystyle}{\underset{\displaystyle O}{C}}-(CH_2)_{10}-CH_3 \\
CH_2-OH
\end{array}
$$

解 説

問 i　実験1から油脂Aの分子量を M_A とすると，KOH の式量 56 より

$$\frac{40.3}{M_A} : \frac{8.40}{56} = 1 : 3 \quad \therefore \quad M_A = 806$$

また，グリセリン $C_3H_8O_3$ の分子量 92 より，Aを加水分解すると得られる直鎖飽和脂肪酸B，Cの平均分子量を $M_{B,\,C}$ とすると

$$M_{B,\,C} = \frac{806 + 18 \times 3 - 92}{3} = 256$$

よって，平均分子量 $M_{B,\,C}$ である飽和脂肪酸を $C_nH_{2n+1}COOH$ とすると

$$12n + 2n + 1 + 45 = 256 \quad \therefore \quad n = 15$$

したがって，Aを構成する炭素原子数は，グリセリン中に 3 個，飽和脂肪酸B，C中に $15 \times 3 + 3 = 48$ 個となり，合計 51 個となる。

問 ii　実験2より，化合物Dの各構成元素の質量は

$$C の質量：33.0 \times \frac{12}{44} = 9.00 〔g〕$$

$$H の質量：13.5 \times \frac{2}{18} = 1.50 〔g〕$$

$$O の質量：13.7 - 9.00 - 1.50 = 3.20 〔g〕$$

よって，各元素の物質量比は

$$C : H : O = \frac{9.00}{12} : \frac{1.50}{1} : \frac{3.20}{16}$$

$$= 0.750 : 1.50 : 0.200 = 15 : 30 : 4$$

また，Dの構造式は，脂肪酸の炭化水素基の部分を R− とすると，エステル結合を1つもち，不斉炭素原子をもたないことから次のようになる。

$$
\begin{array}{l}
CH_2-OH \\
CH-O-\overset{\displaystyle}{\underset{\displaystyle O}{C}}-R \\
CH_2-OH
\end{array}
$$

460　第6章　解答

したがって，分子中の酸素原子数が 4 個であることから，**D** の分子式は $C_{15}H_{30}O_4$ となり，R− の部分の C 原子数は 11 個となる。R− は直鎖の飽和炭化水素基なので $-(CH_2)_{10}-CH_3$ となる。

245 解 答

問 i　**2.4g**　　問 ii　**146**　　問 iii　**9個**

解 説

化合物 **A** と化合物 **B** とが反応してポリエステル **C** が生じていることから，化合物 **B** はジカルボン酸であり，化合物 **A** は第一級アルコールである。よって，**A**，**B**，**C** は次のような構造部分をもっていると考えられる。

ポリエステル **C** は鎖の両末端がヒドロキシ基であるから，両末端に化合物 **A** が結合しているので，次のように表される（平均重合度を n とする）。

□部分の式量を M とすると，ポリマーの分子量は $(2M+116)n+M+62$ と書ける。一方，1.0200 mol の化合物 **A** と 1.0000 mol の化合物 **B** がすべて反応してポリエステル **C** を生成し，ポリエステル **C** の両末端には化合物 **A** が結合していることから，生じたポリエステル **C** は 0.0200 mol であり，平均重合度 n は $\dfrac{1.0000}{0.0200}=50.0$ となる。このことは次のように考えるとよい。1.0000 mol ずつの化合物 **A** と化合物 **B** でペアをつくり，そのペアを結合させてポリマーをつくり，残った 0.0200 mol の化合物 **A** を化合物 **B** 側の末端に結合させてポリエステル **C** をつくる。このとき，その末端に結合する化合物 **A** の数に比べて **A**−**B** のペアはその $\dfrac{1.0000}{0.0200}=50.0$ 倍存在するため，ポリエステル **C** に含まれる **A**−**B** のペアの数 n は平均 50 となる。

よって，n の平均は 50 となるから

$(2M+116)\times 50+M+62=11518$　　∴　$M=56$

第6章　解答　461

したがって，□部分は C_4H_8 となる。

問 i　ポリエステル **C** の物質量が 0.0200 mol であるから，両末端のヒドロキシ基と反応した酢酸（分子量 60）の質量は次のようになる。

$$60 \times 0.0200 \times 2 = 2.4 \text{〔g〕}$$

問 ii　化合物 **B** の構造式は次のようになるので，分子量は 146 となる。

$$HOOC-C_4H_8-COOH$$

問 iii　化合物 **A** は $HO-CH_2-C_4H_8-CH_2-OH$ であるから，その構造異性体は次の9つが存在する。

$$HO-CH_2-CH_2-CH_2-CH_2-CH_2-CH_2-OH$$

$$HO-CH_2-\underset{\underset{CH_3}{|}}{CH}-CH_2-CH_2-CH_2-OH$$

$$HO-CH_2-CH_2-\underset{\underset{CH_3}{|}}{CH}-CH_2-CH_2-OH$$

$$HO-CH_2-\underset{\underset{CH_3}{|}}{\overset{\overset{CH_3}{|}}{C}}-CH_2-CH_2-OH \qquad HO-CH_2-\underset{\underset{CH_3}{|}}{CH}-\underset{\underset{CH_3}{|}}{CH}-CH_2-OH$$

$$HO-CH_2-\underset{\underset{CH_2-CH_3}{|}}{CH}-CH_2-CH_2-OH \qquad HO-CH_2-\underset{\underset{CH_2-CH_3}{|}}{\overset{\overset{CH_3}{|}}{C}}-CH_2-OH$$

$$HO-CH_2-\underset{\underset{CH_2-CH_2-CH_3}{|}}{CH}-CH_2-OH \qquad HO-CH_2-\underset{\underset{\underset{CH_3}{|}}{CH-CH_3}}{CH}-CH_2-OH$$

攻略のポイント

A 1.0200 mol と **B** 1.0000 mol からともに 1.0000 mol ずつ反応し，**A**－**B** が 1.0000 mol 生成すると，**A** は 0.0200 mol 残る。残った **A** を Ⓐ とすると，これがポリマーの末端に1分子ずつ結合するので，ポリエステル **C** は 0.0200 mol 生じたことになる。

$$\left.\begin{array}{l} \text{A}-\text{B}-\text{A}-\text{B}-\cdots\cdots-\text{A}-\text{B}-Ⓐ \\ \text{A}-\text{B}-\text{A}-\text{B}-\cdots\cdots-\text{A}-\text{B}-Ⓐ \\ \qquad\qquad\vdots \end{array}\right\} 0.0200 \text{ mol のポリエステル C}$$

よって，ポリエステル **C** 1分子には平均 50 の **A**－**B** が存在することになる。

246　解答

問 i　4　　**問 ii**　**問A**　3　　**問B**　2

462 第6章 解答

解 説

問 i 1．（誤文）枝分かれ構造はアミロースにはなく，アミロペクチンにある。

2．（誤文）グリシンは不斉炭素原子をもたない。

3．（誤文）化学反応の速度が大きくなるのは，活性化エネルギーが小さくなるためであり，反応熱は変わらない。

4．（正文）ビウレット反応のことである。

5．（誤文）チミンの代わりにウラシルが含まれる。

6．（誤文）水が酸化されて酸素が発生する。

問 ii　問A　DNA では，アデニンとチミン，グアニンとシトシンがそれぞれ塩基対を形成しているため，アデニンの数とチミンの数が等しく，そしてグアニンの数とシトシンの数が等しい。

よって，アデニンの数の割合が 23 ％の場合，チミンの数の割合も 23 ％となり，残りの 54 ％の半数ずつがグアニンとシトシンの数の割合となる。

問B　この微生物の DNA におけるヌクレオチド構成単位の平均の式量は次のようになる。

$$313 \times \frac{23}{100} + 329 \times \frac{27}{100} + 289 \times \frac{27}{100} + 304 \times \frac{23}{100} = 308.7 \fallingdotseq 309$$

よって，この微生物の細胞 1 個が有する DNA の塩基対の数は

$$\frac{\dfrac{4.3 \times 10^{-6}}{309} \times 6.0 \times 10^{23}}{1.0 \times 10^{9}} \times \frac{1}{2} = 4.17 \times 10^{6} \fallingdotseq 4.2 \times 10^{6}$$

247 解 答

問 i　5・6　　問 ii　3.9g

解 説

問 i　1．（誤文）アセテート繊維はセルロースを部分的にアセチル化したもので，半合成繊維の一つである。

2．（誤文）セルロースはヨウ素デンプン反応を示さない。

3．（誤文）転化糖とは，スクロースを加水分解したもので，グルコースとフルクトースの（等量の）混合物である。

4．（誤文）銅アンモニアレーヨンは再生繊維である。

5．（正文）窒素の質量パーセントの大きいニトロセルロースは燃焼速度が非常に大きく，火薬の原料となる。

第6章 解答 463

6.（正文）トレハロースはグルコースの1位の炭素原子に結合しているヒドロキシ基間で脱水縮合した二糖類であるから，ヘミアセタール構造がなく，アルデヒド基を生じないため，還元性がない。

問ii リボース $C_5H_{10}O_5$（分子量150），グルコース $C_6H_{12}O_6$（分子量180），マルトース $C_{12}H_{22}O_{11}$（分子量342）およびスクロース $C_{12}H_{22}O_{11}$（分子量342）のうち，フェーリング液と反応するのは，リボース，グルコースおよびマルトースである。

フルクトース $C_6H_{12}O_6$（分子量180）1.80 g は $\dfrac{1.80}{180} = 0.0100$〔mol〕となり，1.43 g の酸化銅（I）を生じるから，得られる酸化銅（I）の質量は次のようになる。

$$1.43 \times \frac{\dfrac{1.80}{150} + \dfrac{1.80}{180} + \dfrac{1.80}{342}}{0.0100} = 3.89 \fallingdotseq 3.9 \text{〔g〕}$$

---

248 解 答

問i 4

問ii

+H₃N−(CH₂)₄−CH−C−OH の構造（カルボニル基 O を上に持つ），側鎖 NH₃⁺

H₂N−(CH₂)₄−CH−C−O⁻ の構造（カルボニル基 O を上に持つ），側鎖 NH₂

pH=1 のとき　　　　　　　pH=12 のとき

問iii C

解 説

問i 各酵素のはたらきは次のようになる。

1. セルラーゼ：セルロースの加水分解（セルロース ⟶ セロビオース）
2. アミラーゼ：デンプンの加水分解（デンプン ⟶ マルトース）
3. リパーゼ：脂肪の加水分解（脂肪 ⟶ グリセリン＋脂肪酸）
4. ペプシン：タンパク質の加水分解（タンパク質 ⟶ ペプチド）
5. カタラーゼ：過酸化水素の分解（$2H_2O_2 \longrightarrow 2H_2O + O_2$）
6. チマーゼ：アルコールの発酵（グルコース ⟶ エタノール＋CO_2）

問ii 化合物**A**〜**E**の構造は次のように決定できる。

A：ビウレット反応による呈色を示さないので，ジペプチドである。

H₂N−CH−CO−NH−CH−COOH
　　　|　　　　　|
　　　R₁　　　　R₂

（R_1，R_2 は C，H または C，H，N を含む）

B：組成式を $C_xH_yN_zO_w$ とおくと，質量組成から

464 第6章 解答

$$x : y : z : w = \frac{49.3}{12} : \frac{9.6}{1} : \frac{19.2}{14} : \frac{21.9}{16}$$

$$= 4.1 : 9.6 : 1.37 : 1.36$$

$$\fallingdotseq 3 : 7 : 1 : 1$$

したがって，**B**の組成式は C_3H_7NO となる。

Bはアミノ酸なので O 原子を 2 つ以上含み，かつ分子量が 150 以下であるから，分子式は $C_6H_{14}N_2O_2$（分子量 146）となる。

したがって，化合物**B**はリシンと推定できる。

$$H_2N-(CH_2)_4-\underset{\underset{NH_2}{|}}{CH}-COOH$$

C：**C**の分子式は，**A**の加水分解反応から次のように決定できる。

$$\underset{\textbf{A}}{C_{15}H_{23}N_3O_3} + H_2O \longrightarrow \underset{\textbf{B}}{C_6H_{14}N_2O_2} + \underset{\textbf{C}}{C_9H_{11}NO_2}$$

また，キサントプロテイン反応に関与するので，ベンゼン環をもち，フェニルアラニンと推定できる。構造式は次のようになる。

ベンゼン環$-CH_2-\underset{\underset{NH_2}{|}}{CH}-COOH$

D：ベンゼン環$-CH_2-CH(NH_2)-COOH+CH_3OH$

$$\longrightarrow \text{ベンゼン環}-CH_2-CH(NH_2)-COOCH_3 + H_2O$$
$$\qquad\qquad\qquad\qquad\qquad\qquad \textbf{D}$$

E：ベンゼン環$-CH_2-\underset{\underset{NH_2}{|}}{CH}-COOH + $ベンゼン環$-CH_2-\underset{\underset{NH_2}{|}}{CH}-COOCH_3$

$$\longrightarrow \text{ベンゼン環}-CH_2-\underset{\underset{NH_2}{|}}{CH}-\overset{\overset{O}{\|}}{C}-\underset{\underset{COOCH_3}{|}}{\overset{\overset{H}{|}}{N}}-CH-CH_2-\text{ベンゼン環} + H_2O$$
$$\qquad\qquad\qquad\qquad\qquad\qquad\qquad \textbf{E}$$

よって，**A**は，リシンとフェニルアラニンからなるジペプチドである。

また，リシンは水溶液の pH によって次のように構造が変化する。

$$\underset{\underset{(CH_2)_4-NH_3^+}{|}}{{}^+H_3N-CH-COOH} \underset{H^+}{\overset{OH^-}{\rightleftharpoons}} \underset{\underset{(CH_2)_4-NH_3^+}{|}}{{}^+H_3N-CH-COO^-}$$
$$\quad\text{2価の陽イオン} \qquad\qquad\qquad \text{1価の陽イオン}$$

$$\underset{H^+}{\overset{OH^-}{\rightleftharpoons}} \underset{\underset{(CH_2)_4-NH_3^+}{|}}{H_2N-CH-COO^-} \underset{H^+}{\overset{OH^-}{\rightleftharpoons}} \underset{\underset{(CH_2)_4-NH_2}{|}}{H_2N-CH-COO^-}$$
$$\qquad\qquad \text{双性イオン} \qquad\qquad\qquad \text{陰イオン}$$

第6章　解答　465

問iii　A〜Eの構造中の −COOH および −NH$_2$ の数は次のようになる。

化合物	A	B	C	D	E
−COOH の数	1	1	1	0	0
−NH$_2$ の数	2	2	1	1	1

C以外は，いずれも −NH$_2$ が −COOH より 1 個多い。pH＝7 の中性付近では，−NH$_2$ は −NH$_3{}^+$，−COOH は −COO$^-$ になっているので，電気泳動を行うと陰極側に移動する。よって，Cは陰極に移動しない。

249　解　答

問 i　ブタジエン構成単位：スチレン構成単位＝4.0：1
問 ii　$8×10^2$ 個

解　説

問 i　共重合体の構造を次式で示す。

$$\left[(CH_2-CH=CH-CH_2)_x-\underset{\underset{\text{[benzene ring]}}{|}}{CH}-CH_2\right]_n$$

（〔　〕内の式量は $54x+104$）

高分子A 1.00g と反応した Br$_2$（分子量 160）の物質量は

$$\frac{2.00}{160}=1.25×10^{-2}〔mol〕$$

よって，A 1 mol（＝$n×(54x+104)$〔g〕）に付加する Br$_2$ は nx〔mol〕であるから

$$n(54x+104)〔g〕:1.00〔g〕=nx〔mol〕:1.25×10^{-2}〔mol〕$$

∴　$x=4.00$

したがって，Aの構造式は次のように表される。

$$\left[(CH_2-CH=CH-CH_2)_4-\underset{\underset{\text{[benzene ring]}}{|}}{CH}-CH_2\right]_n$$

問 ii　一連の反応によって得られる高分子Eの構造式を次のように表す。

$$\left[(CH_2-CH_2-CH_2-CH_2)_4-CH-CH_2 \atop \text{[benzene ring]}-(NHCOCH_3)_x\right]_n$$

Aの繰り返し単位の式量は $54×4+104=320$ であるから，Aの分子量は $320n$ と表される。よって，与えられた条件より

466　第6章　解答

$$\frac{16.0}{320n} = \frac{21.0}{2.10 \times 10^5} \qquad \therefore \quad n = 5.00 \times 10^2$$

高分子 E の繰り返し単位の式量は，ベンゼン環中の $-$NHCOCH$_3$ の数を x とすると，$-$NHCOCH$_3 = 58$ より

$$56 \times 4 + 104 - x + 58x = 57x + 328$$

したがって

$$(57x + 328) \times 5.00 \times 10^2 = 2.1 \times 10^5 \qquad \therefore \quad x = 1.61$$

以上より，アセチル基の平均数は次のようになる。

$$1.61 \times 5.00 \times 10^2 = 805 \fallingdotseq 8 \times 10^2 \text{ 個}$$

攻略のポイント

問 i　次のように考えてもよい。1.00 g の高分子 A に付加した Br$_2$ の物質量 1.25×10^{-2} mol は，A 1.00 g 中のブタジエン（分子量 54）の構成単位の物質量に等しい。よって，スチレン（分子量 104）が，A 1.00 g 中に y〔mol〕あるとすると

$$1.25 \times 10^{-2} \times 54 + 104y = 1.00 \qquad \therefore \quad y = 3.125 \times 10^{-3} \text{〔mol〕}$$

したがって，A のブタジエンとスチレンの構成単位の比は，次のようになる。

$$1.25 \times 10^{-2} : 3.125 \times 10^{-3} = 4.00 : 1$$

250　解　答

問 i　$m = 10$　$n = 24$　　**問 ii**　13 kg

解　説

問 i　この重合反応は次のように表される。

$$x\text{H}_2\text{N}-\text{C}_m\text{H}_{n-4}-\text{NH}_2 + x\text{HOOC}-(\text{CH}_2)_4-\text{COOH}$$

$$\longrightarrow \text{H}\!\left[\begin{matrix}\text{N}-\text{C}_m\text{H}_{n-4}-\text{N}-\text{C}-(\text{CH}_2)_4-\text{C}\\ \text{H} \qquad\qquad \text{H}\ \ \text{O} \qquad\qquad\quad \text{O}\end{matrix}\right]_x\!\!\text{OH} + (2x-1)\text{H}_2\text{O}$$

この構成単位の組成式は

$$\text{C} : \text{H} : \text{N} : \text{O} = \frac{68.09}{12} : \frac{10.64}{1} : \frac{9.93}{14} : \frac{11.34}{16}$$

$$= 5.674 : 10.64 : 0.7092 : 0.7087 \fallingdotseq 8 : 15 : 1 : 1$$

ポリアミド A はジアミンとアジピン酸の重合によってできているから，構成単位中に N と O が 2 原子ずつ含まれる。よって，構成単位は C$_{16}$H$_{30}$N$_2$O$_2$ となるから

$$m = 16 - 6 = 10, \quad n = 30 - 10 + 4 = 24$$

問 ii　構成単位の式量は 282 であるから，重合度 x は

$$x = \frac{1.41 \times 10^5}{282} = 500$$

よって，ポリアミド**A**が生成するときに発生する水の分子数は

2×500−1=999 分子

したがって，100 kg のポリアミド**A**が生成するときに発生する水の量を w〔kg〕とすると

$$\frac{100}{1.41 \times 10^2} = \frac{w}{18 \times 999 \times 10^{-3}} \qquad \therefore \quad w = 12.75 \fallingdotseq 13 \,〔kg〕$$

攻略のポイント

問ii 次のように考えてもよい。ポリアミド**A**は，分子量が 1.41×10^5 と非常に大きいので，両末端のHとOHは無視し，次の構造式で表されるとすると

$$\left[\begin{matrix} N-C_{10}H_{20}-N-C-(CH_2)_4-C \\ | \qquad\qquad | \;\; \| \qquad\qquad\quad \| \\ H \qquad\qquad H \;\; O \qquad\qquad\quad O \end{matrix} \right]_x$$

構成単位（繰り返し単位）1つあたり，2分子の水がとれたことになるので，発生する水の質量は次のようになる。

$$\underbrace{\frac{100 \times 10^3}{282}}_{\text{構成単位の物質量}} \times 2 \times 18 \times 10^{-3} = 12.7 \fallingdotseq 13 \,〔kg〕$$

251 解 答

問i 1・6 **問ii** 2・5 **問iii** 3・5

解 説

問i 化合物**A**はスクロース，化合物**B**はグルコースである。

1．（正文）スクロースは，加水分解するとグルコースとフルクトースが等物質量生じる。この混合物を転化糖という。

2．（誤文）スクロースは還元性のない二糖の代表例である。スクロースは水溶液中で開環せず，還元性を示す構造をとらない。

3．（誤文）二糖であるから，ヨウ素デンプン反応を示さない。

4．（誤文）開環せず，1種類の化合物として存在している。

5．（誤文）アミロペクチンを加水分解すると，グルコースのみが得られる。

6．（正文）$C_6H_{12}O_6 \longrightarrow 2C_2H_5OH + 2CO_2$ のように反応する。

7．（誤文）この多糖はグリコーゲンという。

問ii 1．エチレングリコールとテレフタル酸の縮合重合で得られる。

468 第6章 解答

2．付加重合で得られる。

3．ヘキサメチレンジアミンとアジピン酸の縮合重合で得られる。

4．多数のアミノ酸の縮合重合で得られる。

5．付加重合で得られる。

問iii 1．（正文）化合物 B（グルコース）は水によく溶けるが，デンプンは水に溶けにくい。

2．（正文）デンプンは熱水に溶け，コロイド溶液となるが，セルロースは熱水にも溶けない。

3．（誤文）ニンヒドリン反応はアミノ酸の検出に用いられ，化合物 A，B ともに反応せず区別できない。

4．（正文）デンプン水溶液はコロイド溶液なので，チンダル現象を示す。

5．（誤文）質量モル濃度が異なるので，凝固点は異なる。

6．（正文）デンプンはコロイド粒子であるから，セロハン膜を通過しないが，ヨウ素ヨウ化カリウム水溶液中の I_2 または I_3^- は，セロハン膜を自由に通過できるので，袋内の水溶液だけがヨウ素デンプン反応により青紫色を示す。

---

252 解 答

1

解 説

1．（正文）スクロースはグルコースとフルクトースが縮合した分子である。構成単糖が単独で存在する場合には，水溶液中で開環して還元性を示すアルデヒド基を形成する部分が，縮合反応により結合しているため，フェーリング反応を示さない。

2．（誤文）マルトースの加水分解反応は次のようになる。

$$C_{12}H_{22}O_{11} + H_2O \longrightarrow 2C_6H_{12}O_6$$

よって，1分子の水が必要である。

3．（誤文）最も簡単な構造をもつグリシンは不斉炭素原子をもたないので，光学異性体が存在しない。

4．（誤文）2分子のアミノ酸から水がとれ，ペプチド結合で結ばれた分子であるから塩ではない。

5．（誤文）タンパク質の変性は，アミノ酸の配列順序である一次構造の変化ではなく，タンパク質分子中に形成される水素結合などが切断されて立体構造が変化し，もとに戻らなくなる現象である。

6．（誤文）酵素は特定の反応のみを促進するはたらきをもち，インベルターゼはス

第6章 解答　469

クロースの加水分解のみに作用する。

253 解答

問i　40%　　問ii　48個

解説

問i　ポリクロロプレンは，$+CH_2-CCl=CH-CH_2+_n$ と表される。

分子量は，$88.5n$ であるから，塩素の質量パーセントは

$$\frac{35.5n}{88.5n} \times 100 = 40.1 \fallingdotseq 40 \,(\%)$$

問ii　共重合体の一部は，$\cdots-CH_2-\underset{CN}{CH}-CH_2-\underset{Cl}{CH}-\cdots$ と表される。

いま，共重合体1分子中に塩化ビニル単位が平均 x 個，アクリロニトリル単位が平均 y 個あるとすると，次の式が成り立つ。

$$62.5x + 53y = 8700 \qquad \cdots\cdots \text{①}$$

$$\frac{35.5x}{62.5x + 53y} \times 100 = 40.1 \qquad \cdots\cdots \text{②}$$

①，②より　　$x = 98.3,\ y = 48.2$

よって，アクリロニトリル単位の平均の数は 48 個となる。

254 解答

2・5

解説

成分元素の質量は次のようになる。

$$C \text{の質量} : 88.0 \times \frac{12}{44} = 24.0 \,(\text{mg})$$

$$H \text{の質量} : 36.0 \times \frac{1 \times 2}{18} = 4.0 \,(\text{mg})$$

よって，原子数の比は

$$C : H = \frac{24.0}{12} : \frac{4.0}{1} = 1 : 2$$

ここで，2種類のアミノ酸が（炭素原子数の和）：（水素原子数の和 − 2）＝ 1 : 2 の関係をみたし，ジペプチドの分子量が 200 以上という条件をみたすものは，1 と 5 から

470　第6章　解答

得られる $C_8H_{16}N_2O_3S$（分子量 220）と，2 と 5 から得られる $C_8H_{16}N_2O_4S$（分子量 236）が考えられる。このとき，ジペプチド 59.0mg 中に炭素が 24.0mg 含まれているので，ジペプチドの分子量を M とすると

$$\frac{24.0}{59.0} = \frac{12 \times 8}{M} \quad \therefore \quad M = 236$$

したがって，2 のセリンと 5 のメチオニンから構成されるジペプチドである。

---

255 解 答

末端アミノ基の数：アミド結合の数＝1：15

解 説

このポリアミドを示性式で示すと

$$\overset{H}{H-N}\left[(CH_2)_6 \overset{H}{\underset{}{-N}} \overset{O}{\underset{}{-C}}-(CH_2)_4 \overset{O}{\underset{}{-C}} \overset{H}{\underset{}{-N}}\right]_n (CH_2)_6 \overset{H}{-N}-H$$

繰り返し単位の式量は，226 となるから

$$226n + 116 = 3550 \quad \therefore \quad n = 15.19 \fallingdotseq 15.2$$

よって，アミド結合の数は　　$15.2 \times 2 = 30.4$

したがって，求める比は次のようになる。

末端アミノ基の数：アミド結合の数＝2：30.4≒1：15

---

256 解 答

問A　2・7　　　問B　6・9

解 説

単量体 1 ～ 9 の構造式は次のようになる。

$$CH_2=CH$$
$$\quad\quad | \quad$$
$$HOCO-(CH_2)_4COOH \quad\quad COOH \quad\quad HO-CH_2-CH_2-OH$$
　1．アジピン酸　　　　　2．アクリル酸　　　　　3．エチレングリコール

$$\quad\quad\quad\quad\quad\quad\quad\quad\quad\quad\quad\quad\quad\quad\quad\quad\quad CH_2=CH$$
$$CH_2=CH \quad\quad\quad\quad CH_2=CH \quad\quad\quad\quad\quad | \quad O$$
$$\quad | \quad\quad\quad\quad\quad\quad\quad | \quad\quad\quad\quad\quad O-C-CH_3$$
$$COOCH_3 \quad\quad\quad\quad CN \quad\quad\quad\quad\quad\quad \overset{||}{O}$$
　4．アクリル酸メチル　　5．アクリロニトリル　　6．酢酸ビニル

$$\quad\quad CH_3 \quad\quad\quad\quad\quad\quad CH_2-CH_2-C=O$$
$$\quad\quad\quad | \quad\quad\quad\quad H_2C \overset{\diagup}{\underset{\diagdown}{}} \quad\quad\quad\quad\quad\quad\quad\quad\quad\quad |$$
$$CH_2=C-CH=CH_2 \quad\quad\quad CH_2-CH_2-N-H \quad\quad NH_2-(CH_2)_6NH_2$$
　7．イソプレン　　　　　8．カプロラクタム　　9．ヘキサメチレンジアミン

第6章 解答 471

1～9のそれぞれに対応する記述は次のようになる。

1. アジピン酸—ア・ウ　　　　2. アクリル酸—なし
3. エチレングリコール—ア　　4. アクリル酸メチル—イ・エ
5. アクリロニトリル—オ　　　6. 酢酸ビニル—イ・エ・カ
7. イソプレン—なし　　　　　8. カプロラクタム—ウ・オ
9. ヘキサメチレンジアミン—ア・ウ・オ

よって，**問A**に該当するのは2・7，**問B**に該当するのは6・9となる。

257 解 答

問A　53%　　問B　18g

解 説

トリアセチルセルロースとジニトロセルロースはそれぞれ次のように表される。

トリアセチルセルロース　$[C_6H_7O_2(OCOCH_3)_3]_n$　（分子量 $288n$）

ジニトロセルロース　$[C_6H_7O_2(OH)(ONO_2)_2]_m$　（分子量 $252m$）

問A　燃焼させたトリアセチルセルロースとジニトロセルロースの質量を x〔mg〕，y〔mg〕とすると

$$x+y=60.0 \quad \cdots\cdots ①$$

また，混合物とそれの燃焼によって生成した CO_2 の物質量は，繰り返し単位に着目すると，次のようになる。

$$\frac{x}{288}\times 12+\frac{y}{252}\times 6=\frac{88.0}{44} \quad \cdots\cdots ②$$

よって，①，②より　　$x=32.0$

したがって，トリアセチルセルロースの質量パーセントは

$$\frac{32.0}{60.0}\times 100=53.3 \fallingdotseq 53 〔\%〕$$

問B　問Aより，60.0mg の混合物中にトリアセチルセルロース 32.0mg，ジニトロセルロース 28.0mg が含まれているから，混合物 54.2g 中のトリアセチルセルロースは

$$32.0\times\frac{54.2}{60.0}=28.9 〔g〕$$

ジニトロセルロースは　　$54.2-28.9=25.3$〔g〕

よって，加水分解によって生じるグルコースの物質量は

$$\frac{28.9}{288}+\frac{25.3}{252}=0.200 〔mol〕$$

472 第6章 解答

また，アルコール発酵は次の反応式で表される。

$$C_6H_{12}O_6 \longrightarrow 2C_2H_6O + 2CO_2$$

以上より，生成するエタノール（分子量 46）の質量は

$$46 \times 0.400 = 18.4 \fallingdotseq 18〔g〕$$

258 解 答

問A　45%　　問B　5.4×10^2 個

解 説

問A　ブタジエンは分子式 C_4H_6（分子量 54），アクリロニトリルは分子式 C_3H_3N（分子量 53）である。また，窒素はアクリロニトリルにだけ含まれ，その物質量がアクリロニトリルの物質量に等しい。窒素の含有量が 11.9% であるから，共重合体 1 mol 中に含まれる窒素は

$$\frac{53000 \times \dfrac{11.9}{100}}{14} = 450.5〔mol〕$$

よって，共重合体 1 mol 中に含まれるアクリロニトリルは

$$450.5 \times 53 = 23876.5 \fallingdotseq 23900〔g〕$$

したがって，アクリロニトリル成分の質量パーセントは

$$\frac{23900}{53000} \times 100 = 45.0 \fallingdotseq 45〔%〕$$

問B　アクリロニトリル以外がブタジエンであるから，求める平均の数は

$$\frac{53000 - 23900}{54} = 538 \fallingdotseq 5.4 \times 10^2 \text{ 個}$$

攻略のポイント

問Aは，次のように考えてもよい。

ブタジエンに少量のアクリロニトリルを加え，共重合させたものが，アクリロニトリル-ブタジエンゴム（NBR）である。ここで，この共重合体をブタジエンとアクリロニトリルが $x:1$ で重合してできたものとすると

$$\frac{14}{54x + 53} \times 100 = 11.9 \qquad \therefore \quad x = 1.19$$

よって，求めるアクリロニトリルの質量パーセントは

$$\frac{53}{54 \times 1.19 + 53} \times 100 = 45.1 \fallingdotseq 45〔%〕$$

259 解 答

問A　**0.10 mol**　　問B　$m = 10$　$n = 20$

解 説

問A　ジペプチドを加水分解して，塩化水素とエタノールで処理すると，カルボキシ基がエステルとなり，さらに，アミノ基が塩酸塩になっている。

$$C_mH_nO_3N_2 \longrightarrow 2C_{\frac{m}{2}}H_{\frac{n+2}{2}}O_2N \longrightarrow 2C_{\frac{m}{2}+2}H_{\frac{n+2}{2}-1+5}O_2N \cdot HCl$$

　　　ジペプチド　　　　　アミノ酸　　　　　　エステルの塩酸塩

はじめのジペプチドからエステルへの変化により $C_4H_{10}O \cdot 2HCl$（式量 147）分増加したことになり，質量は 21.6 g から 36.3 g に増加したので，求める物質量は次のようになる。

$$\frac{36.3 - 21.6}{147} = 0.10 \text{〔mol〕}$$

問B　問Aより，ジペプチドの分子量は $\dfrac{21.6}{0.10} = 216$ となる。ここで，α-アミノ酸の側鎖をRとすると，ジペプチドは次のように表される。

$$\underset{\text{R}}{\text{H}_2\text{N}-\text{CH}}-\text{CONH}-\underset{\text{R}}{\text{CH}}-\text{COOH}$$

よって，分子量は $130 + 2R = 216$ より，Rは 43 となり，$-C_3H_7$ と推定できる。したがって，分子式は $C_{10}H_{20}O_3N_2$ となる。

年度別出題リスト

年度		番号	問題	解答	年度		番号	問題	解答
2021 年度	〔1〕	133	104	327		〔2〕	71	67	259
	〔2〕	134	104	327		〔3〕	140	107	333
	〔3〕	63	63	252		〔4〕	104	86	290
	〔4〕	99	84	286		〔5〕	6	26	192
	〔5〕	1	24	188		〔6〕	39	47	229
	〔6〕	100	84	286		〔7〕	105	86	291
	〔7〕	33	44	224		〔8〕	106	87	293
	〔8〕	64	64	252		〔9〕	72	68	259
	〔9〕	34	44	224		〔10〕	40	48	229
	〔10〕	35	45	225		〔11〕	182	134	377
	〔11〕	172	129	364		〔12〕	183	135	379
	〔12〕	232	169	443		〔13〕	184	136	380
	〔13〕	233	169	444		〔14〕	237	172	450
	〔14〕	173	129	365		〔15〕	185	136	381
	〔15〕	174	130	366	2017 年度	〔1〕	7	27	194
2020 年度	〔1〕	2	24	188		〔2〕	107	87	294
	〔2〕	36	46	226		〔3〕	108	88	294
	〔3〕	65	64	254		〔4〕	41	48	230
	〔4〕	37	46	227		〔5〕	42	49	231
	〔5〕	101	84	287		〔6〕	141	108	334
	〔6〕	135	105	328		〔7〕	142	108	335
	〔7〕	136	105	330		〔8〕	143	109	336
	〔8〕	66	65	255		〔9〕	73	68	261
	〔9〕	67	65	255		〔10〕	8	27	195
	〔10〕	3	25	189		〔11〕	186	137	382
	〔11〕	175	130	367		〔12〕	187	137	383
	〔12〕	234	170	446		〔13〕	238	172	451
	〔13〕	235	171	448		〔14〕	239	173	452
	〔14〕	176	131	369		〔15〕	188	138	384
	〔15〕	177	131	370	2016 年度	〔1〕	144	109	337
2019 年度	〔1〕	137	106	330		〔2〕	145	110	338
	〔2〕	138	106	332		〔3〕	109	88	295
	〔3〕	68	66	256		〔4〕	74	69	262
	〔4〕	102	85	288		〔5〕	9	28	195
	〔5〕	4	25	190		〔6〕	75	70	262
	〔6〕	5	26	192		〔7〕	110	89	297
	〔7〕	69	66	256		〔8〕	76	70	264
	〔8〕	70	67	258		〔9〕	111	89	297
	〔9〕	103	85	289		〔10〕	77	70	264
	〔10〕	38	47	228		〔11〕	189	138	385
	〔11〕	178	132	371		〔12〕	190	139	386
	〔12〕	179	133	373		〔13〕	240	174	453
	〔13〕	236	171	449		〔14〕	241	174	456
	〔14〕	180	133	375		〔15〕	191	139	387
	〔15〕	181	134	376	2015 年度	〔1〕	78	71	265
2018 年度	〔1〕	139	107	333		〔2〕	146	110	338

年度		番号	問題	解答	年度		番号	問題	解答
	〔3〕	10	29	196		〔7〕	204	149	407
	〔4〕	79	71	266		〔8-1〕	246	177	461
	〔5〕	112	90	299		〔8-2〕	247	178	462
	〔6〕	11	29	197	2010 年度	〔1〕	53	56	244
	〔7〕	43	49	232		〔2〕	120	95	312
	〔8〕	113	90	300		〔3〕	152	116	346
	〔9〕	114	91	301		〔4〕	121	96	313
	〔10〕	44	49	232		〔5〕	205	150	410
	〔11〕	192	139	388		〔6〕	206	151	412
	〔12〕	193	140	389	2009 年度	〔1〕	153	117	348
	〔13〕	194	140	391		〔2〕	84	74	271
	〔14〕	242	175	457		〔3〕	85	74	272
	〔15〕	195	141	392		〔4〕	86	76	273
2014 年度	〔1〕	147	111	339		〔5〕	207	152	414
	〔2〕	148	112	340		〔6〕	15	32	203
	〔3〕	115	91	302		〔7A〕	248	179	463
	〔4〕	80	71	267		〔7B〕	249	180	465
	〔5〕	45	50	233	2008 年度	〔1〕	208	153	416
	〔6〕	81	72	268		〔2〕	250	181	466
	〔7〕	46	50	234		〔3〕	209	154	417
	〔8〕	47	51	235		〔4〕	154	118	349
	〔9〕	196	141	393		〔5〕	122	97	315
	〔10〕	197	142	394		〔6〕	155	119	350
	〔11〕	243	176	458		〔7〕	16	32	204
	〔12〕	244	176	459		〔8〕	123	98	316
2013 年度	〔1〕	48	52	236		〔9〕	54	57	245
	〔2〕	49	52	236	2007 年度	〔1〕	17	33	206
	〔3〕	116	92	304		〔2〕	55	57	246
	〔4〕	12	30	198		〔3〕	18	34	208
	〔5〕	149	112	341		〔4〕	156	120	352
	〔6〕	117	93	307		〔5〕	157	120	353
	〔7〕	198	143	395		〔6〕	87	76	274
	〔8〕	199	144	396		〔7〕	251	181	467
	〔9〕	200	145	398		〔8〕	210	155	419
2012 年度	〔1〕	201	146	400		〔9〕	211	156	420
	〔2〕	202	147	401	2006 年度	〔1〕	124	99	317
	〔3〕	203	148	403		〔2〕	158	121	354
	〔4〕	50	53	238		〔3〕	56	59	247
	〔5〕	51	54	241		〔4〕	125	99	318
	〔6〕	13	30	199		〔5〕	57	59	248
	〔7〕	150	114	342		〔6〕	19	35	210
	〔8〕	82	72	269		〔7〕	159	122	354
	〔9〕	118	94	309		〔8〕	88	77	275
2011 年度	〔1〕	14	31	200		〔9〕	212	158	422
	〔2〕	151	115	344		〔10〕	213	158	424
	〔3〕	83	73	270		〔11〕	214	159	425
	〔4〕	119	95	310		〔12〕	215	160	425
	〔5〕	52	55	243		〔13〕	216	160	426
	〔6〕	245	177	460		〔14〕	89	78	276

476　年度別出題リスト

年度	番号	問題	解答	年度	番号	問題	解答
2005 年度〔1〕	20	36	212	〔17〕	227	166	438
〔2〕	58	60	249	〔18〕	257	184	471
〔3〕	59	60	249	2002 年度〔1〕	131	103	325
〔4〕	21	37	213	〔2〕	132	103	325
〔5〕	126	100	319	〔3〕	62	62	251
〔6〕	160	122	355	〔4〕	96	81	283
〔7〕	161	122	356	〔5〕	30	42	221
〔8〕	162	123	357	〔6〕	97	82	284
〔9〕	22	38	214	〔7〕	31	43	222
〔10〕	90	78	277	〔8〕	169	127	361
〔11〕	217	161	428	〔9〕	170	127	362
〔12〕	252	182	468	〔10〕	171	128	363
〔13〕	218	162	429	〔11〕	32	43	223
〔14〕	253	183	469	〔12〕	98	83	285
〔15〕	219	162	430	〔13〕	228	167	439
2004 年度〔1〕	23	38	215	〔14〕	229	167	440
〔2〕	127	101	321	〔15〕	230	168	440
〔3〕	60	60	250	〔16〕	258	185	472
〔4〕	24	38	216	〔17〕	231	168	441
〔5〕	91	79	277	〔18〕	259	185	473
〔6〕	128	101	321				
〔7〕	163	123	357				
〔8〕	129	102	322				
〔9〕	164	124	358				
〔10〕	92	80	278				
〔11〕	93	80	279				
〔12〕	165	124	358				
〔13〕	220	163	431				
〔14〕	221	163	431				
〔15〕	222	164	432				
〔16〕	254	183	469				
〔17〕	255	183	470				
〔18〕	223	164	433				
2003 年度〔1〕	25	39	217				
〔2〕	61	61	250				
〔3〕	130	102	324				
〔4〕	26	39	218				
〔5〕	27	40	218				
〔6〕	28	41	219				
〔7〕	94	81	280				
〔8〕	166	125	359				
〔9〕	167	126	360				
〔10〕	168	126	360				
〔11〕	29	41	220				
〔12〕	95	81	281				
〔13〕	224	165	435				
〔14〕	225	165	435				
〔15〕	226	166	437				
〔16〕	256	184	470				

MEMO

MEMO

MEMO

難関大の過去問を徹底研究。

難関校過去問シリーズ

科目ごとに重点対策！

出題形式・分野別に収録した「入試問題事典」

国公立大学
- 東大の英語25カ年
- 東大の英語リスニング20カ年 CD
- 東大の英語 要約問題 UNLIMITED
- 東大の文系数学25カ年
- 東大の理系数学25カ年
- 東大の現代文25カ年
- 東大の古典25カ年
- 東大の日本史25カ年
- 東大の世界史25カ年
- 東大の地理25カ年
- 東大の物理25カ年
- 東大の化学25カ年
- 東大の生物25カ年
- 東工大の英語20カ年
- 東工大の数学20カ年
- 東工大の物理20カ年
- 東工大の化学20カ年
- 一橋大の英語20カ年
- 一橋大の数学20カ年
- 一橋大の国語20カ年
- 一橋大の日本史20カ年
- 一橋大の世界史20カ年
- 京大の英語25カ年
- 京大の文系数学25カ年
- 京大の理系数学25カ年
- 京大の現代文25カ年
- 京大の古典25カ年
- 京大の日本史20カ年
- 京大の世界史20カ年
- 京大の物理25カ年
- 京大の化学25カ年
- 北大の英語15カ年
- 北大の理系数学15カ年
- 北大の物理15カ年
- 北大の化学15カ年
- 東北大の英語15カ年
- 東北大の理系数学15カ年
- 東北大の物理15カ年
- 東北大の化学15カ年
- 名古屋大の英語15カ年
- 名古屋大の理系数学15カ年
- 名古屋大の物理15カ年
- 名古屋大の化学15カ年
- 阪大の英語20カ年
- 阪大の文系数学20カ年
- 阪大の理系数学20カ年
- 阪大の国語15カ年
- 阪大の物理20カ年
- 阪大の化学20カ年
- 九大の英語15カ年
- 九大の理系数学15カ年
- 九大の物理15カ年
- 九大の化学15カ年
- 神戸大の英語15カ年
- 神戸大の数学15カ年
- 神戸大の国語15カ年

私立大学
- 早稲田の英語
- 早稲田の国語
- 早稲田の日本史
- 早稲田の世界史
- 慶應の英語
- 慶應の小論文
- 明治大の英語
- 明治大の国語
- 明治大の日本史
- 中央大の英語
- 法政大の英語
- 同志社大の英語
- 立命館大の英語
- 関西大の英語
- 関西学院大の英語

全71点／A5判
定価 **2,310 ～ 2,530** 円（本体 **2,100 ～ 2,300** 円）

akahon.net でチェック！
赤本　検索